随机过程

(第二版)

李龙锁　王　勇　编著

科学出版社
北　京

内 容 简 介

本书共 13 章. 第 1~4 章主要介绍马尔可夫过程的一般理论及几类典型的随机过程. 第 5~13 章详细介绍一维和多维平稳过程的谱理论和预测理论.

本书可作为高等院校数学专业硕士研究生“随机过程”课程的教材, 也可供理科、工科、财经、师范院校相关专业的硕士生、博士生和教师参考, 还可供有关的科技工作者参考.

图书在版编目(CIP)数据

随机过程/李龙锁, 王勇编著. —2 版. —北京：科学出版社, 2019.1
ISBN 978-7-03-059619-2

Ⅰ. ①随… Ⅱ. ①李…②王… Ⅲ. ①随机过程-研究生-教材
Ⅳ. ①O211.6

中国版本图书馆 CIP 数据核字(2018) 第 262892 号

责任编辑: 张中兴 梁 清 / 责任校对: 张凤琴
责任印制: 张 伟 / 封面设计: 迷底书装

科学出版社 出版
北京东黄城根北街 16 号
邮政编码: 100717
http://www.sciencep.com

北京九州迅驰传媒文化有限公司 印刷
科学出版社发行 各地新华书店经销

*

2011 年 6 月第 一 版 开本: 720 × 1000 B5
2019 年 1 月第 二 版 印张: 18
2023 年 7 月第五次印刷 字数: 360 000

定价: 79.00 元

(如有印装质量问题, 我社负责调换)

第二版前言

本书这次再版, 其内容在总的框架之上与第一版基本相同, 只是局部做了一些增删, 改正了一些疏漏和不妥之处, 以便于更符合今后的教学实际情况.

本书第一版出版后, 得到了许多兄弟院校教师的指导和建议, 这次再版的一些修改就来源于此. 在此, 编者向他们表示真诚的感谢! 近几年来听此课的研究生, 发现了许多问题, 在此也对他们表示真诚的感谢! 最后, 编者诚挚地感谢哈尔滨工业大学研究生院、哈尔滨工业大学数学系和科学出版社的张中兴女士, 是他们的支持和帮助使编者完成了本书的再版.

本书虽经不断修改, 但由于编者水平所限, 仍有可能存在不足之处, 编者衷心欢迎各位读者批评和指正!

编　者

2018 年 9 月

第一版前言

经过各国数学家半个多世纪的努力, 随机过程现已成为一门独特又内容丰富的数学学科. 它不仅有完整的理论体系, 而且还广泛应用于工业、农业、军事和科学技术中. 例如, 预测和滤波应用于空间技术和自动控制; 时间序列分析应用于石油勘探和经济管理; 马尔可夫过程与点过程应用于地震预报和气象预报等.

为了满足教学的需要, 作者把近年来给数学系硕士研究生讲授的 "随机过程" 讲义整理成书. 本书不仅可作为高等院校数学专业硕士研究生 "随机过程" 课程的教材, 也可供理科、工科、财经、师范院校相关专业硕士、博士研究生和教师参考.

全书分为 3 个部分：马尔可夫过程基本理论及几类典型的随机过程 (第 $1\sim4$ 章); 一维平稳过程的谱理论和预测理论 (第 $5\sim9$ 章); 多维平稳过程的谱理论和预测理论 (第 $10\sim13$ 章). 特别要指出的是, 本书对平稳过程理论的介绍是比较详尽的.

在本书的写作过程中, 自始至终都得到了王勇教授的关怀与鼓励, 他审阅了本书的全稿, 并提出了许多宝贵的建议和意见, 在此谨致深深的谢意.

感谢我的硕士导师许承德教授将我带入随机过程领域, 他二十多年来无私的关爱和不倦的教诲是完成此书的动力源泉, 在此对老师致以深深的谢意.

由于作者的水平有限, 书中疏漏及不妥之处在所难免, 恳请读者批评指正.

李龙锁

2011 年于哈尔滨工业大学

符 号 意 义

$\forall$	任取
a.e.	几乎处处
a.e.μ	在测度 μ 意义下几乎处处
$\mathbf{N}$	整数集
$\mathbf{R}$	实数集; 一维 Euclid 空间
$\mathbf{R}^n$	n 维 Euclid 空间
$\mathbf{R}^\infty$	实数序列 $(x_1, x_2, \cdots)$ 全体
$\mathbf{C}$	复数集
$\mathbf{C}^n$	n 维复向量空间
$\Leftarrow$	充分性
$\Rightarrow$	必要性
$A \Rightarrow B$	由 A 成立推得 B 成立
$*) \Rightarrow **)$	$*)$ 式成立, 往证 $**)$ 式成立
$\Leftrightarrow$	充分必要条件
$\varnothing$	空集
$A \triangle B$	$A \triangle B = (A - B) \cup (B - A)$ 称为 A 与 B 的对称差
$\overline{\lim_n} S_n$	集合序列 S_n 的上限集
$\underline{\lim_n} S_n$	集合序列 S_n 的下限集
$\triangleq$	定义

目　　录

第 1 章　离散时间的马尔可夫链

1.1　一般随机过程的基本概念

定义 1.1　设 $(\Omega, \mathscr{F}, P)$ 是概率空间, $(E, \mathscr{E})$ 是可测空间, T 是指标集. 若对任何 $t \in T$, 有 $X_t : \Omega \to E$, 且 $X_t \in \mathscr{F}/\mathscr{E}$, 则称 $\{X_t(\omega), t \in T\}$ 是 $(\Omega, \mathscr{F}, P)$ 上的取值于 $(E, \mathscr{E})$ 中的随机过程, 在无混淆的情况下简称 $\{X_t(\omega), t \in T\}$ 为随机过程, 称 $(E, \mathscr{E})$ 为状态空间或相空间, 称 E 中的元素为状态, 称 T 为时间域. 对每个固定的 $\omega \in \Omega$, 称 $X_t(\omega)$ 为 $\{X_t(\omega), t \in T\}$ 对应于 ω 的轨道或现实, 对每个固定的 $t \in T$, 称 $X_t(\omega)$ 为 E 值随机元. 有时 $X_t(\omega)$ 也记为

$$X_t(\omega) = X_t = X(t) = X(t, \omega)$$

设 $T \subset \mathbf{R}$, $\{\mathscr{F}_t, t \in T\}$ 是 $\mathscr{F}$ 中的一族单调增的子 σ 代数 (σ代数流), 即

(1) $\forall t \in T \Rightarrow \mathscr{F}_t \subset \mathscr{F}$, 且 $\mathscr{F}_t$ 是 σ 代数;

(2) $\forall s, t \in T, s < t \Rightarrow \mathscr{F}_s \subset \mathscr{F}_t$.

若 $X_t \in \mathscr{F}_t/\mathscr{E}(\forall t \in T)$, 则称 $\{X_t, t \in T\}$ 是 $\{\mathscr{F}_t\}$ 适应的随机过程, 或适应于 $\{\mathscr{F}_t\}$ 的随机过程. 特别地, 若令

$$\mathscr{F}_t \triangleq \sigma(X_s, s \leqslant t, s \in T) \triangleq \sigma\Bigg(\bigcup_{\substack{s \leqslant t \\ s \in T}} X_s^{-1}(\mathscr{E})\Bigg)$$

是由 $\{X_s, s \leqslant t, s \in T\}$ 所生成的 σ 代数, 则 $\{X_t, t \in T\}$ 是 $\{\mathscr{F}_t\}$ 适应的随机过程.

当 $(E, \mathscr{E}) = (\mathbf{R}, \mathscr{B}_1)$ 时, 称 $\{X_t, t \in T\}$ 为实值随机过程;

当 $(E, \mathscr{E}) = (\mathbf{C}, \mathscr{B}_{\mathbf{C}})$ 时, 称 $\{X_t, t \in T\}$ 为复值随机过程;

当 $(E, \mathscr{E}) = (\mathbf{R}^n, \mathscr{B}_n)$ 时, 称 $\{X_t, t \in T\}$ 为 n 维随机过程;

当 E 是可列集 (有限集) 时, 称 $\{X_t, t \in T\}$ 为可列 (有限) 随机过程;

当 $T = \mathbf{R}, \mathbf{R}^+$ 或 $[a, b]$ 时, 称 $\{X_t, t \in T\}$ 为连续参数的随机过程;

当 $T = \mathbf{N}$ 或 $\mathbf{N}^+$ 时, 称 $\{X_t, t \in T\}$ 为离散参数的随机过程 (随机序列);

当 $T = \mathbf{R}^n, (\mathbf{R}^+)^n, \mathbf{N}^n$ 或 $(\mathbf{N}^+)^n (n \geqslant 2)$ 时, 称 $\{X_t, t \in T\}$ 为随机场.

按参数和状态空间划分, 随机过程有 4 种类型:

(1) 指标集 T 离散, 状态空间 E 离散的随机过程;

(2) 指标集 T 离散, 状态空间 E 连续的随机过程;

(3) 指标集 T 连续, 状态空间 E 离散的随机过程;

(4) 指标集 T 连续, 状态空间 E 连续的随机过程.

然而, 以上分类是表面的, 更深刻的是按随机过程的概率结构来分类. 例如, 分为马尔可夫 (Markov) 过程、平稳过程、独立增量过程、二阶矩过程、正态过程、泊松 (Poisson) 过程、生灭过程、分支过程、更新过程、鞅等.

对于随机过程 $\{X_t, t \in T\}$ 而言, 可以这样设想, 有一个做随机游动的质点 M, 以 X_t 表示在时刻 t 质点 M 的位置. 于是 $\{X_t, t \in T\}$ 描绘了质点 M 所做的随机运动的变化过程, 一般把 "$X_t = x$" 形象地说成 "在时刻 t 质点 M 处于状态 x".

定义 1.2　设 $\{X_t, t \in T\}$ 是概率空间 $(\Omega, \mathscr{F}, P)$ 上的、以 $(E, \mathscr{E})$ 为状态空间的随机过程, $T = \mathbf{R}^+$ (或 $\mathbf{R}$ 或直线上的任一区间). 如果 $\forall A \in \mathscr{E}$, 有

$$\{(t,\omega)|(t,\omega) \in T \times \Omega, X(t,\omega) \in A\} \in \mathscr{B}(T) \times \mathscr{F}$$

则称 $\{X_t, t \in T\}$ **是可测的**.

设 $\{\mathscr{F}_t, t \in T\}$ 是 $\mathscr{F}$ 中的一族单调增的子 σ 代数. 如果 $\forall t \in T, A \in \mathscr{E}$, 有

$$\{(u,\omega)|(u,\omega) \in [0,t] \times \Omega, X(t,\omega) \in A\} \in \mathscr{B}([0,t]) \times \mathscr{F}_t$$

则称 $\{X_t, t \in T\}$ 关于 $\{\mathscr{F}_t, t \in T\}$**循序可测**.

命题 1.1　设 $X_t : \Omega \to E$, $X_t \in \mathscr{F}_t/\mathscr{E}\ (\forall t \in T)$, $\{\mathscr{F}_t, t \in T\}$ 是 $\mathscr{F}$ 中的一族单调增的子 σ 代数. 如果 $\{X_t, t \in T\}$ 关于 $\{\mathscr{F}_t, t \in T\}$ 循序可测, 则 $\{X_t, t \in T\}$ 是可测的.

定义 1.3　设 $\{X_t, t \in T\}$ 是随机过程, 称

$$F_t(x) \triangleq P\{\omega|X_t(\omega) \leqslant x\} = P\{X_t \leqslant x\}, \quad x \in \mathbf{R}, \forall t \in T$$

为随机过程 $\{X_t, t \in T\}$ 的**一维分布函数**; 称

$$F_{t_1,t_2}(x_1,x_2) \triangleq P\{X_{t_1} \leqslant x_1,\ X_{t_2} \leqslant x_2\}, \quad x_1,x_2 \in \mathbf{R}, \forall t_1,t_2 \in T$$

为随机过程 $\{X_t, t \in T\}$ 的**二维分布函数**; 一般地, 称

$$F_{t_1,t_2,\cdots,t_n}(x_1,x_2,\cdots,x_n) \triangleq P\{X_{t_1} \leqslant x_1,\ X_{t_2} \leqslant x_2, \cdots, X_{t_n} \leqslant x_n\}$$

$$x_1,x_2,\cdots,x_n \in \mathbf{R}, \quad \forall t_1,t_2,\cdots,t_n \in T$$

为随机过程 $\{X_t, t \in T\}$ 的 **n 维分布函数**; 而称

$$F \triangleq \{F_{t_1,t_2,\cdots,t_n}(x_1,x_2,\cdots,x_n)|\, t_1,t_2,\cdots,t_n \in T,\ n \geqslant 1\}$$

为随机过程 $\{X_t, t \in T\}$ 的**有限维分布函数族**.

随机过程 $\{X_t, t \in T\}$ 的有限维分布函数族 F 具有下列性质:

(1) 对 $\forall n \geqslant 1, \forall t_1, t_2, \cdots, t_n \in T$, 及 $t_1, t_2, \cdots, t_n$ 的任意排列 $t_{i_1}, t_{i_2}, \cdots, t_{i_n}$, 有

$$F_{t_{i_1}, t_{i_2}, \cdots, t_{i_n}}(x_{i_1}, x_{i_2}, \cdots, x_{i_n}) = F_{t_1, t_2, \cdots, t_n}(x_1, x_2, \cdots, x_n) \quad \text{(对称性)}$$

(2) 对 $\forall 1 \leqslant m \leqslant n$, 有

$$F_{t_1, t_2, \cdots, t_m}(x_1, x_2, \cdots, x_m) = F_{t_1, t_2, \cdots, t_m, t_{m+1}, \cdots, t_n}(x_1, x_2, \cdots, x_m, +\infty, \cdots, +\infty) \quad \text{(相容性)}$$

注 1.1 若知道了随机过程 $\{X_t, t \in T\}$ 的有限维分布函数族 F, 便知道了这一随机过程中任意有限个随机变量的联合分布, 也就可以完全确定它们之间的相互关系. 可见, 随机过程的有限维分布函数族能够完整地描述随机过程的统计特征. 但是在实际问题中, 要知道随机过程的有限维分布函数族是不可能的, 因此, 人们想到了用随机过程的某些数字特征来刻画随机过程.

定义 1.4 设 $\{X_t, t \in T\}$ 是实随机过程, 称

$$m(t) \triangleq EX_t = \int_{-\infty}^{+\infty} x \mathrm{d}F_t(x) = \int_{\Omega} X_t(\omega)\, P(\mathrm{d}\omega), \quad t \in T$$

为 $\{X_t, t \in T\}$ 的**均值函数**; 称

$$D(t) \triangleq DX_t = E(X_t - m(t))^2, \quad t \in T$$

为 $\{X_t, t \in T\}$ 的**方差函数**; 称

$$C(s,\ t) \triangleq \mathrm{Cov}(X_s, X_t) = E(X_s - m(s))(X_t - m(t)), \quad s, t \in T$$

为 $\{X_t, t \in T\}$ 的**协方差函数**; 称

$$R(s,\ t) = E(X_s X_t), \quad s,\ t \in T$$

为 $\{X_t, t \in T\}$ 的**相关函数**.

注 1.2 若 $\{X_t, t \in T\}$ 是复值随机过程, 则方差函数的定义为

$$D(t) = E\left|X_t - m(t)\right|^2, \quad t \in T$$

协方差函数的定义为

$$C(s,\ t) = E(X_s - m(s))\overline{(X_t - m(t))}, \quad s,\ t \in T$$

相关函数的定义为

$$R(s,\ t) = E(X_s \overline{X_t}), \quad s,\ t \in T$$

性质 1.1

(1) $C(t,\ t) = D(t), t \in T$;

(2) $C(s,\ t) = R(s,\ t) - m(s)m(t), s,\ t \in T$;

(3) 若 $m(t) \equiv 0$, 则 $C(s,\ t) = R(s,\ t), s,\ t \in T$.

1.2 马尔可夫链的定义

在实际应用中有一类很广泛的随机过程, 其特点是: 过去只影响现在, 而不影响将来. 这种随机过程称为**马尔可夫过程**. 状态离散的马尔可夫过程称为**马尔可夫链**, 本章介绍时间离散的马尔可夫链 (简称马尔可夫链).

马尔可夫过程的研究始于 1906 年, 是随机过程的一个重要分支, 它在近代物理学、生物学、管理科学、信息处理、自动控制、金融保险等方面有着许多重要应用.

在本章中, 无特别声明我们总是假设:

(1) 参数集合 $T=\{0,1,2,\cdots\}$;

(2) 状态空间 $S=\{0,1,2,\cdots\}$ 或 $S=\{\cdots,-2,-1,0,1,2,\cdots\}$ 或其子集.

定义 1.5 设 $\{X_n,n\geqslant 0\}$ 是定义在概率空间 $(\Omega,\mathscr{F},P)$ 上的随机过程, 状态空间为 S. 若对于任意的 $n\geqslant 1$ 及任意的整数 $0\leqslant t_1<t_2<\cdots<t_n<t,i_1,i_2,\cdots,i_n,j\in S$, 有

$$P\{X_t=j\,|X_{t_1}=i_1,X_{t_2}=i_2,\cdots,X_{t_n}=i_n\}=P\{X_t=j\,|X_{t_n}=i_n\} \tag{1.2.1}$$

则称 $\{X_n,n\geqslant 0\}$ 为马尔可夫链, 简称马氏链. 等式 (1.2.1) 称为**马氏性或无后效性**, 且假定式 (1.2.1) 两端的条件概率都有意义 (以下涉及条件概率的式子都作类似的假定).

定理 1.1 随机过程 $\{X_n,n\geqslant 0\}$ 是马尔可夫链的充要条件是对任意的 $n\geqslant 1$ 及任意的 $i_1,i_2,\cdots,i_n,j\in S$, 有

$$P\{X_{n+1}=j\,|X_1=i_1,X_2=i_2,\cdots,X_n=i_n\}=P\{X_{n+1}=j\,|X_n=i_n\}$$

1.3 转 移 概 率

对于马尔可夫链 $\{X_n,n\geqslant 0\}$, 描述它概率性质最重要的是它在时刻 m 的一步转移概率 $p_{ij}(m)=P\{X_{m+1}=j|\,X_m=i\},i,j\in S$.

马尔可夫链是描述某些特定的随机现象的数学模型, 而产生这种特定的随机现象的具体模型一般称为**系统**, 因此我们经常把事件 $\{X_m=i\}$ 说成是在时刻 m 时系统处于状态 i, 把 $P\{X_{m+1}=j|\,X_m=i\}$ 说成已知在时刻 m 时系统处于状态 i, 而在时刻 $m+1$ 时系统转移到状态 j 的概率等.

定义 1.6 设 $\{X_n,n\geqslant 0\}$ 是状态空间为 S 的马尔可夫链, 称

$$p_{ij}^{(n)}(m)=P\{X_{m+n}=j|\,X_m=i\},\quad i,j\in S$$

为系统在时刻 m 时处于状态 i 的条件下, 经 n 步转移到状态 j 的 n 步转移概率, 简称**时刻 m 的 n 步转移概率**.

显然, $p_{ij}^{(n)}(m)$ 具有下列性质:

(1) $p_{ij}^{(n)}(m) \geqslant 0, \quad i,j \in S$;

(2) $\sum\limits_{j\in S} p_{ij}^{(n)}(m) = \sum\limits_{j\in S} P\{X_{m+n}=j\,|X_m=i\} = 1, i \in S$.

上述性质说明了, 对于任意给定的 $i \in S$ 及 $m \geqslant 0, n \geqslant 1$, $\left\{p_{ij}^{(n)}(m), j \in S\right\}$ 是一个概率分布. 规定

(1) $p_{ij}^{(1)}(m) = p_{ij}(m)$;

(2) $p_{ij}^{(0)}(m) = \delta_{ij} = \begin{cases} 1, & i=j, \\ 0, & i \neq j. \end{cases}$

若 $p_{ij}^{(n)}(m)$ 与 m 无关, 则称 $\{X_n, n \geqslant 0\}$ 是**时齐的**或**齐次的马尔可夫链**. 此时, 记 $p_{ij}^{(n)} = p_{ij}^{(n)}(m), i,j \in S, n \geqslant 1$; 一步转移概率记为 $p_{ij} = p_{ij}^{(1)}, i,j \in S$.

对时齐的马尔可夫链 $\{X_n, n \geqslant 0\}$, 有

$$p_{ij}^{(n)} = P\{X_{m+n}=j\,|X_m=i\} = P\{X_n=j\,|X_0=i\}, i,j \in S, \forall m \geqslant 0$$

以下恒设马尔可夫链 $\{X_n, n \geqslant 0\}$ 是时齐的, 并简称为马尔可夫链.

性质 1.2 马尔可夫链 $\{X_n, n \geqslant 0\}$ 的 n 步转移概率 $p_{ij}^{(n)}$ 具有下列性质:

(1) $\forall i,j \in S, \ p_{ij}^{(n)} \geqslant 0$;

(2) $\forall i \in S, \sum\limits_{j\in S} p_{ij}^{(n)} = 1$.

定理 1.2 (Chapman-Kolmogorov) 设 $p_{ij}^{(n)}$ 是马尔可夫链 $\{X_n, n \geqslant 0\}$ 的 n 步转移概率, 则 $\forall i,j \in S, \ m,n \geqslant 0$, 有

$$p_{ij}^{(m+n)} = \sum_{k\in S} p_{ik}^{(m)} p_{kj}^{(n)} \quad \text{(C-K方程)}$$

证明
$$\begin{aligned}
p_{ij}^{(m+n)} &= P\{X_{m+n}=j\,|X_0=i\} = P\left\{\bigcup_{k\in S}\{X_m=k\}, X_{m+n}=j\,|X_0=i\right\} \\
&= P\left\{\bigcup_{k\in S}\{X_m=k, X_{m+n}=j\}\,|X_0=i\right\} \\
&= \sum_{k\in S} P\{X_m=k, X_{m+n}=j\,|X_0=i\} \\
&= \sum_{k\in S} P\{X_m=k\,|X_0=i\} P\{X_{m+n}=j\,|X_0=i, X_m=k\} \\
&= \sum_{k\in S} P\{X_m=k\,|X_0=i\} P\{X_{m+n}=j\,|X_m=k\}
\end{aligned}$$

$$= \sum_{k \in S} P\{X_m = k \mid X_0 = i\} P\{X_n = j \mid X_0 = k\} = \sum_{k \in S} p_{ik}^{(m)} p_{kj}^{(n)}$$

定理 1.3 马尔可夫链 $\{X_n, n \geqslant 0\}$ 的一步转移概率 p_{ij} 可以确定所有的 n 步转移概率 $p_{ij}^{(n)}$.

证明 由 C-K 方程, 显然.

记 $\boldsymbol{P}^{(n)} = (p_{ij}^{(n)})_{i,j \in S}, \boldsymbol{P} = \boldsymbol{P}^{(1)} = (p_{ij})_{i,j \in S}$. 称 $\boldsymbol{P}^{(n)}$ 为马尔可夫链 $\{X_n, n \geqslant 0\}$ 的 n 步转移矩阵, 称 $\boldsymbol{P}$ 为马尔可夫链 $\{X_n, n \geqslant 0\}$ 的 (一步) 转移矩阵. 此时, C-K 方程可表示为 $\boldsymbol{P}^{(m+n)} = \boldsymbol{P}^{(m)} \boldsymbol{P}^{(n)}$ 且 $\boldsymbol{P}^{(n)} = \boldsymbol{P}^n$.

定义 1.7 设 $\{X_n, n \geqslant 0\}$ 是马尔可夫链, 对任意的 $n \geqslant 0$, 称 $\pi_i(n) = P\{X_n = i\}$, $i \in S$ 为**绝对概率**. 特别地, 称 $\pi_i(0) = P\{X_0 = i\}, i \in S$ 为**初始概率**.

显然, 绝对概率和初始概率具有下列性质:

$$\begin{cases} \pi_i(n) \geqslant 0, \ i \in S, \\ \displaystyle\sum_{i \in S} \pi_i(n) = 1, \end{cases} \qquad \begin{cases} \pi_i(0) \geqslant 0, \ i \in S \\ \displaystyle\sum_{i \in S} \pi_i(0) = 1 \end{cases}$$

故对任意 $n \geqslant 0$, $\{\pi_i(n), i \in S\}$ 是概率分布, 通常称为**绝对(概率)分布**; 特别地, $\{\pi_i(0), i \in S\}$ 称为**初始(概率)分布**. 记 $\Pi(0) = \{\pi_i(0)\}_{i \in S}, \Pi(n) = \{\pi_i(n)\}_{i \in S}$.

定理 1.4 设 $\{X_n, n \geqslant 0\}$ 是马尔可夫链, 则它的任意有限维概率分布完全由初始分布和一步转移概率决定.

证明 对任意的 $n \geqslant 1$, 任意的整数 $0 \leqslant t_1 < t_2 < \cdots < t_n$ 及任意的 $i_1, i_2, \cdots, i_n \in S$, 有

$$\begin{aligned}
& P\{X_{t_1} = i_1, X_{t_2} = i_2, \cdots, X_{t_n} = i_n\} \\
= & P\left\{\bigcup_{i \in S} \{X_0 = i\}, X_{t_1} = i_1, X_{t_2} = i_2, \cdots, X_{t_n} = i_n\right\} \\
= & P\left\{\bigcup_{i \in S} \{X_0 = i, X_{t_1} = i_1, X_{t_2} = i_2, \cdots, X_{t_n} = i_n\}\right\} \\
= & \sum_{i \in S} P\{X_0 = i, X_{t_1} = i_1, X_{t_2} = i_2, \cdots, X_{t_n} = i_n\} \\
= & \sum_{i \in S} P\{X_0 = i\} P\{X_{t_1} = i_1 \mid X_0 = i\} P\{X_{t_2} = i_2 \mid X_0 = i, X_{t_1} = i_1\} \\
& \cdots P\left\{X_{t_n} = i_n \,\middle|\, X_0 = i, X_{t_1} = i_1, \cdots, X_{t_{n-1}} = i_{n-1}\right\} \\
= & \sum_{i \in S} P\{X_0 = i\} P\{X_{t_1} = i_1 \mid X_0 = i\} P\{X_{t_2} = i_2 \mid X_{t_1} = i_1\} \\
& \cdots P\left\{X_{t_n} = i_n \,\middle|\, X_{t_{n-1}} = i_{n-1}\right\} \\
= & \sum_{i \in S} \pi_i(0) p_{ii_1}^{(t_1)} p_{i_1 i_2}^{(t_2 - t_1)} \cdots p_{i_{n-1} i_n}^{(t_n - t_{n-1})}
\end{aligned}$$

再由定理 1.3 知本定理成立.

1.4 若干例子

定义 1.8 设 $\xi_0,\xi_1,\xi_2,\cdots$ 是取整数值的独立同分布的随机变量序列, 令 $X_n=\sum_{k=0}^{n}\xi_k$, 则称 $\{X_n,n\geqslant 0\}$ 为***随机游动***.

定理 1.5 随机游动 $\{X_n,n\geqslant 0\}$ 是时齐的马尔可夫链. (证明略)

例 1.1 (无限制的随机游动) 若随机游动 $\{X_n,n\geqslant 0\}$ 的状态空间为 $S=\{\cdots,-2,-1,0,1,2,\cdots\}$, 且转移概率为

$$p_{ij}=\begin{cases}p, & j=i+1,\\ q, & j=i-1, \qquad i,j\in S\\ 0, & \text{其他},\end{cases}$$

其中 $0<p<1,\ q=1-p$. 求 n 步转移概率 $p_{ij}^{(n)}$.

解 设在 n 步转移中, 向右移动 x 步, 向左移动 y 步, 则经 n 步从 i 到达 j, x 和 y 应满足 $x+y=n$, $x-y=j-i$. 所以

$$x=\frac{n+(j-i)}{2},\quad y=\frac{n-(j-i)}{2}$$

因 x,y 只能取正整数, 故 $n+(j-i)$ 与 $n-(j-i)$ 必须是偶数. 又因在 n 步转移中有 x 步向右移动, 故经 n 步转移由 i 到 j 共有 C_n^x 种方式, 于是

$$p_{ij}^{(n)}=\begin{cases}\mathrm{C}_n^{\frac{n+(j-i)}{2}}p^{\frac{n+(j-i)}{2}}q^{\frac{n-(j-i)}{2}}, & n+(j-i)\text{ 为偶数},\\ 0, & n+(j-i)\text{ 为奇数}.\end{cases}$$

特别地,

$$p_{ii}^{(n)}=\begin{cases}\mathrm{C}_n^{\frac{n}{2}}p^{\frac{n}{2}}q^{\frac{n}{2}}, & n\text{ 为偶数},\\ 0, & n\text{ 为奇数}.\end{cases}$$

例 1.2 (带有一个吸收壁的随机游动) 设 $\{X_n,n\geqslant 0\}$ 是随机游动, 其状态空间为 $S=\{0,1,2,\cdots\}$, 若转移概率为

$$p_{ij}=\begin{cases}1, & i=j=0, \qquad (\text{吸收状态})\\ p, & j=i+1, \qquad i,j\in S,0<p<1,p+q=1\\ q, & j=i-1,\\ 0, & \text{其他},\end{cases}$$

则称 $\{X_n, n \geqslant 0\}$ 为带有吸收壁 0 的随机游动. 其转移矩阵为

$$\boldsymbol{P} = \begin{pmatrix} 1 & 0 & 0 & 0 & \cdots \\ q & 0 & p & 0 & \cdots \\ 0 & q & 0 & p & \cdots \\ 0 & 0 & q & 0 & \cdots \\ \vdots & \vdots & \vdots & \vdots & \end{pmatrix}$$

例 1.3 (带有两个吸收壁的随机游动)　设 $\{X_n, n \geqslant 0\}$ 是随机游动, 其状态空间为 $S = \{0, 1, 2, \cdots, b\}$, 其转移概率为

$$p_{ij} = \begin{cases} 1, & i = j = 0, \qquad (\text{吸收状态}) \\ 1, & i = j = b, \qquad (\text{吸收状态}) \\ p, & j = i + 1, \qquad i, j \in S, 0 < p < 1, p + q = 1 \\ q, & j = i - 1, \\ 0, & \text{其他}, \end{cases}$$

其转移矩阵为

$$\boldsymbol{P} = \begin{pmatrix} 1 & 0 & 0 & 0 & \cdots & 0 & 0 & 0 \\ q & 0 & p & 0 & \cdots & 0 & 0 & 0 \\ 0 & q & 0 & p & \cdots & 0 & 0 & 0 \\ \vdots & \vdots & \vdots & \vdots & & \vdots & \vdots & \vdots \\ 0 & 0 & 0 & 0 & \cdots & q & 0 & p \\ 0 & 0 & 0 & 0 & \cdots & 0 & 0 & 1 \end{pmatrix}$$

例 1.4 (带有一个反射壁的随机游动)　设 $\{X_n, n \geqslant 0\}$ 是随机游动, 其状态空间为 $S = \{0, 1, 2, \cdots\}$, 其转移概率为

$$p_{ij} = \begin{cases} 1, & i = 0,\ j = 1, \qquad (\text{反射壁}) \\ p, & j = i + 1, \\ q, & j = i - 1, \qquad i, j \in S, 0 < p < 1, p + q = 1 \\ 0, & \text{其他}, \end{cases}$$

其转移矩阵为

$$\boldsymbol{P} = \begin{pmatrix} 0 & 1 & 0 & 0 & \cdots \\ q & 0 & p & 0 & \cdots \\ 0 & q & 0 & p & \cdots \\ 0 & 0 & q & 0 & \cdots \\ \vdots & \vdots & \vdots & \vdots & \end{pmatrix}$$

例 1.5 (带有两个反射壁的随机游动) 设 $\{X_n, n \geqslant 0\}$ 是随机游动, 其状态空间为 $\{X_n, n \geqslant 0\}$, 其转移概率为

$$p_{ij} = \begin{cases} 1, & i=0, j=1, & (\text{反射壁}) \\ 1, & i=b, j=b-1, & (\text{反射壁}) \\ p, & j=i+1, & i,j \in S, 0<p<1, p+q=1 \\ q, & j=i-1, & \\ 0, & \text{其他}, & \end{cases}$$

其转移矩阵为

$$\boldsymbol{P} = \begin{pmatrix} 0 & 1 & 0 & 0 & \cdots & 0 & 0 & 0 \\ q & 0 & p & 0 & \cdots & 0 & 0 & 0 \\ 0 & q & 0 & p & \cdots & 0 & 0 & 0 \\ \vdots & \vdots & \vdots & \vdots & & \vdots & \vdots & \vdots \\ 0 & 0 & 0 & 0 & \cdots & q & 0 & p \\ 0 & 0 & 0 & 0 & \cdots & 0 & 1 & 0 \end{pmatrix}$$

例 1.6 (带有弹性壁的随机游动) 设 $\{X_n, n \geqslant 0\}$ 是随机游动, 其状态空间为 $S = \{\cdots, -2, -1, 0, 1, 2, \cdots\}$, 其转移概率为

$$p_{ij} = \begin{cases} p, & j=i+1, & \\ r, & j=i, & (\text{弹射壁}) \\ q, & j=i-1, & i,j \in S, 0<p,q,r<1, p+q+r=1 \\ 0, & \text{其他}, & \end{cases}$$

其转移矩阵为

$$\boldsymbol{P} = \begin{pmatrix} \ddots & \ddots & & & \\ \ddots & r & p & & \\ & q & r & p & \\ & & q & r & \ddots \\ & & & \ddots & \ddots \end{pmatrix}$$

例 1.7 设 $\{X_n, n \geqslant 0\}$ 是只有两个状态 $(S = \{0, 1\})$ 的随机游动, 其转移矩阵为

$$\boldsymbol{P} = \begin{pmatrix} 1-p & p \\ q & 1-q \end{pmatrix}, \quad 0<p<1, 0<q<1$$

其中 $p+q$ 未必等于 1. 求 $\boldsymbol{P}^{(n)}$, $\lim\limits_{n\to\infty} \pi_0(n)$, $\lim\limits_{n\to\infty} \pi_1(n)$.

解 $\boldsymbol{P}^{(n)} = \begin{pmatrix} p_{00}^{(n)} & p_{01}^{(n)} \\ p_{10}^{(n)} & p_{11}^{(n)} \end{pmatrix}$, 由 C-K 方程, 得

$$\begin{aligned} p_{00}^{(n)} &= \sum_{k \in S} p_{0k}^{(n-1)} p_{k0} = p_{00}^{(n-1)} p_{00} + p_{01}^{(n-1)} p_{10} \\ &= (1-p) p_{00}^{(n-1)} + q(1 - p_{00}^{(n-1)}) = q + (1-p-q) p_{00}^{(n-1)} \\ &= \frac{q}{p+q} + \frac{p}{p+q}(1-p-q)^n \end{aligned}$$

同理可求 $p_{01}^{(n)}, p_{10}^{(n)}, p_{11}^{(n)}$, 故

$$\boldsymbol{P}^{(n)} = \begin{pmatrix} \dfrac{q}{p+q} + \dfrac{p}{p+q}(1-p-q)^n & \dfrac{p}{p+q} - \dfrac{p}{p+q}(1-p-q)^n \\ \dfrac{q}{p+q} - \dfrac{q}{p+q}(1-p-q)^n & \dfrac{p}{p+q} + \dfrac{q}{p+q}(1-p-q)^n \end{pmatrix}$$

设初始分布为 $\Pi(0) = \{\pi_0(0), \pi_1(0)\}$, 则

$$\begin{aligned} \pi_0(n) &= \pi_0(0) p_{00}^{(n)} + \pi_1(0) p_{10}^{(n)} \\ &= \pi_0(0) \left(\frac{q}{p+q} + \frac{p}{p+q}(1-p-q)^n \right) \\ &\quad + (1 - \pi_0(0)) \left(\frac{q}{p+q} - \frac{q}{p+q}(1-p-q)^n \right) \\ &= \frac{q}{p+q} + (1-p-q)^n \left(\pi_0(0) - \frac{p}{p+q} \right) \end{aligned}$$

故 $\lim\limits_{n \to \infty} \pi_0(n) = \dfrac{q}{p+q}$, 同理 $\lim\limits_{n \to \infty} \pi_1(n) = \dfrac{p}{p+q}$.

例 1.8 设 $\{X_n, n \geqslant 0\}$ 是马尔可夫链, 状态空间 $S = \{1, 2, 3\}$, 转移矩阵为

$$\boldsymbol{P} = \begin{pmatrix} 1/4 & 3/4 & 0 \\ 1/4 & 1/4 & 1/2 \\ 0 & 3/4 & 1/4 \end{pmatrix}$$

初始分布为 $\{\pi_1(0), \pi_2(0), \pi_3(0)\} = \{1/6, 1/2, 1/3\}$, 求

(1) 二步转移矩阵 $\boldsymbol{P}^{(2)}$;

(2) $P\{X_1 = 2,\ X_3 = 1\}$;

(3) $P\{X_3 = 2,\ X_2 \neq 2, X_1 \neq 2 \,|\, X_0 = 2\}$.

解 (1) $\boldsymbol{P}^{(2)} = \boldsymbol{P}^2 = \begin{pmatrix} 1/4 & 3/4 & 0 \\ 1/4 & 1/4 & 1/2 \\ 0 & 3/4 & 1/4 \end{pmatrix} \begin{pmatrix} 1/4 & 3/4 & 0 \\ 1/4 & 1/4 & 1/2 \\ 0 & 3/4 & 1/4 \end{pmatrix}$

$$= \begin{pmatrix} 1/4 & 3/8 & 3/8 \\ 1/8 & 5/8 & 1/4 \\ 3/16 & 3/8 & 7/16 \end{pmatrix}$$

(2) 由全概率公式、乘法公式、马氏性, 得

$$\begin{aligned} P\{X_1=2,\ X_3=1\} &= \sum_{i=1}^{3} P\{X_0=i\}P\{X_1=2, X_3=1\,|X_0=i\} \\ &= \sum_{i=1}^{3} P\{X_0=i\}P\{X_1=2\,|X_0=i\}\,P\{X_3=1\,|X_1=2\} \\ &= \sum_{i=1}^{3} \pi_i(0)p_{i2}p_{21}^{(2)} \quad (\text{注：也可直接由定理 1.4 得到}) \\ &= ((1/6)\times 3/4+(1/2)\times 1/4+(1/3)\times 3/4)\times 1/8=1/16 \end{aligned}$$

(3) 由加法公式、乘法公式、马氏性, 得

$$\begin{aligned} &P\{X_3=2,\ X_2\neq 2, X_1\neq 2\,|X_0=2\} \\ &= P\{X_3=2,\ X_2=1, X_1=1\,|X_0=2\}+P\{X_3=2,\ X_2=3, X_1=1\,|X_0=2\} \\ &\quad +P\{X_3=2,\ X_2=1, X_1=3\,|X_0=2\}+P\{X_3=2,\ X_2=3, X_1=3\,|X_0=2\} \\ &= p_{21}p_{11}p_{12}+p_{21}p_{13}p_{32}+p_{23}p_{31}p_{12}+p_{23}p_{33}p_{32} \\ &= (1/4)\times(1/4)\times 3/4+0+0+(1/2)\times(1/4)\times 3/4=\frac{9}{64} \end{aligned}$$

例 1.9 设随机游动 $\{X_n, n\geqslant 0\}$ 的状态空间 $S=\{0,1,2,\cdots,b\}$, 其中 0 和 b 是吸收壁, 初始状态为 a, 转移概率为

$$p_{ij}=\begin{cases} 1, & i=j=0 \text{ 或 } i=j=b, \qquad (\text{吸收状态}) \\ p, & j=i+1, \\ q, & j=i-1, \qquad\qquad 0<p<1, q=1-p \\ 0, & \text{其他}, \end{cases}$$

求质点被 0 点吸收的概率.

解 设 u_i 表示质点初始位置为 i 而被 0 点吸收的概率, 则

$$u_0=1, \quad u_b=0, \quad u_i=pu_{i+1}+qu_{i-1}, \quad i=1,2,\cdots,b-1$$

由于 $p+q=1$, 故 $p(u_{i+1}-u_i)=q(u_i-u_{i-1})$.

(1) 若 $p=q=1/2$, 则 $u_{i+1}-u_i=u_i-u_{i-1}=C$(常数), 故 $u_i=C+u_{i-1}, u_i=iC+u_0$. 因 $u_0=1, u_b=0$, 故 $C=-1/b$, 从而 $u_i=-i/b+1$, 因此 $u_a=1-a/b$.

(2) 若 $p \neq q$, 则

$$u_{i+1} - u_i = (q/p)(u_i - u_{i-1}) = \cdots = (q/p)^i(u_1 - 1)$$
$$u_{i+1} = u_i + (q/p)^i(u_1 - 1)$$

从而

$$u_b = u_{b-1} + (q/p)^{b-1}(u_1 - 1)$$
$$u_{b-1} = u_{b-2} + (q/p)^{b-2}(u_1 - 1)$$
$$\cdots\cdots$$
$$u_1 = u_0 + (q/p)^0(u_1 - 1)$$

上述等式相加, 得 $u_b = u_0 + \dfrac{1-(q/p)^b}{1-(q/p)}(u_1 - 1)$, 所以

$$u_1 - 1 = -\frac{1-(q/p)}{1-(q/p)^b}$$

故

$$\begin{aligned} u_a &= u_0 + \frac{1-(q/p)^a}{1-(q/p)}(u_1 - 1) \\ &= 1 + \frac{1-(q/p)^a}{1-(q/p)}\left(-\frac{1-(q/p)}{1-(q/p)^b}\right) \\ &= 1 - \frac{1-(q/p)^a}{1-(q/p)^b} \end{aligned}$$

1.5　状态的分类

设 $\{X_n, n \geqslant 0\}$ 是马氏链, S 为状态空间, p_{ij} 为转移概率.

定义 1.9　设 $A \subset S$, 令

$$T_A = \begin{cases} \min\{n | X_n \in A, n \geqslant 1\}, & \exists n \geqslant 1, \text{ 使 } X_n \in A, \\ +\infty, & \forall n \geqslant 1, \text{ 有 } X_n \notin A \end{cases}$$

称 T_A 为 $\{X_n, n \geqslant 0\}$首达 A 的时刻 (或 A 的首达时), T_A 是随机变量, 其可能值为 $1, 2, \cdots, +\infty$. 当 A 为单点集 $\{j\}$ 时, 记 $T_{\{j\}}$ 为 T_j. 令

$$f_{ij}^{(n)} = P\{T_j = n | X_0 = i\}, \quad n \geqslant 1$$

则 $f_{ij}^{(n)}$ 表示系统从状态 i 出发, 经 n 步首次到达状态 j 的概率.

利用乘法公式、马氏性易知

$$\begin{aligned} f_{ij}^{(n)} &= P\{X_1 \neq j, X_2 \neq j, \cdots, X_{n-1} \neq j, X_n = j | X_0 = i\} \\ &= \sum_{i_1 \neq j}\sum_{i_2 \neq j}\cdots\sum_{i_{n-1} \neq j} p_{ii_1}p_{i_1i_2}\cdots p_{i_{n-1}j}, \quad n \geqslant 1 \end{aligned}$$

$f_{ii}^{(n)}$ 表示系统从 i 出发, 经 n 步首次返回 i 的概率. 下面的定理是联系转移概率 $p_{ij}^{(n)}$ 和首达概率 $f_{ij}^{(n)}$ 之间关系的常用定理.

定理 1.6　对任意状态 $i,j\in S,n\geqslant 1$, 有 $p_{ij}^{(n)}=\sum\limits_{m=1}^{n}f_{ij}^{(m)}p_{jj}^{(n-m)}$.

证明　
$$
\begin{aligned}
p_{ij}^{(n)}&=P\{X_n=j\,|X_0=i\}=P\{T_j\leqslant n,\ X_n=j\,|X_0=i\}\\
&=P\left\{\bigcup_{m=1}^{n}\{T_j=m\},\ X_n=j\,|X_0=i\right\}\\
&=P\left\{\bigcup_{m=1}^{n}\{T_j=m,X_n=j\}\ |X_0=i\right\}\\
&=\sum_{m=1}^{n}P\{T_j=m,X_n=j\ |X_0=i\}\\
&=\sum_{m=1}^{n}P\{T_j=m\ |X_0=i\}P\{X_n=j\ |X_0=i,T_j=m\}\\
&=\sum_{m=1}^{n}f_{ij}^{(m)}P\{X_n=j\ |X_0=i,X_1\neq j,\ \cdots,\ X_{m-1}\neq j,\ X_m=j\}\\
&=\sum_{m=1}^{n}f_{ij}^{(m)}P\{X_n=j\ |X_m=j\}=\sum_{m=1}^{n}f_{ij}^{(m)}P\{X_{n-m}=j\ |X_0=j\}\\
&=\sum_{m=1}^{n}f_{ij}^{(m)}p_{jj}^{(n-m)}
\end{aligned}
$$

令
$$
f_{ij}=\sum_{n=1}^{\infty}f_{ij}^{(n)}=\sum_{n=1}^{\infty}P\{T_j=n\,|X_0=i\}=P\{T_j<\infty\,|X_0=i\}
$$
则 f_{ij} 表示系统从状态 i 出发, 经有限次到达状态 j 的概率 (也可以说成系统从状态 i 出发, 迟早要到达状态 j 的概率). 显然, 有
$$
0\leqslant f_{ij}^{(n)}\leqslant p_{ij}^{(n)}\leqslant f_{ij}\leqslant 1
$$
特别地, f_{ii} 表示从状态 i 出发, 迟早要返回状态 i 的概率.

定义 1.10　若 $f_{ii}=1$, 则称 i 是常返状态; 若 $f_{ii}<1$, 则称 i 是非常返状态或滑过状态 (显然, 吸收状态是常返状态).

对于常返状态 i, 因 $f_{ii}=P\{T_i<\infty\,|X_0=i\}=1$, 故从状态 i 出发必定要返回它自身.

记 $S_R=\{i|i\in S,f_{ii}=1\},S_N=\{i|i\in S,f_{ii}<1\}$, 则 $S=S_R\cup S_N,S_R\cap S_N=\varnothing$.

例 1.10　设马氏链 $\{X_n,n\geqslant 0\}$ 的状态空间为 $S=\{1,2,3,4\}$, 转移矩阵为

$$
\boldsymbol{P} = \begin{pmatrix} 1/4 & 0 & 1/4 & 1/2 \\ 0 & 1/2 & 1/2 & 0 \\ 0 & 1 & 0 & 0 \\ 0 & 0 & 0 & 1 \end{pmatrix}
$$

试判别状态的常返性.

解　$f_{11}^{(1)} = 1/4,\ f_{11}^{(n)} = 0,\ (n \geqslant 2),\ f_{11} = 1/4.$
$f_{22}^{(1)} = 1/2,\ f_{22}^{(2)} = 1/2,\ f_{22}^{(n)} = 0\ \ (n \geqslant 3),\ f_{22} = 1.$
$f_{33}^{(1)} = 0,\ f_{33}^{(2)} = 1/2,\ f_{33}^{(3)} = (1/2)^2, \cdots,\ f_{33} = 1.$
$f_{44}^{(1)} = 1,\ f_{44}^{(n)} = 0\ \ (n \geqslant 2),\ f_{44} = 1.$
故 $S_R = \{2, 3, 4\},\quad S_N = \{1\}$.

记 $\mu_{ij} = E(T_j\,|X_0 = i),\ \mu_i = E(T_i\,|X_0 = i)$, 则 μ_{ij} 表示系统从状态 i 出发, 首达状态 j 的平均时间; μ_i 表示系统从状态 i 出发, 首次返回 i 的平均时间. 记 N_j 表示系统经过 j 的次数, N_j 是随机变量, $I_j(X_n)$ 表示系统在时刻 n 经过状态 j 的次数, 即

$$
I_j(X_n) = \begin{cases} 1, & X_n = j, \\ 0, & X_n \neq j \end{cases} \qquad (n \geqslant 1)
$$

则 $N_j = \sum\limits_{n=1}^{\infty} I_j(X_n)$.

记 $m_{ij} = E(N_j\,|X_0 = i), m_i = E(N_i\,|X_0 = i)$, 则 m_{ij} 表示系统从状态 i 出发, 经过状态 j 的平均次数; m_i 表示系统从状态 i 出发, 返回状态 i 的平均次数.

定理 1.7　设 $i, j \in S$, 则 $m_{ij} = \sum\limits_{n=1}^{\infty} p_{ij}^{(n)}, m_i = \sum\limits_{n=1}^{\infty} p_{ii}^{(n)}$.

证明

$$
\begin{aligned}
m_{ij} = E(N_j\,|X_0 = i) &= E\left(\sum_{n=1}^{\infty} I_j(X_n)|X_0 = i\right) \\
&= \sum_{n=1}^{\infty} E(I_j(X_n)\,|X_0 = i) \\
&= \sum_{n=1}^{\infty} P(X_n = j\,|X_0 = i) = \sum_{n=1}^{\infty} p_{ij}^{(n)}
\end{aligned}
$$

$$
m_i = E(N_i\,|X_0 = i) = \sum_{n=1}^{\infty} p_{ii}^{(n)}
$$

定理 1.8　设 $i, j \in S$, 则 $P\{N_j = \infty\,|X_0 = i\} = \begin{cases} f_{ij}, & j \in S_R, \\ 0, & j \in S_N. \end{cases}$

证明 $P\{N_j=\infty\,|X_0=i\}=P\left\{\bigcap_{n=1}^{\infty}\{N_j\geqslant n\}\,|X_0=i\right\}=\lim_{n\to\infty}P\{N_j\geqslant n\,|X_0=i\}$

而

$$\begin{aligned}
P\{N_j\geqslant n\,|X_0=i\}&=P\left\{\bigcup_{m=1}^{\infty}\{T_j=m\},N_j\geqslant n\,|X_0=i\right\}\\
&=\sum_{m=1}^{\infty}P\{T_j=m,N_j\geqslant n\,|X_0=i\}\\
&=\sum_{m=1}^{\infty}P\{T_j=m\,|X_0=i\}P\{N_j\geqslant n\,|X_0=i,T_j=m\}\\
&=\sum_{m=1}^{\infty}f_{ij}^{(m)}P\{N_j\geqslant n-1\,|X_0=j\}=f_{ij}P\{N_j\geqslant n-1\,|X_0=j\}\\
&=f_{ij}f_{jj}P\{N_j\geqslant n-2\,|X_0=j\}=f_{ij}(f_{jj})^{n-1}P\{N_j\geqslant 0\,|X_0=j\}\\
&=f_{ij}(f_{jj})^{n-1}
\end{aligned}$$

故

$$P\{N_j=\infty\,|X_0=i\}=\lim_{n\to\infty}f_{ij}(f_{jj})^{n-1}=\begin{cases}f_{ij}, & j\in S_R,\\ 0, & j\in S_N\end{cases}$$

推论 1.1 设 $i\in S$, 则 $P\{N_i=\infty\,|X_0=i\}=\begin{cases}1, & i\in S_R,\\ 0, & i\in S_N.\end{cases}$

推论 1.1 说明了定义 1.10 的合理性, 即如果状态 i 是常返的, 则以概率 1, 系统无穷次返回状态 i; 如果状态 i 是非常返的, 则以概率 1, 系统只有有限次返回状态 i, 亦即系统无穷次返回状态 i 的概率为 0.

定理 1.9 设 $i,j\in S$, 则

$$m_{ij}=E(N_j\,|X_0=i)=\begin{cases}0, & j\in S_R, f_{ij}=0,\\ \infty, & j\in S_R, f_{ij}>0,\\ f_{ij}/(1-f_{jj}), & j\in S_N\end{cases}$$

证明 (1) 若 $j\in S_R, f_{ij}=0$, 则 $\forall n\geqslant 1$, 有 $f_{ij}^{(n)}=0$. 由定理 1.6 知, $\forall n\geqslant 1$, 有 $p_{ij}^{(n)}=0$, 所以 $m_{ij}=E(N_j\,|X_0=i)=0$.

(2) 若 $j\in S_R, f_{ij}>0$, 则由定理 1.8 知, $P\{N_j=\infty\,|X_0=i\}>0$, 所以 $m_{ij}=E(N_j\,|X_0=i)=\infty$.

(3) 若 $j\in S_N$, 则由定理 1.8 知, $P\{N_j=\infty\,|X_0=i\}=0$, 所以

$$\begin{aligned}
m_{ij}=E(N_j\,|X_0=i)&=\sum_{n=1}^{\infty}nP\{N_j=n\,|X_0=i\}\\
&=\sum_{n=1}^{\infty}n\left[P\{N_j\geqslant n\,|X_0=i\}-P\{N_j\geqslant n+1\,|X_0=i\}\right]
\end{aligned}$$

$$=\sum_{n=1}^{\infty} n\left[f_{ij}(f_{jj})^{n-1}-f_{ij}(f_{jj})^{n}\right]=f_{ij}(1-f_{jj})\sum_{n=1}^{\infty} n(f_{jj})^{n-1}$$

$$=f_{ij}(1-f_{jj})\left[\sum_{n=1}^{\infty}(f_{jj})^{n}\right]'=f_{ij}/(1-f_{jj})$$

推论 1.2 设 $i\in S$, 则 $m_i=E(N_i\,|X_0=i)=\begin{cases}\infty, & i\in S_R,\\ f_{ii}/(1-f_{ii}), & i\in S_N.\end{cases}$

定义 1.11 设 $i,j\in S$, 若 $\exists n\geqslant 1$, 使 $p_{ij}^{(n)}>0$, 则称状态 i 可达状态 j, 记为 $i\to j$; 若 $\forall n\geqslant 1$, 有 $p_{ij}^{(n)}=0$, 则称状态 i 不可达状态 j, 记为 $i\not\to j$; 若 $i\to j$ 且 $j\to i$, 则称状态 i 和状态j 相通 (或互通), 记为 $i\leftrightarrow j$.

定理 1.10 (1) 若 $i\to k$ 且 $k\to j$, 则 $i\to j$;

(2) 若 $i\leftrightarrow k$ 且 $k\leftrightarrow j$, 则 $i\leftrightarrow j$.

证明 (1) 因为 $i\to k$ 且 $k\to j$, 所以 $\exists m\geqslant 1,n\geqslant 1$, 使得 $p_{ik}^{(m)}>0,p_{kj}^{(n)}>0$. 由 C-K 方程, 有 $p_{ij}^{(m+n)}=\sum\limits_{l\in S}p_{il}^{(m)}p_{lj}^{(n)}\geqslant p_{ik}^{(m)}p_{kj}^{(n)}>0$, 故 $i\to j$.

(2) 由 (1) 易知 (2) 成立.

定理 1.11 设 $i,j\in S$, 则 (1) $i\to j\Leftrightarrow f_{ij}>0$;

(2) $i\leftrightarrow j\Leftrightarrow f_{ij}f_{ji}>0$.

证明 只证明 (1).

$\Rightarrow$ 设 $i\to j$, 则 $\exists n\geqslant 1$, 使 $p_{ij}^{(n)}>0$, 而

$$p_{ij}^{(n)}=\sum_{m=1}^{n} f_{ij}^{(m)}p_{jj}^{(n-m)}$$

因此, $f_{ij}^{(1)},f_{ij}^{(2)},\cdots,f_{ij}^{(n)}$ 中至少有一个大于 0, 从而 $f_{ij}=\sum\limits_{m=1}^{\infty}f_{ij}^{(m)}>0$.

$\Leftarrow$ 设 $f_{ij}>0$, 因为 $f_{ij}=\sum\limits_{m=1}^{\infty}f_{ij}^{(m)}$, 所以 $\exists n\geqslant 1$, 使 $f_{ij}^{(n)}>0$, 故

$$p_{ij}^{(n)}=\sum_{m=1}^{n} f_{ij}^{(m)}p_{jj}^{(n-m)}\geqslant f_{ij}^{(n)}p_{jj}^{(0)}=f_{ij}^{(n)}>0$$

即 $i\to j$.

定理 1.12 (1) $i\in S_R\Leftrightarrow\sum\limits_{n=1}^{\infty}p_{ii}^{(n)}=+\infty$;

(2) $i\in S_N\Leftrightarrow\sum\limits_{n=1}^{\infty}p_{ii}^{(n)}<\infty$, 这时必有 $\lim\limits_{n\to\infty}p_{ii}^{(n)}=0$;

(3) 若 $i,j \in S, i \in S_R, i \to j$, 则 $j \in S_R$, 且 $f_{ii}=f_{ij}=f_{ji}=f_{jj}=1$.

证明 由定理 1.7 及定理 1.9 的推论 1.2 即知 (1) 和 (2); (3) 的证明略.

对于常返状态, 即 $i \in S_R$. 由于 $f_{ii}=\sum\limits_{n=1}^{\infty} f_{ii}^{(n)}=1$, 所以 $\left\{f_{ii}^{(n)}, n \geqslant 1\right\}$ 是一个概率分布, 故

$$\mu_i = E(T_i|X_0=i) = \sum_{n=1}^{\infty} nP\{T_i=n|X_0=i\} = \sum_{n=1}^{\infty} nf_{ii}^{(n)}$$

易知 $\mu_i \geqslant 1$.

定义 1.12 设状态 i 是常返的, 即 $i \in S_R$. 若 $\mu_i<\infty$, 则称 i 是**正常返的**; 若 $\mu_i=\infty$, 则称 i 是**零常返的**. 记 $S_R^+=\{i|i \in S_R, \mu_i<\infty\}$, $S_R^0=\{i|i \in S_R, \mu_i=\infty\}$.

定义 1.13 (1) 设 $C \subset S$, 若 $\forall i \in C, j \in S-C$, 有 $i \not\to j$, 则称 C 是**闭集**;

(2) 设 $C \subset S$, 若 $\forall i,j \in C$, 都有 $i \to j$, 则称 C 是**不可约的**;

(3) 若 S 是不可约的, 则称马氏链 $\{X_n, n \geqslant 0\}$ 是**不可约的** (即 $\forall i,j \in S \Rightarrow i \to j$).

定理 1.13 设 $C \subset S$, 则下列各条等价:

(1) C 是闭集;

(2) $\forall i \in C,\ j \notin C,\ \ n \geqslant 1 \Rightarrow p_{ij}^{(n)}=0$;

(3) $\forall i \in C,\ j \notin C \Rightarrow f_{ij}=0$.

注 1.3 (1) 若 C 是闭集, 则 $\forall i \in C,\ n \geqslant 1$, 有 $\sum\limits_{j \in C} p_{ij}^{(n)}=1$.

(2) 整个状态空间 S 是闭集, 是最大的闭集; 吸收状态 $\{i\}$(即 $p_{ii}=1$) 是闭集, 是最小的闭集.

定理 1.14 S_R, S_R^+, S_R^0 都是闭集.

证明 设 $i \in S_R, j \notin S_R$. 若 $f_{ij}>0$, 则 $i \to j$, 故 $j \in S_R$. 矛盾, 从而 $f_{ij}=0$, 由定理 1.13, 知 S_R 是闭集. S_R^+, S_R^0 为闭集. 证明略.

例 1.11 设 $\{X_n, n \geqslant 0\}$ 是马尔可夫链, 状态空间为 $S=\{1,2,3,4,5\}$, 转移矩阵为

$$\boldsymbol{P}=\begin{pmatrix} 1/2 & 0 & 0 & 1/2 & 0 \\ 1/2 & 0 & 1/2 & 0 & 0 \\ 0 & 0 & 1 & 0 & 0 \\ 1 & 0 & 0 & 0 & 0 \\ 0 & 1 & 0 & 0 & 0 \end{pmatrix}$$

状态空间 $S=\{1,2,3,4,5\}$ 中是否含有真的不可约的闭子集? $\{X_n, n \geqslant 0\}$ 是否为不可约马尔可夫链.

解 易知, 状态 3 是吸收状态, 故 $\{3\}$ 是闭集; $\{1,4\}, \{1,3,4\}, \{1,2,3,4\}$ 均是闭集, 其中 $\{3\}, \{1,4\}$ 均是不可约的; 因为 S 含有真的闭子集, 所以 $\{X_n, n \geqslant 0\}$ 为非不可约马尔可夫链.

例 1.12 设马尔可夫链 $\{X_n, n \geqslant 0\}$ 的状态空间为 $S = \{1, 2, \cdots, 9\}$, 状态之间的转移概率如图 1.5.1 所示. 由该图可见：自状态 1 出发, 再返回状态 1 的可能步数为

$$T = \{4, 6, 8, 10, \cdots\}$$

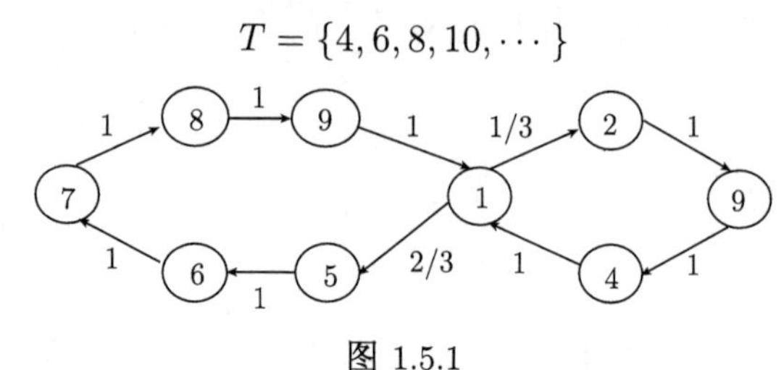

图 1.5.1

显然, T 的最大公约数为 2. 但 $2 \notin T$, 即自状态 1 出发经过 2 步不能返回状态 1. 但我们仍把 2 定义为状态 2 的周期.

定义 1.14 设马尔可夫链 $\{X_n, n \geqslant 0\}$ 的状态空间为 S, n 步转移概率为 $p_{ij}^{(n)}$, 对于 $i \in S$, 若集合 $\left\{n | n \geqslant 1, p_{ii}^{(n)} > 0\right\}$ 非空, 则称该集合的最大公约数

$$d = d(i) \triangleq \text{G.C.D}\left\{n | n \geqslant 1, p_{ii}^{(n)} > 0\right\}$$

为状态 i 的周期. 如果 $d > 1$, 称状态 i 为周期的; 如果 $d = 1$, 称状态 i 为非周期的. 若 $\left\{n | n \geqslant 1, p_{ii}^{(n)} > 0\right\}$ 是空集, 则不对状态 i 定义周期.

由定义 1.14 知, 如果状态 i 有周期 d, 则对一切 $n \neq 0\,[\text{mod}(d)]$, 都有 $p_{ii}^{(n)} = 0$. 但这并不是说对任意的 nd, 都有 $p_{ii}^{(nd)} > 0$. 如在例 1.12 中, 状态 1 的周期 $d = 2$, 但 $p_{11}^{(2)} = 0$. 然而有如下结论：

定理 1.15 设状态 i 的周期为 d, 则存在正整数 M, 对一切 $n \geqslant M$, 有 $p_{ii}^{(nd)} > 0$.

证明 略 (证明用到了初等数论的知识).

定理 1.16 设状态 $i \in S$, 如果集合 $\left\{n | n \geqslant 1, f_{ii}^{(n)} > 0\right\}$ 非空, 则

$$\text{G.C.D}\left\{n | n \geqslant 1, p_{ii}^{(n)} > 0\right\} = \text{G.C.D}\left\{n | n \geqslant 1, f_{ii}^{(n)} > 0\right\}$$

证明 记 $d = \text{G.C.D}\left\{n | n \geqslant 1, p_{ii}^{(n)} > 0\right\}$, $c = \text{G.C.D}\left\{n | n \geqslant 1, f_{ii}^{(n)} > 0\right\}$, 由定理 1.6 有

$$p_{ii}^{(n)} = \sum_{m=1}^{n} f_{ii}^{(m)} p_{ii}^{(n-m)} \geqslant f_{ii}^{(n)} p_{ii}^{(0)} = f_{ii}^{(n)}$$

从而 $\left\{n | n \geqslant 1, p_{ii}^{(n)} > 0\right\} \supset \left\{n | n \geqslant 1, f_{ii}^{(n)} > 0\right\}$, 于是有 $1 \leqslant d \leqslant c$. 如果 $c = 1$, 则 $d = c = 1$. 如果 $c > 1$, 只需证明 $d \geqslant c$, 为此只需证明 c 是 $\left\{n | n \geqslant 1, p_{ii}^{(n)} > 0\right\}$ 的公约数即可. 换言之, 只需证明对于一切 $n \neq 0\,[\text{mod}(c)]$, 都有 $p_{ii}^{(n)} = 0$.

实际上, 由 c 的定义知, 当 $1 \leqslant r < c$ 时, 有 $f_{ii}^{(r)} = 0$. 于是, 对 $1 \leqslant n < c$, 有

$$p_{ii}^{(n)} = \sum_{m=1}^{n} f_{ii}^{(m)} p_{ii}^{(n-m)} = \sum_{m=1}^{n} 0 \cdot p_{ii}^{(n-m)} = 0$$

现假设当 $n = kc + r, k = 0, 1, 2, \cdots, N-1$ 时, 有 $p_{ii}^{(n)} = 0$. 注意到 $n \neq 0\,[\bmod(c)]$ 时, 有 $f_{ii}^{(n)} = 0$, 则由定理 1.6 得

$$\begin{aligned} p_{ii}^{(Nc+r)} &= \sum_{m=1}^{Nc+r} f_{ii}^{(m)} p_{ii}^{(Nc+r-m)} \\ &= f_{ii}^{(c)} p_{ii}^{(Nc+r-c)} + f_{ii}^{(2c)} p_{ii}^{(Nc+r-2c)} + \cdots + f_{ii}^{(Nc)} p_{ii}^{(r)} = 0 \end{aligned}$$

于是, 由归纳法知, 当 $n \neq 0\,[\bmod(c)]$ 时, 有 $p_{ii}^{(n)} = 0$.

定理 1.17 设状态 i 常返且有周期 d, 则 $\lim\limits_{n\to\infty} p_{ii}^{(nd)} = d/\mu_i$ (其中 μ_i 为状态 i 的首次返回平均时间, 当 $\mu_i = \infty$ 时, 约定 $d/\mu_i = 0$).

证明 见文献 (胡迪鹤, 1983).

定义 1.15 非周期的正常返状态称为*遍历状态*.

定理 1.18 设 i 是常返状态, 则

(1) i 是零常返状态 $\Leftrightarrow \lim\limits_{n\to\infty} p_{ii}^{(n)} = 0$;

(2) i 是遍历状态 $\Leftrightarrow \lim\limits_{n\to\infty} p_{ii}^{(n)} = 1/\mu_i > 0$.

证明 (1) 设 i 是零常返状态, 则 $\mu_i = \infty$, 由定理 1.17, 得 $\lim\limits_{n\to\infty} p_{ii}^{(nd)} = 0$, 而当 $n \neq 0\,[\bmod(d)]$ 时, 有 $p_{ii}^{(n)} = 0$, 于是得 $\lim\limits_{n\to\infty} p_{ii}^{(n)} = 0$. 反之, 设 $\lim\limits_{n\to\infty} p_{ii}^{(n)} = 0$, 假设 i 是正常返状态, 则 $\mu_i < \infty$, 于是由定理 1.17, 得 $\lim\limits_{n\to\infty} p_{ii}^{(nd)} > 0$, 矛盾.

(2) 设 $\lim\limits_{n\to\infty} p_{ii}^{(n)} = 1/\mu_i > 0$, 由 (1) 知, i 不能是零常返状态, 从而只能是正常返状态. 由定理 1.17, 得 $\lim\limits_{n\to\infty} p_{ii}^{(nd)} = d/\mu_i$, 注意到 $\lim\limits_{n\to\infty} p_{ii}^{(nd)} = \lim\limits_{n\to\infty} p_{ii}^{(n)}$, 得 $d = 1$, 所以, i 是遍历状态. 反之, 由定理 1.17, 结论是显然的.

定理 1.19 设状态 $i, j \in S$, 且 $i \leftrightarrow j$, 则

(1) i 与 j 同为常返状态或同为非常返状态; 如果同为常返状态, 则它们同为正常返状态或同为零常返状态.

(2) i 与 j 有相同的周期.

证明 (1) 由于 $i \leftrightarrow j$, 由可达的定义知存在 $l \geqslant 1$ 和 $n \geqslant 1$, 使得

$$p_{ij}^{(l)} = \alpha > 0, \quad p_{ji}^{(n)} = \beta > 0$$

由 C-K 方程, 对任意的 $m \geqslant 1$, 总有

$$p_{ii}^{(l+m+n)} \geqslant p_{ij}^{(l)} p_{jj}^{(m)} p_{ji}^{(n)} = \alpha\beta p_{jj}^{(m)}, \quad p_{jj}^{(l+m+n)} \geqslant p_{ji}^{(n)} p_{ii}^{(m)} p_{ij}^{(l)} = \alpha\beta p_{ii}^{(m)}$$

将上式两边从 1 到 ∞ 求和, 得

$$\sum_{m=1}^{\infty} p_{ii}^{(l+m+n)} \geqslant \alpha\beta \sum_{m=1}^{\infty} p_{jj}^{(m)}, \quad \sum_{m=1}^{\infty} p_{jj}^{(l+m+n)} \geqslant \alpha\beta \sum_{m=1}^{\infty} p_{ii}^{(m)}$$

可见, $\sum_{k=1}^{\infty} p_{ii}^{(k)}$ 与 $\sum_{k=1}^{\infty} p_{jj}^{(k)}$ 相互控制, 所以它们同为无穷或同为有限. 由定理 1.12 知, i 与 j 同为常返状态或同为非常返状态.

若 i 与 j 同为常返状态, 在以上的不等式中取上极限, 令 $m \to \infty$, 得

$$\overline{\lim_{m\to\infty}} p_{ii}^{(l+m+n)} \geqslant \alpha\beta \overline{\lim_{m\to\infty}} p_{jj}^{(m)}, \quad \overline{\lim_{m\to\infty}} p_{jj}^{(l+m+n)} \geqslant \overline{\lim_{m\to\infty}} \alpha\beta p_{ii}^{(m)}$$

因此, $\overline{\lim_{k\to\infty}} p_{ii}^{(k)}$ 与 $\overline{\lim_{k\to\infty}} p_{jj}^{(k)}$ 同为正或同为零. 由定理 1.18 知, i 与 j 同为正常返状态或同为零常返状态.

(2) 设状态 i 的周期为 d, 状态 j 的周期为 c. 因为 $p_{ij}^{(l)} = \alpha > 0, p_{ji}^{(n)} = \beta > 0$, 所以对任一使 $p_{jj}^{(m)} > 0$ 的 m, 必有 $p_{ii}^{(l+m+n)} \geqslant p_{ij}^{(l)} p_{jj}^{(m)} p_{ji}^{(n)} = \alpha\beta p_{jj}^{(m)} > 0$, 从而 d 可除尽 $l+m+n$. 又因为 $p_{ii}^{(l+n)} \geqslant p_{ij}^{(l)} p_{ji}^{(n)} = \alpha\beta > 0$, 所以 d 也可除尽 $l+n$. 因此, d 可除尽 m. 这说明 $d \leqslant c$. 同理可证 $d \geqslant c$. 故 $d = c$, 即状态 i 与 j 有相同的周期.

注 1.4　状态的常返性与马尔可夫链的初始分布是无关的.

定理 1.20　状态空间 S 可唯一地分解成有限个或可列无穷个互不相交的子集之和, 即 $S = S_N \cup S_R^{(1)} \cup S_R^{(2)} \cup \cdots$, 且使得

(1) 每个 $S_R^{(k)}$ 是常返状态组成的不可约闭集;

(2) $S_R^{(k)}$ 中的状态或全是正常返状态, 或全是零常返状态, 且有相同的周期;

(3) S_N 是由全体非常返状态组成, 自 $S_R^{(k)}$ 中的状态不能到达 S_N 中的状态.

定理 1.21　周期为 d 的不可约马尔可夫链, 其状态空间 S 可唯一地分解为 d 个互不相交的子集之和, 即 $S = S_0 \cup S_1 \cup S_2 \cup \cdots \cup S_{d-1}$, 且使得自 S_r 中任一状态出发, 经一步转移必进入 S_{r+1} 中, $r = 0, 1, 2, \cdots, d-1$ (约定 $S_d = S_0$).

证明　(1) 任意取定一状态 $i \in S$, 令

$$S_r = \left\{ j | \ \exists n \geqslant 0, \ 使 \ p_{ij}^{(nd+r)} > 0 \right\}, \quad r = 0, 1, 2, \cdots, d-1$$

因 S 是不可约的, 即 S 中的状态是互通的, 故 $\bigcup_{r=0}^{d-1} S_r = S$.

(2) 若 $\exists j \in S_r \cap S_t (r \neq t)$, 由定义知, 必存在非负整数 n 和 m 使得 $p_{ij}^{(nd+r)} > 0$, $p_{ij}^{(md+t)} > 0$. 又由于 $j \leftrightarrow i$, 必存在正整数 h, 使 $p_{ji}^{(h)} > 0$, 于是由 C-K 方程, 有

$$p_{ii}^{(nd+r+h)} \geqslant p_{ij}^{(nd+r)} p_{ji}^{(h)} > 0, \quad p_{ii}^{(md+t+h)} \geqslant p_{ij}^{(md+t)} p_{ji}^{(h)} > 0$$

所以, d 能除尽 $nd+r+h$, 又能除尽 $md+t+h$, 从而 d 能除尽

$$(nd+r+h)-(md+t+h)=(n-m)d+r-t$$

故 d 能除尽 $r-t$, 注意到 $0\leqslant r\leqslant d-1, 0\leqslant t\leqslant d-1$, 故只能 $r-t=0$, 这说明, 当 $r\neq t$ 时, $S_r\cap S_t=\varnothing$.

(3) 下面证明对任一 $j\in S_r$, 有 $\sum\limits_{k\in S_{r+1}} p_{jk}=1$. 事实上

$$1=\sum_{k\in S}p_{jk}=\sum_{k\in S_{r+1}}p_{jk}+\sum_{k\notin S_{r+1}}p_{jk}=\sum_{k\in S_{r+1}}p_{jk}$$

最后一个等式是因为 $j\in S_r$, 由定义有 $p_{ij}^{(nd+r)}>0$, 而当 $k\notin S_{r+1}$ 时, 由定义有 $p_{ik}^{(nd+r+1)}=0$, 由 C-K 方程, 有 $0=p_{ik}^{(nd+r+1)}\geqslant p_{ij}^{(nd+r)}p_{jk}$, 故 $p_{jk}=0$.

(4) 最后证明分解的唯一性, 这只需证明 $\{S_0, S_1, S_2, \cdots, S_{d-1}\}$ 不依赖于最初取定的状态 i. 亦即只需证明: 对取定的状态 i, 若 $j,k\in S_r$, 则对另取的状态 i', 仍有 $j,k\in S_{r'}$(r' 可以与 r 不同).

设对 i 的分解为 $\{S_0, S_1, S_2, \cdots, S_{d-1}\}$, 对 i' 的分解为 $\left\{S_0', S_1', S_2', \cdots, S_{d-1}'\right\}$, 又设 $j,k\in S_r$, $i'\in S_t$. 于是, 当 $r\geqslant t$ 时, 自 i' 出发, 以概率 1 只能在 $r-t, r-t+d, r-t+2d,\cdots$ 这些步上转移到 j 或 k, 从而 $j,k\in S_{r-t}'$; 当 $r<t$ 时, 自 i' 出发, 以概率 1 只能在 $d-(t-r)=r-t+d, r-t+2d, r-t+3d,\cdots$ 这些步上转移到 j 或 k, 从而 $j,k\in S_{r-t+d}'$.

定理 1.22 设 $\{X_n, n\geqslant 0\}$ 是周期为 d 的不可约的马尔可夫链, 则得一新的马尔可夫链 $\{X_{nd}, n\geqslant 0\}$, 其一步转移矩阵为 $\boldsymbol{P}^{(d)}=(p_{ij}^{(d)})$, 原马尔可夫链 $\{X_n, n\geqslant 0\}$ 按照定理 1.21 分解出的每个 S_r, 是新马尔可夫链 $\{X_{nd}, n\geqslant 0\}$ 的不可约的闭集, 且 S_r 中的状态对新马尔可夫链是非周期的. (证明略.)

例 1.13 设不可约马尔可夫链 $\{X_n, n\geqslant 0\}$ 的状态空间为 $S=\{1,2,3,4,5,6\}$, 周期为 $d=3$, 转移矩阵为

$$\boldsymbol{P}=\begin{pmatrix} 0 & 0 & 1/2 & 0 & 1/2 & 0\\ 1/3 & 0 & 0 & 1/3 & 0 & 1/3\\ 0 & 1 & 0 & 0 & 0 & 0\\ 0 & 0 & 1 & 0 & 0 & 0\\ 0 & 1 & 0 & 0 & 0 & 0\\ 0 & 0 & 1/4 & 0 & 3/4 & 0 \end{pmatrix}$$

对取定的状态 1, 易知

$$S_0\triangleq\left\{j|\ \exists\, n\geqslant 0,\ 使\ p_{1j}^{(3n)}>0\right\}=\{1,4,6\}$$

$$S_1 \triangleq \left\{ j|\ \exists\, n \geqslant 0,\ 使\ p_{1j}^{(3n+1)} > 0 \right\} = \{3,5\}$$

$$S_2 \triangleq \left\{ j|\ \exists\, n \geqslant 0,\ 使\ p_{1j}^{(3n+2)} > 0 \right\} = \{2\}$$

故 $S = S_0 \cup S_1 \cup S_2 = \{1,4,6\} \cup \{3,5\} \cup \{2\}$. 马尔可夫链 $\{X_{3n}, n \geqslant 0\}$ 的转移矩阵为

$$\boldsymbol{P}^{(3)} = \begin{pmatrix} 1/3 & 0 & 0 & 1/3 & 0 & 1/3 \\ 0 & 1 & 0 & 0 & 0 & 0 \\ 0 & 0 & 7/12 & 0 & 5/12 & 0 \\ 1/3 & 0 & 0 & 1/3 & 0 & 1/3 \\ 0 & 0 & 7/12 & 0 & 5/12 & 0 \\ 1/3 & 0 & 0 & 1/3 & 0 & 1/3 \end{pmatrix}$$

1.6 n 步转移概率 $p_{ij}^{(n)}$ 的渐近性质与马尔可夫链的平稳分布

对 $p_{ij}^{(n)}$ 极限性质, 可以讨论两个问题: 一是 $\lim\limits_{n\to\infty} p_{ij}^{(n)}$ 是否存在; 二是其极限是否与 i 有关. 这就与马尔可夫链的所谓平稳分布有密切联系.

定理 1.23 若 $j \in S$ 是非常返状态或零常返状态, 则对任意 $i \in S$, 有 $\lim\limits_{n\to\infty} p_{ij}^{(n)} = 0$.

证明 因为 $j \in S$ 是非常返状态或零常返状态, 所以 $\lim\limits_{n\to\infty} p_{jj}^{(n)} = 0$(由定理 1.12 和定理 1.18). 由定理 1.6, 对正整数 $N < n$, 有

$$p_{ij}^{(n)} = \sum_{k=1}^{n} f_{ij}^{(k)} p_{jj}^{(n-k)} = \sum_{k=1}^{N} f_{ij}^{(k)} p_{jj}^{(n-k)} + \sum_{k=N+1}^{n} f_{ij}^{(k)} p_{jj}^{(n-k)} \leqslant \sum_{k=1}^{N} f_{ij}^{(k)} p_{jj}^{(n-k)} + \sum_{k=N+1}^{n} f_{ij}^{(k)}$$

固定 N, 令 $n \to \infty$, 得

$$\lim_{n\to\infty} p_{ij}^{(n)} \leqslant 0 + \sum_{k=N+1}^{\infty} f_{ij}^{(k)} = \sum_{k=N+1}^{\infty} f_{ij}^{(k)}$$

再令 $N \to \infty$, 因为 $\sum\limits_{k=1}^{\infty} f_{ij}^{(k)} \leqslant 1$, 所以 $\lim\limits_{n\to\infty} p_{ij}^{(n)} = 0$.

推论 1.3 如果马尔可夫链的状态空间 S 是有限集, 则 S 中的状态不可能全是非常返状态, 也不可能含有零常返状态, 从而不可约的有限马尔可夫链的状态都是正常返状态.

证明 设 $S = \{0,1,2,\cdots,N\}$. 若所有状态都是非常返状态, 则对任意 $i, j \in S$, 由定理 1.23 知 $\lim\limits_{n\to\infty} p_{ij}^{(n)} = 0$, 从而 $1 = \sum\limits_{j=0}^{N} p_{ij}^{(n)} \to 0 (n \to \infty)$. 矛盾.

如果 S 中有零常返状态 i, 设 $C=\{j|j\in S,i\to j\}$, 若 $i\to j$, 由定理 1.12, 有 $j\to i$, 即 C 中的状态是互通的, 从而 C 是不可约的. 又由定理 1.19 知, C 中全是零常返状态, 从而由定理 1.14 的证明知, C 是闭集, 即 C 是不可约的闭集, 故 $1=\sum\limits_{j\in C}p_{ij}^{(n)}$. 令 $n\to\infty$, 注意到 C 是有限集, 由定理 1.23 得 $1=\sum\limits_{j\in C}p_{ij}^{(n)}\to 0(n\to\infty)$, 矛盾.

于是, 有限马尔可夫链的状态空间必含有正常返状态. 对于不可约的有限马尔可夫链, 由于所有状态是互通的, 故所有状态都是正常返状态.

推论 1.4 若马尔可夫链的非常返状态构成的集合 S_N 是有限集, 则 S_N 不是闭集.

证明 若 S_N 是闭集, 将产生矛盾.

推论 1.5 若马尔可夫链的状态空间 S 有一个零常返状态, 则必有无限多个零常返状态.

证明 设有零常返状态 $i\in S$, 令 $C=\{j|j\in S,i\to j\}$, 若 C 是有限集, 将产生矛盾.

定理 1.23 考虑的是非常返状态或零常返状态的渐近分布, 但当 $j\in S$ 是正常返状态时, $\lim\limits_{n\to\infty}p_{ij}^{(n)}$ 不一定存在, 即使存在也可能与 i 有关. 因此, 可以退而研究 $p_{ij}^{(nd)}$ 及 $\dfrac{1}{n}\sum\limits_{k=1}^{n}p_{ij}^{(k)}$ 的极限. 记 $f_{ij}(r)=\sum\limits_{m=0}^{\infty}f_{ij}^{(md+r)},0\leqslant r\leqslant d-1$, 则 $f_{ij}(r)$ 表示系统从状态 i 出发, 经 $n=r\,[\mathrm{mod}(d)]$ 步首次到达状态 j 的概率, 显然

$$\sum_{r=0}^{d-1}f_{ij}(r)=\sum_{r=0}^{d-1}\sum_{m=0}^{\infty}f_{ij}^{(md+r)}=\sum_{m=0}^{\infty}\sum_{r=0}^{d-1}f_{ij}^{(md+r)}=\sum_{m=0}^{\infty}f_{ij}^{(m)}=f_{ij}$$

定理 1.24 设 $j\in S$ 是正常返状态, 周期为 d, 则 $\forall i\in S$ 及 $0\leqslant r\leqslant d-1$, 有

$$\lim_{n\to\infty}p_{ij}^{(nd+r)}=\frac{d}{\mu_j}f_{ij}(r)$$

证明 因为当 $n\neq 0\,[\mathrm{mod}(d)]$ 时, $p_{jj}^{(n)}=0$, 所以

$$p_{ij}^{(nd+r)}=\sum_{k=1}^{nd+r}f_{ij}^{(k)}p_{jj}^{(nd+r-k)}=\sum_{m=0}^{n}f_{ij}^{(md+r)}p_{jj}^{(nd-md)}$$

于是, 对 $1\leqslant N<n$, 有

$$\sum_{m=0}^{N}f_{ij}^{(md+r)}p_{jj}^{(nd-md)}\leqslant p_{ij}^{(nd+r)}\leqslant\sum_{m=0}^{N}f_{ij}^{(md+r)}p_{jj}^{(nd-md)}+\sum_{m=N+1}^{\infty}f_{ij}^{(md+r)}$$

固定 N, 令 $n \to \infty$, 由定理 1.17, 得

$$\frac{d}{\mu_j}\sum_{m=0}^{N} f_{ij}^{(md+r)} \leqslant \lim_{n\to\infty} p_{ij}^{(nd+r)} \leqslant \frac{d}{\mu_j}\sum_{m=0}^{N} f_{ij}^{(md+r)} + \sum_{m=N+1}^{\infty} f_{ij}^{(md+r)}$$

再令 $N \to \infty$, 得

$$\frac{d}{\mu_j} f_{ij}(r) \leqslant \lim_{n\to\infty} p_{ij}^{(nd+r)} \leqslant \frac{d}{\mu_j} f_{ij}(r) + 0$$

于是, 得

$$\lim_{n\to\infty} p_{ij}^{(nd+r)} = \frac{d}{\mu_j} f_{ij}(r)$$

推论 1.6 设周期为 d 的、不可约的、正常返的马尔可夫链的状态空间为 S, 则对一切 $i, j \in S$, 有

$$\lim_{n\to\infty} p_{ij}^{(nd)} = \begin{cases} \dfrac{d}{\mu_j}, & \text{当 } i \text{ 与 } j \text{ 同属于某个 } S_k, \\ 0, & \text{其他} \end{cases}$$

其中 $S = \bigcup\limits_{k=0}^{d-1} S_k$ 为定理 1.21 所给出. 特别地, 当 $d = 1$ 时, 对一切 $i, j \in S$, 有

$$\lim_{n\to\infty} p_{ij}^{(n)} = \frac{1}{\mu_j}$$

证明 在定理 1.24 中, 令 $r = 0$, 得

$$\lim_{n\to\infty} p_{ij}^{(nd)} = \frac{d}{\mu_j} f_{ij}(0)$$

其中 $f_{ij}(0) = \sum\limits_{m=0}^{\infty} f_{ij}^{(md)}$. 如果 i 与 j 不在同一个 S_k 中, 则由定理 1.21 知 $p_{ij}^{(nd)} = 0$, 注意到 $f_{ij}^{(nd)} \leqslant p_{ij}^{(nd)}$, 得 $f_{ij}^{(nd)} = 0$, 故 $f_{ij}(0) = 0$.

如果 i 与 j 同属于某个 S_k, 则当 $n \neq 0\,[\mathrm{mod}(d)]$ 时, $p_{ij}^{(n)} = 0$, 从而 $f_{ij}^{(n)} = 0$, 故

$$f_{ij}(0) = \sum_{m=0}^{\infty} f_{ij}^{(md)} = \sum_{m=0}^{\infty} f_{ij}^{(m)} = f_{ij}$$

由定理 1.12(3) 知, $f_{ij} = 1$.

定理 1.25 对任意状态 $i, j \in S$, 有

$$\lim_{n\to\infty} \frac{1}{n}\sum_{k=1}^{n} p_{ij}^{(k)} = \begin{cases} \dfrac{f_{ij}}{\mu_j}, & \text{当 } j \text{ 为正常返状态}, \\ 0, & \text{当 } j \text{ 为非常返状态或零常返状态} \end{cases}$$

证明 当 j 为非常返状态或零常返状态时, 由定理 1.23 知, $\lim\limits_{n\to\infty} p_{ij}^{(n)}=0$, 故

$$\lim_{n\to\infty}\frac{1}{n}\sum_{k=1}^{n}p_{ij}^{(k)}=0$$

现设 j 为正常返状态, 周期为 d. 注意到: 如果有 d 数列

$$\{a_{nd+r}, n=0,1,2,\cdots\},\quad r=0,1,2,\cdots,d-1$$

满足 $\lim\limits_{n\to\infty} a_{nd+r}=b_r, r=0,1,2,\cdots,d-1$, 则必有

$$\lim_{n\to\infty}\frac{1}{n}\sum_{k=1}^{n}a_k=\frac{1}{d}\sum_{r=0}^{d-1}b_r$$

令 $a_{nd+r}=p_{ij}^{(nd+r)}, r=0,1,2,\cdots,d-1$. 由定理 1.24, 有

$$\lim_{n\to\infty} a_{nd+r}=\lim_{n\to\infty} p_{ij}^{(nd+r)}=\frac{d}{\mu_j}f_{ij}(r)\overset{\text{记为}}{=}b_r,\quad r=0,1,2,\cdots,d-1$$

从而得

$$\begin{aligned}\lim_{n\to\infty}\frac{1}{n}\sum_{k=1}^{n}p_{ij}^{(k)}&=\frac{1}{d}\sum_{r=0}^{d-1}\frac{d}{\mu_j}f_{ij}(r)=\frac{1}{\mu_j}\sum_{r=0}^{d-1}f_{ij}(r)=\frac{1}{\mu_j}\sum_{r=0}^{d-1}\sum_{m=0}^{\infty}f_{ij}^{(md+r)}\\&=\frac{1}{\mu_j}\sum_{m=0}^{\infty}\sum_{r=0}^{d-1}f_{ij}^{(md+r)}=\frac{1}{\mu_j}\sum_{m=0}^{\infty}f_{ij}^{(m)}=\frac{f_{ij}}{\mu_j}\end{aligned}$$

推论 1.7 设不可约的、常返的马尔可夫链的状态空间为 S, 则对 $\forall i,j\in S$, 有

$$\lim_{n\to\infty}\frac{1}{n}\sum_{k=1}^{n}p_{ij}^{(k)}=\frac{1}{\mu_j}$$

当 $\mu_j=\infty$ 时, 约定 $\dfrac{1}{\mu_j}=0$.

证明 由定理 1.19 知, S 中的状态或全为正常返状态或全为零常返状态. 如果全为正常返状态, 则 $\mu_j<\infty, f_{ij}=1$ (定理 1.12), 由定理 1.25 得

$$\lim_{n\to\infty}\frac{1}{n}\sum_{k=1}^{n}p_{ij}^{(k)}=\frac{1}{\mu_j}$$

如果全为零常返状态, 则 $\mu_j=\infty$, 由定理 1.25 得

$$\lim_{n\to\infty}\frac{1}{n}\sum_{k=1}^{n}p_{ij}^{(k)}=0$$

注 1.5　由定理 1.25 知, 当 j 为正常返状态时, 尽管 $\lim\limits_{n\to\infty} p_{ij}^{(n)}$ 不一定存在, 但是其平均值极限 $\lim\limits_{n\to\infty} \dfrac{1}{n}\sum\limits_{k=1}^{n} p_{ij}^{(k)}$ 总存在. 特别地, 当马尔可夫链还是不可约时, $\lim\limits_{n\to\infty} \dfrac{1}{n}\sum\limits_{k=1}^{n} p_{ij}^{(k)}$ 与 i 无关.

定义 1.16　设 $\{X_n, n \geqslant 0\}$ 是状态空间为 S 的马尔可夫链, 如果存在实数集合 $\{\pi_j, j \in S\}$, 满足

(1) $\pi_j \geqslant 0, j \in S$;

(2) $\sum\limits_{j\in S} \pi_j = 1$;

(3) $\pi_j = \sum\limits_{i\in S} \pi_i p_{ij}, j \in S$,

则称 $\{X_n, n \geqslant 0\}$ 为**平稳的马尔可夫链**, 称 $\{\pi_j, j \in S\}$ 为**马尔可夫链**$\{X_n, n \geqslant 0\}$**的平稳分布**.

对于平稳分布 $\{\pi_j, j \in S\}$, 有

$$\pi_j = \sum_{i\in S} \pi_i p_{ij} = \sum_{i\in S}\left(\sum_{k\in S} \pi_k p_{ki}\right) p_{ij} = \sum_{k\in S} \pi_k \left(\sum_{i\in S} p_{ki} p_{ij}\right) = \sum_{k\in S} \pi_k p_{kj}^{(2)}$$

一般地, 有 $\pi_j = \sum\limits_{i\in S} \pi_i p_{ij}^{(n)}, n \geqslant 1$.

若初始分布 $\{\pi_j(0), j \in S\}$ 是马尔可夫链 $\{X_n, n \geqslant 0\}$ 的平稳分布, 则

$$\begin{aligned}\pi_j(n) = P\{X_n = j\} &= \sum_{i\in S} P\{X_0 = i\} P\{X_n = j | X_0 = i\} \\ &= \sum_{i\in S} \pi_i(0) p_{ij}^{(n)} = \pi_j(0), \quad j \in S\end{aligned}$$

即对任何 $n \geqslant 1$, 绝对概率等于初始概率.

由此可见, 当能判定马尔可夫链的初始分布 $\{\pi_j(0), j \in S\}$ 是一平稳分布时, 则该马尔可夫链在任何时刻的绝对分布 $\{\pi_j(n), j \in S\}$ 都与初始分布相同. 事实上, 平稳分布就是不因转移步数变化而改变的分布. 马尔可夫链处于状态 j 的概率与时间推移无关, 即具有平稳性.

与平稳分布相关的是所谓极限分布的概念. 对于不可约的马尔可夫链, 若状态 j 是非周期的, 则

$$\lim_{n\to\infty} p_{ij}^{(n)} = \frac{1}{\mu_j} \geqslant 0$$

以后称 $\{1/\mu_j, j \in S\}$ 为极限分布.

定理 1.26 非周期不可约的马尔可夫链是正常返的充分必要条件是它存在平稳分布, 且此平稳分布就是极限分布 $\{1/\mu_j, j \in S\}$.

证明 $\Leftarrow$ 设存在平稳分布 $\{\pi_j, j \in S\}$, 于是有

$$\pi_j = \sum_{i \in S} \pi_i p_{ij}^{(n)}, \quad n \geqslant 1$$

由于 $\pi_j \geqslant 0, j \in S$ 和 $\sum\limits_{j \in S} \pi_j = 1$, 故可以交换极限与求和顺序, 两边令 $n \to \infty$ 得

$$\pi_j = \lim_{n \to \infty} \sum_{i \in S} \pi_i p_{ij}^{(n)} = \sum_{i \in S} \pi_i \left(\lim_{n \to \infty} p_{ij}^{(n)} \right) = \sum_{i \in S} \pi_i \left(1/\mu_j\right) = 1/\mu_j$$

因为 $\sum\limits_{j \in S} \pi_j = 1$, 故至少存在一个 $\pi_k > 0$, 即 $1/\mu_k > 0$, 从而 $\lim\limits_{n \to \infty} p_{ik}^{(n)} = 1/\mu_k > 0$, 故 k 是正常返的, 从而马尔可夫链是正常返的, 且所有的 $1/\mu_j = \pi_j > 0$.

$\Rightarrow$ 设马尔可夫链是正常返的, 于是

$$\lim_{n \to \infty} p_{ij}^{(n)} = \frac{1}{\mu_j} > 0$$

由 C-K 方程, 对任意正整数 N(若 S 是有限集, 则不必如此), 有

$$p_{ij}^{(m+n)} = \sum_{k \in S} p_{ik}^{(m)} p_{kj}^{(n)} \geqslant \sum_{k=0}^{N} p_{ik}^{(m)} p_{kj}^{(n)}$$

两边令 $m \to \infty$, 得

$$\frac{1}{\mu_j} = \lim_{m \to \infty} p_{ij}^{(m+n)} \geqslant \sum_{k=0}^{N} \left(\lim_{m \to \infty} p_{ik}^{(m)} \right) p_{kj}^{(n)} = \sum_{k=0}^{N} \left(\frac{1}{\mu_k} \right) p_{kj}^{(n)}$$

再令 $N \to \infty$, 得

$$\frac{1}{\mu_j} \geqslant \sum_{k=0}^{\infty} \left(\frac{1}{\mu_k} \right) p_{kj}^{(n)} = \sum_{k \in S} \left(\frac{1}{\mu_k} \right) p_{kj}^{(n)} \tag{1.6.1}$$

下面进一步证明, 只能等式成立. 由

$$1 = \sum_{k \in S} p_{ik}^{(n)} \geqslant \sum_{k=0}^{N} p_{ik}^{(n)}$$

先令 $n \to \infty$, 再令 $N \to \infty$, 得

$$1 \geqslant \sum_{k \in S} \frac{1}{\mu_k}$$

将式 (1.6.1) 对 j 求和, 并假定对某个 j, 式 (1.6.1) 为严格大于, 则

$$\sum_{j\in S}\frac{1}{\mu_j}>\sum_{j\in S}\left(\sum_{k\in S}\left(\frac{1}{\mu_k}\right)p_{kj}^{(n)}\right)=\sum_{k\in S}\left(\frac{1}{\mu_k}\sum_{j\in S}p_{kj}^{(n)}\right)=\sum_{k\in S}\frac{1}{\mu_k}$$

于是导致自相矛盾的结果

$$\sum_{j\in S}\frac{1}{\mu_j}>\sum_{k\in S}\frac{1}{\mu_k}$$

故式 (1.6.1) 对一切 j 都只能成立等式

$$\frac{1}{\mu_j}=\sum_{k\in S}\frac{1}{\mu_k}p_{kj}^{(n)}$$

再令 $n\to\infty$, 得

$$\frac{1}{\mu_j}=\sum_{k\in S}\frac{1}{\mu_k}\left(\lim_{n\to\infty}p_{kj}^{(n)}\right)=\sum_{k\in S}\frac{1}{\mu_k}\left(\frac{1}{\mu_j}\right)=\frac{1}{\mu_j}\sum_{k\in S}\frac{1}{\mu_k}$$

由此可知

$$\sum_{k\in S}\frac{1}{\mu_k}=1$$

故 $\{1/\mu_j, j\in S\}$ 是平稳分布.

推论 1.8 非周期的、不可约的、正常返的马尔可夫链的平稳分布是唯一的, 就是极限分布.

推论 1.9 若不可约的马尔可夫链的所有状态是非常返或零常返的, 则不存在平稳分布.

证明 用反证法. 设 $\{\pi_j, j\in S\}$ 是马尔可夫链的平稳分布, 则

$$\pi_j=\sum_{i\in S}\pi_i p_{ij}^{(n)},\quad n\geqslant 1$$

由定理 1.23, 有

$$\lim_{n\to\infty}p_{ij}^{(n)}=0$$

故 $\pi_j=0, j\in S$, 从而 $\sum\limits_{j\in S}\pi_j=0$, 与平稳分布 $\sum\limits_{j\in S}\pi_j=1$ 矛盾.

例 1.14 设马尔可夫链 $\{X_n, n\geqslant 0\}$ 的转移矩阵为

$$\boldsymbol{P}=\begin{pmatrix}0.7 & 0.1 & 0.2\\ 0.1 & 0.8 & 0.1\\ 0.05 & 0.05 & 0.9\end{pmatrix}$$

求马尔可夫链的平稳分布及各状态的平均返回时间.

解 因马尔可夫链是不可约的、非周期的, 且状态有限, 所以该马尔可夫链存在平稳分布 $\{\pi_j, j=1,2,3\}=\{\pi_1,\pi_2,\pi_3\}$, 满足 $\pi_j=\sum\limits_{i=1}^{3}\pi_i p_{ij}, j=1,2,3$, 即

$$\begin{cases}\pi_1=0.7\pi_1+0.1\pi_2+0.05\pi_3\\ \pi_2=0.1\pi_1+0.8\pi_2+0.05\pi_3\\ \pi_3=0.2\pi_1+0.1\pi_2+0.9\pi_3\\ \pi_1+\pi_2+\pi_3=1\end{cases}$$

解上述方程组, 得平稳分布为

$$\pi_1=0.1765,\quad \pi_2=0.2353,\quad \pi_3=0.5882$$

由定理 1.26, 得各状态的平均返回时间分别为

$$\mu_1=\frac{1}{\pi_1}=5.67,\quad \mu_2=\frac{1}{\pi_2}=4.25,\quad \mu_3=\frac{1}{\pi_3}=1.7$$

1.7 马尔可夫链的可逆性

设马尔可夫链 $\{X_n, n\geqslant 0\}$ 的初始分布为 $\{\pi_i(0), i\in S\}$, 状态空间 S 为可列集, n 步转移概率为 $p_{ij}^{(n)}$.

定义 1.17 称马尔可夫链 $\{X_n, n\geqslant 0\}$可逆, 如果对任意的 $n\geqslant 0$, $m\geqslant 1$, 及任意的 $i_0, i_1, i_2, \cdots, i_m\in S$, 均有

$$P\{X_n=i_0, X_{n+1}=i_1, \cdots, X_{n+m}=i_m\}=P\{X_n=i_m, X_{n+1}=i_{m-1}, \cdots, X_{n+m}=i_0\}$$

定理 1.27 马尔可夫链 $\{X_n, n\geqslant 0\}$ 可逆的充分必要条件是: 对任意的 $i,j\in S$, 有

$$\pi_i(0)p_{ij}=\pi_j(0)p_{ji}$$

证明 $\Rightarrow$ 设马尔可夫链 $\{X_n, n\geqslant 0\}$ 可逆, 由定义, 对任意的 $n\geqslant 0$ 及任意的 $i,j\in S$, 有 $P\{X_0=i, X_n=j\}=P\{X_0=j, X_n=i\}$, 从而

$$P\{X_0=i\}P\{X_n=j|X_0=i\}=P\{X_0=j\}P\{X_n=i|X_0=j\}$$

即 $\pi_i(0)p_{ij}^{(n)}=\pi_j(0)p_{ji}^{(n)}$, 当 $n=1$ 时, 有 $\pi_i(0)p_{ij}=\pi_j(0)p_{ji}$.

$\Leftarrow$ 设对任意的 $i,j\in S$, 有 $\pi_i(0)p_{ij}=\pi_j(0)p_{ji}$, 则对任意的 $n\geqslant 0$, $m\geqslant 1$, 及任意的 $i_0, i_1, i_2, \cdots, i_m\in S$, 有 $\pi_i(0)p_{ij}^{(n)}=\pi_j(0)p_{ji}^{(n)}$, 再由定理 1.4, 有

$$P\{X_n=i_0, X_{n+1}=i_1, \cdots, X_{n+m}=i_m\}$$

$$
\begin{aligned}
&= \sum_{i \in S} P\{X_0 = i\} P\{X_n = i_0 | X_0 = i\} P\{X_{n+1} = i_1 | X_n = i_0\} \\
&\quad \cdots P\{X_{n+m} = i_m | X_{n+m-1} = i_{m-1}\} \\
&= \sum_{i \in S} \pi_i(0) p_{ii_0}^{(n)} p_{i_0 i_1} p_{i_1 i_2} \cdots p_{i_{m-1} i_m} \\
&= \sum_{i \in S} \pi_{i_0}(0) p_{i_0 i}^{(n)} p_{i_0 i_1} p_{i_1 i_2} \cdots p_{i_{m-1} i_m} \\
&= \left(\sum_{i \in S} p_{i_0 i}^{(n)} \right) \pi_{i_0}(0) p_{i_0 i_1} p_{i_1 i_2} \cdots p_{i_{m-1} i_m} \\
&= \pi_{i_0}(0) p_{i_0 i_1} p_{i_1 i_2} \cdots p_{i_{m-1} i_m} = \pi_{i_1}(0) p_{i_1 i_0} p_{i_1 i_2} \cdots p_{i_{m-1} i_m} \\
&= \pi_{i_2}(0) p_{i_1 i_0} p_{i_2 i_1} \cdots p_{i_{m-1} i_m} = \cdots = \pi_{i_m}(0) p_{i_1 i_0} p_{i_2 i_1} \cdots p_{i_m i_{m-1}} \\
&= \pi_{i_m}(0) p_{i_m i_{m-1}} \cdots p_{i_2 i_1} p_{i_1 i_0} \\
&= \sum_{i \in S} p_{i_m i}^{(n)} \pi_{i_m}(0) p_{i_m i_{m-1}} \cdots p_{i_2 i_1} p_{i_1 i_0} = \sum_{i \in S} \pi_i(0) p_{ii_m}^{(n)} p_{i_m i_{m-1}} \cdots p_{i_2 i_1} p_{i_1 i_0} \\
&= \sum_{i \in S} P\{X_0 = i\} P\{X_n = i_m | X_0 = i\} P\{X_{n+1} = i_{m-1} | X_n = i_m\} \\
&\quad \cdots P\{X_{n+m} = i_0 | X_{n+m-1} = i_1\} \\
&= P\{X_n = i_m, X_{n+1} = i_{m-1}, \cdots, X_{n+m} = i_0\}
\end{aligned}
$$

由定义 1.17 知, 马尔可夫链 $\{X_n, n \geqslant 0\}$ 是可逆的.

第 2 章　连续时间的马尔可夫链

第 1 章讨论了时间和状态都是离散的马尔可夫链, 本章将介绍时间连续状态离散的马尔可夫链.

2.1　连续时间的马尔可夫链的定义及基本性质

下面仅讨论取非负整数值的连续时间的马尔可夫链 $\{X(t),\ t \geqslant 0\}$.

定义 2.1　设随机过程 $\{X(t), t \geqslant 0\}$ 的状态空间为 $S = \{0, 1, 2, \cdots\}$, 如果对任意的 n, 任意的 $0 \leqslant t_1 < t_2 < \cdots < t_{n+1}$, 及任意的 $i_1, i_2, \cdots, i_{n+1} \in S$, 有

$$\begin{aligned}&P\{X(t_{n+1}) = i_{n+1} | X(t_1) = i_1, X(t_2) = i_2, \cdots, X(t_n) = i_n\}\\ = &P\{X(t_{n+1}) = i_{n+1} | X(t_n) = i_n\}\end{aligned}$$

则称 $\{X(t), t \geqslant 0\}$ 为**连续时间的马尔可夫链**.

记 $p_{ij}(s,t) \triangleq P\{X(s+t) = j | X(s) = i\}$, $s \geqslant 0, t \geqslant 0, i, j \in S$, 则 $p_{ij}(s,t)$ 表示系统在 s 时刻处于状态 i, 经过 t 时间后转移到状态 j 的转移概率. 并规定

$$p_{ij}(s,0) = P\{X(s) = j | X(s) = i\} = \delta_{ij} = \begin{cases} 1, & i = j, \\ 0, & i \neq j. \end{cases}$$

定义 2.2　设 $\{X(t), t \geqslant 0\}$ 为连续时间的马尔可夫链, 若转移概率 $p_{ij}(s,t)$ 与 s 无关, 则称 $\{X(t), t \geqslant 0\}$ 为**时齐的 (或齐次的) 马尔可夫链**. 此时转移概率简记为 $p_{ij}(t) \triangleq p_{ij}(s,t)$, 其转移概率矩阵简记为 $\boldsymbol{P}(t) = (p_{ij}(t))$ $(t \geqslant 0, i, j \in S)$.

以下的讨论总是假设连续时间的马尔可夫链 $\{X(t), t \geqslant 0\}$ 是时齐的, 并简称为马尔可夫链.

假设在某时刻, 比如说时刻 0, 系统在状态 i, 而且在接下来的 s 个单位时间中系统没有离开状态 i(即未发生转移). 在随后的 t 个单位时间中系统仍没有离开状态 i 的概率是多少呢? 由马尔可夫性可知, 系统在时刻 s 处于状态 i 的条件下, 在区间 $[s, s+t]$ 中仍处于状态 i 的概率正是系统处于状态 i 至少 t 个单位时间的 (无条件) 概率. 若记 T_i 为系统在转移到另一状态之前停留在状态 i 的时间, 则对一切 $s, t \geqslant 0$, 有 $P\{T_i > s+t | T_i > s\} = P\{T_i > t\}$. 这说明随机变量 T_i 是无记忆的, 因此 T_i 应服从指数分布.

定理 2.1　马尔可夫链 $\{X(t), t \geqslant 0\}$ 的转移概率 $p_{ij}(t)$ 具有下列性质:

(1) $p_{ij}(t) \geqslant 0,\ \forall t \geqslant 0, \forall i, j \in S$;

(2) $\sum\limits_{j \in S} p_{ij}(t) = 1,\ \forall t \geqslant 0, \forall i \in S$;

(3) $p_{ij}(s+t) = \sum\limits_{k \in S} p_{ik}(s) p_{kj}(t),\ \ \forall s, t \geqslant 0, \forall i, j \in S$ (C-K 方程).

以下恒设马尔可夫链满足正则性条件 (或连续性条件或标准性条件):

$$\lim_{t \to 0^+} p_{ij}(t) = \delta_{ij} = \begin{cases} 1, & i = j, \\ 0, & i \neq j, \end{cases} \qquad \forall i, j \in S$$

定义 2.3 设 $\{X(t), t \geqslant 0\}$ 是马尔可夫链, 状态空间为 S. 对任一 $t \geqslant 0$, 记

$$\pi_j(t) = P\{X(t) = j\}, \quad \pi_j(0) = P\{X(0) = j\}, \quad j \in S$$

分别称 $\{\pi_j(t), j \in S\}$ 和 $\{\pi_j(0), j \in S\}$ 为马尔可夫链 $\{X(t), t \geqslant 0\}$ 的绝对 (概率) 分布和初始 (概率) 分布.

性质 2.1 (1) $\pi_j(t) \geqslant 0, \forall t \geqslant 0,\ \forall j \in S$;

(2) $\sum\limits_{j \in S} \pi_j(t) = 1, \forall t \geqslant 0$;

(3) $\pi_j(t) = \sum\limits_{i \in S} \pi_i(0) p_{ij}(t), \forall t \geqslant 0, \forall j \in S$;

(4) $\pi_j(s+t) = \sum\limits_{i \in S} \pi_i(s) p_{ij}(t), \forall s, t \geqslant 0, \forall j \in S$;

(5) 对任意的 n, 任意的 $0 \leqslant t_1 < t_2 < \cdots < t_n$, 及任意的 $i_1, i_2, \cdots, i_n \in S$, 有

$$\begin{aligned} & P\{X(t_1) = i_1, X(t_2) = i_2, \cdots, X(t_n) = i_n\} \\ = & \sum_{i \in S} \pi_i(0) p_{ii_1}(t_1) p_{i_1 i_2}(t_2 - t_1) \cdots p_{i_{n-1} i_n}(t_n - t_{n-1}) \end{aligned}$$

2.2 科尔莫戈罗夫 (微分) 方程

对于离散时间的马尔可夫链, 如果已知其一步转移矩阵 $\boldsymbol{P} = (p_{ij})$, 则 k 步转移矩阵 $\boldsymbol{P}^{(k)}$ 由一步转移矩阵 $\boldsymbol{P}$ 的 k 次方即可求得. 但是, 对于连续时间的马尔可夫链, 转移概率 $p_{ij}(t)$ 的求解一般较为复杂. 下面讨论 $p_{ij}(t)$ 的可微性及 $p_{ij}(t)$ 所满足的科尔莫戈罗夫 (Kolmogorov) 微分方程.

定理 2.2 对任意固定的 $i, j \in S$, 转移概率 $p_{ij}(t)$ 是 $t (t \geqslant 0)$ 的一致连续函数.

证明 设 $h > 0$, 则

$$p_{ij}(t+h) - p_{ij}(t) = \sum_{k \in S} p_{ik}(h) p_{kj}(t) - p_{ij}(t)$$

$$= p_{ii}(h)p_{ij}(t) - p_{ij}(t) + \sum_{k \neq i} p_{ik}(h)p_{kj}(t)$$
$$= -(1 - p_{ii}(h))\, p_{ij}(t) + \sum_{k \neq i} p_{ik}(h)p_{kj}(t)$$

由此推出

$$p_{ij}(t+h) - p_{ij}(t) \geqslant -(1 - p_{ii}(h))\, p_{ij}(t) \geqslant -(1 - p_{ii}(h))$$
$$p_{ij}(t+h) - p_{ij}(t) \leqslant \sum_{k \neq i} p_{ik}(h)p_{kj}(t) \leqslant \sum_{k \neq i} p_{ik}(h) = 1 - p_{ii}(h)$$

因此

$$|p_{ij}(t+h) - p_{ij}(t)| \leqslant 1 - p_{ii}(h)$$

对于 $h < 0$, 同样有

$$|p_{ij}(t) - p_{ij}(t+h)| \leqslant 1 - p_{ii}(-h)$$

综上所述, 得

$$|p_{ij}(t) - p_{ij}(t+h)| \leqslant 1 - p_{ii}(\,|h|\,)$$

由正则性条件知

$$\lim_{h \to 0} |p_{ij}(t) - p_{ij}(t+h)| = 0$$

即转移概率 $p_{ij}(t)$ 是 t 的一致连续函数.

定理 2.3 对任意固定的 $i \in S$, 极限 $\lim\limits_{h \to 0+} (1 - p_{ii}(h))/h = q_i \leqslant \infty$ 总存在, 且对一切 $t > 0$, 总有 $(1 - p_{ii}(t))/t \leqslant q_i$.

证明 记 $\varliminf\limits_{h \to 0+} (1 - p_{ii}(h))/h = \tilde{q}_i$. 若 $\tilde{q}_i = \infty$, 则 q_i 存在, 且 $q_i = \infty$. 定理得证. 设 $\tilde{q}_i < \infty$, 首先证明对任意的 $t > 0$, 有 $(1 - p_{ii}(t))/t \leqslant \tilde{q}_i$. 设 $\varepsilon > 0$ 和 $t > 0$ 是任意给定的数, 然后选取足够小的 $h > 0$, 使得

(1) $\dfrac{1 - p_{ii}(h)}{h} \leqslant \tilde{q}_i + \dfrac{\varepsilon}{2}$;

(2) $h\left(\tilde{q}_i + \dfrac{\varepsilon}{2}\right) < 1$;

(3) 当 $0 \leqslant s < h$ 时, $1 - p_{ii}(s) \leqslant \varepsilon t/2$, 即

$$p_{ii}(h) \geqslant 1 - h\left(\tilde{q}_i + \frac{\varepsilon}{2}\right) > 0, \quad p_{ii}(s) \geqslant 1 - \frac{\varepsilon t}{2}$$

由 C-K 方程, 有

$$p_{ii}(h+s) = \sum_{k \in S} p_{ik}(h)p_{ki}(s) \geqslant p_{ii}(h)p_{ii}(s)$$

令 $t = nh + s$, 其中 n 是正整数, $0 \leqslant s < h$, 反复利用以上不等式, 得

$$
\begin{aligned}
p_{ii}(t) &= p_{ii}(nh+s) \geqslant p_{ii}(nh)p_{ii}(s) \geqslant (p_{ii}(h))^n p_{ii}(s) \\
&\geqslant \left[1 - h\left(\tilde{q}_i + \frac{\varepsilon}{2}\right)\right]^n \cdot \left(1 - \frac{\varepsilon t}{2}\right) \geqslant \left[1 - nh\left(\tilde{q}_i + \frac{\varepsilon}{2}\right)\right] \cdot \left(1 - \frac{\varepsilon t}{2}\right) \\
&\geqslant 1 - \frac{\varepsilon t}{2} - t\left(\tilde{q}_i + \frac{\varepsilon}{2}\right) = 1 - t\left(\tilde{q}_i + \varepsilon\right)
\end{aligned}
$$

即 $(1 - p_{ii}(t))/t \leqslant \tilde{q}_i + \frac{\varepsilon}{2}$. 由 $\varepsilon > 0$ 的任意性, 有 $(1 - p_{ii}(t))/t \leqslant \tilde{q}_i$. 取上极限, 得

$$
\varlimsup_{t\to 0+} \frac{1 - p_{ii}(t)}{t} \leqslant \tilde{q}_i = \varliminf_{h\to 0+} \frac{1 - p_{ii}(h)}{h}
$$

故 $\lim\limits_{h\to 0+} \frac{1 - p_{ii}(h)}{h} = \tilde{q}_i = q_i$.

定理 2.4　若 $q_i < \infty$, 则对一切 $t > 0$ 和 $j \in S$, $p'_{ij}(t)$ 存在且连续, 还满足

(1) $p'_{ij}(t+s) = \sum\limits_{k\in S} p'_{ik}(t)p_{kj}(s), t > 0, s > 0$;

(2) $\sum\limits_{k\in S} p'_{ik}(t) = 0, t > 0$;

(3) $\sum\limits_{k\in S} |p'_{ik}(t)| \leqslant 2q_i, t > 0$.

证明　记 $\Delta_{ij}(t, t+s) = (p_{ij}(t+s) - p_{ij}(t))/s$, 由 C-K 方程及定理 2.3, 有

$$
\begin{aligned}
\Delta_{ij}(t, t+s) &= \frac{\sum\limits_{k\in S} p_{ik}(s)p_{kj}(t) - p_{ij}(t)}{s} \geqslant \frac{p_{ii}(s)p_{ij}(t) - p_{ij}(t)}{s} \\
&= \frac{p_{ii}(s) - 1}{s} p_{ij}(t) \geqslant -q_i p_{ij}(t)
\end{aligned}
$$

用 M 表示状态空间 S 的一个任意子集, 将上式对 M 中的 j 求和, 得

$$
\sum_{j\in M} \Delta_{ij}(t, t+s) \geqslant -q_i \sum_{j\in M} p_{ij}(t) \geqslant -q_i
$$

由于

$$
\sum_{j\in S} \Delta_{ij}(t, t+s) = \frac{1}{s}\left(\sum_{j\in S} p_{ij}(t+s) - \sum_{j\in S} p_{ij}(t)\right) = \frac{1}{s}(1 - 1) = 0
$$

所以

$$
\sum_{j\notin M} \Delta_{ij}(t, t+s) = -\sum_{j\in M} \Delta_{ij}(t, t+s) \leqslant q_i
$$

由于 M 是 S 的任意子集, 所以如取 M 为其余集, 则上式也成立, 于是

$$\left|\sum_{j\in M}\Delta_{ij}(t,t+s)\right|\leqslant q_i$$

现在令 M 是 S 中使 $\Delta_{ij}(t,t+s)\geqslant 0$ 的那些 j 的全体, 则有

$$\begin{aligned}\sum_{j\in S}\left|\Delta_{ij}(t,t+s)\right| &= \sum_{j\in M}\Delta_{ij}(t,t+s)-\sum_{j\notin M}\Delta_{ij}(t,t+s)\\ &= \left|\sum_{j\in M}\Delta_{ij}(t,\ t+s)\right|+\left|\sum_{j\notin M}\Delta_{ij}(t,t+s)\right|\\ &\leqslant q_i+q_i=2q_i \end{aligned} \tag{2.2.1}$$

特别地, 有 $|\Delta_{ij}(t,t+s)|\leqslant 2q_i$, 即 $|p_{ij}(t+s)-p_{ij}(t)|\leqslant 2q_i s$, 这说明 $p_{ij}(t)$ 满足利普希茨 (Lipschitz) 条件, 从而 $p_{ij}(t)$ 是绝对连续的, 因而有

$$p_{ij}(t)=\delta_{ij}+\int_0^t p'_{ij}(u)\,\mathrm{d}u$$

其中积分是勒贝格 (Lebesgue) 积分, $p'_{ij}(t)$ 是关于勒贝格测度几乎处处存在的. 因此, 在式 (2.2.1) 两边令 $s\to 0^+$, 可知几乎处处有 $\sum\limits_{j\in S}\left|p'_{ij}(t)\right|\leqslant 2q_i$. 所以可以逐项积分

$$\int_0^t\left(\sum_{j\in S}p'_{ij}(u)\right)\mathrm{d}u=\sum_{j\in S}\int_0^t p'_{ij}(u)\,\mathrm{d}u=\sum_{j\in S}(p_{ij}(t)-\delta_{ij})=1-1=0$$

于是几乎处处有 $\sum\limits_{j\in S}p'_{ij}(t)=0$.

由于 $p_{ij}(t)$ 是绝对连续的, 所以对任何 $s>0,t>0$, 都有

$$\begin{aligned}p_{ij}(s+t)-p_{ij}(s) &= \left(\delta_{ij}+\int_0^{s+t}p'_{ij}(u)\,\mathrm{d}u\right)-\left(\delta_{ij}+\int_0^{s}p'_{ij}(u)\,\mathrm{d}u\right)\\ &= \int_0^{s+t}p'_{ij}(u)\,\mathrm{d}u-\int_0^{s}p'_{ij}(u)\,\mathrm{d}u\\ &= \int_s^{s+t}p'_{ij}(u)\,\mathrm{d}u=\int_0^{t}p'_{ij}(s+u)\,\mathrm{d}u\end{aligned}$$

另一方面

$$\begin{aligned}p_{ij}(s+t)-p_{ij}(s) &= \sum_{k\in S}p_{ik}(t)p_{kj}(s)-\sum_{k\in S}\delta_{ik}p_{kj}(s)\\ &= \sum_{k\in S}\left(p_{ik}(t)-\delta_{ik}\right)p_{kj}(s)=\sum_{k\in S}\left(\int_0^t p'_{ik}(u)\mathrm{d}u\right)p_{kj}(s)\end{aligned}$$

$$= \int_0^t \left(\sum_{k \in S} p'_{ik}(u) p_{kj}(s) \right) \mathrm{d}u$$

比较上述两个等式可得, 对每个 $s>0$, 关于 $t>0$ 几乎处处成立

$$p'_{ij}(t+s) = \sum_{k \in S} p'_{ik}(t) p_{kj}(s)$$

下面证明定理中的 (1)~(3) 关于 t"几乎处处" 成立的结论可推进为"处处" 成立. 对任意的 $t>0$, 取 τ 满足 $0<\tau<t$, 且使得定理中的 (1) 对任意的 $s>0$ 成立, 这时有

$$\begin{aligned} p'_{ij}(t+s) &= p'_{ij}(\tau + (t+s-\tau)) = \sum_{l \in S} p'_{il}(\tau) p_{lj}(t+s-\tau) \\ &= \sum_{l \in S} p'_{il}(\tau) \left(\sum_{k \in S} p_{lk}(t-\tau) p_{kj}(s) \right) \\ &= \sum_{k \in S} \left(\sum_{l \in S} p'_{il}(\tau) p_{lk}(t-\tau) \right) p_{kj}(s) \\ &= \sum_{k \in S} p'_{ik}(t) p_{kj}(s) \end{aligned}$$

类似地, 对任意的 $t>0$, 取 τ 满足 $0<\tau<t$, 且使得定理中的 (2), (3) 成立, 这时有

$$\begin{aligned} \sum_{j \in S} p'_{ij}(t) &= \sum_{j \in S} p'_{ij}(\tau + (t-\tau)) = \sum_{j \in S} \left(\sum_{k \in S} p'_{ik}(\tau) p_{kj}(t-\tau) \right) \\ &= \sum_{k \in S} \left(p'_{ik}(\tau) \sum_{j \in S} p_{kj}(t-\tau) \right) = \sum_{k \in S} p'_{ik}(\tau) = 0 \end{aligned}$$

和

$$\left| p'_{ij}(t) \right| \leqslant \sum_{k \in S} \left| p'_{ik}(\tau) \right| p_{kj}(t-\tau)$$

$$\begin{aligned} \sum_{j \in S} \left| p'_{ij}(t) \right| &\leqslant \sum_{j \in S} \left(\sum_{k \in S} \left| p'_{ik}(\tau) \right| p_{kj}(t-\tau) \right) \\ &= \sum_{k \in S} \left(\left| p'_{ik}(\tau) \right| \sum_{j \in S} p_{kj}(t-\tau) \right) = \sum_{k \in S} \left| p'_{ik}(\tau) \right| \leqslant 2q_i \end{aligned}$$

以上证明了: 当 $q_i<\infty$ 时, $p_{ij}(t)$ 在 $t>0$ 处的可微性, 实际上可以证明当 $q_i=\infty$ 时, 定理仍然成立. 关于 $p'_{ij}(t)$ 连续性证明留作习题.

下面进一步证明 $p_{ij}(t)$ 在 $t=0$ 处也是可微的.

定理 2.5 下列极限总存在 $\lim\limits_{t\to 0+} p_{ij}(t)/t = q_{ij} < \infty, i \neq j, i, j \in S$.

证明 由正则性条件, 对任意的 $\varepsilon > 0$, 存在 $T > 0$, 使得当 $0 \leqslant t \leqslant T$ 时, 有

$$1 - p_{ii}(t) < \varepsilon, \quad 1 - p_{jj}(t) < \varepsilon$$

下面首先证明: 对任意满足关系 $0 < t - h < nh \leqslant t \leqslant T$(其中 n 为正整数) 的正数 h 和 t, 总成立

$$p_{ij}(h) \leqslant \frac{p_{ij}(t)}{n} \cdot \frac{1}{1-3\varepsilon}$$

为此, 接下来考察 $0, h, 2h, \cdots, nh \leqslant t$ 时, 马尔可夫链的变化情况. 令 A_k =“系统从状态 i 出发, 在 $t = kh$ 时又返回状态 i, 且在期间从未到达状态 j”, B_k =“系统从状态 i 出发, 在 $t = kh$ 时首次到达状态 j” $(k = 1, 2, \cdots, n)$. 容易看出 $B_1, B_2, \cdots, B_n$ 是互不相容的. 记 $a_k = P(A_k)$, $b_k = P(B_k)$, $b = \sum\limits_{k=1}^{n} b_k$, 则有

$$\begin{aligned}
\varepsilon > 1 - p_{ii}(t) &= \sum_{k \neq i} p_{ik}(t) \geqslant p_{ij}(t) \geqslant \sum_{k=1}^{n} P(B_k) p_{jj}(t - kh) \\
&= \sum_{k=1}^{n} b_k p_{jj}(t - kh) \geqslant (1-\varepsilon) \sum_{k=1}^{n} b_k = (1-\varepsilon) b
\end{aligned}$$

因此 $b \leqslant \varepsilon/(1-\varepsilon)$, 从而

$$a_k = p_{ii}(kh) - \sum_{r=1}^{k-1} b_r p_{ji}(kh - rh) \geqslant p_{ii}(kh) - \sum_{r=1}^{k-1} b_r \geqslant p_{ii}(kh) - b \geqslant 1 - \varepsilon - \frac{\varepsilon}{1-\varepsilon}$$

故

$$p_{ij}(t) \geqslant \sum_{k=1}^{n} a_{k-1} p_{ij}(h) p_{jj}(t - kh) \geqslant n\left(1 - \varepsilon - \frac{\varepsilon}{1-\varepsilon}\right) p_{ij}(h)(1-\varepsilon) \geqslant n(1-3\varepsilon) p_{ij}(h)$$

即

$$p_{ij}(h) \leqslant \frac{p_{ij}(t)}{n} \cdot \frac{1}{1-3\varepsilon}.$$

两边除以 h, 得

$$\frac{p_{ij}(h)}{h} \leqslant \frac{p_{ij}(t)}{nh} \cdot \frac{1}{1-3\varepsilon} \leqslant \frac{p_{ij}(t)}{t-h} \cdot \frac{1}{1-3\varepsilon}$$

先令 $h \to 0+$, 得

$$\varlimsup_{h\to 0+} \frac{p_{ij}(h)}{h} \leqslant \frac{p_{ij}(t)}{t} \cdot \frac{1}{1-3\varepsilon} < \infty$$

再令 $t \to 0+$, 得

$$\varlimsup_{h\to 0+} \frac{p_{ij}(h)}{h} \leqslant \left(\varliminf_{t\to 0+} \frac{p_{ij}(t)}{t}\right) \cdot \frac{1}{1-3\varepsilon} < \infty$$

由 ε 的任意性, 所以

$$\overline{\lim_{h\to 0+}}\frac{p_{ij}(h)}{h}=\underline{\lim_{t\to 0+}}\frac{p_{ij}(t)}{t}=\lim_{t\to 0+}\frac{p_{ij}(t)}{t}=q_{ij}<\infty$$

推论 2.1 对有限状态的马尔可夫链, 有 $q_i<\infty$, 且 $q_i=\sum\limits_{j\neq i}q_{ij}$, 其中

$$q_i=\lim_{h\to 0+}\frac{1-p_{ii}(h)}{h},\quad q_{ij}=\lim_{t\to 0+}\frac{p_{ij}(t)}{t}$$

证明 在等式 $1-p_{ii}(t)=\sum\limits_{j\neq i}p_{ij}(t)$ 两边除以 t, 由于是有限和式, 令 $t\to 0+$, 由定理 2.5 便知推论成立.

注 2.1 对无限状态的马尔可夫链, 不一定有 $q_i=\sum\limits_{j\neq i}q_{ij}$, 而只有 $q_i\geqslant\sum\limits_{j\neq i}q_{ij}$. 若对状态 $i\in S$, 有 $q_i=\sum\limits_{j\neq i}q_{ij}<\infty$, 则称状态 i 是**保守的**; 若对任意的 $i\in S$ 都是保守的, 则称马尔可夫链是**保守的**. 若 $q_i<\infty$, 则称 i 为马尔可夫链的**稳定状态**; 若 $q_i=\infty$, 则称 i 为马尔可夫链的**瞬时状态**; 若对任意的 $i\in S$, 有 $q_i<\infty$, 则称马尔可夫链是**全稳定的**, 否则称马尔可夫链是**带瞬时态的**.

定理 2.6 对给定的 $i\in S$, $p_{ij}(t)$ 满足科尔莫戈罗夫向后方程

$$p'_{ij}(t)=-q_ip_{ij}(t)+\sum_{k\neq i}q_{ik}p_{kj}(t)$$

的充分必要条件是 $q_i<\infty$, $q_i=\sum\limits_{j\neq i}q_{ij}$.

证明 $\Rightarrow$ 若 $q_i=\infty$, 则科尔莫戈罗夫向后方程没有意义, 所以 $q_i<\infty$. 将科尔莫戈罗夫向后方程对 j 求和, 由定理 2.4(2), 得

$$0=\sum_{j\in S}p'_{ij}(t)=-q_i\sum_{j\in S}p_{ij}(t)+\sum_{k\neq i}q_{ik}\sum_{j\in S}p_{kj}(t)=-q_i+\sum_{k\neq i}q_{ik}$$

即 $q_i=\sum\limits_{j\neq i}q_{ij}$.

$\Leftarrow$ 对 $h>0$, 有

$$\begin{aligned}\frac{p_{ij}(t+h)-p_{ij}(t)}{h}&=\frac{1}{h}\left(\sum_{k\in S}p_{ik}(h)p_{kj}(t)-p_{ij}(t)\right)\\&=\frac{1}{h}\left(p_{ii}(h)p_{ij}(t)-p_{ij}(t)+\sum_{k\neq i}p_{ik}(h)p_{kj}(t)\right)\end{aligned}$$

$$= -\frac{1-p_{ii}(h)}{h}p_{ij}(t) + \sum_{k\neq i}\frac{p_{ik}(h)}{h}p_{kj}(t)$$

于是, 对任意正整数 K, 有

$$\left|\frac{p_{ij}(t+h)-p_{ij}(t)}{h} + \frac{1-p_{ii}(h)}{h}p_{ij}(t) - \sum_{\substack{k\neq i\\ k\leqslant K}}\frac{p_{ik}(h)}{h}p_{kj}(t)\right|$$

$$= \left|\sum_{\substack{k\neq i\\ k>K}}\frac{p_{ik}(h)}{h}p_{kj}(t)\right| \leqslant \sum_{\substack{k\neq i\\ k>K}}\frac{p_{ik}(h)}{h} = \frac{1}{h}\sum_{\substack{k\neq i\\ k>K}}p_{ik}(h)$$

$$= \frac{1}{h}\left(1-p_{ii}(h) - \sum_{\substack{k\neq i\\ k\leqslant K}}p_{ik}(h)\right) = \frac{1-p_{ii}(h)}{h} - \sum_{\substack{k\neq i\\ k\leqslant K}}\frac{p_{ik}(h)}{h}$$

两边令 $h\to 0+$, 由定理 2.3 和定理 2.5, 有

$$\left|p'_{ij}(t) + q_i p_{ij}(t) - \sum_{\substack{k\neq i\\ k\leqslant K}}q_{ik}p_{kj}(t)\right| \leqslant q_i - \sum_{\substack{k\neq i\\ k\leqslant K}}q_{ik}$$

由定理 2.6 的条件, 可知上式右边在 $K\to\infty$ 时趋于 0, 于是有

$$p'_{ij}(t) = -q_i p_{ij}(t) + \sum_{k\neq i}q_{ik}p_{kj}(t)$$

定理 2.7 对给定的 $j\in S$, 若 $q_j<\infty$, 且 $\lim\limits_{h\to 0+}\dfrac{p_{kj}(h)}{h} = q_{kj}$ 关于 k 一致成立, 则 $p_{ij}(t)$ 满足科尔莫戈罗夫向前方程

$$p'_{ij}(t) = -p_{ij}(t)q_j + \sum_{k\neq j}p_{ik}(t)q_{kj}$$

证明 对 $h>0$, 有

$$\frac{p_{ij}(t+h)-p_{ij}(t)}{h} = \frac{1}{h}\left(\sum_{k\in S}p_{ik}(t)p_{kj}(h) - p_{ij}(t)\right)$$

$$= \frac{1}{h}\left(p_{ij}(t)p_{jj}(h) - p_{ij}(t) + \sum_{k\neq j}p_{ik}(t)p_{kj}(h)\right)$$

$$= -\frac{1-p_{jj}(h)}{h}p_{ij}(t) + \sum_{k\neq j}\frac{p_{kj}(h)}{h}p_{ik}(t)$$

两边令 $h\to 0+$, 即得 $p'_{ij}(t) = -p_{ij}(t)q_j + \sum\limits_{k\neq j}p_{ik}(t)q_{kj}$.

推论 2.2 绝对概率 $p_j(t) = P\{X(t)=j\} = \sum\limits_{i\in S}p_i(0)p_{ij}(t)$ 所满足的微分方程为

$$p'_j(t) = -p_j(t)q_j + \sum_{k\neq j}p_k(t)q_{kj}$$

证明 在科尔莫戈罗夫向前方程

$$p'_{ij}(t) = -p_{ij}(t)q_j + \sum_{k \neq j} p_{ik}(t)q_{kj}$$

的两边同乘 $p_i(0)$, 再对 i 求和, 即得

$$p'_j(t) = -p_j(t)q_j + \sum_{k \neq j} p_k(t)q_{kj}$$

推论 2.3 若马尔可夫链 $\{X(t), t \geqslant 0\}$ 存在平稳分布 $\{\pi_i, i \in S\}$, 即 $p_i(t) = \pi_i =$ 常数, 则平稳分布 $\{\pi_i, i \in S\}$ 满足方程

$$\sum_{k \neq j} \pi_k q_{kj} = \pi_j q_j$$

证明 由推论 2.2, 有 $p'_j(t) = -p_j(t)q_j + \sum_{k \neq j} p_k(t)q_{kj}$, 注意左边为 0, 于是有

$$-\pi_j q_j + \sum_{k \neq j} \pi_k q_{kj} = 0$$

即 $\sum_{k \neq j} \pi_k q_{kj} = \pi_j q_j$.

定义 2.4 设马尔可夫链 $\{X(t), t \geqslant 0\}$ 的转移概率矩阵为 $\boldsymbol{P}(t) = (p_{ij}(t))$, 记

$$q_{ii} \triangleq p'_{ii}(0^+) = -q_i$$

称矩阵 $\boldsymbol{Q} = (q_{ij})$ 为 $\boldsymbol{P}(t)$ 的密度矩阵或 $\{X(t), t \geqslant 0\}$ 的密度矩阵(Q矩阵).

在实际问题中, 马尔可夫链 $\{X(t), t \geqslant 0\}$ 的密度矩阵 $\boldsymbol{Q} = (q_{ij})$ 往往比转移概率矩阵 $\boldsymbol{P}(t) = (p_{ij}(t))$ 更容易求得, 因为 $\boldsymbol{Q} = (q_{ij})$ 只决定于 $\boldsymbol{P}(t) = (p_{ij}(t))$ 在任意短的时间区间 $[0, \varepsilon)$ 中的值.

科尔莫戈罗夫向后方程和向前方程可分别写成矩阵形式: $\boldsymbol{P}'(t) = \boldsymbol{Q}\boldsymbol{P}(t)$, $\boldsymbol{P}'(t) = \boldsymbol{P}(t)\boldsymbol{Q}$, 其中 $\boldsymbol{P}'(t) = (p'_{ij}(t))$.

引理 2.1 马尔可夫链 $\{X(t), t \geqslant 0\}$ 是右随机连续的.

证明 对 $t \geqslant 0, h > 0$, 由齐次性及标准性, 有

$$\begin{aligned} P\{X(t) \neq X(t+h) | X(t) = i\} &= P\{X(0) \neq X(h) | X(0) = i\} \\ &= 1 - p_{ii}(h) \to 0 \quad (h \to 0) \end{aligned}$$

故对任意 $\varepsilon > 0$, 有

$$\begin{aligned} &P\{|X(t) - X(t+h)| > \varepsilon\} \leqslant P\{X(t) \neq X(t+h)\} \\ =& \sum_{i \in S} P\{X(t) = i\} P\{X(t) \neq X(t+h) | X(t) = i\} \to 0 \ (h \to 0) \end{aligned}$$

记 $\tau_1 = \inf\{t \geqslant 0 | X(t) \neq X(0)\}$, 则 τ_1 是马尔可夫链 $\{X(t), t \geqslant 0\}$ 发生第一次跳跃的时刻, 也就是停留在开始状态的时间长度 (当 $\{t \geqslant 0 | X(t) \neq X(0)\}$ 为空集时, 令 $\tau_1 = \infty$).

定理 2.8 (***Q*** 矩阵的概率意义) (1) $P\{X(s) = i, 0 \leqslant s \leqslant t | X(0) = i\} = \mathrm{e}^{-q_i t}$;

(2) 设 $0 < q_i < \infty$, 则 $P\{X(\tau_1) = j | X(0) = i\} = q_{ij}/q_i$, $j \neq i$.

证明 (1) 由右随机连续性和马氏性, 有

$$\begin{aligned}
&P\{X(s) = i, 0 \leqslant s \leqslant t | X(0) = i\} \\
=& \lim_{n\to\infty} P\{X(kt/2^n) = i, k = 0, 1, 2, \cdots, 2^n | X(0) = i\} \\
=& \lim_{n\to\infty} P\{X(0) = i, X(t/2^n) = i, X(2t/2^n) = i, \cdots, X(t) = i | X(0) = i\} \\
=& \lim_{n\to\infty} (P\{X(t/2^n) = i | X(0) = i\})^{2^n} = \lim_{n\to\infty} (p_{ii}(t/2^n))^{2^n} \\
=& \lim_{n\to\infty} \left(1 - \frac{q_i t}{2^n} + o(2^{-n})\right)^{2^n} = \mathrm{e}^{-q_i t}
\end{aligned}$$

(2) 设 $i \neq j$, 令 $R_{ij}(h) = P\{X(t+h) = j | X(t) = i,\ X(t+h) \neq i\}$, 则

$$\begin{aligned}
P\{X(\tau_1) = j | X(0) = i\} &= \lim_{h\to 0+} R_{ij}(h) = \lim_{h\to 0+} \frac{P\{X(\tau_1 + h) = j | X(\tau_1) = i\}}{P\{X(\tau_1 + h) \neq i | X(\tau_1) = i\}} \\
&= \lim_{h\to 0+} \frac{p_{ij}(h)}{1 - p_{ii}(h)} = \lim_{h\to 0+} \frac{p_{ij}(h)/h}{(1 - p_{ii}(h))/h} = \frac{q_{ij}}{q_i}
\end{aligned}$$

注 2.2 由定理 2.8 可见: ① 若 $q_i = 0$, 则 $P\{X(s) = i, \forall s \geqslant 0 | X(0) = i\} = 1$, 即系统自状态 i 出发, 以概率 1 永远停留在状态 i(此时, 称 i 为吸收状态); ② 若 $q_i = \infty$, 则系统自状态 i 出发后立即离开状态 i, 停留状态 i 的时间不构成任何区间 (此时, 称 i 为瞬时状态); ③ 若 $0 < q_i < \infty$, 则系统自状态 i 出发, 在状态 i 停留一段时间然后离开, 停留的时间服从参数为 q_i 的指数分布 (此时, 称 i 为逗留状态); ④ 若 $0 < q_i < \infty$, 则系统自状态 i 出发, 在时刻 τ_1 转移到状态 j 的概率为 q_{ij}/q_i.

有关 Q 矩阵的进一步问题可见文献 (侯振挺等, 1994).

上面讨论了 $p_{ij}(t)$ 在 $t \to 0^+$ 时性质, 即 $p_{ij}(t)$ 在 $t = 0$ 处的连续性、可微性等, 这些性质可以说是 $p_{ij}(t)$ 的无穷小性质. 下面将简单讨论一下, $p_{ij}(t)$ 在 $t \to \infty$ 时的性质, 也就是 $p_{ij}(t)$ 的遍历性质, 它与平稳分布有着直接的关系.

以下恒假定马尔可夫链 $\{X(t), t \geqslant 0\}$ 是不可约的, 即状态空间 S 中的所有状态都是相通的, 即对任意的 $i, j \in S$, 都存在 $s > 0$ 和 $t > 0$, 使得 $p_{ij}(s) > 0$ 和 $p_{ji}(t) > 0$.

对任一 $h > 0$, 显然 $\{p_{ij}(h)\}$ 是某个马尔可夫链的一步转移概率, 且有

$$p_{ij}^{(n)}(h) = p_{ij}(nh)$$

则称 $\{p_{ij}(h)\}$ 为 $\{p_{ij}(t),\ t \geqslant 0\}$ 的步长为 h 的**离散骨架**.

定理 2.9　$\{p_{ij}(h)\}$ 是非周期的, 不可约的.

证明　由 $p_{ii}(t) \geqslant (p_{ii}(t/n))^n$ 和 $p_{ii}(t) \to 1(t \to 0^+)$ 可知, 对一切 $t \geqslant 0$, $p_{ii}(t)$ 恒为正的. 特别地, $p_{ii}^{(n)}(h) = p_{ii}(nh)$ 都是正的, 因而是非周期的.

下面证明不可约性, 即要证明对任意的 $i, j \in S$, 存在 n, 使得

$$p_{ij}^{(n)}(h) = p_{ij}(nh) > 0$$

事实上, 根据上面的假定, 对任意的 $i, j \in S$, 存在 $s > 0$, 使得 $p_{ij}(s) > 0$. 选取 n 充分大, 使得 $nh > s$, 则由 $p_{ii}(t)$ 恒大于 0, 有

$$p_{ij}^{(n)}(h) = p_{ij}(nh) \geqslant p_{ii}(nh - s)p_{ij}(s) > 0$$

推论 2.4　对一切 $h > 0$ 和 $i, j \in S$, 下列极限存在, 且与 i 无关:

$$\lim_{n\to\infty} p_{ij}^{(n)}(h) = \lim_{n\to\infty} p_{ij}(nh) = \pi_j(h)$$

证明　由定理 2.9 和定理 1.24 的推论及定理 1.23 可得.

定理 2.10　对一切 $i, j \in S$, 下列极限存在, 且与 i 无关:

$$\lim_{t\to\infty} p_{ij}(t) = \pi_j$$

证明　由定理 2.9 的推论可知, 对任意的 $h > 0$, 有

$$\lim_{n\to\infty} p_{ij}(nh) = \pi_j(h)$$

于是对任意的 $\varepsilon > 0$, 存在 N, 使当 $n, m \geqslant N$ 时, 有

$$|p_{ij}(nh) - p_{ij}(mh)| < \varepsilon/3$$

又因为 $p_{ij}(t)$ 是一致连续的, 所以可选 h 充分小, 使 $p_{ij}(t)$ 在任一长为 h 的区间内的两点之差的绝对值小于 $\varepsilon/3$. 于是当 h 这样选定后, 只要 s, $t > Nh$, 就有

$$|p_{ij}(s) - p_{ij}(t)| \leqslant |p_{ij}(s) - p_{ij}(nh)| + |p_{ij}(nh) - p_{ij}(mh)| + |p_{ij}(mh) - p_{ij}(t)|$$

如果选 nh 满足 $nh \leqslant s < (n+1)h$, 选 mh 满足 $mh \leqslant t < (m+1)h$, 则

$$|p_{ij}(s) - p_{ij}(t)| < \varepsilon$$

从而 $\lim\limits_{t\to\infty} p_{ij}(t)$ 存在, 其值与 i 无关, 这由定理 2.9 的推论即得. 事实上, 对一切 $h > 0$, $\pi_j(h)$ 是常数 π_j.

2.3 若干例子

例 2.1 (随机信号) 考虑计算机中某个触发器, 它只有两个状态, 记为 "0" 和 "1". 在转移到状态 1 之前系统在状态 0 停留的时间服从参数为 λ 的指数分布, 而在回到状态 0 之前系统停留在状态 1 的时间服从参数为 μ 的指数分布. 此时, 该系统是时齐的马尔可夫链, 其转移概率为

$$p_{01}(h) = \lambda h + o(h)$$

$$p_{10}(h) = \mu h + o(h)$$

由此可知

$$q_0 = \lim_{h\to 0+} \frac{1 - p_{00}(h)}{h} = \lim_{h\to 0+} \frac{p_{01}(h)}{h} = \lim_{h\to 0+} \frac{\lambda h + o(h)}{h} = \lambda = q_{01}$$

$$q_1 = \lim_{h\to 0+} \frac{1 - p_{11}(h)}{h} = \lim_{h\to 0+} \frac{p_{10}(h)}{h} = \lim_{h\to 0+} \frac{\mu h + o(h)}{h} = \mu = q_{10}$$

故科尔莫戈罗夫向前方程是

$$p'_{00}(t) = -\lambda p_{00}(t) + \mu p_{01}(t) = -(\lambda + \mu)p_{00}(t) + \mu$$

$$p'_{01}(t) = -\mu p_{01}(t) + \lambda p_{00}(t) = -(\lambda + \mu)p_{01}(t) + \lambda$$

$$p'_{10}(t) = -\lambda p_{10}(t) + \mu p_{11}(t) = -(\lambda + \mu)p_{10}(t) + \mu$$

$$p'_{11}(t) = -\mu p_{11}(t) + \lambda p_{10}(t) = -(\lambda + \mu)p_{11}(t) + \lambda$$

由于 $p_{00}(0) = p_{11}(0) = 1, p_{01}(0) = p_{10}(0) = 0$, 可以解得

$$\begin{aligned} p_{00}(t) &= \lambda_0 \mathrm{e}^{-(\lambda+\mu)t} + \mu_0 \\ p_{01}(t) &= \lambda_0 \left(1 - \mathrm{e}^{-(\lambda+\mu)t}\right) \\ p_{10}(t) &= \mu_0 \left(1 - \mathrm{e}^{-(\lambda+\mu)t}\right) \\ p_{11}(t) &= \mu_0 \mathrm{e}^{-(\lambda+\mu)t} + \lambda_0 \end{aligned}$$

其中 $\lambda_0 = \lambda/(\lambda + \mu), \mu_0 = \mu/(\lambda + \mu)$. 当 $t \to \infty$ 时, 有

$$\lim_{t\to\infty} p_{00}(t) = \mu_0, \quad \lim_{t\to\infty} p_{10}(t) = \mu_0, \quad \lim_{t\to\infty} p_{01}(t) = \lambda_0, \quad \lim_{t\to\infty} p_{11}(t) = \lambda_0$$

由此可见, $p_{ij}(t)$ 在 $t \to \infty$ 时, 其极限存在且与 i 无关.

如果初始分布就取上述的极限, 即

$$p_0 = P\{X(0) = 0\} = \mu_0, p_1 = P\{X(0) = 1\} = \lambda_0$$

则马尔可夫链在时刻 t 的绝对概率分布为

$$\begin{aligned} p_0(t) &= P\{X(t) = 0\} = p_0 p_{00}(t) + p_1 p_{10}(t) \\ &= \mu_0 \left[\lambda_0 \mathrm{e}^{-(\lambda+\mu)t} + \mu_0\right] + \lambda_0 \mu_0 \left[1 - \mathrm{e}^{-(\lambda+\mu)t}\right] = \mu_0 \end{aligned}$$

$$
\begin{aligned}
p_1(t) &= P\{X(t)=1\} = p_0p_{01}(t)+p_1p_{11}(t) \\
&= \lambda_0\left[\mu_0 \mathrm{e}^{-(\lambda+\mu)t}+\lambda_0\right]+\lambda_0\mu_0\left[1-\mathrm{e}^{-(\lambda+\mu)t}\right]=\lambda_0
\end{aligned}
$$

例 2.2 (生灭过程) 设时齐的马尔可夫过程 (链)$\{X(t), t \geqslant 0\}$ 的状态空间为 $S=\{0,1,2,\cdots\}$, 转移概率为 $p_{ij}(t)$, 如果

$$
\begin{cases}
p_{i\,i+1}(h)=\lambda_i h+o(h), & \lambda_i>0 \\
p_{i\,i-1}(h)=\mu_i h+o(h), & \mu_i>0, \mu_0=0 \\
p_{ii}(h)=1-(\lambda_i+\mu_i)h+o(h), & \\
p_{ij}(h)=o(h), & |i-j| \geqslant 2
\end{cases}
$$

则称 $\{X(t), t \geqslant 0\}$ 为生灭过程. λ_i 为出生率, μ_i 为死亡率. 若 $\lambda_i=i\lambda$, $\mu_i=i\mu(\lambda, \mu$ 是正常数), 则称 $\{X(t),\ t \geqslant 0\}$ 为线性生灭过程. 若 $\mu_i \equiv 0$, 则称 $\{X(t), t \geqslant 0\}$ 为纯生过程; 若 $\lambda_i \equiv 0$, 则称 $\{X(t), t \geqslant 0\}$ 为纯灭过程.

生灭过程可作如下概率解释: 若以 $X(t)$ 表示一个生物群体在时刻 t 的大小, 则在很短的时间 h 内 (忽略高阶无穷小后), 群体变化只有三种可能: 状态由 i 变到 $i+1$, 即增加一个个体, 其概率为 $\lambda_i h$; 状态由 i 变到 $i-1$, 即减少一个个体, 其概率为 $\mu_i h$; 群体大小不变, 其概率为 $1-(\lambda_i+\mu_i)h$. 生灭过程的命名也在于此.

不难看出, 相应的 q_i, q_{ij} 为

$$
\begin{aligned}
& q_i=\lambda_i+\mu_i, \quad i \geqslant 0 \\
& q_{ij}=\begin{cases}\lambda_i, & j=i+1, \quad i \geqslant 0 \\ \mu_i, & j=i-1, \quad i \geqslant 1\end{cases} \\
& q_{ij}=0, \quad |i-j| \geqslant 2
\end{aligned}
$$

故科尔莫戈罗夫向前方程是

$$
p_{ij}'(t)=\lambda_{j-1}p_{i\,j-1}(t)-(\lambda_j+\mu_j)p_{ij}(t)+\mu_{j+1}p_{i\,j+1}(t), \quad i,\ j \in S
$$

科尔莫戈罗夫向后方程是

$$
p_{ij}'(t)=\mu_i p_{i-1\,j}(t)-(\lambda_i+\mu_i)p_{ij}(t)+\lambda_i p_{i+1\,j}(t), \quad i,\ j \in S
$$

绝对概率满足的方程为

$$
p_j'(t)=\lambda_{j-1}p_{j-1}(t)-(\lambda_j+\mu_j)p_j(t)+\mu_{j+1}p_{j+1}(t), \quad j \in S, \quad p_{-1}(t)=0
$$

上述方程组的求解较困难. 于是讨论其平稳分布. 由推论 2.3, 有

$$
\begin{cases}
\lambda_0\pi_0=\mu_1\pi_1 \\
(\lambda_j+\mu_j)\pi_j=\lambda_{j-1}\pi_{j-1}+\mu_{j+1}\pi_{j+1}, \quad j \geqslant 1
\end{cases}
$$

当一切 $\mu_j > 0$ 时, 可逐步推得

$$\pi_1 = \frac{\lambda_0}{\mu_1}\pi_0, \quad \pi_2 = \frac{\lambda_1}{\mu_2}\pi_1 = \frac{\lambda_0\lambda_1}{\mu_1\mu_2}\pi_0, \quad \cdots, \quad \pi_j = \frac{\lambda_{j-1}}{\mu_j}\pi_{j-1} = \frac{\lambda_0\lambda_1\cdots\lambda_{j-1}}{\mu_1\mu_2\cdots\mu_j}\pi_0, \quad \cdots$$

再利用 $\sum\limits_{j=0}^{+\infty}\pi_j = 1$, 得平稳分布

$$\pi_0 = \left(1 + \sum_{j=1}^{+\infty}\frac{\lambda_0\lambda_1\cdots\lambda_{j-1}}{\mu_1\mu_2\cdots\mu_j}\right)^{-1},$$

$$\pi_j = \frac{\lambda_0\lambda_1\cdots\lambda_{j-1}}{\mu_1\mu_2\cdots\mu_j}\left(1 + \sum_{j=1}^{+\infty}\frac{\lambda_0\lambda_1\cdots\lambda_{j-1}}{\mu_1\mu_2\cdots\mu_j}\right)^{-1}, \quad j \geqslant 1$$

上式也给出了该生灭过程平稳分布存在的充分必要条件是 $\sum\limits_{j=1}^{+\infty}\frac{\lambda_0\lambda_1\cdots\lambda_{j-1}}{\mu_1\mu_2\cdots\mu_j} < \infty$.

第 3 章　马尔可夫过程与双参数算子半群

3.1　预备知识

3.1.1　若干集类

设 $\mathscr{F}$ 是由集合 Ω 的一些子集构成的一个非空集类, 简称 $\mathscr{F}$ 是 Ω 上的集类.

3.1.1.1　代数、σ 代数

(1) 设 $\mathscr{F}$ 是 Ω 上的集类, 称 $\mathscr{F}$ 是代数, 如果

$$\forall A \in \mathscr{F} \Rightarrow A^{\mathrm{c}} \in \mathscr{F}, \quad \forall A, B \in \mathscr{F} \Rightarrow A \cup B \in \mathscr{F}$$

或

$$\Omega \in \mathscr{F}, \quad A, B \in \mathscr{F} \Rightarrow A - B \in \mathscr{F}$$

(2) 设 $\mathscr{F}$ 是 Ω 上的集类, 称 $\mathscr{F}$ 是σ 代数, 如果 $\mathscr{F}$ 是代数, 且

$$\forall A_n \in \mathscr{F}(n=1,2,\cdots) \Rightarrow \bigcup_{n=1}^{\infty} A_n \in \mathscr{F}$$

3.1.1.2　单调类

(1) 设 $\mathscr{F}$ 是 Ω 上的集类, 称 $\mathscr{F}$ 为单调类, 如果 $\mathscr{F}$ 对单调序列极限封闭, 即 $A_n \in \mathscr{F}, n \geqslant 1, A_n \uparrow A$ 或 $A_n \downarrow A \Rightarrow A \in \mathscr{F}$;

(2) 设 $\mathscr{F}$ 是 Ω 上的集类, $m(\mathscr{F})$ 表示由 $\mathscr{F}$ 产生的单调类, $m(\mathscr{F})$ 是包含 $\mathscr{F}$ 的最小单调类;

(3) 集类 $\mathscr{F}$ 为 σ 代数 $\Leftrightarrow \mathscr{F}$ 既是代数又是单调类;

(4) 设 $\mathscr{F}$ 是代数, 则 $m(\mathscr{F}) = \sigma(\mathscr{F})$ (包含代数 $\mathscr{F}$ 的任何单调类必包含 $\sigma(\mathscr{F})$).

在研究代数 $\mathscr{F}$ 上的最小 σ 代数时, 只要研究 $\mathscr{F}$ 上的最小单调类就行了. 由于单调类所受限制比 σ 代数要少, 所以在一些场合下, 是较易研究的. 但还有些场合, 验证某集类包含某代数的单调类比较困难, Dynkin 引入了另一种集类来代替单调类, 在概率论中使用起来将更为方便.

3.1.1.3　π 类、λ 类

(1) 设 $\mathscr{F}$ 是 Ω 上的集类, 称 $\mathscr{F}$ 为 π 类, 如果 $A, B \in \mathscr{F} \Rightarrow A \cap B \in \mathscr{F}$.

(2) 称 $\mathscr{F}$ 为λ 类 (或 d 类、Dynkin 类), 如果

$$\Omega \in \mathscr{F}; \quad A, B \in \mathscr{F},\ A \supset B \Rightarrow A - B \in \mathscr{F}; \quad A_n \in \mathscr{F}, n \geqslant 1, A_n \uparrow A \Rightarrow A \in \mathscr{F}$$

(3) 设 $\mathscr{F}$ 是 Ω 上的集类, $\lambda(\mathscr{F})$ 表示由 $\mathscr{F}$ 产生的 λ 类, $\lambda(\mathscr{F})$ 是包含 $\mathscr{F}$ 的最小 λ 类.

(4) 集类 $\mathscr{F}$ 为 σ 代数 $\Leftrightarrow$ $\mathscr{F}$ 既是 π 类又是 λ 类.

3.1.2 单调类定理

3.1.2.1 集合形式的单调类定理

设 $\mathscr{A}, \mathscr{F}$ 为 Ω 上的两个集类, 且 $\mathscr{A} \supset \mathscr{F}$, 则

(1) $\mathscr{A}$ 为 λ 类, $\mathscr{F}$ 为 π 类 $\Rightarrow \mathscr{A} \supset \sigma(\mathscr{F})$;

(2) $\mathscr{A}$ 为单调类, $\mathscr{F}$ 为代数 $\Rightarrow \mathscr{A} \supset \sigma(\mathscr{F})$.

在验证一个集类是 σ 代数时经常用到集合形式的单调类定理, 这个定理的用法如下:

通常已知 $\mathscr{F}$ 中的元具有性质 S, 需要证明 $\sigma(\mathscr{F})$ 中的元也具有性质 S, 令

$$\mathscr{A} = \{A|\, A \ \text{具有性质} \ S\}$$

显然 $\mathscr{A} \supset \mathscr{F}$. 然后证明 $\mathscr{F}$ 是 π 类 (代数), 再证明 $\mathscr{A}$ 是 λ 类 (单调类), 于是 $\mathscr{A} \supset \sigma(\mathscr{F})$, 即证明了 $\sigma(\mathscr{F})$ 中的元也具有性质 S. 这种方法称为 λ 类方法 (单调类方法).

例 3.1 设 $F_1(x), F_2(x)$ 分别是随机变量 X_1, X_2 的分布函数. 如果 $F_1(x) = F_2(x)$, 则对 $\forall B \in \mathscr{B}_1$, 有

$$P(X_1 \in B) = P(X_2 \in B)$$

证明 令

$$\mathscr{F} = \{(a,b]| -\infty < a \leqslant b < +\infty\}$$
$$\mathscr{A} = \{A|\, P(X_1 \in A) = P(X_2 \in A)\}$$

因为

$$\begin{aligned} P\left(X_1 \in (a,b]\right) &= P(a < X_1 \leqslant b) \\ &= F_1(b) - F_1(a) = F_2(b) - F_2(a) \\ &= P(a < X_2 \leqslant b) = P\left(X_2 \in (a,b]\right) \end{aligned}$$

所以 $\mathscr{A} \supset \mathscr{F}$. 而

$$\mathscr{F} = \{(a,b]| -\infty < a \leqslant b < +\infty\} \ \text{是} \ \pi \ \text{类}$$
$$\mathscr{A} = \{A|\, P(X_1 \in A) = P(X_2 \in A)\} \ \text{是} \ \lambda \ \text{类}$$

故 $\mathscr{A} \supset \sigma(\mathscr{F}) = \mathscr{B}_1$.

3.1.2.2　函数形式的单调类定理

设 $\mathscr{M}$ 是 Ω 上的 π 类, $\mathscr{H}$ 是 Ω 上的一些实值函数构成的集类. 如果

(1) $f \equiv 1 \in \mathscr{H}$;

(2) $\forall f_1,\ f_2 \in \mathscr{H}, c_1, c_2 \in \mathbf{R} \Rightarrow c_1 f_1 + c_2 f_2 \in \mathscr{H}$;

(3) $\forall f_n \in \mathscr{H}, n \geqslant 1, 0 \leqslant f_n \uparrow f, f$ 是实值函数 (有界实值函数)$\Rightarrow f \in \mathscr{H}$;

(4) $\forall A \in \mathscr{M} \Rightarrow \chi_A \in \mathscr{H}$,

则 $\mathscr{H}$ 包含了所有的定义在 Ω 上的实值 (有界实值)$\sigma(\mathscr{M})$ 可测函数.

在验证一个集类 $\mathscr{M}$ 的最小 σ 代数 $\sigma(\mathscr{M})$ 可测函数具有性质 S 时, 经常用到函数形式的单调类定理, 这个定理的用法如下:

令

$$\mathscr{H} = \{f | f \text{ 具有性质 } S\}$$

只需证明 $\mathscr{M}$ 是 π 类, $\mathscr{H}$ 满足 (1)~(4).

3.1.3　随机元 (随机变量)

设 $(\Omega, \mathscr{F}, P)$ 是概率空间, $(E,\ \mathscr{E})$ 是可测空间, 如果映射 $X(\omega)$: $\Omega \to E$ 满足: 对任意的 $\Lambda \in \mathscr{E}$, 有 $\{\omega |\, X(\omega) \in \Lambda\} \in \mathscr{F}$, 则称 $X = X(\omega)$ 是定义在 $(\Omega, \mathscr{F}, P)$ 上, 取值于 $(E,\ \mathscr{E})$ 中的随机元 (可测映射) (也称 $X(\omega)$ 是 $\mathscr{F}$ 可测的).

当 $(E,\ \mathscr{E}) = (\mathbf{R},\ \mathscr{B})$ 时, 称 $X = X(\omega)$ 为 (实) 随机变量 (可测函数).

3.1.4　数学期望

设 $X = X(\omega)$ 是定义在概率空间 $(\Omega,\ \mathscr{F}, P)$ 上的一个随机元, 若 X 在 Ω 上关于 P 的积分存在, 则称

$$EX \triangleq \int_\Omega X(\omega) P(\mathrm{d}\omega) = \int_\Omega X \mathrm{d}P$$

为随机元 X 的数学期望.

3.1.5　积分变换

(1) 设 X 是 $(\Omega, \mathscr{F},\ P)$ 到 $(E,\ \mathscr{E})$ 上的随机元, 记 $\mu \triangleq PX^{-1} \triangleq P(X^{-1}(\,\cdot\,))$, 则 μ 是 $(E,\ \mathscr{E})$ 上的概率测度.

(2) (积分变换定理) 设 X 是 $(\Omega, \mathscr{F},\ P)$ 到 $(E,\ \mathscr{E})$ 上的随机元, f 是 $(E,\ \mathscr{E})$ 上的可测函数, $\mu = PX^{-1}$, 则 $\forall B \in\ \mathscr{E}$, 有

$$\int_{f^{-1}(B)} f \circ X\, \mathrm{d}P = \int_B f \mathrm{d}\mu$$

特别地, $\displaystyle\int_\Omega f \circ X\, \mathrm{d}P = \int_E f \mathrm{d}\mu$.

上两式的意义是: 若等式一方的积分存在, 则另一方的积分也存在.

(3) 设 X 是 $(\Omega,\mathscr{F},P)$ 到 $(\mathbf{R},\mathscr{B})$ 上的随机变量, $F(x)$ 是 X 的分布函数, 即

$$F(x)=P(X\leqslant x)=P\left(\omega|\,X(\omega)\in(-\infty,\ x]\right)=PX^{-1}\left((-\infty,\ x]\right)=\mu\left((-\infty,\ x]\right)$$

在 $\int_\Omega f\circ X\,\mathrm{d}P=\int_{\mathbf{R}}f\mathrm{d}\mu$ 中, 令 $f\equiv x$, 则 $EX=\int_\Omega X\,\mathrm{d}P=\int_{\mathbf{R}}x\mathrm{d}\mu=\int_{-\infty}^{+\infty}x\mathrm{d}F(x)$.

3.1.6 条件概率

设 $(\Omega,\mathscr{F},P)$ 是概率空间, $B\in\mathscr{F}$, 且 $P(B)>0$. 对任意的 $A\in\mathscr{F}$, 令 $P(A|\,B)\triangleq P(AB)/P(B)$, 则 $P(\ \cdot\,|\,B)$ 是定义在 $\mathscr{F}$ 上的集合函数, 称为在给定事件 B 之下的条件概率. 记 $P_B(A)\triangleq P(A|\,B)$, 则 $(\Omega,\mathscr{F},P_B)$ 仍是一个概率空间.

3.1.7 条件数学期望

(1) 设 X 是随机元, 若 $\int_\Omega X\mathrm{d}P_B$ 存在, 则称它为 X 在给定事件 B 之下的条件数学期望, 记为 $E(X|\,B)$, 即 $E(X|\,B)=\int_\Omega X\mathrm{d}P_B$.

性质 3.1 设 X 是随机元, 若 EX 存在, $P(B)>0$, $B\in\mathscr{F}$, 则 $E(X|\,B)$ 存在, 且

$$E(X|\,B)=\frac{1}{P(B)}\int_B X\mathrm{d}P$$

证明 当 $X=\chi_A$, $A\in\mathscr{F}$ 时, 显然有

$$\begin{aligned}E(X|\,B)&=\int_\Omega X\mathrm{d}P_B=\int_\Omega\chi_A\mathrm{d}P_B=P_B(A)=P(A|\,B)\\&=\frac{P(AB)}{P(B)}=\frac{1}{P(B)}\int_B\chi_A\mathrm{d}P=\frac{1}{P(B)}\int_B X\mathrm{d}P\end{aligned}$$

依次考虑 X 是非负简单随机元、X 是非负随机元、$X=X^+-X^-$ 即可.

(2) 设 $(\Omega,\mathscr{F},P)$ 是概率空间, X 是随机元, 且 EX 存在, $\{B_n\}_1^{+\infty}\subset\mathscr{F}$ 为 Ω 的可数分割, 令 $\mathscr{G}=\sigma(B_n),n=1,2,\cdots$. 按等价意义 (即可以在 $\mathscr{G}$ 的零概集上任意取值) 定义的 $\mathscr{G}$ 可测映射

$$E(X|\mathscr{G})\triangleq\sum_{n=1}^{\infty}E(X|\,B_n)\chi_{B_n}$$

称为 X 在 σ 代数 $\mathscr{G}$ 之下的条件数学期望.

注 3.1 对 $\forall B\in\mathscr{G}$, 因 B 必是 $\{B_n\}_1^{+\infty}$ 中某些子集的不交并, 设为 $B=\sum\limits_i B_{n_i}$, 所以

$$\begin{aligned}\int_B X\mathrm{d}P&=\sum_i\int_{B_{n_i}}X\mathrm{d}P=\sum_i P(B_{n_i})E(X|\,B_{n_i})=\int_B\sum_i E(X|\,B_{n_i})\chi_{B_{n_i}}\mathrm{d}P\\&=\int_B\sum_{n=1}^{\infty}E(X|\,B_n)\chi_{B_n}\mathrm{d}P=\int_B E(X|\mathscr{G})\mathrm{d}P\end{aligned}$$

(3) 设 $(\Omega,\mathscr{F},P)$ 是概率空间, X 是随机元, 且 EX 存在, $\mathscr{G}$ 是 $\mathscr{F}$ 的子 σ 代数, X 在 $\mathscr{G}$ 之下的条件数学期望记为 $E(X|\mathscr{G})$, 是指满足下述条件的 Ω 上的一个 $\mathscr{G}$ 可测映射的等价类中的任何一个

$$\int_B X\mathrm{d}P = \int_B E(X|\mathscr{G})\mathrm{d}P, \quad \forall B\in\mathscr{G}$$

(4) 设 $(\Omega,\mathscr{F},P)$ 是概率空间, $\mathscr{G}$ 是 $\mathscr{F}$ 的子 σ 代数, $A\in\mathscr{F}$, 称

$$P(A|\mathscr{G}) \triangleq E(\chi_A|\mathscr{G})$$

为事件 A 在 $\mathscr{G}$ 之下的**条件概率**.

(5) 设 $(\Omega,\mathscr{F},P)$ 是概率空间, X, Y 是随机元, 且 EX 存在, 称

$$E(X|Y) \triangleq E(X|\sigma(Y))$$

为 X 在随机变量 Y 之下的**条件数学期望**, 其中 $\sigma(Y)=Y^{-1}(\mathscr{E})$.

注 3.2　设 $(\Omega,\mathscr{F},P)$ 是概率空间, $\mathscr{G}$ 是 $\mathscr{F}$ 的子 σ 代数, X 是随机元, 且 EX 存在, 当我们谈到 $E(X|\mathscr{G})$ 的 a.e. 性质时, 例外集均指 $\mathscr{G}$ 可测集, 即存在 $\mathscr{G}$ 可测集 N, $P(N)=0$, 使当 $\omega\in N^{\mathrm{c}}$ 时该性质成立. 若将 P 在 $\mathscr{G}$ 上的限制记作 $P_{\mathscr{G}}$, 则可记作 $P_{\mathscr{G}}-$a.e. 成立.

性质 3.2　(1) 设 X 是随机元, 且 EX 存在, 则 $E[E(X|\mathscr{G})]$ 存在, 并有

$$E[E(X|\mathscr{G})] = EX$$

证明　在 $\int_B X\mathrm{d}P = \int_B E(X|\mathscr{G})\mathrm{d}P$ 中, 令 $B=\Omega$ 即得.

(2) 设 X 是随机元, 且 EX 存在, 若 $\mathscr{G}=\mathscr{F}$ 或 X 是 $\mathscr{G}$ 可测的, 则

$$E(X|\mathscr{G}) = X, \quad P_{\mathscr{G}}-\text{a.e.}$$

(3) 设 X,Y 是随机元, 且 EX, EXY 存在, 若 X 是 $\mathscr{G}$ 可测的, 则

$$E(XY|\mathscr{G}) = XE(Y|\mathscr{G}), \quad P_{\mathscr{G}}-\text{a.e.}$$

(4) 设 X 是随机元, 且 EX 存在, σ 代数 $\mathscr{G}'\subset\mathscr{G}$, 则

$$E[E(X|\mathscr{G})|\mathscr{G}'] = E(X|\mathscr{G}') = E[E(X|\mathscr{G}')|\mathscr{G}], \quad P_{\mathscr{G}'}-\text{a.e.}$$

(5) 若 $A\in\mathscr{F}$, 则 $E[P(A|\mathscr{G})]=P(A)$;

(6) 若 $A\in\mathscr{F}$, 则 $P(A|\mathscr{G})=\chi_A$, $P_{\mathscr{G}}-$a.e..

3.2　马尔可夫过程的定义

以下, 恒设 $(\Omega,\mathscr{F},P)$ 是概率空间, $\{\mathscr{F}_t, t\in T\}$ 是 $\mathscr{F}$ 中的一族单调非降的子 σ 代数, $(E,\mathscr{E})$ 是可测空间, $T\subset\mathbf{R}$ 是指标集, 记

$$\mathscr{G}^t \triangleq \sigma(X(s), s\geqslant t, s\in T) \triangleq \sigma\left(\bigcup_{\substack{s\geqslant t\\ s\in T}} X^{-1}(\mathscr{E})\right)$$

$$\mathscr{G}_t \triangleq \sigma\left(X(s), s \leqslant t, s \in T\right) \triangleq \sigma\left(\bigcup_{\substack{s\leqslant t\\ s\in T}} X^{-1}(\mathscr{E})\right)$$

定义 3.1 设 $\{X(t), t \in T\}$ 是 $(\Omega, \mathscr{F}, P)$ 上的适应于 $\{\mathscr{F}_t, t \in T\}$ 的以 $(E, \mathscr{E})$ 为状态空间的随机过程. 如果对于每个 $t \in T$, $\mathscr{F}_t$ 与 $\mathscr{G}^t$ 关于 $\sigma\left(X(t)\right)$ 条件独立, 即对任何 $A \in \mathscr{F}_t$, $B \in \mathscr{G}^t$, 有

$$P(A \cap B | X(t)) = P(A | X(t)) P(B | X(t))$$

则称 $\{X(t), t \in T\}$ 是关于 $\{\mathscr{F}_t, t \in T\}$ 的**马尔可夫过程**.

特别地, 若对每个 $t \in T$, 有 $\mathscr{F}_t = \mathscr{G}_t$, 则简称 $\{X(t), t \in T\}$ 为马尔可夫过程.

定理 3.1 设 $\{X(t), t \in T\}$ 是 $(\Omega, \mathscr{F}, P)$ 上的适应于 $\{\mathscr{F}_t, t \in T\}$ 的以 $(E, \mathscr{E})$ 为状态空间的随机过程, 则下列陈述等价:

(1) $\{X(t), t \in T\}$ 是关于 $\{\mathscr{F}_t, t \in T\}$ 的马尔可夫过程;

(2) $P(A \cap B | X(t)) = P(A | X(t)) P(B | X(t))$, $\forall A \in \mathscr{F}_t$, $B \in \mathscr{G}^t$, $t \in T$;

(3) $P(X(u) \in \Lambda | \mathscr{F}_t) = P(X(u) \in \Lambda | X(t))$, $\forall \Lambda \in \mathscr{E}$, $u \geqslant t$, u, $t \in T$;

(4) $E(X | \mathscr{F}_t) = E(X | X(t))$, $\forall X \in b\sigma(X(u))$, $u \geqslant t$, u, $t \in T$;

(5) $E(X | \mathscr{F}_t) = E(X | X(t))$, $\forall X \in \sigma(X(u))$, $E|X| < \infty$, $u \geqslant t$, u, $t \in T$;

(6) $E(X | \mathscr{F}_t) = E(X | X(t))$, $\forall X \in b\mathscr{G}^t$, $t \in T$;

(7) $E(X | \mathscr{F}_t) = E(X | X(t))$, $\forall X \in \mathscr{G}^t$, $E|X| < \infty$, $t \in T$;

(8) $E(XY | X(t)) = E(X | X(t)) E(Y | X(t))$, $\forall X \in b\mathscr{F}_t$, $Y \in b\mathscr{G}^t$, $t \in T$;

(9) $P\left(\bigcap_{i=1}^{m} \{X(u_i) \in \Lambda_i\} | \mathscr{F}_t\right) = P\left(\bigcap_{i=1}^{m} \{X(u_i) \in \Lambda_i\} | X(t)\right)$, $\forall m \geqslant 1$, $t \leqslant u_1 < u_2 < \cdots < u_m$, t, $u_i \in T$, $\Lambda_i \in \mathscr{E}\,(i = 1, 2, \cdots, m)$.

证明 见文献 (胡迪鹤, 2005).

注 3.3 定理 3.1 中的 (2)~(9) 都称为马尔可夫性.

在定理 3.1 中取 $\mathscr{F}_t = \mathscr{G}_t$ 时, 得如下定理:

定理 3.2 设 $\{X(t), t \in T\}$ 是 $(\Omega, \mathscr{F}, P)$ 上的以 $(E, \mathscr{E})$ 为状态空间的随机过程, 则下列陈述等价:

(1) $\{X(t), t \in T\}$ 是马尔可夫过程;

(2) 对任何正整数 n, 任何 $t_1 < t_2 < \cdots < t_n < u$, t_1, t_2, $\cdots$, t_n, $u \in T$, 及任何 $\Lambda \in \mathscr{E}$, 都有

$$P\left(X(u) \in \Lambda | X(t_1), X(t_2), \cdots, X(t_n)\right) = P\left(X(u) \in \Lambda | X(t_n)\right)$$

(3) 对任何正整数 n, 任何 $t_1 < t_2 < \cdots < t_n < u$, t_1, t_2, $\cdots$, t_n, $u \in T$, 及任何 $f \in b\mathscr{E}$, 都有

$$E\left(f\left(X(u)\right) | X(t_1), X(t_2), \cdots, X(t_n)\right) = E\left(f\left(X(u)\right) | X(t_n)\right)$$

3.3 转移函数

定义 3.2　设 $(E,\mathscr{E})$ 是可测空间, 称函数 $P(s,x,t,A)(s\leqslant t,s,t\in T,x\in E,A\in\mathscr{E})$ 为 $(E,\mathscr{E})$ 上的**转移函数** (**简称转移函数**), 如果

(1) 对任意的固定 s,t,x, $P(s,x,t,\cdot)$ 是 $\mathscr{E}$ 上的测度, 且 $P(s,x,t,E)=1$;

(2) 对任意的固定 s,t,A, $P(s,\cdot,t,A)$ 是 $\mathscr{E}$ 可测函数, 且 $P(s,x,s,A)=\chi_A(x)$;

(3) 满足 Chapman-Kolmogorov 方程 (简称 C-K 方程), 即对任意的 $s\leqslant u\leqslant t$, $s,u,t\in T,x\in E,A\in\mathscr{E}$, 有

$$P(s,x,t,A)=\int_E P(s,x,u,\mathrm{d}y)P(u,y,t,A)$$

注 3.4　(1) 转移函数 $P(s,x,t,A)(s\leqslant t,s,t\in T,x\in E,A\in\mathscr{E})$ 的直观意义是: “给定 $X(s)=x$ 时, $X(t)\in A$ 的条件概率”;

(2) 若 $P(s,x,t,A)$ 满足 $P(s+h,x,t+h,A)=P(s,x,t,A),\forall s\leqslant t,\ s,t,s+h,t+h\in T,x\in E,A\in\mathscr{E}$, 则称 $P(t-s,x,A)\triangleq P(s,x,t,A)$ 为时齐的转移函数. 对时齐的转移函数, C-K 方程变为 $\forall s,t,s+t\in T,x\in E,A\in\mathscr{E}$, 有

$$P(s+t,x,A)=\int_E P(s,x,\mathrm{d}y)P(t,y,A)$$

定义 3.3　设 $\{X(t),t\in T\}$ 是 $(\Omega,\mathscr{F},P)$ 上的适应于 $\{\mathscr{F}_t,t\in T\}$ 的以 $(E,\mathscr{E})$ 为状态空间的随机过程, $P(s,x,t,A)$ 是 $(E,\mathscr{E})$ 上的转移函数. 若

$$E(f(X(u))|\mathscr{F}_t)=(P_{t,u}f)(X(t)),\quad t\leqslant u,t,u\in T,f\in b\mathscr{E}$$
$$(P_{t,u}f)(x)\triangleq\int_E P(t,x,u,\mathrm{d}y)f(y)$$

则称 $\{X(t),t\in T\}$ 是关于 $\{\mathscr{F}_t,t\in T\}$ 的以 $P(s,x,t,A)$ **为转移函数的马尔可夫过程**, 或称 $\{X(t),t\in T\}$ 是关于 $\{\mathscr{F}_t,t\in T\}$ **规则的马尔可夫过程**.

注 3.5　(1) 定义 3.3 与定义 3.1 是相容的, 也就是说: 若 $\{X(t),t\in T\}$ 是关于 $\{\mathscr{F}_t,t\in T\}$ 规则的马尔可夫过程, 则 $\{X(t),t\in T\}$ 必是关于 $\{\mathscr{F}_t,t\in T\}$ 的马尔可夫过程. 事实上, 在等式

$$E(f(X(u))|\mathscr{F}_t)=(P_{t,u}f)(X(t))$$

两边关于 $\sigma(X(t))$ 取条件数学期望, 得

$$E[E(f(X(u))|\mathscr{F}_t)|\sigma(X(t))]=E[(P_{t,u}f)(X(t))|\sigma(X(t))]$$

注意到 $\mathscr{F}_t\supset\sigma(X(t))$, 由性质 3.2 的 (2) 和 (4), 得

$$E(f(X(u))|\sigma(X(t)))=(P_{t,u}f)(X(t))$$

从而

$$E\left(f(X(u))|\mathscr{F}_t\right)=E\left(f(X(u))|\sigma\left(X(t)\right)\right)$$

由定理 3.1(3) 可知 $\{X(t),t\in T\}$ 是关于 $\{\mathscr{F}_t,t\in T\}$ 的马尔可夫过程.

注 3.6 说 $\{X(t),t\in T\}$ 是规则的 (或具有转移函数 $P(s,x,t,A)$ 的) 马尔可夫过程, 而不特别指出 σ 代数族 $\{\mathscr{F}_t,t\in T\}$, 那么就意味着

$$\mathscr{F}_t\equiv\mathscr{G}_t\triangleq\sigma\left(X(s),s\leqslant t,s\in T\right)\triangleq\sigma\left(\bigcup_{\substack{s\leqslant t\\ s\in T}}X^{-1}(\mathscr{E})\right)$$

注 3.7 对于规则的马尔可夫过程 $\{X(t),t\in T\}$, 在讨论其分析性质时, 有时也称 $P(s,x,t,A)$ 为***马尔可夫过程***.

注 3.8 称关于 $\{\mathscr{F}_t,t\in T\}$ 的马尔可夫过程 $\{X(t),t\in T\}$ 是***时齐的***, 如果它的转移函数 $P(s,x,t,A)$ 是时齐的.

注 3.9 对给定的马尔可夫过程 $\{X(t),t\in T\}$, 记

$$P_t(A)=P\left(X(t)\in A\right)\triangleq P\left\{\omega|\,X_t(\omega)\in A\right\}=(P\circ X_t^{-1})(A),\quad A\in\mathscr{E}$$

称 $\{P_t(A),A\in\mathscr{E}\}$ 为时刻 t 的***绝对分布***, $\{P_0(A),A\in\mathscr{E}\}$ 为***初始分布***.

以下恒设 $T=[0,\ \infty)$, 此时 $\{X(t),t\in T\}=\{X(t),t\geqslant 0\}$.

定理 3.3 设 $\{X(t),t\geqslant 0\}$ 是 $(\Omega,\mathscr{F},P)$ 上的以 $(E,\mathscr{E})$ 为状态空间的随机过程, μ 是 $(E,\mathscr{E})$ 上的概率测度, $P(s,x,t,A)$ 是转移函数, 则 $\{X(t),t\geqslant 0\}$ 是以 $P(s,x,t,A)$ 为转移函数, 以 μ 为初始分布 (即 $\mu=P\circ X(0)^{-1}=P\circ X_0^{-1}=P_0$) 的马尔可夫过程的充分必要条件是: 对任意的正整数 n, 任意的 $0\leqslant t_1<t_2<\cdots<t_n$, 及任意的 $f\in b\mathscr{E}^n$($\mathscr{E}^n$ 是 $\mathscr{E}$ 的 n 重乘积), 有

$$\begin{aligned}E\left[f\left(X(t_1),X(t_2),\cdots,X(t_n)\right)\right]=&\int_E\mu(\mathrm{d}x_0)\int_E P(0,x_0,t_1,\mathrm{d}x_1)\int_E P(t_1,x_1,t_2,\mathrm{d}x_2)\\&\cdots\int_E P(t_{n-1},x_{n-1},t_n,\mathrm{d}x_n)f(x_1,x_2,\cdots,x_n)\end{aligned}\tag{3.3.1}$$

证明 $\Rightarrow$ 令

$$\mathscr{H}=\left\{f|f\in b\mathscr{E}^n,\ f\text{ 使式 (3.3.1) 成立}\right\}$$

$$\mathscr{H}_k^*=\left\{f|\,f\in b\mathscr{E}^k,\ f=\prod_{i=1}^k f_i(x_i),f_i\in b\mathscr{E}\right\},\quad k=1,2,\cdots,n$$

$$\mathscr{M}=\{A|\,A=\times_{i=1}^n A_i,A_i\in\mathscr{E},i=1,2,\cdots,n\}$$

则 $\mathscr{M}$ 是 π 类, 且 $\sigma(\mathscr{M})=\mathscr{E}^n$. 为了证明式 (3.3.1) 对一切 $f\in b\mathscr{E}^n$, 利用函数形式的单调类定理, 只需证明 $\mathscr{H}$ 满足 3.1.2.2 小节函数形式的单调类定理中的 (1)~(4).

这里只证: $\forall A \in \mathscr{M} \Rightarrow \chi_A \in \mathscr{H}$, 其他均显然.

设 $A \in \mathscr{M}$, 则 $A = \times_{i=1}^n A_i, A_i \in \mathscr{E}, i = 1, 2, \cdots, n$, 显然, $\chi_{A_i} \in b\mathscr{E}, i = 1, 2, \cdots, n$, $\chi_A \in b\mathscr{E}^n$, 且

$$\chi_A = \chi_A(x_1, x_2, \cdots, x_n) = \chi_{\times_{i=1}^n A_i}(x_1, x_2, \cdots, x_n) = \prod_{i=1}^n \chi_{A_i}(x_i) = \prod_{i=1}^n \chi_{A_i}$$

故 $\chi_A \in \mathscr{H}_n^*$. 若 $\mathscr{H}_n^* \subset \mathscr{H}$, 则 $\chi_A \in \mathscr{H}$. 定理得证. 下面用归纳法证明 $\mathscr{H}_n^* \subset \mathscr{H}$.

任取 $f \in \mathscr{H}_1^* = b\mathscr{E}$, 由 $E\left(f(X(u))|\, \mathscr{F}_t\right) = (P_{t,\,u} f)(X(t))$, 知

$$E\left(f(X(t))|\, \mathscr{F}_0\right) = (P_{0,\,t} f)(X(0))$$

在两边取数学期望, 得

$$E\left[E\left(f(X(t))|\, \mathscr{F}_0\right)\right] = E\left[(P_{0,\,t} f)(X(0))\right]$$

由数学期望的性质 (1), 得

$$\begin{aligned}
E\left[f(X(t))\right] &= E\left[(P_{0,\,t} f)(X(0))\right] = \int_\Omega (P_{0,\,t} f)(X(0))\,\mathrm{d}P \\
&= \int_\Omega (P_{0,\,t} f)(X(0))(\omega)\,P(\mathrm{d}\omega) = \int_\Omega (P_{0,\,t} f)(X_0)(\omega)\,P(\mathrm{d}\omega) \\
&= \int_E (P_{0,\,t} f)(x_0)(PX_0^{-1})(\mathrm{d}x_0) = \int_E (P_{0,\,t} f)(x_0)\mu(\mathrm{d}x_0) \\
&= \int_E \left(\int_E P(0, x_0, t, \mathrm{d}x) f(x)\right)\mu(\mathrm{d}x_0) \\
&= \int_E \mu(\mathrm{d}x_0) \int_E P(0, x_0, t, \mathrm{d}x) f(x)
\end{aligned}$$

即 $f \in \mathscr{H}$, 故 $\mathscr{H}_1^* \subset \mathscr{H}$.

设 $\mathscr{H}_k^* \subset \mathscr{H}(k < n)$, 往证 $\mathscr{H}_{k+1}^* \subset \mathscr{H}$. 事实上, 令 $\mathscr{G}_t^0 = \sigma\left(X(u),\ 0 \leqslant u \leqslant t\right)$, 由条件数学期望的性质, 有

$$\begin{aligned}
E\left(\prod_{i=1}^{k+1} f_i(X(t_i))\right) &= E\left[E\left(\prod_{i=1}^{k+1} f_i(X(t_i))\right)\middle|\, \mathscr{G}_{t_k}^0\right] \\
&= E\left[\prod_{i=1}^{k} f_i(X(t_i)) \cdot E\left(f_{k+1}(X(t_{k+1}))|\, \mathscr{G}_{t_k}^0\right)\right] \\
&= E\left[\prod_{i=1}^{k} f_i(X(t_i)) \cdot E\left(f_{k+1}(X(t_{k+1}))|\, X(t_k)\right)\right]
\end{aligned}$$

记 $g(X(t_k)) \triangleq E\left(f_{k+1}(X(t_{k+1}))|\, X(t_k)\right)$, 则

$$E\left(\prod_{i=1}^{k+1} f_i(X(t_i))\right) = E\left[\prod_{i=1}^{k} f_i(X(t_i)) \cdot g(X(t_k))\right]$$

$$= \int_E \mu(\mathrm{d}x_0) \int_E P(0, x_0, t_1, \mathrm{d}x_1) \int_E P(t_1, x_1, t_2, \mathrm{d}x_2)$$

$$\cdots \int_E P(t_{k-1}, x_{k-1}, t_k, \mathrm{d}x_k) \cdot g(x_k) \prod_{i=1}^{k} f_i(x_i)$$

而 $g(X(t_k)) = E\left(f_{k+1}(X(t_{k+1}))\middle| X(t_k)\right) = \int_E P(t_k, X(t_k), t_{k+1}, \mathrm{d}x_{k+1}) f_{k+1}(x_{k+1})$, 将其代入上式, 得

$$E\left(\prod_{i=1}^{k+1} f_i(X(t_i))\right) = \int_E \mu(\mathrm{d}x_0) \int_E P(0, x_0, t_1, \mathrm{d}x_1) \int_E P(t_1, x_1, t_2, \mathrm{d}x_2)$$

$$\cdots \int_E P(t_{k-1}, x_{k-1}, t_k, \mathrm{d}x_k) \int_E P(t_k, x_k, t_{k+1}, \mathrm{d}x_{k+1}) \prod_{i=1}^{k+1} f_i(x_i)$$

由归纳法, 知 $\mathscr{H}_n^* \subset \mathscr{H}$.

$\Leftarrow$ 设式 (3.3.1) 成立, 则对任意的 $0 \leqslant s < t, f \in b\mathscr{E}, A \in \mathscr{E}$, 有

$$\begin{aligned}
&\int_{\{X(s)\in A\}} (P_{s,t}f)(X(s))\mathrm{d}P \\
&= \int_{\{X(s)\in A\}} (P_{s,t}f)(X(s))(\omega)P(\mathrm{d}\omega) \\
&= \int_A (P_{s,t}f)(x)(PX(s)^{-1})(\mathrm{d}x) = \int_A (P_{s,t}f)(x)(PX_s^{-1})(\mathrm{d}x) \text{ (由积分变换定理)} \\
&= \int_E (PX_0^{-1})(\mathrm{d}x_0) \int_E P(0, x_0, s, \mathrm{d}x) \int_E P(s, x, t, \mathrm{d}y)\chi_A(x) f(y) \left(\pi_j(n) = \sum_{i\in S} \pi_i p_{ij}^{(n)}\right) \\
&= \int_E \mu(\mathrm{d}x_0) \int_E P(0, x_0, s, \mathrm{d}x) \int_E P(s, x, t, \mathrm{d}y)\chi_A(x) f(y)
\end{aligned}$$

或

$$\begin{aligned}
\int_{\{X(s)\in A\}} (P_{s,t}f)(X(s))\mathrm{d}P &= \int_{\{X(s)\in A\}} (P_{s,t}f)(X(s))(\omega)P(\mathrm{d}\omega) \\
&= \int_\Omega \chi_{\{X(s)\in A\}}(\omega)(P_{s,t}f)(X(s))(\omega)P(\mathrm{d}\omega) \\
&= \int_\Omega \chi_A(X(s))(P_{s,t}f)(X(s))(\omega)P(\mathrm{d}\omega) \\
&= E\left[\chi_A(X(s))(P_{s,t}f)(X(s))\right] \\
&= \int_E \mu(\mathrm{d}x_0) \int_E P(0, x_0, s, \mathrm{d}x)\chi_A(x)(P_{s,t}f)(x) \\
&= \int_E \mu(\mathrm{d}x_0) \int_E P(0, x_0, s, \mathrm{d}x) \int_E P(s, x, t, \mathrm{d}y)\chi_A(x) f(y)
\end{aligned}$$

而

$$\int_{\{X(s)\in A\}} f(X(t))\mathrm{d}P = \int_{\{X(s)\in A\}} f(X(t))(\omega)P(\mathrm{d}\omega)$$
$$= \int_{\Omega} \chi_A(X(s))f(X(t))(\omega)P(\mathrm{d}\omega)$$
$$= \int_E \mu(\mathrm{d}x_0)\int_E P(0,x_0,s,\mathrm{d}x)\int_E P(s,x,t,\mathrm{d}y)\chi_A(x)f(y)$$

故

$$\int_{\{X(s)\in A\}} (P_{s,t}f)(X(s))\mathrm{d}P = \int_{\{X(s)\in A\}} f(X(t))\mathrm{d}P$$

从而

$$(P_{s,t}f)(X(s)) = f(X(t)),\quad P_{\sigma(X(s))} - \text{a.e.}$$

在上式两边关于 $\sigma(X(s))$ 取条件数学期望, 并注意到 $(P_{s,t}f)(X(s))\in\sigma(X(s))$, 则有

$$(P_{s,t}f)(X(s)) = E\left[(P_{s,t}f)(X(s))|\,X(s)\right] = E\left[f(X(t))|\,X(s)\right]$$

任取正整数 n, 任取 $0\leqslant t_1<t_2<\cdots<t_n<u$, $f\in b\mathscr{E}$, $A\in\mathscr{E}^n$, 令

$$\Lambda = \{\omega|\,(X(t_1),X(t_2),\cdots,X(t_n))\in A\}$$

则由上式及式 (3.3.1), 有

$$\int_\Lambda E\left[f(X(u))|\,X(t_n)\right]P(\mathrm{d}\omega) = \int_\Lambda (P_{t_n,u}f)(X(t_n))\,P(\mathrm{d}\omega)$$
$$= \int_\Omega \chi_\Lambda(\omega)(P_{t_n,u}f)(X(t_n))P(\mathrm{d}\omega)$$
$$= \int_\Omega \chi_A(X(t_1),X(t_2),\cdots,X(t_n))(P_{t_n,u}f)(X(t_n))P(\mathrm{d}\omega)$$
$$= E\left[\chi_A(X(t_1),X(t_2),\cdots,X(t_n))(P_{t_n,u}f)(X(t_n))\right]$$
$$= \int_E \mu(\mathrm{d}x_0)\int_E P(0,x_0,t_1,\mathrm{d}x_1)\int_E P(t_1,x_1,t_2,\mathrm{d}x_2)$$
$$\cdots\int_E P(t_{n-1},x_{n-1},t_n,\mathrm{d}x_n)\chi_A(x_1,x_2,\cdots,x_n)(P_{t_n,u}f)(x_n)$$
$$= \int_E \mu(\mathrm{d}x_0)\int_E P(0,x_0,t_1,\mathrm{d}x_1)\int_E P(t_1,x_1,t_2,\mathrm{d}x_2)$$
$$\cdots\int_E P(t_{n-1},x_{n-1},t_n,\mathrm{d}x_n)\int_E P(t_n,x_n,u,\mathrm{d}y)f(y)\chi_A(x_1,x_2,\cdots,x_n)$$

而

$$E\left[\chi_A(X(t_1),X(t_2),\cdots,X(t_n))f(X(u))\right]$$

$$
\begin{aligned}
&= \int_\Omega \chi_A(X(t_1), X(t_2), \cdots, X(t_n)) f(X(u))\,\mathrm{d}P \\
&= \int_E \mu(\mathrm{d}x_0) \int_E P(0, x_0, t_1, \mathrm{d}x_1) \int_E P(t_1, x_1, t_2, \mathrm{d}x_2) \\
&\quad \cdots \int_E P(t_{n-1}, x_{n-1}, t_n, \mathrm{d}x_n) \int_E P(t_n, x_n, u, \mathrm{d}y) f(y) \chi_A(x_1, x_2, \cdots, x_n)
\end{aligned}
$$

因此

$$
\int_\Lambda E\left[f(X(u)) | X(t_n) \right] \mathrm{d}P = E\left[\chi_A(X(t_1), X(t_2), \cdots, X(t_n)) f(X(u)) \right]
$$

而

$$
\begin{aligned}
&E\left[\chi_A(X(t_1), X(t_2), \cdots, X(t_n)) f(X(u))\right] \\
=& \int_\Omega \chi_A(X(t_1), X(t_2), \cdots, X(t_n)) f(X(u))\mathrm{d}P \\
=& \int_\Omega E\left[\chi_A(X(t_1), X(t_2), \cdots, X(t_n)) f(X(u)) | X(t_1), X(t_2), \cdots, X(t_n)\right] \mathrm{d}P \\
=& \int_\Omega \chi_A(X(t_1), X(t_2), \cdots, X(t_n)) E\left[f(X(u)) | X(t_1), X(t_2), \cdots, X(t_n)\right] \mathrm{d}P \\
=& \int_\Lambda E\left[f(X(u)) | X(t_1), X(t_2), \cdots, X(t_n)\right] \mathrm{d}P
\end{aligned}
$$

故

$$
\int_\Lambda E\left[f(X(u)) | X(t_1), X(t_2), \cdots, X(t_n)\right] \mathrm{d}P = \int_\Lambda E\left[f(X(u)) | X(t_n)\right] \mathrm{d}P
$$

由 $\Lambda = \{\omega | (X(t_1), X(t_2), \cdots, X(t_n)) \in A\}$, $A \in \mathscr{E}^n$ 的任意性, 有

$$
E\left[f(X(u)) | X(t_1), X(t_2), \cdots, X(t_n)\right] = E\left[f(X(u)) | X(t_n)\right], \quad \text{a.e.}
$$

所以, $\{X(t), t \geqslant 0\}$ 是马尔可夫过程. 再由定理 3.1(3), 有

$$
E\left[f(X(t)) | \mathscr{G}_s^0 \right] = E\left[f(X(t)) | X(s)\right], \quad 0 \leqslant s < t, f \in b\mathscr{E}
$$

由上式及已证的等式 $(P_{s,t} f)(X(s)) = E\left[f(X(t)) | X(s)\right]$, 得

$$
E\left[f(X(t)) | \mathscr{G}_s^0 \right] = (P_{s,t} f)(X(s)), \quad 0 \leqslant s < t, f \in b\mathscr{E}
$$

即 $\{X(t), t \geqslant 0\}$ 是以 $P(s, x, t, A)$ 为转移函数, 以 μ 为初始分布的马尔可夫过程.

推论 3.1 设 $\{X(t), t \geqslant 0\}$ 是以 $P(s, x, t, A)$ 为转移函数, 以 μ 为初始分布的马尔可夫过程, 则 $\{X(t), t \geqslant 0\}$ 的有限维分布为

$$
P\left(X(t_1) \in A_1, X(t_2) \in A_2, \cdots, X(t_n) \in A_n\right)
$$

$$= \int_E \mu(\mathrm{d}x_0) \int_{A_1} P(0, x_0, t_1, \mathrm{d}x_1) \int_{A_2} P(t_1, x_1, t_2, \mathrm{d}x_2) \cdots \int_{A_n} P(t_{n-1}, x_{n-1}, t_n, \mathrm{d}x_n)$$

$0 \leqslant t_1 < t_2 < \cdots < t_n$, $A_i \in \mathscr{E}, i = 1, 2, \cdots, n, n \geqslant 1$.

证明 在定理 3.3 中, 令 $f(x_1, x_2, \cdots, x_n) = \prod_{i=1}^{n} \chi_{A_i}(x_i)$ 即得.

现在我们要问: 任给一个可测空间 $(E, \mathscr{E})$ 及其上的概率测度 μ 和一个转移函数 $P(s, x, t, A)$, 参数集为 T, 是否恒存在一个马尔可夫过程 $\{X(t), t \in T\}$, 它以 μ 为初始分布、以 $P(s, x, t, A)$ 为转移函数呢? 当 $T = \{0, 1, 2, \cdots\}$ 时, 回答是肯定的. 当 $T = [0, \infty)$ 时, 回答是未必成立. 但若对 $(E, \mathscr{E})$ 加上某些规定, 则回答仍然是肯定的. 这就是下面的存在性定理 [其证明过程见文献 (胡迪鹤, 2005)].

定理 3.4 (存在性定理) 设 E 是局部紧的具有可数基的 T_2 型空间, $\mathscr{E} = \mathscr{B}(E)$ 是 E 中的全体 Borel 集合 (即 $\mathscr{E}$ 是 E 中的全体开集所产生的 σ 代数), $T = [0, \infty)$, μ 和 $P(s, x, t, A)$ 分别是 $(E, \mathscr{E})$ 上的概率测度和转移函数, 则存在一个概率空间 $(\Omega, \mathscr{F}, P)$ 及其上的马尔可夫过程 $\{X(t), t \geqslant 0\}$, 并且它以 μ 为初始分布、以 $P(s, x, t, A)$ 为转移函数.

3.4 双参数算子半群

定义 3.4 设 $(B, \|\cdot\|)$ 是 Banach 空间, $\{T_{s,t}, 0 \leqslant s \leqslant t < \infty\}$ 是由 B 到 B 的有界线性算子族, 称 $\{T_{s,t}, 0 \leqslant s \leqslant t < \infty\}$ 为**双参数算子压缩半群** (**以下简称半群**), 若满足下列条件:

(1) 半群性 $T_{s,t} = T_{s,u} \circ T_{u,t}$, $T_{s,s} = I$, $0 \leqslant s \leqslant u \leqslant t < \infty$, 其中 I 是恒等算子;

(2) 连续性 $(s) \lim\limits_{t-s \to 0+} T_{s,t} f = f$, $0 \leqslant s \leqslant t < \infty$, $f \in \mathrm{B}$;

(3) 压缩性 $\|T_{s,t}\| \leqslant 1$, $0 \leqslant s \leqslant t < \infty$.

注 3.10 算子的范数如通常的定义 $\|T_{s,t}\| = \sup\limits_{\substack{f \in \mathrm{B} \\ \|f\|=1}} \|T_{s,t} f\|$, B 中的依范数者称之为强收敛、强连续、强导数、强积分 (即 Bochner 积分).

定理 3.5 设 $\{T_{s,t}, 0 \leqslant s \leqslant t < \infty\}$ 是半群, 则对任意的 $f \in B$, 有

$$(s) \lim_{t \to t_0} T_{s,t} f = T_{s,t_0} f, \quad \text{对 } s \in [0, t_0] \text{ 一致成立}$$

证明 任取 $0 \leqslant s \leqslant t \leqslant t_0$, $f \in B$, 则有

$$\begin{aligned} \|T_{s,t} f - T_{s,t_0} f\| &= \|T_{s,t} f - T_{s,t} \circ T_{t,t_0} f\| = \|T_{s,t} (f - T_{t,t_0} f)\| \\ &\leqslant \|T_{s,t}\| \cdot \|f - T_{t,t_0} f\| \leqslant \|f - T_{t,t_0} f\| \end{aligned}$$

任取 $0 \leqslant s \leqslant t_0 \leqslant t$, $f \in B$, 则有

$$\|T_{s,t} f - T_{s,t_0} f\| = \|T_{s,t_0} \circ T_{t_0,t} f - T_{s,t_0} f\| = \|T_{s,t_0} (T_{t_0,t} f - f)\|$$

$$\leqslant \|T_{s,t_0}\| \cdot \|T_{t,t_0}f - f\| \leqslant \|T_{t,t_0}f - f\|$$

由半群的连续性即知 $(s)\lim\limits_{t\to t_0} T_{s,t}f = T_{s,t_0}f$, 对 $s \in [0,t_0]$ 一致成立.

定理 3.6 设 $\{T_{s,t}, 0 \leqslant s \leqslant t < \infty\}$ 是半群, 则对任意的 $f \in B$, 有

$$(s)\lim_{s\to s_0-} T_{s,t}f = T_{s_0,t}f, \quad 0 < s_0 \leqslant t$$

证明 任取 $0 \leqslant s < s_0 \leqslant t$, $f \in \mathrm{B}$, 则有

$$\|T_{s,t}f - T_{s_0,t}f\| = \|T_{s,s_0} \circ T_{s_0,t}f - T_{s_0,t}f\|$$

注意到 $T_{s_0,t}f \in B$, 及半群的连续性即知结论成立.

定理 3.7 设 $\{T_{s,t}, 0 \leqslant s \leqslant t < \infty\}$ 是半群, 若对于 $s_0 \geqslant 0$, 有 $\lim\limits_{s\to s_0+} \|T_{s_0,s} - I\| = 0$, 则

(1) $(s)\lim\limits_{s\to s_0+} T_{s,t}f = T_{s_0,t}f$, $0 < s_0 < t$, $f \in B$;

(2) $(s)\lim\limits_{(s,t)\to(s_0,t_0)} T_{s,t}f = T_{s_0,t_0}f$, $s_0 \leqslant t_0$, $s \leqslant t$, $f \in B$.

证明 (1) 任取 $t \geqslant s \geqslant s_0$, $f \in B$, 则

$$\begin{aligned}\|T_{s,t}f - T_{s_0,t}f\| &= \|T_{s,t}f - T_{s_0,s} \circ T_{s,t}f\| \\ &= \|(I - T_{s_0,s}) \circ T_{s,t}f\| \leqslant \|I - T_{s_0,s}\| \cdot \|T_{s,t}f\| \\ &\leqslant \|I - T_{s_0,s}\| \cdot \|T_{s,t}\| \cdot \|f\| \leqslant \|I - T_{s_0,s}\| \cdot \|f\|\end{aligned}$$

由 $\lim\limits_{s\to s_0+} \|T_{s_0,s} - I\| = 0$ 便知 $(s)\lim\limits_{s\to s_0+} T_{s,t}f = T_{s_0,t}f$.

(2) 利用定理 3.6 及定理 3.5 (注意对 s 是一致收敛的), 即得结论.

定理 3.8 设 $\{T_{s,t}, 0 \leqslant s \leqslant t < \infty\}$ 是半群, 若对于某一对 $0 \leqslant s_0 \leqslant t_0$, 有

$$\lim_{s\to s_0+} \|T_{s_0,s} - I\| = \lim_{s\to s_0-} \|T_{s,s_0} - I\| = \lim_{t\to t_0+} \|T_{t_0,t} - I\| = \lim_{t\to t_0-} \|T_{t,t_0} - I\| = 0$$

则有

(1) $\lim\limits_{(s,t)\to(s_0,t_0)} \|T_{s,t} - T_{s_0,t_0}\| = 0, s_0 \leqslant t_0, s \leqslant t$;

(2) $(s)\lim\limits_{(s,t)\to(s_0,t_0)} T_{s,t}f = T_{s_0,t_0}f$, $s_0 \leqslant t_0$, $s \leqslant t$, $f \in B$.

证明 (1) 先设 $s_0 < t_0$, 分别讨论四种情况: ① $s \leqslant s_0 \leqslant t \leqslant t_0$; ② $s_0 \leqslant s \leqslant t_0 \leqslant t$; ③ $s \leqslant s_0 < t_0 \leqslant t$; ④ $s_0 \leqslant s \leqslant t \leqslant t_0$. (2) 再设 $s_0 = t_0$, 讨论三种情况: ⓐ $s \leqslant s_0 = t_0 \leqslant t$; ⓑ $s \leqslant t \leqslant s_0 = t_0$; ⓒ $s_0 = t_0 \leqslant s \leqslant t$.

定义 3.5 设 $\{T_{s,t}, 0 \leqslant s \leqslant t < \infty\}$ 是半群, 定义算子 A_s^+, A_s^- 如下:

$$A_s^+ f = (s)\lim_{h\to 0+} \frac{1}{h}(T_{s,s+h}f - f), \quad f \in D(A_s^+), s \geqslant 0$$

$$A_s^- f = (s)\lim_{h\to 0+}\frac{1}{h}\left(f - T_{s-h,s}f\right), \quad f\in D(A_s^-), s>0$$

其中

$$D(A_s^+) = \left\{f|\, f\in B,\ \text{存在}\ g\in B,\ \text{使}\ (s)\lim_{h\to 0+}\frac{1}{h}\left(T_{s,s+h}f - f\right) = g\right\}$$

$$D(A_s^-) = \left\{f|\, f\in B,\ \text{存在}\ g\in B,\ \text{使}\ (s)\lim_{h\to 0+}\frac{1}{h}\left(f - T_{s-h,s}f\right) = g\right\}$$

分别称 A_s^+ 和 A_s^- 为 $\{T_{s,t}, 0\leqslant s\leqslant t<\infty\}$ 的**右无穷小算子**和**左无穷小算子**.

定义 3.6　设 $\{T_{s,t}, 0\leqslant s\leqslant t<\infty\}$ 是半群, 定义算子 $R_{\lambda,s}$, $Q_{\lambda,s}$ 如下:

$$R_{\lambda,s} = (s)\int_0^\infty \mathrm{e}^{-\lambda t}T_{s,s+t}f\,\mathrm{d}t, \quad \lambda>0, s\geqslant 0, f\in B$$

$$Q_{\lambda,s} = (s)\int_0^s \mathrm{e}^{-\lambda u}T_{u,s}f\,\mathrm{d}u, \quad \lambda>0, s>0, f\in B$$

分别称 $R_{\lambda,s}$ 和 $Q_{\lambda,s}$ 为 $\{T_{s,t}, 0\leqslant s\leqslant t<\infty\}$ 的**右预解算子**和**左预解算子**.

定义 3.7　设 $\{T_{s,t}, 0\leqslant s\leqslant t<\infty\}$ 是半群, $R_{\lambda,s}$ 是 $\{T_{s,t}, 0\leqslant s\leqslant t<\infty\}$ 的右预解算子, 定义算子 $R_{\lambda,s}^+$, $R_{\lambda,s}^-$ 如下:

$$R_{\lambda,s}^+ f = (s)\lim_{h\to 0+}\frac{1}{h}\left(R_{\lambda,s+h}f - R_{\lambda,s}f\right), \quad f\in D(R_{\lambda,s}^+), s\geqslant 0$$

$$R_{\lambda,s}^- f = (s)\lim_{h\to 0+}\frac{1}{h}\left(R_{\lambda,s}f - R_{\lambda,s-h}f\right), \quad f\in D(R_{\lambda,s}^-), s>0$$

其中

$$D(R_{\lambda,s}^+) = \left\{f|\, f\in B,\ \text{存在}\ g\in B,\ \text{使}\ (s)\lim_{h\to 0+}\frac{1}{h}\left(R_{\lambda,s+h}f - R_{\lambda,s}f\right) = g\right\}$$

$$D(R_{\lambda,s}^-) = \left\{f|\, f\in B,\ \text{存在}\ g\in B,\ \text{使}\ (s)\lim_{h\to 0+}\frac{1}{h}\left(R_{\lambda,s}f - R_{\lambda,s-h}f\right) = g\right\}$$

分别称 $R_{\lambda,s}^+$ 和 $R_{\lambda,s}^-$ 为 $R_{\lambda,s}$ 的**右微分算子**和**左微分算子**.

定义 3.8　设 $\{T_{s,t}, 0\leqslant s\leqslant t<\infty\}$ 是半群, $Q_{\lambda,s}$ 是 $\{T_{s,t}, 0\leqslant s\leqslant t<\infty\}$ 的左预解算子, 定义算子 $Q_{\lambda,s}^+$, $Q_{\lambda,s}^-$ 如下:

$$Q_{\lambda,s}^+ f = (s)\lim_{h\to 0+}\frac{1}{h}\left(Q_{\lambda,s+h}f - Q_{\lambda,s}f\right), \quad f\in D(Q_{\lambda,s}^+), s>0$$

$$Q_{\lambda,s}^- f = (s)\lim_{h\to 0+}\frac{1}{h}\left(Q_{\lambda,s}f - Q_{\lambda,s-h}f\right), \quad f\in D(Q_{\lambda,s}^-), s>0$$

其中

$$D(Q_{\lambda,s}^+) = \left\{f|\, f\in B,\ \text{存在}\ g\in B,\ \text{使}\ (s)\lim_{h\to 0+}\frac{1}{h}\left(Q_{\lambda,s+h}f - Q_{\lambda,s}f\right) = g\right\}$$

$$D(Q_{\lambda,s}^-)=\left\{f|\ f\in B,\ \text{存在}\ g\in B,\ \text{使}\ (s)\lim_{h\to 0+}\frac{1}{h}\left(Q_{\lambda,s}f-Q_{\lambda,s-h}f\right)=g\right\}$$

分别称 $Q_{\lambda,s}^+$ 和 $Q_{\lambda,s}^-$ 为 $Q_{\lambda,s}$ 的**右微分算子**和**左微分算子**.

定理 3.9 设 $\{T_{s,t},0\leqslant s\leqslant t<\infty\}$ 是半群, 则

(1) $f\in D(A_t^+)\Rightarrow (s)\dfrac{\partial^+}{\partial t}(T_{s,t}f)=T_{s,t}\circ A_t^+f$;

(2) $f\in D(A_t^-)$, 且

$$\begin{aligned}\lim_{h\to 0+}\|T_{s,s+h}-I\|&=\lim_{h\to 0+}\|T_{s-h,s}-I\|=\lim_{h\to 0+}\|T_{t,t+h}-I\|\\&=\lim_{h\to 0+}\|T_{t-h,t}-I\|=0\\&\Rightarrow (s)\frac{\partial^-}{\partial t}(T_{s,t}f)=T_{s,t}\circ A_t^-f\end{aligned}$$

证明 (1) 由 $f\in D(A_t^+)$ 及

$$\left\|\frac{1}{h}\left(T_{s,t+h}f-T_{s,t}f\right)-T_{s,t}\circ A_t^+f\right\|=\left\|\frac{1}{h}\left(T_{s,t}\circ T_{t,t+h}f-T_{s,t}f\right)-T_{s,t}\circ A_t^+f\right\|$$

$$\leqslant\|T_{s,t}\|\cdot\left\|\frac{1}{h}\left(T_{t,t+h}f-f\right)-A_t^+f\right\|\leqslant\left\|\frac{1}{h}\left(T_{t,t+h}f-f\right)-A_t^+f\right\|$$

易知结论成立.

(2) 因为

$$\begin{aligned}&\left\|\frac{1}{h}\left(T_{s,t}f-T_{s,t-h}f\right)-T_{s,t}\circ A_t^-f\right\|\\
=&\left\|\frac{1}{h}\left(T_{s,t-h}\circ T_{t-h,t}f-T_{s,t-h}f\right)-T_{s,t}\circ A_t^-f\right\|\\
=&\left\|T_{s,t-h}\left(\frac{1}{h}\left(T_{t-h,t}f-f\right)\right)-T_{s,t}\circ A_t^-f\right\|\\
=&\left\|T_{s,t-h}\left(\frac{1}{h}\left(T_{t-h,t}f-f\right)\right)-T_{s,t}\left(\frac{1}{h}\left(T_{t-h,t}f-f\right)\right)\right.\\
&\left.+T_{s,t}\left(\frac{1}{h}\left(T_{t-h,t}f-f\right)\right)-T_{s,t}\circ A_t^-f\right\|\\
=&\left\|\left(T_{s,t-h}-T_{s,t}\right)\left(\frac{1}{h}\left(T_{t-h,t}f-f\right)\right)+T_{s,t}\left(\frac{1}{h}\left(T_{t-h,t}f-f\right)-A_t^-f\right)\right\|\\
\leqslant&\|T_{s,t-h}-T_{s,t}\|\cdot\left\|\frac{1}{h}\left(T_{t-h,t}f-f\right)\right\|+\|T_{s,t}\|\cdot\left\|\frac{1}{h}\left(T_{t-h,t}f-f\right)-A_t^-f\right\|\\
\leqslant&\|T_{s,t-h}-T_{s,t}\|\cdot\left\|\frac{1}{h}\left(T_{t-h,t}f-f\right)\right\|+\left\|\frac{1}{h}\left(T_{t-h,t}f-f\right)-A_t^-f\right\|\end{aligned}$$

由 $f\in D(A_t^-)$, 有

$$\sup_{h>0}\left\|\frac{1}{h}\left(T_{t-h,t}f-f\right)\right\|<\infty,\quad \lim_{h\to 0+}\left\|\frac{1}{h}\left(T_{t-h,t}f-f\right)-A_t^-f\right\|=0$$

由假设及定理 3.8, 有

$$\lim_{h\to 0+}\|T_{s,t-h}-T_{s,t}\|=0$$

故结论成立.

定理 3.10　设 $\{T_{s,t},0\leqslant s\leqslant t<\infty\}$ 是半群, 则

(1) $R_{\lambda,s}$ 是 B 上的有界线性算子, 且 $\|R_{\lambda,s}\|\leqslant 1/\lambda,\ s\geqslant 0,\ \lambda>0$;

(2) $\lim\limits_{\lambda\to\infty}\sup\limits_{s\geqslant 0}\|\lambda R_{\lambda,s}f-f\|=0,\ f\in B$.

证明　(1) 显然 $R_{\lambda,s}$ 是 B 上的线性算子, 而且

$$\begin{aligned}\|R_{\lambda,s}\|&=\sup_{f\in \mathrm{B},\|f\|=1}\|R_{\lambda,s}f\|\leqslant\sup_{f\in \mathrm{B},\|f\|=1}\int_0^\infty \mathrm{e}^{-\lambda t}\|T_{s,s+t}f\|\,\mathrm{d}t\\&\leqslant\sup_{f\in \mathrm{B},\|f\|=1}\int_0^\infty \mathrm{e}^{-\lambda t}\|T_{s,s+t}\|\,\|f\|\,\mathrm{d}t\leqslant\int_0^\infty \mathrm{e}^{-\lambda t}\,\mathrm{d}t=1/\lambda\end{aligned}$$

(2) 因为

$$\begin{aligned}\|\lambda R_{\lambda,s}f-f\|&=\left\|(s)\int_0^\infty \lambda\mathrm{e}^{-\lambda t}T_{s,s+t}f\mathrm{d}t-(s)\int_0^\infty\lambda\mathrm{e}^{-\lambda t}f\mathrm{d}t\right\|\\&\leqslant\int_0^\infty\lambda\mathrm{e}^{-\lambda t}\|T_{s,s+t}f-f\|\,\mathrm{d}t=\int_0^\infty\mathrm{e}^{-u}\left\|T_{s,s+\frac{u}{\lambda}}f-f\right\|\mathrm{d}u\end{aligned}$$

由半群的连续性及定理 3.5, 有

$$\lim_{\lambda\to\infty}\sup_{s\geqslant 0}\left\|T_{s,s+\frac{u}{\lambda}}f-f\right\|=0$$

又因为 $\left\|T_{s,s+\frac{u}{\lambda}}f-f\right\|\leqslant 2\|f\|$, 由控制收敛定理, 即知结论成立.

定理 3.11　设 $\{T_{s,t},0\leqslant s\leqslant t<\infty\}$ 是半群, 若 $\lim\limits_{h\to 0+}\|T_{s,s+h}-I\|=0$(对一切 $s\geqslant 0$), $\lim\limits_{h\to 0+}\|T_{s-h,s}-I\|=0$(对一切 $s>0$), 则有 $\lim\limits_{u\to s}\|R_{\lambda,u}-R_{\lambda,s}\|=0,\ s\geqslant 0,\ \lambda>0$. 更有, 对任何 $f\in B,\ \lambda>0,\ R_{\lambda,s}f$ 关于 s 强连续.

证明　因 $\|R_{\lambda,u}-R_{\lambda,s}\|\leqslant\displaystyle\int_0^\infty \mathrm{e}^{-\lambda t}\|T_{u,u+t}-T_{s,s+t}\|\,\mathrm{d}t$, 由定理 3.8 及控制收敛定理便知结论成立.

定理 3.12　设 $\{T_{s,t},0\leqslant s\leqslant t<\infty\}$ 是半群, 若 $\lim\limits_{h\to 0+}\|T_{s,s+h}-I\|=0$(对一切 $s\geqslant 0$), $\lim\limits_{h\to 0+}\|T_{s-h,s}-I\|=0$ (对一切 $s>0$), 则对任何 $f\in B$, 均有

$$R_{\lambda,s}f\in D(A_s^-)\Leftrightarrow f\in D(R_{\lambda,s}^-)$$

且 $A_s^-\circ R_{\lambda,s}f=\lambda R_{\lambda,s}f-f-R_{\lambda,s}^-f$.

定义 3.9　设 $\{T_{s,t},0\leqslant s\leqslant t<\infty\}$ 是半群, 如果对任何 $f\in B,\ 0\leqslant s\leqslant t<\infty$,

存在 $g_{s,t} \in B$, 使得 $(s)\lim\limits_{h\to 0+}\dfrac{1}{h}(T_{s+h,t+h}-T_{s,t})f=g_{s,t}$ 对 $0\leqslant s\leqslant t<\infty$ 一致成立, 则称半群 $\{T_{s,t},0\leqslant s\leqslant t<\infty\}$ 是拟时齐的. 如果对一切 $0\leqslant s\leqslant t<\infty$, $h>0$, 有 $T_{s+h,t+h}=T_{s,t}$, 则称半群 $\{T_{s,t},0\leqslant s\leqslant t<\infty\}$ 是时齐的.

注 3.11 (1) 时齐的半群一定是拟时齐的;

(2) 时齐的半群转化为单参数半群.

定理 3.13 设 $\{T_{s,t},0\leqslant s\leqslant t<\infty\}$ 是拟时齐的半群, 则

$$D(R^-_{\lambda,s})=D(R^+_{\lambda,s})=B,\quad R^-_{\lambda,s}=R^+_{\lambda,s},\quad s\geqslant 0,\ \lambda>0$$

3.5 非时齐马尔可夫过程产生的双参数算子半群

3.5.1 两个 Banach 空间

设 $(E,\mathscr{E})$ 是可测空间, $\mathscr{E}$ 包含 E 的一切单点集 $\{x\}$, ε_x 表示 $\mathscr{E}$ 上的测度值集中在 $\{x\}$ 的概率测度 $(x\in E)$.

(1) 记 $M=\{f|f$ 是定义在 E 上的有界实值 $\mathscr{E}$ 可测函数$\}$, 范数 $\|f\|=\sup\limits_{x\in E}|f(x)|$, $(f\in M)$, 按通常的方式定义加法及数乘运算, 则 M 是 Banach 空间.

(2) 记 $L=\{\varphi|\varphi$ 是定义在 $\mathscr{E}$ 上的完全可加的实值集合函数$\}$, 范数 $\|\varphi\|=|\varphi|(E)$, $(\varphi\in L)$, $|\varphi|=\varphi^++\varphi^-$, $\varphi=\varphi^+-\varphi^-$ 是 Hahn 分解, 按通常的方式定义加法及数乘运算, 则 L 也是 Banach 空间.

在 $M\times L$ 上定义二元函数

$$\langle f,\varphi\rangle\triangleq\int_E\varphi(\mathrm{d}x)f(x),\quad f\in M,\varphi\in L$$

固定 $f\in M$, 则 $\langle f,\cdot\rangle$ 是 Banach 空间 L 上的有界线性泛函, 且 $\|\langle f,\cdot\rangle\|=\|f\|$; 固定 $\varphi\in L$, 则 $\langle\cdot,\varphi\rangle$ 是 Banach 空间 M 上的有界线性泛函, 且 $\|\langle\cdot,\varphi\rangle\|=\|\varphi\|$.

3.5.2 M 上的半群与 L 上的半群的关系

(1) 若 M 上的半群 $\{T_{s,t},0\leqslant s\leqslant t<\infty\}$ 满足

$$\lim_{t-s\to 0+}\|T_{s,t}-I\|=0$$

令

$$(\varphi F_{s,t})(A)\triangleq\int_E\varphi(\mathrm{d}x)(T_{s,t}\chi_A)(x),\quad \varphi\in L,\ A\in\mathscr{E}$$

则 $\{F_{s,t},0\leqslant s\leqslant t<\infty\}$ 是 L 上的半群.

(2) 若 L 上的半群 $\{F_{s,t},0\leqslant s\leqslant t<\infty\}$ 满足

(a) $\lim\limits_{t-s\to 0+}\|F_{s,t}-I\|=0$;

(b) 对 $\forall 0 \leqslant s \leqslant t < \infty$, $A \in \mathscr{E}$, 有 $(\varepsilon_x F_{s,t})(A)$ 是 x 的 $\mathscr{E}$ 可测函数;

(c) 对 $\forall 0 \leqslant s \leqslant t < \infty$, $\varphi \in L$, $A \in \mathscr{E}$, 有

$$(\varphi F_{s,t})(A) = \int_E \varphi(\mathrm{d}x)(\varepsilon_x F_{s,t})(A)$$

令

$$(T_{s,t}f)(x) \triangleq \int_E (\varepsilon_x F_{s,t})(\mathrm{d}y)f(y), \quad x \in E, f \in M$$

则 $\{T_{s,t}, 0 \leqslant s \leqslant t < \infty\}$ 是 M 上的半群.

3.5.3 非时齐马尔可夫过程产生的两个半群

(1) 设 $P(s,x,t,A)(0 \leqslant s \leqslant t < \infty, x \in E, A \in \mathscr{E})$ 是马尔可夫过程, 定义一族由 M 到 M 的算子如下:

$$(P_{s,t}f)(x) \triangleq \int_E P(s,x,t,\mathrm{d}y)f(y), \quad 0 \leqslant s \leqslant t < \infty, \quad x \in E, f \in M$$

容易证明 $\{P_{s,t}, 0 \leqslant s \leqslant t < \infty\}$ 是 M 上的有界线性算子族, 且满足

(a) 对任何 $0 \leqslant s \leqslant u \leqslant t < \infty$, 有 $P_{s,t} = P_{s,u} \circ P_{u,t}$, $P_{s,s} = I$;

(b) 对任何 $0 \leqslant s \leqslant t < \infty$, 有 $\|P_{s,t}\| \leqslant 1$.

称 $\{P_{s,t}, 0 \leqslant s \leqslant t < \infty\}$ 为 $P(s,x,t,A)$ 在 M 上产生的有界线性算子族.

(2) 设 $P(s,x,t,A)$, $(0 \leqslant s \leqslant t < \infty, x \in E, A \in \mathscr{E})$ 是马尔可夫过程, 定义一族由 L 到 L 的算子如下:

$$(\varphi U_{s,t})(A) \triangleq \int_E \varphi(\mathrm{d}x)P(s,x,t,A), \quad 0 \leqslant s \leqslant t < \infty, \quad \varphi \in L, \quad A \in \mathscr{E}$$

容易证明 $\{U_{s,t}, 0 \leqslant s \leqslant t < \infty\}$ 是 L 上的有界线性算子族, 且满足

(a) 对任何 $0 \leqslant s \leqslant u \leqslant t < \infty$, 有 $U_{s,t} = U_{s,u} \circ U_{u,t}$, $U_{s,s} = I$;

(b) 对任何 $0 \leqslant s \leqslant t < \infty$, 有 $\|U_{s,t}\| \leqslant 1$.

称 $\{U_{s,t}, 0 \leqslant s \leqslant t < \infty\}$ 为 $P(s,x,t,A)$ 在 L 上产生的有界线性算子族.

(3) 设 $\{P_{s,t}, 0 \leqslant s \leqslant t < \infty\}$ 和 $\{U_{s,t}, 0 \leqslant s \leqslant t < \infty\}$ 分别是 $P(s,x,t,A)$ 在 M 和 L 上产生的有界线性算子族, 则

(a) 对任何 $f \in M$, $\varphi \in L$, 有 $\langle P_{s,t}f, \varphi \rangle = \langle f, \varphi U_{s,t} \rangle$, $0 \leqslant s \leqslant t < \infty$;

(b) $\{P_{s,t}, 0 \leqslant s \leqslant t < \infty\}$ 与 $\{U_{s,t}, 0 \leqslant s \leqslant t < \infty\}$ 相互唯一确定;

(c) $\{P_{s,t}, 0 \leqslant s \leqslant t < \infty\}$ 和 $\{U_{s,t}, 0 \leqslant s \leqslant t < \infty\}$ 均是正算子.

(4) ① $\{P_{s,t}, 0 \leqslant s \leqslant t < \infty\}$ 是 M 上的半群的充分必要条件是

$$\lim_{t-s \to 0+} P(s,x,t,A) = \chi_A(x), \quad 对\ x \in E\ 一致成立$$

此时, 称 $\{P_{s,t}, 0 \leqslant s \leqslant t < \infty\}$ 为 $P(s,x,t,A)$ 在 M 上产生的半群. ② $\{U_{s,t}, 0 \leqslant s \leqslant t < \infty\}$ 是 L 上的半群的充分必要条件是

$$\lim_{t-s\to 0+} P(s,x,t,A) = \chi_A(x), \quad \text{对 } A \in \mathscr{E} \text{ 一致成立}$$

此时, 称 $\{U_{s,t}, 0 \leqslant s \leqslant t < \infty\}$ 为 $P(s,x,t,A)$ 在 L 上产生的半群.

(5) 若 $P(s,x,t,A)$ 满足 $\lim\limits_{t-s\to 0+} \sup\limits_{x\in E} [1-P(s,x,t,\{x\})]=0$, 则 $\{P_{s,t}, 0 \leqslant s \leqslant t < \infty\}$ 和 $\{U_{s,t}, 0 \leqslant s \leqslant t < \infty\}$ 分别是 M 和 L 上的半群, 且

$$\lim_{t-s\to 0+} \|P_{s,t} - I\| = \lim_{t-s\to 0+} \|U_{s,t} - I\| = 0$$

(6) 设 $\{P_{s,t}, 0 \leqslant s \leqslant t < \infty\}$ 是 M 上的任意一个半群, 它决定唯一一个马尔可夫过程 $P(s,x,t,A)$ 使

$$(P_{s,t}f)(x) \triangleq \int_E P(s,x,t,\mathrm{d}y)f(y), \quad 0 \leqslant s \leqslant t < \infty, x \in E, f \in M$$

成立的充分必要条件是

(a) $\{P_{s,t}, 0 \leqslant s \leqslant t < +\infty\}$ 是正半群;

(b) 对任意的 $f_n \in M$, $n \geqslant 1$, $\sup\limits_{n\geqslant 1} \|f_n\| < \infty$, $\lim\limits_{n\to\infty} f_n(x) = 0 (\forall x \in E)$, 均有

$$\lim_{n\to\infty} (P_{s,t}f_n)(x) = 0, \quad 0 \leqslant s \leqslant t < \infty, \quad x \in E$$

(7) 设 $\{U_{s,t}, 0 \leqslant s \leqslant t < \infty\}$ 是 L 上的任意一个半群, 它决定唯一一个马尔可夫过程 $P(s,x,t,A)$ 使

$$(\varphi U_{s,t})(A) \triangleq \int_E \varphi(\mathrm{d}x)P(s,x,t,A), \quad 0 \leqslant s \leqslant t < \infty, \ \varphi \in L, A \in \mathscr{E}$$

成立的充分必要条件是

(1) $\{U_{s,t}, 0 \leqslant s \leqslant t < +\infty\}$ 是正半群;

(2) 对任意固定的 $0 \leqslant s \leqslant t < +\infty, A \in \mathscr{E}$, $(\varepsilon_x U_{s,t})(A)$ 是 x 的 $\mathscr{E}$ 可测函数;

(3) 对任意的 $0 \leqslant s \leqslant t < \infty, \varphi \in L, A \in \mathscr{E}$, 有

$$(\varphi U_{s,t})(A) = \int_E \varphi(\mathrm{d}x)(\varepsilon_x U_{s,t})(A)$$

第 4 章　其他类型的随机过程

4.1　泊 松 过 程

定义 4.1　设随机过程 $\{N(t), t \geqslant 0\}$ 的状态空间为 $S = \{0, 1, 2, \cdots\}$, 如果

(1) $N(0) = 0$;

(2) 增量独立, 即 $\forall n \geqslant 3$, $0 \leqslant t_1 < t_2 < \cdots < t_n < \infty$, 有

$$N(t_2) - N(t_1), \quad N(t_3) - N(t_2), \quad \cdots, \quad N(t_n) - N(t_{n-1})$$

相互独立.

(3) 增量平稳, 即 $\forall a \geqslant 0$ 和 $t \geqslant 0$, 有

$$p_k(t) = P\{N(t) = k\} = P\{N(a+t) - N(a) = k\}, \quad k = 0, 1, 2, \cdots$$

(4) $\forall t \geqslant 0$, 有 $p_k(t) = ((\lambda t)^k / k!)\mathrm{e}^{-\lambda t}$, $k = 0, 1, 2, \cdots, \lambda > 0$, 则称 $\{N(t), t \geqslant 0\}$ 为 (强度为 λ 的) *泊松过程或泊松流*.

例 4.1　设顾客依泊松过程 $\{N(t), t \geqslant 0\}$ 到达某商店, 强度为 $\lambda = 4$ 人/h, 已知商店上午 9:00 开门. 求到 9:30 时仅到 1 位顾客, 到 11:30 时总计已到 5 位顾客的概率.

解　设时间 t 的单位为小时, 9:00 为起始时刻, 则所求概率为

$$\begin{aligned}
& P\{N(1/2) = 1, N(5/2) = 5\} \\
=& P\{N(1/2) - N(0) = 1, N(5/2) - N(1/2) = 4\} \\
=& P\{N(1/2) - N(0) = 1\} P\{N(5/2) - N(1/2) = 4\} \\
=& P\{N(1/2) = 1\} P\{N(2) = 4\} \\
=& \frac{4 \times \dfrac{1}{2}}{1!} \mathrm{e}^{-4 \times \frac{1}{2}} \cdot \frac{(4 \times 2)^4}{4!} \mathrm{e}^{-4 \times 2} \approx 0.0155
\end{aligned}$$

定理 4.1　设 $\{N(t), t \geqslant 0\}$ 是强度为 λ 的泊松过程, 则

(1) 均值函数 $m(t) = EN(t) = \lambda t$, $t \geqslant 0$;

(2) 方差函数 $D(t) = DN(t) = \lambda t$, $t \geqslant 0$;

(3) 协方差函数 $C(s, t) = \lambda \min\{s, t\}$, $s \geqslant 0$, $t \geqslant 0$.

证明　仅证 (3). 设 $s < t$, 则

$$\begin{aligned}C(s,t) &= Cov\,(N(s),N(t)) = E\,(N(s)-m(s))\,(N(t)-m(t))\\ &= E\,(N(s)-\lambda s)\,(N(t)-\lambda t)\\ &= E\,(N(s)-\lambda s)\,(N(t)-N(s)+N(s)-\lambda s+\lambda s-\lambda t)\\ &= E\,(N(s)-\lambda s)\,(N(t)-N(s))+E\,(N(s)-\lambda s)^2+(\lambda s-\lambda t)\,E\,(N(s)-\lambda s)\\ &= E\,(N(s)-\lambda s)\,E\,(N(t)-N(s))+DN(s)+0=DN(s)=\lambda s\end{aligned}$$

同理, 当 $s>t$ 时, 有 $C(s,t)=\lambda t$, 故 $C(s,t)=\lambda\min\{s,t\}$.

定义 4.2 设 $\{N(t),t\geqslant 0\}$ 是强度为 λ 的泊松过程, 记 τ_n 为第 n 个质点出现的时刻 (即第 n 个顾客到达服务机构的时刻), $n=1,2,\cdots$, 称 $\{\tau_n,n\geqslant 1\}$ 为到达时刻序列; 令 $T_n=\tau_n-\tau_{n-1}$, $n=1,2,\cdots$, $(\tau_0=0)$, 称 $\{T_n,n\geqslant 1\}$ 为到达间隔序列.

性质 4.1 (1) $0<\tau_1<\tau_2<\cdots<\tau_n<\cdots$;

(2) $T_n>0$, $n=1,2,\cdots$;

(3) $\tau_n=T_1+T_2+\cdots+T_n$, $n=1,2,\cdots$;

(4) $\{N(t)\leqslant n-1\}=\{\tau_n>t\}$, $\{N(t)\geqslant n\}=\{\tau_n\leqslant t\}$, 故

$$P\{N(t)\leqslant n-1\}=P\{\tau_n>t\}=1-F_{\tau_n}(t),\quad n=1,2,\cdots$$

(5) $\{N(t)=n\}=\{\tau_n\leqslant t\}\cap\{\tau_{n+1}>t\}=\{\tau_n\leqslant t\}-\{\tau_{n+1}\leqslant t\}$, 故

$$P\{N(t)=n\}=P\{\tau_n\leqslant t\}-P\{\tau_{n+1}\leqslant t\}=F_{\tau_n}(t)-F_{\tau_{n+1}}(t),\quad n=1,2,\cdots$$

定理 4.2 设 $\{N(t),t\geqslant 0\}$ 是强度为 λ 的泊松过程, 则到达间隔序列 $\{T_n,n\geqslant 1\}$ 是独立同指数分布的随机变量序列 (参数为 λ).

证明 (1) 首先证明 T_n 服从指数分布 $(n=1,2,\cdots)$.

$$F_{T_n}(t)=P\{T_n\leqslant t\}$$

显然, 当 $t\leqslant 0$ 时, $F_{T_n}(t)=0$; 当 $t>0$ 时, 有

$$F_{T_n}(t)=P\{T_n\leqslant t\}=1-P\{T_n>t\}=1-P\{N(t)=0\}=1-\mathrm{e}^{-\lambda t}$$

故

$$F_{T_n}(t)=\begin{cases}1-\mathrm{e}^{-\lambda t}, & t>0,\\ 0, & t\leqslant 0,\end{cases}\qquad n=1,2,\cdots$$

即 T_n 服从指数分布 $(n=1,2,\cdots)$.

(2) 对 $\forall n\geqslant 2$ 及 $t\geqslant 0$, $t_1,t_2,\cdots,t_{n-1}>0$, 有

$$\begin{aligned}&P\{T_n>t|\,T_1=t_1,T_2=t_2,\cdots,T_{n-1}=t_{n-1}\}\\ =&P\{N(t_1+t_2+\cdots+t_{n-1}+t)-N(t_1+t_2+\cdots+t_{n-1})=0\}\end{aligned}$$

$$=P\{N(t)=0\}=\mathrm{e}^{-\lambda t}=P\{T_n>t\}$$

故 T_n 与 $T_1,T_2,\cdots,T_{n-1}$ 独立.

定义 4.3 若随机变量 X 的概率密度为

$$f(t)=\begin{cases}\dfrac{(\lambda t)^{n-1}}{(n-1)!}\lambda\mathrm{e}^{-\lambda t}, & t>0,\\ 0, & t\leqslant 0\end{cases}$$

则称 X 服从参数为 n 和 λ 的 Γ 分布 $(n\geqslant 1,\lambda>0)$.

定理 4.3 设 $\{N(t),t\geqslant 0\}$ 是强度为 λ 的泊松过程, 则到达时刻 τ_n 服从参数为 n 和 λ 的 Γ 分布.

证明 对 $\forall t>0$, 由于 $\{\tau_n\leqslant t\}=\{N(t)\geqslant n\}$, 所以

$$F_{\tau_n}(t)=P\{\tau_n\leqslant t\}=P\{N(t)\geqslant n\}=\sum_{k=n}^{\infty}\frac{(\lambda t)^k}{k!}\mathrm{e}^{-\lambda t}=\mathrm{e}^{-\lambda t}\sum_{k=n}^{\infty}\frac{(\lambda t)^k}{k!}$$

$$\begin{aligned}f_{\tau_n}(t)=F'_{\tau_n}(t)&=-\lambda\mathrm{e}^{-\lambda t}\sum_{k=n}^{\infty}\frac{(\lambda t)^k}{k!}+\mathrm{e}^{-\lambda t}\sum_{k=n}^{\infty}\frac{\lambda(\lambda t)^{k-1}}{(k-1)!}\\&=\lambda\mathrm{e}^{-\lambda t}\left[\sum_{k=n}^{\infty}\frac{(\lambda t)^{k-1}}{(k-1)!}-\sum_{k=n}^{\infty}\frac{(\lambda t)^k}{k!}\right]=\lambda\mathrm{e}^{-\lambda t}\frac{(\lambda t)^{n-1}}{(n-1)!}\end{aligned}$$

当 $t\leqslant 0$ 时, 显然有 $F_{\tau_n}(t)=P\{\tau_n\leqslant t\}=0$, 从而 $f_{\tau_n}(t)=F'_{\tau_n}(t)=0$, 故

$$f_{\tau_n}(t)=\begin{cases}\dfrac{(\lambda t)^{n-1}}{(n-1)!}\lambda\mathrm{e}^{-\lambda t}, & t>0,\\ 0, & t\leqslant 0\end{cases}$$

即 τ_n 服从参数为 n 和 λ 的 Γ 分布.

定理 4.4 设 $\{N(t),t\geqslant 0\}$ 是强度为 λ 的泊松过程, 若 $N(t_0)=1$, $t_0>0$, 则顾客到达时刻 τ 在 $(0,t_0]$ 上服从均匀分布.

证明 对 $\forall 0<t\leqslant t_0$, 有

$$\begin{aligned}F_\tau(t)|_{N(t_0)=1}&=P\{\tau\leqslant t|\,N(t_0)=1\}=\frac{P\{\tau\leqslant t,N(t_0)=1\}}{P\{N(t_0)=1\}}\\&=\frac{1}{\lambda t_0\mathrm{e}^{-\lambda t_0}}\cdot P\{N(t)=1,N(t_0)-N(t)=0\}\\&=\frac{1}{\lambda t_0\mathrm{e}^{-\lambda t_0}}\cdot P\{N(t)=1\}P\{N(t_0)-N(t)=0\}\\&=\frac{1}{\lambda t_0\mathrm{e}^{-\lambda t_0}}\cdot\lambda t\mathrm{e}^{-\lambda t}\cdot\mathrm{e}^{-\lambda(t_0-t)}=\frac{t}{t_0}\end{aligned}$$

即 τ 在 $(0,t_0]$ 上服从均匀分布.

定理 4.5 设 $\{N(t),t\geqslant 0\}$ 是强度为 λ 的泊松过程, 则 $\forall n\geqslant 1$, n 维随机变量 $(\tau_1,\tau_2,\cdots,\tau_n)$ 的概率密度为

$$f(x_1,x_2,\cdots,x_n)=\begin{cases}\lambda^n\mathrm{e}^{-\lambda x_n}, & 0<x_1<x_2<\cdots<x_n,\\ 0, & 其他.\end{cases}$$

证明 设 $0<x_1<x_2<\cdots<x_n$, 选取充分小的 $\Delta x_i>0$, $i=1,2,\cdots,n$, 使得 $x_i+\Delta x_i<x_{i+1}$, $i=1,2,\cdots,n-1$. 由泊松过程的增量独立性, 有

$$\begin{aligned}
&P\{x_1<\tau_1\leqslant x_1+\Delta x_1,x_2<\tau_2\leqslant x_2+\Delta x_2,\cdots,x_n<\tau_n\leqslant x_n+\Delta x_n\}\\
=&P\{N(x_1)-N(0)=0,N(x_1+\Delta x_1)-N(x_1)=1,\\
&N(x_2)-N(x_1+\Delta x_1)=0,N(x_2+\Delta x_2)-N(x_2)=1,\cdots,\\
&N(x_n)-N(x_{n-1}+\Delta x_{n-1})=0,N(x_n+\Delta x_n)-N(x_n)=1\}\\
=&P\{N(x_1)-N(0)=0\}P\{N(x_1+\Delta x_1)-N(x_1)=1\}\cdot\\
&P\{N(x_2)-N(x_1+\Delta x_1)=0\}P\{N(x_2+\Delta x_2)-N(x_2)=1\}\cdots\\
&P\{N(x_n)-N(x_{n-1}+\Delta x_{n-1})=0\}P\{N(x_n+\Delta x_n)-N(x_n)=1\}\\
=&\mathrm{e}^{-\lambda x_1}\cdot\lambda\Delta x_1\mathrm{e}^{-\lambda\Delta x_1}\cdot\mathrm{e}^{-\lambda(x_2-x_1-\Delta x_1)}\cdot\lambda\Delta x_2\mathrm{e}^{-\lambda\Delta x_2}\cdots\\
&\mathrm{e}^{-\lambda(x_n-x_{n-1}-\Delta x_{n-1})}\cdot\lambda\Delta x_n\mathrm{e}^{-\lambda\Delta x_n}\\
=&\lambda^n\Delta x_1\Delta x_2\cdots\Delta x_n\mathrm{e}^{-\lambda(x_n+\Delta x_n)}
\end{aligned}$$

在上式两边除以 $\Delta x_1\Delta x_2\cdots\Delta x_n$, 并令 $\Delta x_i\to 0(i=1,2,\cdots,n)$, 即得.

因 $(\tau_1,\tau_2,\cdots,\tau_n)$ 的支撑区域为 $0<x_1<x_2<\cdots<x_n$, 故当 $(x_1,x_2,\cdots,x_n)$ 不属于该区域时, 相应的概率密度值为 0.

定理 4.6 设 $\{N(t),t\geqslant 0\}$ 是强度为 λ 的泊松过程, 则前 n 个到达时刻 $\tau_1,\tau_2,\cdots,\tau_n$ 与事件 $\{N(t)=n\}$ $(t>0,n\geqslant 1)$ 的联合概率密度为

$$f(x_1,x_2,\cdots,x_n;N(t)=n)=\begin{cases}\lambda^n\mathrm{e}^{-\lambda t}, & 0<x_1<x_2<\cdots<x_n<t,\\ 0, & 其他.\end{cases}$$

证明 设 $0<x_1<x_2<\cdots<x_n<t$, 选取充分小的 $\Delta x_i>0$, $i=1,2,\cdots,n$, 使得 $x_i+\Delta x_i<x_{i+1}$, $i=1,2,\cdots,n-1$, $x_n+\Delta x_n<t$. 由泊松过程的增量独立性, 有

$$\begin{aligned}
&P\{x_1<\tau_1\leqslant x_1+\Delta x_1,x_2<\tau_2\leqslant x_2+\Delta x_2,\cdots,x_n<\tau_n\leqslant x_n+\Delta x_n;N(t)=n\}\\
=&P\{x_1<\tau_1\leqslant x_1+\Delta x_1,x_2<\tau_2\leqslant x_2+\Delta x_2,\cdots,x_n<\tau_n\leqslant x_n+\Delta x_n;\tau_{n+1}>t\}\\
=&P\{N(x_1)-N(0)=0,N(x_1+\Delta x_1)-N(x_1)=1,\\
&N(x_2)-N(x_1+\Delta x_1)=0,N(x_2+\Delta x_2)-N(x_2)=1,\cdots,
\end{aligned}$$

$$
\begin{aligned}
&N(x_n)-N(x_{n-1}+\Delta x_{n-1})=0, N(x_n+\Delta x_n)-N(x_n)=1,\ N(t)-N(x_n+\Delta x_n)=0\}\\
=&P\{N(x_1)-N(0)=0\}P\{N(x_1+\Delta x_1)-N(x_1)=1\}\\
&\cdot P\{N(x_2)-N(x_1+\Delta x_1)=0\}P\{N(x_2+\Delta x_2)-N(x_2)=1\}\cdots\\
&\cdot P\{N(x_n)-N(x_{n-1}+\Delta x_{n-1})=0\}P\{N(x_n+\Delta x_n)-N(x_n)=1\}\\
&\cdot P\{N(t)-N(x_n+\Delta x_n)=0\}\\
=&\mathrm{e}^{-\lambda x_1}\cdot\lambda\Delta x_1\mathrm{e}^{-\lambda\Delta x_1}\cdot\mathrm{e}^{-\lambda(x_2-x_1-\Delta x_1)}\cdot\lambda\Delta x_2\mathrm{e}^{-\lambda\Delta x_2}\cdots\\
&\mathrm{e}^{-\lambda(x_n-x_{n-1}-\Delta x_{n-1})}\cdot\lambda\Delta x_n\mathrm{e}^{-\lambda\Delta x_n}\cdot\mathrm{e}^{-\lambda(t-x_n-\Delta x_n)}\\
=&\lambda^n\Delta x_1\Delta x_2\cdots\Delta x_n\mathrm{e}^{-\lambda t}\quad\text{(以下同定理 4.5 的证明)}
\end{aligned}
$$

定理 4.7　设 $\{N(t),t\geqslant 0\}$ 是强度为 λ 的泊松过程, 则对 $\forall t>0,\ n\geqslant 1$, 在 $N(t)=n$ 的条件下, 前 n 个到达时刻 $\tau_1,\tau_2,\cdots,\tau_n$ 与 n 个相互独立且在区间 $(0,t]$ 服从均匀分布的随机变量 $U_1,U_2,\cdots,U_n$ 的顺序统计量 $U_{(1)},U_{(2)},\cdots,U_{(n)}$ 同分布.

证明　由定理 4.6, 在 $N(t)=n$ 的条件下, $(\tau_1,\tau_2,\cdots,\tau_n)$ 的条件概率密度为

$$
\begin{aligned}
f(x_1,x_2,\cdots,x_n|\,N(t)=n)&=\frac{f(x_1,x_2,\cdots,x_n;N(t)=n)}{P\{N(t)=n\}}\\
&=\begin{cases}\dfrac{\lambda^n\mathrm{e}^{-\lambda t}}{(\lambda t)^n/n!\mathrm{e}^{-\lambda t}}, & 0<x_1<x_2<\cdots<x_n<t\\ 0, & \text{其他}\end{cases}\\
&=\begin{cases}\dfrac{n!}{t^n}, & 0<x_1<x_2<\cdots<x_n<t\\ 0, & \text{其他}\end{cases}
\end{aligned}
$$

此即是 $(U_{(1)},U_{(2)},\cdots,U_{(n)})$ 的概率密度.

例 4.2　设到达某汽车站的乘客是强度为 λ 的泊松流, 若汽车在时刻 t 出发, 求在 $(0,t]$ 内到达汽车站的乘客等待时间总和的数学期望.

解　设 $N(t)$ 为在 $(0,t]$ 内到达汽车站的乘客数, τ_i 为第 i 个乘客到达汽车站的时刻, 则在 $(0,t]$ 内到达汽车站的乘客等待时间的总和为 $S=\sum\limits_{i=1}^{N(t)}(t-\tau_i)$.

由全数学期望公式及定理 4.7 得

$$
\begin{aligned}
ES=E\left(\sum_{i=1}^{N(t)}(t-\tau_i)\right)&=\sum_{n=1}^{+\infty}P\{N(t)=n\}E\left(\sum_{i=1}^{N(t)}(t-\tau_i)\middle|\,N(t)=n\right)\\
&=\sum_{n=1}^{+\infty}P\{N(t)=n\}E\left(\sum_{i=1}^{n}(t-\tau_i)\middle|\,N(t)=n\right)
\end{aligned}
$$

$$
\begin{aligned}
&= \sum_{n=1}^{+\infty} P\{N(t)=n\}\left[nt - E\left(\sum_{i=1}^{n}\tau_i \middle| N(t)=n\right)\right] \\
&= \sum_{n=1}^{+\infty} P\{N(t)=n\}\left[nt - E\left(\sum_{i=1}^{n}U_{(i)}\right)\right] \\
&= \sum_{n=1}^{+\infty} P\{N(t)=n\}\left[nt - E\left(\sum_{i=1}^{n}U_{i}\right)\right] \\
&= \sum_{n=1}^{+\infty} P\{N(t)=n\}\left(nt - \frac{nt}{2}\right) = \frac{t}{2}\sum_{n=1}^{+\infty} nP\{N(t)=n\} \\
&= \frac{t}{2}EN(t) = \frac{t}{2}\cdot\lambda t = \frac{1}{2}\lambda t^2
\end{aligned}
$$

定理 4.8 设 $\{N(t), t \geqslant 0\}$ 是强度为 λ 的泊松过程, $0 < s < t$, 则在 $N(t) = n(n \geqslant 1)$ 的条件下, $N(s)$ 服从二项分布 $B(n, s/t)$.

证明

$$
\begin{aligned}
P\{N(s)=k | N(t)=n\} &= \frac{P\{N(s)=k, N(t)=n\}}{P\{N(t)=n\}} \\
&= \frac{P\{N(s)-N(0)=k, N(t)-N(s)=n-k\}}{P\{N(t)=n\}} \\
&= \frac{P\{N(s)-N(0)=k\}P\{N(t)-N(s)=n-k\}}{P\{N(t)=n\}} \\
&= \frac{(\lambda s)^k}{k!}\mathrm{e}^{-\lambda s}\cdot\frac{[\lambda(t-s)]^{n-k}}{(n-k)!}\mathrm{e}^{-\lambda(t-s)} \bigg/ \frac{(\lambda t)^n}{n!}\mathrm{e}^{-\lambda t} \\
&= \mathrm{C}_n^k\left(\frac{s}{t}\right)^k\left(1-\frac{s}{t}\right)^{n-k}, \quad k = 0, 1, 2, \cdots, n
\end{aligned}
$$

例 4.3 设到达某商店的顾客流是强度为 λ 的泊松流 $\{N(t), t \geqslant 0\}$, 每个顾客购买商品的概率为 $p(0 < p < 1)$, 且与其他顾客是否购买商品无关. 若 $\{Y(t), t \geqslant 0\}$ 是购买商品的顾客流, 证明 $\{Y(t), t \geqslant 0\}$ 是强度为 λp 的泊松流.

证明 因 $\{Y(t)=k\} \subset \{N(t) \geqslant k\} = \bigcup_{n=k}^{+\infty}\{N(t)=n\}$, 故

$$
\begin{aligned}
P\{Y(t)=k\} &= P\left\{Y(t)=k, \bigcup_{n=k}^{+\infty}\{N(t)=n\}\right\} \\
&= P\left\{\bigcup_{n=k}^{+\infty}\{Y(t)=k, N(t)=n\}\right\} = \sum_{n=k}^{+\infty} P\{Y(t)=k, N(t)=n\} \\
&= \sum_{n=k}^{+\infty} P\{N(t)=n\}P\{Y(t)=k | N(t)=n\}
\end{aligned}
$$

$$
\begin{aligned}
&=\sum_{n=k}^{+\infty}\frac{(\lambda t)^n}{n!}\mathrm{e}^{-\lambda t}\cdot \mathrm{C}_n^k p^k(1-p)^{n-k}\\
&=\sum_{n=k}^{+\infty}\frac{(\lambda t)^n}{n!}\mathrm{e}^{-\lambda t}\cdot \frac{n!}{k!(n-k)!}p^k(1-p)^{n-k}\\
&=\sum_{m=0}^{+\infty}\frac{(\lambda t)^{m+k}}{1}\mathrm{e}^{-\lambda t}\cdot \frac{1}{k!m!}p^k(1-p)^{m}\\
&=\mathrm{e}^{-\lambda t}p^k\frac{(\lambda t)^k}{k!}\sum_{m=0}^{\infty}\frac{1}{m!}\left[\lambda t(1-p)\right]^m\\
&=\mathrm{e}^{-\lambda t}p^k\frac{(\lambda t)^k}{k!}\mathrm{e}^{\lambda t(1-p)}\\
&=\frac{(\lambda pt)^k}{k!}\mathrm{e}^{-\lambda pt},\quad k=0,1,2,\cdots
\end{aligned}
$$

故 $\{Y(t),t\geqslant 0\}$ 是强度为 λp 的泊松流.

定义 4.4　设随机过程 $\{N(t),t\geqslant 0\}$ 的状态空间为 $S=\{0,1,2,\cdots\}$, 如果

(1) $N(0)=0$;

(2) $\{N(t),t\geqslant 0\}$ 是独立增量过程;

(3) 对任意的 $0\leqslant s<t$, 有

$$
P\{N(t)-N(s)=k\}=\frac{(\varLambda(t)-\varLambda(s))^k}{k!}\mathrm{e}^{-(\varLambda(t)-\varLambda(s))}
$$

或

$$
P\{N(t)=k\}=\frac{(\varLambda(t))^k}{k!}\mathrm{e}^{-\varLambda(t)},\quad k=0,1,2,\cdots
$$

其中 $\varLambda(t)=\int_0^t\lambda(u)\mathrm{d}u$, 则称 $\{N(t),t\geqslant 0\}$ 是强度函数为 $\lambda(t)$ 的非齐次 (非时齐) 泊松过程.

注 4.1　非齐次泊松过程广泛应用于通信、控制、电子工程、金融保险等领域.

定义 4.5　设 $\{N(t),t\geqslant 0\}$ 是强度为 λ 的泊松过程, $\{Y_n,n\geqslant 1\}$ 是独立同分布的随机变量序列, 且与 $\{N(t),t\geqslant 0\}$ 相互独立, 令

$$
X(t)=\begin{cases}\displaystyle\sum_{n=1}^{N(t)}Y_n, & N(t)\geqslant 1,\\ 0, & N(t)=0,\end{cases}\quad t\geqslant 0
$$

则称 $\{X(t),t\geqslant 0\}$ 为复合泊松过程.

注 4.2　商店的营业额、保险公司的保险赔偿金等是复合泊松过程.

4.2 更新过程

定义 4.6 设 $\{X_n, n \geqslant 1\}$ 是取值非负的, 独立同分布的随机变量序列, 令

$$S_0 = 0$$
$$S_n = X_1 + X_2 + \cdots + X_n, \quad n = 1, 2, \cdots$$
$$N(t) = \max\{n | S_n \leqslant t\}, \quad t \geqslant 0$$

则称 $\{N(t), t \geqslant 0\}$ 为更新过程, 称 S_n 为第 n 个更新时刻, 称 X_n 为第 n 个更新间距或寿命, $n = 1, 2, \cdots$. 称 $N(t)$ 为 $(0, t]$ 内的更新次数.

注 4.3 若 $X_1, X_2, \cdots, X_n, \cdots$ 是独立同指数分布的随机变量序列, 则 $\{N(t), t \geqslant 0\}$ 是泊松过程, 由此可知, 更新过程是泊松过程的推广. 更新过程在机器维修、生物遗传、排水工程、人口增长及经济管理等领域有着非常广泛的应用.

性质 4.2 设 $F(t)$ 是 X_1 的分布函数, $F_n(t)$ 是 S_n 的分布函数, $n = 1, 2, \cdots$, 则

(1) $F_n(t) = F * F * \cdots * F$, $F * F = \int_0^t F(t-x)\mathrm{d}F(x)$;

(2) $P\{N(t) = n\} = F_n(t) - F_{n+1}(t)$.

证明 (1)
$$\begin{aligned} F_2(t) &= P\{S_2 \leqslant t\} = P\{X_1 + X_2 \leqslant t\} \\ &= \int_0^{+\infty} P\{X_1 + X_2 \leqslant t | X_1 = x\}\mathrm{d}F(x) \\ &= \int_0^t P\{X_2 \leqslant t - x\}\mathrm{d}F(x) \\ &= \int_0^t F(t-x)\mathrm{d}F(x) = F * F \\ F_n(t) &= P\{S_n \leqslant t\} = P\{X_1 + X_2 + \cdots + X_n \leqslant t\} \\ &= F_{n-1} * F = F * F * \cdots * F \end{aligned}$$

(2)
$$\begin{aligned} P\{N(t) = n\} &= P\{N(t) \geqslant n\} - P\{N(t) \geqslant n+1\} \\ &= P\{S_n \leqslant t\} - P\{S_{n+1} \leqslant t\} = F_n(t) - F_{n+1}(t) \end{aligned}$$

定义 4.7 设 $\{N(t), t \geqslant 0\}$ 是更新过程, 称 $m(t) = EN(t)$ 为更新过程 $\{N(t), t \geqslant 0\}$ 的更新函数.

注 4.4 更新函数是更新过程中的一个重要研究对象. 更新函数是变元 t 的一个确定性函数, 它可以通过 S_n 的分布函数 $F_n(t)$ 来表示, 即下面的定理:

定理 4.9 对任意的 $t \geqslant 0$, 有 $m(t) = \sum_{n=1}^{+\infty} F_n(t)$.

证明　方法 1:

$$\begin{aligned}m(t)&=EN(t)=\sum_{n=1}^{+\infty}nP\{N(t)=n\}=\sum_{n=1}^{+\infty}\sum_{k=1}^{n}P\{N(t)=n\}\\&=\sum_{k=1}^{+\infty}\sum_{n=k}^{+\infty}P\{N(t)=n\}=\sum_{k=1}^{+\infty}P\{N(t)\geqslant k\}=\sum_{n=1}^{+\infty}P\{N(t)\geqslant n\}\\&=\sum_{n=1}^{+\infty}P\{S_n\leqslant t\}=\sum_{n=1}^{+\infty}F_n(t)\end{aligned}$$

方法 2:

令

$$I_n(t)=\begin{cases}1, & S_n\leqslant t,\\ 0, & S_n>t\end{cases}$$

则 $N(t)=\sum\limits_{n=1}^{+\infty}I_n(t)$, 故

$$\begin{aligned}m(t)&=EN(t)=E\left(\sum_{n=1}^{+\infty}I_n(t)\right)=\sum_{n=1}^{+\infty}EI_n(t)\\&=\sum_{n=1}^{+\infty}P\{I_n(t)=1\}=\sum_{n=1}^{+\infty}P\{S_n\leqslant t\}=\sum_{n=1}^{+\infty}F_n(t)\end{aligned}$$

例 4.4　设 $\{N(t),t\geqslant 0\}$ 是更新过程, 更新间距 X_n 服从参数为 m 和 λ 的 Γ 分布, 即 X_n 的概率密度为

$$f(x)=\begin{cases}\dfrac{\lambda \mathrm{e}^{-\lambda x}(\lambda x)^{m-1}}{(m-1)!}, & x>0,\\ 0, & x\leqslant 0.\end{cases}$$

求 $P\{N(t)=n\}$.

解　X_n 的特征函数为

$$\begin{aligned}\varphi(\theta)&=E\mathrm{e}^{\mathrm{i}\theta X_n}=\int_{-\infty}^{+\infty}\mathrm{e}^{\mathrm{i}\theta x}f(x)\mathrm{d}x\\&=\frac{\lambda^m}{(m-1)!}\int_0^{+\infty}\mathrm{e}^{\mathrm{i}\theta x}\mathrm{e}^{-\lambda x}x^{m-1}\mathrm{d}x=\left(1-\frac{\mathrm{i}\theta}{\lambda}\right)^{-m}\end{aligned}$$

所以, $S_n=X_1+X_2+\cdots+X_n$ 的特征函数为

$$\varphi_n(\theta)=[\varphi(\theta)]^n=\left(1-\frac{\mathrm{i}\theta}{\lambda}\right)^{-mn}$$

于是 S_n 的概率密度为

$$f_n(t)=\begin{cases}\dfrac{\lambda \mathrm{e}^{-\lambda t}(\lambda t)^{mn-1}}{(mn-1)!}, & t>0,\\ 0, & t\leqslant 0.\end{cases}$$

S_n 的分布函数为 $(t>0$ 时)

$$
\begin{aligned}
F_n(t) &= \int_{-\infty}^{t} f_n(u)\mathrm{d}u = \int_0^t f_n(u)\mathrm{d}u \\
&= \frac{1}{(mn-1)!}\lambda^{mn}\int_0^t u^{mn-1}\mathrm{e}^{-\lambda u}\mathrm{d}u = 1-\mathrm{e}^{-\lambda t}\sum_{k=0}^{mn-1}\frac{(\lambda t)^k}{k!}
\end{aligned}
$$

故 $P\{N(t)=n\} = F_n(t)-F_{n+1}(t) = \mathrm{e}^{-\lambda t}\sum\limits_{k=mn}^{mn+m-1}\dfrac{(\lambda t)^k}{k!},\ n=0,1,2,\cdots.$

在例 4.4 中, 特别地, 当 $m=1$ 时, $P\{N(t)=n\}=\mathrm{e}^{-\lambda t}\dfrac{(\lambda t)^n}{n!}, n=0,1,2,\cdots.$

定义 4.8 称形如

$$
A(t) = a(t) + \int_0^t A(t-x)\mathrm{d}F(x), t \geqslant 0
$$

的积分方程为*更新方程*, 其中 $a(t)$ 和 $F(t)$ 是已知函数, 且 $F(t)$ 是分布函数, 而 $A(t)$ 是未知的.

定理 4.10 设 $a(t)$ 是有界函数, $F(t)$ 是分布函数, 则满足更新方程的解 $A(t)$ 存在且唯一, 其解在有限区间上有界, 且其解可表示为

$$
A(t) = a(t) + \int_0^t a(t-x)\mathrm{d}m(x)
$$

其中 $m(t)=\sum\limits_{n=1}^{+\infty}F_n(t)$, $F_1(t)=F(t)$, $F_n(t)=\displaystyle\int_0^t F_{n-1}(t-x)\mathrm{d}F(x)$.

证明 (1) 首先证明 $A(t) = a(t)+\displaystyle\int_0^t a(t-x)\mathrm{d}m(x)$ 是方程 $A(t) = a(t) + \displaystyle\int_0^t A(t-x)\mathrm{d}F(x)$ 的解. 事实上

$$
\begin{aligned}
A(t) &= a(t) + \int_0^t a(t-x)\mathrm{d}m(x) = a(t) + a(t)*m(t) \\
&= a(t) + a(t)*\sum_{n=1}^{\infty}F_n(t) = a(t) + \sum_{n=1}^{\infty}[a(t)*F_n(t)] \\
&= a(t) + a(t)*F_1(t) + \sum_{n=2}^{\infty}[a(t)*F_n(t)] \\
&= a(t) + a(t)*F(t) + \sum_{n=2}^{\infty}[a(t)*F_{n-1}(t)*F(t)] \\
&= a(t) + \left\{a(t) + \sum_{n=2}^{\infty}[a(t)*F_{n-1}(t)]\right\}*F(t)
\end{aligned}
$$

$$
\begin{aligned}
&= a(t) + \left[a(t) + \sum_{n=1}^{\infty}[a(t) * F_n(t)]\right] * F(t) \\
&= a(t) + \left[a(t) + a(t) * \sum_{n=1}^{\infty} F_n(t)\right] * F(t) \\
&= a(t) + [a(t) + a(t) * m(t)] * F(t) \\
&= a(t) + A(t) * F(t) \\
&= a(t) + \int_0^t A(t-x)\mathrm{d}F(x)
\end{aligned}
$$

(2) 下面证明解的唯一性. 设另有 $\bar{A}(t)$ 也满足更新方程, 即

$$
\bar{A}(t) = a(t) + \int_0^t \bar{A}(t-x)\mathrm{d}F(x) = a(t) + \bar{A}(t) * F(t)
$$

反复使用上式, 得

$$
\begin{aligned}
\bar{A}(t) &= a(t) + \bar{A}(t) * F(t) \\
&= a(t) + \left[a(t) + \bar{A}(t) * F(t)\right] * F(t) \\
&= \cdots = a(t) + a(t) * \sum_{k=1}^{n-1} F_k(t) + \bar{A}(t) * F_n(t)
\end{aligned}
$$

因为对任意有限的 t, $m(t) = \sum_{n=1}^{+\infty} F_n(t)$ 收敛, 所以当 $n \to \infty$ 时, 有 $F_n(t) \to 0$.

于是在上式的两边, 令 $n \to \infty$ 时, 得 $\bar{A}(t) = a(t) + a(t) * m(t)$, 即 $\bar{A}(t) = A(t), t \geqslant 0$.

(3) 最后证明在任何有限区间 $(0, T]$ 内 $A(t)$ 有界. 事实上

$$
\begin{aligned}
\sup_{0 \leqslant t \leqslant T} |A(t)| &= \sup_{0 \leqslant t \leqslant T} \left|a(t) + \int_0^t a(t-x)\mathrm{d}m(x)\right| \\
&\leqslant \sup_{0 \leqslant t \leqslant T} |a(t)| + \sup_{0 \leqslant t \leqslant T} |a(t)| \, [m(T) - m(0)] < \infty
\end{aligned}
$$

定义 4.9　在定义 4.6 中, 若 X_1 的分布函数为 $F_0(t)$, X_n 的分布函数为 $F(t)$, $n \geqslant 2$, 则称 $\{N(t), t \geqslant 0\}$ 为**延迟更新过程**.

定理 4.11　设 $\{N(t), t \geqslant 0\}$ 是延迟更新过程, 则更新函数 $m(t)$ 满足更新方程

$$
m(t) = F_0(t) + \int_0^t m(t-x)\mathrm{d}F(x)
$$

证明

$$
\begin{aligned}
m(t) &= \sum_{n=1}^{\infty} F_n(t) = F_1(t) + \sum_{n=2}^{\infty} F_n(t) = F_0(t) + \sum_{n=2}^{\infty} F_n(t) \\
&= F_0(t) + \sum_{n=2}^{\infty} F_{n-1}(t) * F(t)
\end{aligned}
$$

$$= F_0(t) + \sum_{n=2}^{\infty}\left[\int_0^t F_{n-1}(t-x)\mathrm{d}F(x)\right]$$

$$= F_0(t) + \int_0^t \left(\sum_{n=1}^{\infty} F_n(t-x)\right)\mathrm{d}F(x)$$

$$= F_0(t) + \int_0^t \left(\sum_{n=2}^{\infty} F_{n-1}(t-x)\right)\mathrm{d}F(x)$$

$$= F_0(t) + \int_0^t m(t-x)\mathrm{d}F(x) = F_0(t) + m(t) * F(t)$$

注 4.5 在定理 4.11 中, 若 X_1 及 $X_n(n \geqslant 2)$ 是连续型随机变量, X_1 及 $X_n(n \geqslant 2)$ 的概率密度分别为 $f_0(t)$ 及 $f(t)$, 则 $m(t) = F_0(t) + \int_0^t m(t-x)\mathrm{d}F(x)$ 可写为

$$m(t) = \int_0^t f_0(u)\mathrm{d}u + \int_0^t m(t-x)f(x)\mathrm{d}x = \int_0^t f_0(u)\mathrm{d}u + m(t) * f(t)$$

两边取 L 变换, 有 $m^*(s) = f_0^*(s)/s + m^*(s)f^*(s)$, 故

$$m^*(s) = \frac{f_0^*(s)}{s(1-f^*(s))}, \quad m(t) = L^{-1}\left[\frac{f_0^*(s)}{s(1-f^*(s))}\right]$$

定义 4.10 (Laplace 变换)

$$f^*(s) = L[f(t)] = \int_0^{\infty} \mathrm{e}^{-st} f(t)\mathrm{d}t$$

性质 4.3 (1) $L[1] = 1/s$;

(2) $L[t^m] = m!/s^{m+1}$;

(3) $L[\mathrm{e}^{at}] = 1/(s-a)$;

(4) $L[\mathrm{e}^{at}t^m] = m!/(s-a)^{m+1}$;

(5) $L\left[\int_0^t f(x)\mathrm{d}x\right] = f^*(s)/s$;

(6) $L[f(t) * g(t)] = f^*(s) \cdot g^*(s)$;

(7) $L[\alpha f_1(t) + \beta f_2(t)] = \alpha L[f_1(t)] + \beta L[f_2(t)]$;

(8) $L[f(\alpha t)] = 1/\alpha f^*(s/\alpha)$;

(9) $L[\mathrm{e}^{at} f(t)] = f^*(s-a)$.

例 4.5 设 $\{N(t), t \geqslant 0\}$ 是更新过程, 更新间距的概率密度为 $f(t) = \lambda^2 t\mathrm{e}^{-\lambda t}$ $(t > 0)$, 求更新函数 $m(t)$.

解

$$f^*(s) = L[f(t)] = \lambda^2 L\left[t\mathrm{e}^{-\lambda t}\right] = \frac{\lambda^2}{(s+\lambda)^2}$$

$$\begin{aligned}
m^*(s) &= \frac{f_0^*(s)}{s(1-f^*(s))} = \frac{f^*(s)}{s(1-f^*(s))} = \frac{\lambda^2}{s^2(s+2\lambda)} \\
&= \frac{\lambda}{2}\cdot\frac{1}{s^2} - \frac{1}{4}\cdot\frac{1}{s} + \frac{\lambda}{4}\cdot\frac{1}{s+2\lambda} \\
m(t) &= L^{-1}[m^*(s)] = L^{-1}\left[\frac{\lambda}{2}\cdot\frac{1}{s^2} - \frac{1}{4}\cdot\frac{1}{s} + \frac{1}{4}\cdot\frac{1}{s+2\lambda}\right] \\
&= \frac{\lambda}{2}L^{-1}\left[\frac{1}{s^2}\right] - \frac{1}{4}L^{-1}\left[\frac{1}{s}\right] + \frac{1}{4}L^{-1}\left[\frac{1}{s+2\lambda}\right] = \frac{\lambda}{2}t - \frac{1}{4} + \frac{1}{4}\mathrm{e}^{-2\lambda t}
\end{aligned}$$

定义 4.11　设 $\{N(t), t\geqslant 0\}$ 是更新过程, $\{X_n, n\geqslant 1\}$ 是更新间距序列, $\{S_n, n\geqslant 1\}$ 是更新时刻序列, 称

(1) $\gamma(t) = S_{N(t)+1} - t$ 为 (个体) 在时刻 t 的**剩余寿命**, 即从时刻 t 直到下一次更新的时间;

(2) $\delta(t) = t - S_{N(t)}$ 为 (个体) 在时刻 t 的**现时寿命或年龄**, 即最后一次更新之后的时间;

(3) $\beta(t) = \gamma(t) + \delta(t)$ 为 (个体) 在时刻 t 的**总寿命**.

注 4.6　$S_{N(t)}$ 表示在时刻 t 之前 (或在时刻 t) 最后一次更新的时刻; $S_{N(t)+1}$ 表示时刻 t 之后第一次更新的时刻, 显然有

$$S_{N(t)} \leqslant t < S_{N(t)+1}$$

图 4.2.1 是更新过程 $\{N(t), t\geqslant 0\}$ 的一条样本曲线, 表示三种寿命的关系.

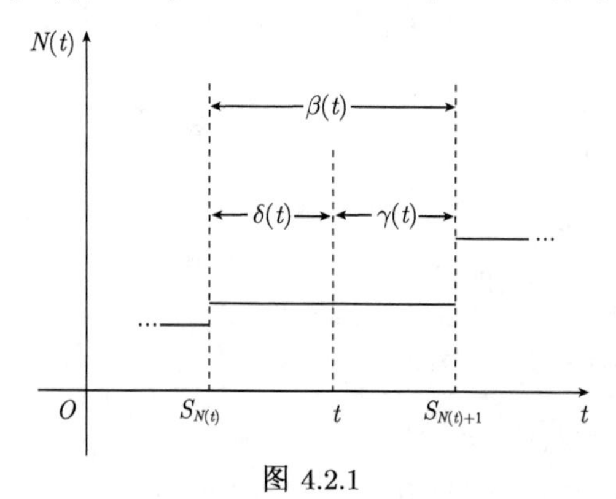

图 4.2.1

定理 4.12　设 $\{N(t), t\geqslant 0\}$ 是更新过程, $m(t)$ 是更新函数, $F(x)$ 是更新间距 $X_n (n=1,2,\cdots)$ 的分布函数, 则剩余寿命 $\gamma(t)$ 的分布函数为

$$F_{\gamma(t)}(x) = P\{\gamma(t)\leqslant x\} = F(t+x) - \int_0^t \bar{F}(t+x-y)\mathrm{d}m(y)$$

其中 $\bar{F}(x) = 1 - F(x)$ 称为**生存函数**.

证明　设 $P(t) = P\{\gamma(t) > x\}$, 由全概率公式, 有

$$P(t)=P\left\{\gamma(t)>x\right\}=\int_0^{+\infty}P\left\{\gamma(t)>x|\,X_1=y\right\}\mathrm{d}F(y)$$

下面计算 $P\{\gamma(t)>x|X_1=y\}$, 并注意到 $\gamma(t)>x\Leftrightarrow$ 在 $[t,t+x]$ 中没有更新, 分三种情况讨论.

(1) 当 $y>t+x$ 时, 这表示第一次更新在 $t+x$ 以后, 故必有 $\gamma(t)>x$, 所以

$$P\{\gamma(t)>x|X_1=y\}=1$$

(2) 当 $t<y\leqslant t+x$ 时, 这表示第一次更新发生在区间 $(t,t+x]$ 内, 从而必有 $\gamma(t)\leqslant x$, 所以 $P\{\gamma(t)>x|X_1=y\}=0$;

(3) 当 $0<y\leqslant t$ 时, 这时可以想象过程在时刻 $X_1=y$ 从头开始, 于是有

$$P\left\{\gamma(t)>x|\,X_1=y\right\}=P\left\{\gamma(t-y)>x\right\}=P(t-y)$$

故

$$P\left\{\gamma(t)>x|\,X_1=y\right\}=\begin{cases}0, & t<y\leqslant t+x,\\ P(t-y), & 0<y\leqslant t,\\ 1, & y>t+x.\end{cases}$$

因此

$$\begin{aligned}P(t)&=\int_0^{+\infty}P\left\{\gamma(t)>x|\,X_1=y\right\}\mathrm{d}F(y)=\int_0^{t}P(t-y)\mathrm{d}F(y)+\int_{t+x}^{+\infty}\mathrm{d}F(y)\\&=\int_0^{t}P(t-y)\mathrm{d}F(y)+F(y)|_{t+x}^{+\infty}=1-F(t+y)+\int_0^{t}P(t-y)\mathrm{d}F(y)\end{aligned}$$

由定理 4.10 知, 其解为

$$\begin{aligned}P(t)&=1-F(t+x)+\int_0^{t}(1-F(t+x-y))\mathrm{d}m(y)\\&=1-F(t+x)+\int_0^{t}\bar{F}(t+x-y)\mathrm{d}m(y)\end{aligned}$$

故

$$\begin{aligned}F_{\gamma(t)}(x)&=P\left\{\gamma(t)\leqslant x\right\}=1-P\left\{\gamma(t)>x\right\}=1-P(t)\\&=F(t+x)-\int_0^{t}\bar{F}(t+x-y)\mathrm{d}m(y)\end{aligned}$$

定理 4.13 设 $\{N(t),t\geqslant 0\}$ 是更新过程, $m(t)$ 是更新函数, $F(x)$ 是更新间距 $X_n(n=1,2,\cdots)$ 的分布函数, 则现时寿命 $\delta(t)$ 的分布函数为

$$F_{\delta(t)}(x)=P\left\{\delta(t)\leqslant x\right\}=\begin{cases}F(t)-\displaystyle\int_0^{t-x}\bar{F}(t-y)\mathrm{d}m(y), & x<t,\\ 1, & x\geqslant t.\end{cases}$$

其中 $\bar{F}(x)=1-F(x)$ 为生存函数.

证明　注意到, 当 $x<t$ 时,

$$\delta(t)>x \Leftrightarrow \text{在 } [t-x,t] \text{ 内无更新 } \Leftrightarrow \gamma(t-x)>x$$

所以

$$P\{\delta(t)>x\}=P\{\gamma(t-x)>x\}$$

由定理 4.12 得

$$P\{\delta(t)>x\}=P\{\gamma(t-x)>x\}=1-F(t)+\int_0^{t-x}\bar{F}(t-y)\mathrm{d}m(y)$$

当 $x\geqslant t$ 时, $P\{\delta(t)>x\}=0$, 所以

$$F_{\delta(t)}(x)=P\{\delta(t)\leqslant x\}=\begin{cases}F(t)-\displaystyle\int_0^{t-x}\bar{F}(t-y)\mathrm{d}m(y), & x<t,\\ 1, & x\geqslant t.\end{cases}$$

定理 4.14　设 $\{N(t),t\geqslant 0\}$ 是更新过程, $m(t)$ 是更新函数, $F(x)$ 是更新间距 $X_n(n=1,2,\cdots)$ 的分布函数, 则总寿命 $\beta(t)$ 的分布函数为

$$F_{\beta(t)}(x)=P\{\beta(t)\leqslant x\}=F(\max(x,t))-\int_0^t\bar{F}(\max(x,t)-y)\mathrm{d}m(y)$$

其中 $\bar{F}(x)=1-F(x)$ 为生存函数.

证明　略.

定理 4.15　设 $\{N(t),t\geqslant 0\}$ 是更新过程, $m(t)$ 是更新函数, $F(x)$ 是更新间距 $X_n(n=1,2,\cdots)$ 的分布函数, 则 $S_{N(t)}$ 的分布函数为

$$F_{S_{N(t)}}(x)=P\left\{S_{N(t)}\leqslant x\right\}=\begin{cases}\bar{F}(t)+\displaystyle\int_0^{x}\bar{F}(t-y)\mathrm{d}m(y), & x<t,\\ 1, & x\geqslant t.\end{cases}$$

其中 $\bar{F}(x)=1-F(x)$ 为生存函数.

证明　当 $x<t$ 时,

$$\begin{aligned}F_{S_{N(t)}}(x)&=P\left\{S_{N(t)}\leqslant x\right\}=\sum_{n=0}^{+\infty}P\{S_n\leqslant x,S_{n+1}>t\}\\&=P\{S_1>t\}+\sum_{n=1}^{+\infty}P\{S_n\leqslant x,S_{n+1}>t\}\\&=P\{X_1>t\}+\sum_{n=1}^{+\infty}\int_0^{+\infty}P\{S_n\leqslant x,S_{n+1}>t|\,S_n=y\}\mathrm{d}F_n(y)\\&=\bar{F}(t)+\sum_{n=1}^{+\infty}\int_0^{x}P\{S_{n+1}>t|\,S_n=y\}\mathrm{d}F_n(y)\end{aligned}$$

$$
\begin{aligned}
&= \bar{F}(t) + \sum_{n=1}^{+\infty} \int_0^x P\{S_1 > t-y\} \mathrm{d}F_n(y) \\
&= \bar{F}(t) + \sum_{n=1}^{+\infty} \int_0^x P\{X_1 > t-y\} \mathrm{d}F_n(y) \\
&= \bar{F}(t) + \sum_{n=1}^{+\infty} \int_0^x \bar{F}(t-y) \mathrm{d}F_n(y) \\
&= \bar{F}(t) + \int_0^x \bar{F}(t-y) \mathrm{d}\left(\sum_{n=1}^{+\infty} F_n(y)\right) \\
&= \bar{F}(t) + \int_0^x \bar{F}(t-y) \mathrm{d}m(y)
\end{aligned}
$$

注 4.7 由于所有的项均是非负的, 所以积分运算与求和运算可以交换次序.

4.3 分支过程

定义 4.12 设 $\left\{Y_n^{(i)}, i \geqslant 1, n \geqslant 0\right\}$ 是一族取值非负整数值的独立同分布随机变量, 其公共分布为

$$
p_k = P\left\{Y_n^{(i)} = k\right\}, \quad \forall i \geqslant 1, n \geqslant 0, \quad k = 0, 1, 2, \cdots
$$

$P(s) = \sum_{k=0}^{+\infty} p_k s^k$ 是 $Y_n^{(i)}$ 的母函数. 令

$$
X_0 = n_0, \quad X_1 = \sum_{i=1}^{n_0} Y_0^{(i)}, \quad X_2 = \sum_{i=1}^{X_1} Y_1^{(i)}, \quad \cdots, \quad X_{n+1} = \sum_{i=1}^{X_n} Y_n^{(i)}, \quad \cdots
$$

则称 $\{X_n, n \geqslant 0\}$ 是初始状态为 n_0, 以 $P(s)$ 为本原母函数的**分支过程 (分支链)**.

注 4.8 X_n 表示生物群体中第 n 代的个体数, $Y_n^{(i)}$ 表示第 n 代的第 i 个个体在下一代产生的个体数.

定义 4.13 设 $\{X_n, n \geqslant 0\}$ 是初始状态为 n_0, 以 $P(s)$ 为本原母函数的分支链, 称

$$
\rho = P\left\{\bigcup_{n=1}^{\infty} \{X_n = 0\} \middle| X_0 = n_0\right\}
$$

为分支链 $\{X_n, n \geqslant 0\}$ 的**灭绝概率**.

定理 4.16 设分支链 $\{X_n, n \geqslant 0\}$ 的初始状态为 1, 本原母函数为 $P(s)$, 则分支链 $\{X_n, n \geqslant 0\}$ 灭绝的概率 ρ 是满足方程 $s = P(s)$ 的最小正根.

例 4.6 设 $\{X_n, n \geqslant 0\}$ 是分支链, 初始状态为 3, 本原母函数为

$$
P(s) = \frac{1}{4} + \frac{1}{2}s + \frac{3}{16}s^2 + \frac{1}{16}s^3
$$

求 $\{X_n, n \geqslant 0\}$ 的灭绝概率 ρ.

解　解方程 $s = P(s)$, 即

$$s = \frac{1}{4} + \frac{1}{2}s + \frac{3}{16}s^2 + \frac{1}{16}s^3$$

其根为 $s_1 = 1, s_2 = -2 + 2\sqrt{2}, s_3 = -2 - 2\sqrt{2}$.

最小正根为 $s_2 = -2 + 2\sqrt{2} = 2\left(\sqrt{2} - 1\right)$, 故分支链 $\{X_n, n \geqslant 0\}$ 灭绝的概率为

$$\rho = (s_2)^3 = \left[2\left(\sqrt{2} - 1\right)\right]^3 = 8\left(5\sqrt{2} - 7\right)$$

例 4.7　设 $\{X_n, n \geqslant 0\}$ 是分支链, 初始状态为 1, $Y_n^{(i)}$ 的概率分布为

$$p_k = P\left\{Y_n^{(i)} = k\right\} = p(1-p)^k, \quad k = 0, 1, 2, \cdots, 0 < p < 1$$

求 $\{X_n, n \geqslant 0\}$ 的灭绝概率 ρ.

解　本原母函数为

$$P(s) = \sum_{k=0}^{\infty} p_k s^k = \sum_{k=0}^{\infty} p(1-p)^k s^k = \frac{p}{1-(1-p)s}$$

解方程 $s = P(s)$, 即 $s = \dfrac{p}{1-(1-p)s}$. 其根为

$$s = \frac{1 \pm (2p-1)}{2(1-p)} = \begin{cases} \dfrac{p}{(1-p)} \\ 1 \end{cases}$$

故当 $p \geqslant 1/2$ 时, $\rho = 1$; 当 $p < 1/2$ 时, $\rho = \dfrac{p}{1-p}$.

第 5 章　平稳过程的谱理论

5.1 预备知识

5.1.1 Hilbert 空间及性质

定义 5.1　Hilbert 空间 H 是一族元素, 满足:

(1) 线性. 如果 $f,g,h \in H$, 对任意复数 α,β, 有

$\alpha f+\beta g \in H$;

$f+g=g+f$;

$f+(g+h)=(f+g)+h$;

$\alpha(f+g)=\alpha f+\alpha g$;

$(\alpha+\beta)f=\alpha f+\beta g$;

$(\alpha\beta)f=\alpha(\beta f)$;

$1\cdot f=f$;

有零元 θ, 使 $0\cdot f=\theta, f+\theta=f$.

(2) 定义内积. 对 $\forall f,g \in H$, 有一复数 (f,g) 与之对应, 具有性质:

$(f+g,h)=(f,h)+(g,h), \forall h \in H$;

$(f,g)=\overline{(g,f)}$;

$(\alpha f,g)=\alpha(f,g)$;

$(f,f)\geqslant 0$, 且 $(f,f)=0 \Leftrightarrow f=\theta$.

可定义 f 的范数 (模) $\|f\|=\sqrt{(f,f)}$, 则 H 成为赋范线性空间; 定义 f,g 间距离 $\rho(f,g)=\|f-g\|$, 则 H 成为距离空间.

(3) 完备性. 若有 $f_n \in H, n=1,2,\cdots$, 使 $\|f_m-f_n\| \to 0(m,n\to\infty)$, 则存在 $f\in H$, 使 $\|f_n-f\|\to 0(n\to\infty)$, 记 $f=\lim\limits_{n} f_n$.

注 5.1　完备的线性内积空间称为 Hilbert 空间.

例 5.1　n 维 Euclid 空间 $\mathbf{R}^n$, 内积按线性代数中 n 维向量内积的定义构成一个 Hilbert 空间.

例 5.2　l^2 空间, 内积定义为 $(X,Y)=\sum\limits_{n=1}^{\infty} x_n y_n$, 对 $\forall X=\{x_n\}, Y=\{y_n\}\in l^2$, 则它也构成一个 Hilbert 空间.

例 5.3　$L^2(\Omega,\mathscr{F},\mu)$ 是关于测度 μ 平方可积的可测函数全体 (a.e. μ 意义下). 对 $\forall f,g\in L^2$, 定义内积 $(f,g)=\int f\cdot\bar{g}\mathrm{d}\mu$, 则 L^2 为一个 Hilbert 空间.

特别地, 概率空间 $(\Omega,\mathscr{F},p)$ 上一切具有二阶矩的随机变量, 定义内积为 $(X,Y)=E(X\overline{Y})$, 则它构成一个 Hilbert 空间, 记为 H 或 $L^2(p)$.

例 5.4　设有概率空间 $(\Omega,\mathscr{F},p)$, 又有一族此空间上的随机变量 $X(t),t\in T$, 且 $E|X(t)|^2<+\infty$.

令

$$L\{X(t),t\in T\}=\left\{\sum_{j=1}^{n}C_jX(t_j)|t_j\in T,C_j\text{ 为任意复数},j=1,2,\cdots,n\right\}$$

称为由 $X(t)$ 产生的**线性集** (或**线性流形**).

令

$$\mathscr{L}\{X(t),t\in T\}=\{Y|Y=\lim_n X_n(L^2(p)\text{ 意义下}),X_n\in L\{X(t),t\in T\}\}$$

称为由 $X(t),t\in T$ 产生的**线性空间** (或**封闭的线性流形**).

显然, $\mathscr{L}\{X(t),t\in T\}$ 是线性的. 对 $\forall X,Y\in\mathscr{L}\{X(t),t\in T\}$, 定义内积 $(X,Y)=E(X\overline{Y})$, 则 $\mathscr{L}\{X(t),t\in T\}$ 为一个 Hilbert 空间.

为此只需验证完备性.

若 $Z^{(n)}\in\mathscr{L}\{X(t),t\in T\}$, 并且 $\|Z^{(m)}-Z^{(n)}\|\to 0(m,n\to\infty)$. 设

$$Z^{(m)}=\lim_k Z_k^{(m)},\quad Z_k^{(m)}\in L\{X(t),t\in T\}$$

即

$$\|Z^{(m)}-Z_k^{(m)}\|\to 0\quad(k\to\infty)$$

因此对每一个 m, 存在正整数 k_m, 使得 $\|Z_{k_m}^{(m)}-Z^{(m)}\|\leqslant\dfrac{1}{m}$. 所以

$$\begin{aligned}\|Z_{k_m}^{(m)}-Z_{k_n}^{(n)}\|&\leqslant\|Z_{k_m}^{(m)}-Z^{(m)}\|+\|Z^{(m)}-Z^{(n)}\|+\|Z_{k_n}^{(n)}-Z^{(n)}\|\\&\leqslant\frac{1}{m}+\frac{1}{n}+\|Z^{(m)}-Z^{(n)}\|\to 0\quad(m,n\to\infty)\end{aligned}$$

由于 $H=L^2(p)$ 是完备空间, 且 $\{Z_{k_n}^{(n)}\}$ 是 $L\{X(t),t\in T\}\subset H$ 中的 Cauchy 列, 故存在 $Z\in\mathscr{L}\{X(t),t\in T\}$, 使得 $Z=\lim\limits_n Z_{k_n}^{(n)}$, 并且

$$\begin{aligned}\|Z^{(n)}-Z\|&\leqslant\|Z^{(n)}-Z_{k_n}^{(n)}\|+\|Z_{k_n}^{(n)}-Z\|\\&\leqslant\frac{1}{n}+\|Z_{k_n}^{(n)}-Z\|\to 0\quad(n\to\infty)\end{aligned}$$

从而 $Z=\lim\limits_n Z^{(n)}\in\mathscr{L}\{X(t),t\in T\}$.

例 5.5　设 H 是 Hilbert 空间, $E\subset H$, 称

$$L(E)=\left\{g|g=\sum_{j=1}^{n}\alpha_jf_j,f_j\in E,\alpha_j\text{ 复数}\right\}$$

为由 E 产生的线性集. 而

$$\mathscr{L}(E)=\left\{\lim_n g_n | g_n\in L(E)\right\}$$

为 $L(E)$ 的完备化, 称为由 E 产生的线性子空间, 它也是 Hilbert 空间.

注 5.2 $E\subset L(E)\subset \mathscr{L}(E)\subset H$.

Hilbert 空间中的一些重要结果:

引理 5.1 (Schwarz 不等式) $|(f,g)|\leqslant \|f\|\cdot\|g\|$.

证明 对 $\forall f,g\in H,\forall$ 复数 λ, 有

$$\begin{aligned}0&\leqslant (f+\lambda g,f+\lambda g)\\&=\|f\|^2+2\mathrm{Re}[\overline{\lambda}(f,g)]+|\lambda|^2\cdot\|g\|^2\end{aligned}$$

其中 $\mathrm{Re}z$ 是 z 的实部. 若 $(f,g)\neq 0$, 令 $\lambda=(f,g)\beta$, 其中 β 是任意实数, 代入上式得

$$0\leqslant \|f\|^2+2|(f,g)|^2\beta+|(f,g)|^2\cdot\|g\|^2\cdot\beta^2$$

利用二次三项式的判别式

$$\varDelta=[2|(f,g)|^2]^2-4\|f\|^2\cdot|(f,g)|^2\cdot\|g\|^2\leqslant 0$$

即得 $|(f,g)|\leqslant\|f\|\cdot\|g\|$.

当 $(f,g)=0$ 时, 结论显然成立.

引理 5.2 (三角不等式) $\|f+g\|\leqslant\|f\|+\|g\|$.

利用引理 5.1 易证.

引理 5.3 设 $f_n\in H$, 且 $f_n\to f(n\to\infty)$, 则 $\{\|f_n\|\}$ 有界, 且 $\lim\limits_n\|f_n\|=\|f\|$.

证明 由于 $\|f_n\|\leqslant\|f_n-f\|+\|f\|\leqslant C$, 故有

$$|\|f_n\|-\|f\||\leqslant\|f_n-f\|\to 0\quad(n\to\infty)\quad(\text{范数连续性})$$

引理 5.4 (内积连续性) 设 $f_n\to f,g_n\to g(n\to\infty)$, 则 $(f_n,g_m)\to(f,g)$ $(m,n\to\infty)$.

证明

$$\begin{aligned}|(f_n,g_m)-(f,g)|&\leqslant|(f_n,g_m)-(f,g_m)|+|(f,g_m)-(f,g)|\\&\leqslant\|f_n-f\|\cdot\|g_m\|+\|f\|\cdot\|g_m-g\|\to 0\quad(m,n\to\infty)\end{aligned}$$

引理 5.5 (平行四边形法则) 设 $f,g\in H$, 则

$$\|f+g\|^2+\|f-g\|^2=2\|f\|^2+2\|g\|^2$$

证明 只需注意到

$$\|f+g\|^2=\|f\|^2+\|g\|^2+(f,g)+(g,f)$$

$$\|f-g\|^2=\|f\|^2+\|g\|^2-(f,g)-(g,f)$$

注 5.3 引理 5.5 是内积空间的本质特征.

引理 5.6 设 M 是 Hilbert 空间 H 的一个闭子空间, 又设 $h\in H$, 令 $d=\inf\limits_{g\in M}\{\|h-g\|\}$, 则存在 $h_0\in M$, 使 $\|h-h_0\|=d$, 称 d 为点 h 与 M 的距离, h_0 为 h 在 M 上的投影.

证明 由已知, 存在 $g_n\in M$, 使 $\|h-g_n\|\to d(n\to\infty)$. 再由平行四边形法则

$$\begin{aligned}&\|(h-g_m)+(h-g_n)\|^2+\|(h-g_m)-(h-g_n)\|^2\\=&2(\|h-g_m\|^2+\|h-g_n\|^2)\end{aligned}$$

即

$$\begin{aligned}\|g_m-g_n\|^2&=2\|h-g_m\|^2+2\|h-g_n\|^2-4\left\|h-\frac{g_m+g_n}{2}\right\|^2\\&\leqslant 2\|h-g_m\|^2+2\|h-g_n\|^2-4d^2\to 0\quad (m,n\to\infty)\end{aligned}$$

这说明 $\{g_n\}$ 是 Cauchy 列, 于是必有 $h_0\in M$, 使得 $h_0=\lim\limits_n g_n$. 再由范数的连续性, 有

$$\|h-h_0\|=\lim_n\|h-g_n\|=d$$

引理 5.6 证毕.

注 5.4 完备内积空间的闭子空间也是完备的.

引理 5.7 若 h_0 是 h 在 M 上的投影, 则 $(h-h_0,g)=0$, 对一切 $g\in M$, 即 $h-h_0$ 与 M 正交, 记为 $h-h_0\perp M$.

证明 (反证法) 若 $\alpha=(h-h_0,g)\neq 0$, 对某 $g\in M$, 则

$$\begin{aligned}&\left\|h-\left(h_0+\frac{\alpha}{\|g\|^2}g\right)\right\|^2\\=&\left\|(h-h_0)-\frac{\alpha}{\|g\|^2}g\right\|^2\\=&\|h-h_0\|^2+\frac{|\alpha|^2}{\|g\|^2}-\frac{\bar{\alpha}\cdot\alpha}{\|g\|^2}-\frac{\alpha\cdot\bar{\alpha}}{\|g\|^2}\\=&\|h-h_0\|^2-\frac{|\alpha|^2}{\|g\|^2}\\<&\|h-h_0\|^2=d\end{aligned}$$

而 $h_0+\dfrac{\alpha}{\|g\|^2}g\in M$, 这与 $d=\inf\limits_{g\in M}\{\|h-g\|\}$ 矛盾.

引理 5.7 证毕.

引理 5.8 对于 $h \in H$, h_0 是 M 中唯一的点, 使 $(h-h_0,g)=0$, 对一切 $g \in M$.

证明 若还有 $h^* \in M$, 满足对一切 $g \in M$, 有 $(h-h^*,g)=0$, 则

$$(h_0-h^*,g)=0, \quad \forall g \in M$$

特别地, 取 $g=h_0-h^*$, 有 $\|h_0-h^*\|=0$, 从而 $h^*=h_0$.

引理 5.8 证毕.

系 5.1 对于 $h \in H$, h_0 是 M 中唯一的点, 使 $\|h-h_0\|=d$.

综合引理 5.6~ 引理 5.8, 得到下面重要的结果:

定理 5.1 设 M 是 Hilbert 空间 H 的闭子空间, 又设 $h \in H$, 则在 M 中存在唯一点 h_0, 使 $d=\|h-h_0\|=\inf\limits_{g \in M}\{\|h-g\|\}$, 并且

$$(h-h_0,g)=0, \quad \forall g \in M \tag{5.1.1}$$

等式 (5.1.1) 亦可用来唯一确定 h_0.

定理 5.2 (Riesz 分解定理) 设 M 是 Hilbert 空间 H 的闭子空间, 则对 $\forall h \in H$, 总可以唯一地表示为 $h=h_0+h_1$, 其中 $h_0 \in M, h_1 \perp M$, 并且 $\|h\|^2=\|h_0\|^2+\|h_1\|^2$.

称 h_0 为 h 在 M 上投影, 记为 $h_0=P_M h$. 令

$$M^{\perp}=\{f|f \in H, f \perp M\}$$

则 $M^{\perp}$ 也是 H 的闭子空间, 称为 M 的直交补.

事实上, 对 M 中的每一个 g, 由 $(f_1,g)=0,(f_2,g)=0$, $\forall f_1,f_2 \in M^{\perp}$, 得到 $(\alpha f_1+\beta f_2,g)=0$, 从而 $M^{\perp}$ 为线性集.

又若 $f_n \to f(n \to \infty), f_n \in M^{\perp}$, 即 $(f_n,g)=0, \forall g \in M$, 则 $(f,g)=\lim\limits_{n}(f_n,g)=0$. 因此 $f \in M^{\perp}$, 从而说明 $M^{\perp}$ 为线性闭集, 即为 H 的闭子空间.

定理 5.3 对于 Hilbert 空间 H 中任意闭子空间 M, H 中每一元素可唯一地表示为 M 中一个元素与 $M^{\perp}$ 中一个元素之和, 称 H 是 M 与 $M^{\perp}$ 的直交和, 记成 $H=M \oplus M^{\perp}$, 其中 $M^{\perp}$ 称为 M 的直交补, 记为 $M^{\perp}=H \ominus M$.

定理 5.4 设有一组具有二阶矩的随机变量 $X_1,X_2,\cdots,X_n$, 则必存在 $m(m \leqslant n)$ 个随机变量 $Y_1,Y_2,\cdots,Y_m$, 使

(1) $Y_k=\sum\limits_{j=1}^{n}\alpha_{kj}X_j, k=1,2,\cdots,m$;

(2) $E(Y_k\bar{Y}_j)=\delta_{kj}, k,j=1,2,\cdots,m$ (标准正交);

(3) $X_k=\sum\limits_{j=1}^{m}\beta_{kj}Y_j, k=1,2,\cdots,n$.

证明 令 $\boldsymbol{X}=\begin{pmatrix} X_1 \\ \vdots \\ X_n \end{pmatrix}$, 则

$$XX^* = \begin{pmatrix} X_1 \\ \vdots \\ X_n \end{pmatrix} (\overline{X}_1, \cdots, \overline{X}_n) = (X_i \overline{X}_j)_{n\times n}$$

易知 $E(\boldsymbol{XX}^*) = (E(X_i\overline{X}_j))_{n\times n}$ 是非负定的 (Hermite 阵), 故存在一个非退化矩阵 (酉矩阵)$\boldsymbol{P}$, 使

$$\boldsymbol{P}[E(\boldsymbol{XX}^*)]\boldsymbol{P}^* = \begin{pmatrix} \boldsymbol{I}_m & \boldsymbol{O} \\ \boldsymbol{O} & \boldsymbol{O} \end{pmatrix}_{n\times n}$$

其中 $\boldsymbol{P}^*$ 为 $\boldsymbol{P}$ 的共轭转置. 令 $\boldsymbol{Y} = \boldsymbol{PX}$, 则取 $Y_k = \sum_{j=1}^{n} \alpha_{kj} X_j, k = 1, 2, \cdots, m$, 其中 $\boldsymbol{P} = (\alpha_{kj})_{n\times n}$, 且

$$E(\boldsymbol{YY}^*) = E\begin{pmatrix} Y_1 \\ \vdots \\ Y_n \end{pmatrix} (\overline{Y}_1, \cdots, \overline{Y}_n) = \begin{pmatrix} \boldsymbol{I}_m & \boldsymbol{O} \\ \boldsymbol{O} & \boldsymbol{O} \end{pmatrix}_{n\times n}$$

于是 $E(Y_k\overline{Y}_j) = \delta_{kj}, k, j = 1, 2, \cdots, m$, 且 $E(Y_k\overline{Y}_j) = 0, k, j = m+1, m+2, \cdots, n$, 这说明 $Y_k = 0, k = m+1, \cdots, n$, 从而 (1), (2) 成立.

令

$$\boldsymbol{X} = \boldsymbol{P}^{-1} \begin{pmatrix} Y_1 \\ \vdots \\ Y_m \\ 0 \\ \vdots \\ 0 \end{pmatrix}$$

其中 $\boldsymbol{P}^{-1} = (\beta_{kj})_{n\times n}$, 于是 $X_k = \sum_{j=1}^{m} \beta_{kj} Y_j, k = 1, 2, \cdots, n$, 故 (3) 成立.

定理 5.4 证毕.

推论 5.1 $L\{X_1, \cdots, X_n\} = \mathscr{L}\{X_1, \cdots, X_n\}$.

证明 只需证 $L\{Y_1, \cdots, Y_m\} = \mathscr{L}\{Y_1, \cdots, Y_m\}$. 亦即若 $Y \in \mathscr{L}\{Y_1, \cdots, Y_m\}$, 往证 $Y \in L\{Y_1, \cdots, Y_m\}$.

设 $Y = \lim_{n} \sum_{k=1}^{m} C_k^{(n)} Y_k$, 则

$$\left\| \sum_{k=1}^{m} C_k^{(l)} Y_k - \sum_{k=1}^{m} C_k^{(n)} Y_k \right\|^2 = \left\| \sum_{k=1}^{m} (C_k^{(l)} - C_k^{(n)}) Y_k \right\|^2$$

$$= \sum_{k=1}^{m} |C_k^{(l)} - C_k^{(n)}|^2 \to 0 \quad (l, n \to \infty)$$

因此, 对于每个 $k, k = 1, 2, \cdots, m, \{C_k^{(n)}\}$ 都是 Cauchy 列, 故有 $C_k = \lim_n C_k^{(n)}$, $k = 1, 2, \cdots, m$. 从而 $Y = \sum_{k=1}^{m} \lim_n C_k^{(n)} Y_k = \sum_{k=1}^{m} C_k Y_k \in L\{Y_1, \cdots, Y_m\}$.

推论 5.1 证毕.

5.1.2 投影算子 $P_M : h_0 = P_M h$

设 M 是 Hilbert 空间 H 的闭子空间, 作一个算子 P 如下: 对 $\forall h \in H$, 令 Ph 是 h 在 M 上的投影, 这样定义的算子称为由 H 到 M 上的投影算子, 有时记为 P_M.

若 P 是在全空间 H 上定义的线性算子, 则 P 是投影算子的充分必要条件是

(1) 幂等性 $P^2 = P$;

(2) 自共轭性 $(Px, y) = (x, Py)$, 对一切 $x, y \in H$.

定义 5.2 设 $H_i, i = 1, 2$ 是两个 Hilbert 空间, 分别有内积 $(\cdot, \cdot)_i, i = 1, 2$. 将全空间 H_1 映射到全空间 H_2 的算子 V 称为等距算子, 如果

$$(Vx_1, Vx_2)_2 = (x_1, x_2)_1, \quad 对 \ \forall x_1, x_2 \in H_1$$

等距算子是线性的, 一一对应的, 有逆算子 V^{-1}, 它也是等距算子.

若有 H_1 到 H_2 的等距算子, 则称 Hilbert 空间 H_1 与 H_2 是同构的.

定理 5.5 设 $E_i \subset H_i, i = 1, 2$, 在 E_1 与 E_2 之间存在相互单值对应: $y = Vx$, $x \in E_1, y \in E_2$, 满足 $(x_1, x_2)_1 = (y_1, y_2)_2$, $y_i = Vx_i, x_i \in E_1, i = 1, 2$, 则 V 能扩张为 $\mathscr{L}(E_1)$ 到 $\mathscr{L}(E_2)$ 的等距算子, 而且扩张是唯一的.

注 5.5 子集中的等距算子能唯一扩张到它的封闭线性子空间中去.

定理 5.5 的证明 首先将 V 扩张为 $L\{E_1\}$ 到 $L\{E_2\}$ 上, 而且保持内积相等.

对 $\forall x_1, \cdots, x_n \in E_1$, 复数 $\alpha_1, \cdots, \alpha_n$, 定义

$$V\left(\sum_{j=1}^{n} \alpha_j x_j\right) = \sum_{j=1}^{n} \alpha_j V x_j$$

这是合理的. 事实上, 若 $\sum_{j=1}^{n} \alpha_j x_j = \sum_{i=1}^{m} \beta_i x_i'$, $x_1', \cdots, x_m' \in E_1$, $\beta_1, \cdots, \beta_m$ 为复数, 因为

$$\left\|\sum_{j=1}^{n} \alpha_j V x_j - \sum_{i=1}^{m} \beta_i V x_i'\right\|_2^2 = \left\|\sum_{j=1}^{n} \alpha_j x_j - \sum_{i=1}^{m} \beta_i x_i'\right\|_1^2 = 0$$

所以定义是一意的, 并且如上定义的 V 在 $L\{E_1\}$ 到 $L\{E_2\}$ 上是保内积的.

设 $x=\sum_{j=1}^{n}\alpha_j x_j, x'=\sum_{i=1}^{m}\beta_i x_i'$, 其中 $x_j, x_i'\in E_1$, α_j,β_i 是复数, $i=1,2,\cdots,m, j=1,2,\cdots,n$, 则

$$\begin{aligned}(Vx,Vx')_2&=\sum_{j=1}^{n}\sum_{i=1}^{m}\alpha_j\bar{\beta}_i(Vx_j,Vx_i')_2\\&=\sum_{j=1}^{n}\sum_{i=1}^{m}\alpha_j\bar{\beta}_i(x_j,x_i')_1=(x,x')_1\end{aligned}$$

最后将 V 扩张为 $\mathscr{L}(E_1)$ 到 $\mathscr{L}(E_2)$ 的等距算子.

设 $x\in\mathscr{L}\{E_1\}$, 则存在 $x_n\in L\{E_1\}$, 使 $\|x_n-x\|_1\to 0(n\to\infty)$, 令

$$Vx=\lim_n Vx_n$$

定义的存在性. 由于 $\|Vx_n-Vx_m\|_2=\|x_n-x_m\|_1\to 0(n,m\to\infty)$, 所以 $\{Vx_n\}$ 为 $L(E_2)$ 中 Cauchy 列, 从而 Vx 存在.

定义的一意性. 设 $x_n\to x, x_n'\to x\ (n\to\infty)$, 则

$$\begin{aligned}\|Vx_n-Vx_n'\|_2&=\|x_n-x_n'\|_1\\&\leqslant\|x_n-x\|_1+\|x_n'-x\|_1\to 0\quad(n\to\infty)\end{aligned}$$

下证定义的算子是保内积的. 设 $x_n\to x, x_n'\to x'(n\to\infty), x_n, x_n'\in L(E_1)$, $x,x'\in\mathscr{L}\{E_1\}$, 则由内积的连续性, 有

$$\begin{aligned}(Vx,Vx')_2&=\lim_n(Vx_n,Vx_n')_2\\&=\lim_n(x_n,x_n')_1=(x,x')_1\end{aligned}$$

这说明扩张是一意的.

定理 5.5 证毕.

定义 5.3 将全空间 H 映射到全空间 H 自身的等距算子称为酉算子.

5.2 平稳过程及相关函数的定义

5.2.1 非负定函数

称 $B(u)$ 是 T 上非负定函数, 若对 $\forall n\geqslant 1$, 及任意个复数 $z_1,\cdots,z_n$ 及 $\forall t_1,\cdots,t_n\in T$, 有

$$\sum_{j,k=1}^{n}B(t_j-t_k)z_j\bar{z}_k\geqslant 0\tag{5.2.1}$$

非负定函数性质:

(1) $B(0) \geqslant 0$; (5.2.2)

(2) $B(-u) = \overline{B(u)}$; (5.2.3)

(3) $|B(u)| \leqslant B(0)$; (5.2.4)

(4) $|B(u) - B(v)|^2 \leqslant 2B(0)[B(0) - \text{Re}B(u-v)]$. (5.2.5)

于是, 若 $T = \mathbf{R}$, 且 $B(u)$ 在 0 点连续, 则 $B(u)$ 在 $\mathbf{R}$ 上一致连续.

5.2.2 平稳过程的定义

定义 5.4 设 $X(t), t \in T$ 是一个二阶矩过程, 且满足: 对 $\forall t, t+r \in T$, 有

$$EX(t) = a \quad (a \text{ 是常数})$$

$$E[(X(t+r) - a)\overline{(X(t) - a)}] = B(r)$$

均与 t 无关, 则称 $X(t), t \in T$ 为一**宽平稳过程**, 简称**平稳过程**, $B(r)$ 为其相关函数.

相关函数 $B(r)$ 是非负定函数.

定理 5.6 $B(r)$ 是某一个平稳过程的相关函数的充分必要条件 $B(r)$ 是非负定函数.

证明 留作习题.

5.2.3 相关函数的谱表示

定理 5.7 (Herglotz 定理) $B(n)$ 是某一平稳序列 $X(n), n \in \mathbf{N}$ 的相关函数 $\Leftrightarrow$ 在可测空间 $([-\pi, \pi), \mathscr{B}[-\pi, \pi))$ 上存在唯一的有限测度 $F = F(B), B \in \mathscr{B}[-\pi, \pi)$, 使对 $\forall n \in \mathbf{N}$, 有

$$B(n) = \int_{-\pi}^{\pi} e^{i\lambda n} F(d\lambda) \tag{5.2.6}$$

称式 (5.2.6) 中的测度 $F = F(B)$ 为平稳序列的谱测度, 而 $F(\lambda) = F([-\pi, \lambda))$, $\lambda \in [-\pi, \pi)$ 为谱函数. 如果谱测度 F 关于 $d\lambda$ (Lebesgue 测度) 绝对连续, 即存在一个关于 Lebesgue 测度 $d\lambda$ 是 a.e. 非负的函数 $f(x)$, 使

$$F(A) = \int_A f(\lambda) d\lambda \tag{5.2.7}$$

则称 $f(\lambda)$ 为平稳过程的谱密度, 这时式 (5.2.6) 成为

$$B(n) = \int_{-\pi}^{\pi} e^{i\lambda n} f(\lambda) d\lambda \tag{5.2.8}$$

若 $\sum\limits_{n=-\infty}^{+\infty} |B(n)| < \infty$, 则谱密度存在, 且

$$f(\lambda) = \frac{1}{2\pi} \sum_{n=-\infty}^{+\infty} e^{-i\lambda n} B(n) \tag{5.2.9}$$

注 5.6　式 (5.2.9) 为式 (5.2.8) 的 Fourier 变换.

证明　定理前面部分的证明可见有关文献中 Bochner-Khinchine 定理的证明. 下面只给出定理后一部分的证明.

由于 $\sum\limits_{n=-\infty}^{+\infty}|B(n)|<\infty$, 可定义

$$f(\lambda)=\frac{1}{2\pi}\sum_{n=-\infty}^{+\infty}\mathrm{e}^{-\mathrm{i}\lambda n}B(n)$$

则上式右边级数一致收敛, 故

$$\int_{-\pi}^{\pi}\mathrm{e}^{\mathrm{i}\lambda n}f(\lambda)\mathrm{d}\lambda=\frac{1}{2\pi}\sum_{k=-\infty}^{+\infty}B(k)\int_{-\pi}^{\pi}\mathrm{e}^{\mathrm{i}\lambda(n-k)}\mathrm{d}\lambda=B(n)$$

定理 5.7 证毕.

定义 5.5　称平稳过程 $X(t),t\in\mathbf{R}$ 在 t_0 处均方连续, 如果

$$\lim_{h\to0}E|X(t_0+h)-X(t_0)|^2=0$$

若对每一个 $t\in\mathbf{R},X(t)$ 都均方连续, 则称平稳过程 $X(t)$ 是均方连续的.

定理 5.8　对平稳过程 $X(t),t\in\mathbf{R}$, $EX(t)=0$, 则下列命题等价:

(1) $X(t)$ 均方连续;

(2) $X(t)$ 在 $t=0$ 处均方连续;

(3) $B(r)$ 在 $\mathbf{R}$ 上连续;

(4) $B(r)$ 在 $r=0$ 处连续.

证明　不妨设 $EX(t)=0$.

(1)⇔(2)

$$\begin{aligned}&E|X(t+r)-X(t)|^2\\=&EX(t+r)\overline{X(t+r)}-EX(t+r)\overline{X(t)}-EX(t)\overline{X(t+r)}+EX(t)\overline{X(t)}\\=&EX(r)\overline{X(r)}-EX(r)\overline{X(0)}-EX(0)\overline{X(r)}+EX(0)\overline{X(0)}\\=&E|X(r)-X(0)|^2\end{aligned}$$

(1)⇒(3)

$$\begin{aligned}&|B(t+r)-B(t)|^2\\=&|EX(t+r)\overline{X(0)}-EX(t)\overline{X(0)}|^2\\=&|E(X(t+r)-X(t))\overline{X(0)}|^2\\\leqslant&E|X(t+r)-X(t)|^2\cdot E|X(0)|^2\to0\quad(r\to0)\end{aligned}$$

(3)⇒(4)　显然.

(4)⇒(1)

$$\begin{aligned}&E|X(t+r)-X(t)|^2\\=&2B(0)-B(r)-\overline{B(r)}\to 0\quad (r\to 0)\end{aligned}$$

定理 5.8 证毕.

定理 5.9 (连续参数的 Herglotz 定理) $B(r), r\in\mathbf{R}$ 是某一均方连续的平稳过程 $x(t), t\in\mathbf{R}$ 的相关函数 $\Leftrightarrow$ 在可测空间 $(\mathbf{R},\mathscr{B})$ 上存在唯一的有限测度 $F=F(B)$, $B\in\mathscr{B}$, 使对 $\forall r\in\mathbf{R}$, 有

$$B(r)=\int_{-\infty}^{+\infty}\mathrm{e}^{\mathrm{i}\lambda r}F(\mathrm{d}\lambda)\tag{5.2.10}$$

称式 (5.2.10) 中测度 $F=F(B)$ 为平稳过程的**谱测度**, 而 $F(\lambda)=F((-\infty,\lambda])$, $\lambda\in(-\infty,+\infty)$ 为**谱函数**. 如果 F 关于 $\mathrm{d}\lambda$ (Lebesgue 测度) 绝对连续, 即存在关于 $\mathrm{d}\lambda$ 是 a.e. 非负的函数 $f(\lambda)$, 使

$$\mathrm{d}F=f(\lambda)\mathrm{d}\lambda\quad\left(F(A)=\int_A f(\lambda)\mathrm{d}\lambda\right)$$

则称 $f(\lambda)$ 为平稳过程的**谱密度**, 这时式 (5.2.10) 成为

$$B(r)=\int_{-\infty}^{+\infty}\mathrm{e}^{\mathrm{i}\lambda r}f(\lambda)\mathrm{d}\lambda$$

若 $\displaystyle\int_{-\infty}^{+\infty}|B(r)|\mathrm{d}r<\infty$, 则谱密度 $f(\lambda)$ 存在, 且

$$f(\lambda)=\frac{1}{2\pi}\int_{-\infty}^{+\infty}\mathrm{e}^{-\mathrm{i}\lambda t}B(t)\mathrm{d}t\tag{5.2.11}$$

证明略.

注 5.7 当 $B(r)$ 在 $r=0$ 连续时, $B(r)/B(0)$ 是特征函数, $B(0)=\displaystyle\int_{-\infty}^{+\infty}F(\mathrm{d}\lambda)=F((-\infty,\infty))$ 是对全空间 $\mathbf{R}$ 的测度, $\dfrac{F(\mathrm{d}\lambda)}{F((-\infty,\infty))}$ 为概率测度.

注 5.8 随机变量 X 的特征函数 $\varphi(t)=E\mathrm{e}^{\mathrm{i}tX}=\displaystyle\int_{-\infty}^{+\infty}\mathrm{e}^{\mathrm{i}tx}\mathrm{d}F(x)$. 特征函数性质:

(1) $|\varphi(t)|\leqslant\varphi(0)=1$;

(2) 共轭对称性: $\varphi(-t)=\overline{\varphi(t)}$;

(3) $\varphi(t)$ 在 $(-\infty,\infty)$ 上一致连续;

(4) 设 $Y=aX+b$, 则 $\varphi_Y(t)=\mathrm{e}^{\mathrm{i}bt}\varphi_X(at)$;

(5) 设 X,Y 相互独立, $Z=X+Y$, 则 $\varphi_Z(t)=\varphi_X(t)\cdot\varphi_Y(t)$;

(6) 设 $E|X|^n<\infty$, 则 $\varphi^{(n)}(t)$ 存在, 且 $\varphi^{(n)}(0)=\mathrm{i}^nEX^n$;

(7) 特征函数是非负定的;

(8) 若 $(X_1,\cdots,X_n)$ 的特征函数为

$$\varphi(t_1,\cdots,t_n)=\int_{-\infty}^{+\infty}\cdots\int_{-\infty}^{+\infty}\mathrm{e}^{\mathrm{i}(t_1x_1+\cdots+t_nx_n)}\mathrm{d}F(x_1,\cdots,x_n),$$

而 X_j 的特征函数为 $\varphi_{X_j}(t),j=1,2,\cdots,n$, 则 $X_1,\cdots,X_n$ 相互独立 $\Leftrightarrow \varphi(t_1,\cdots,t_n)=\varphi_{X_1}(t_1)\cdots\varphi_{X_n}(t_n)$;

(9) 连续性: 若特征函数列 $\{\varphi_k(t)\}$ 收敛于一个连续函数 $\varphi(t)$, 则 $\varphi(t)$ 一定是某分布函数所对应的特征函数;

(10) Bochner-Khintchine 定理: 函数 $\varphi(t)$ 是特征函数 $\Leftrightarrow$ $\varphi(t)$ 非负定、连续且 $\varphi(0)=1$.

注 5.9　随机序列的均方极限: 对于二阶矩过程 $\{X_n\}$ 及 X, 若 $\lim\limits_n E|X_n-X|^2=0$, 则称 X 为 $\{X_n\}$ 的均方极限, 记为 $\underset{n}{\mathrm{l{\cdot}i{\cdot}m}}\, X_n=X$.

均方极限性质:

(1) 若 $\underset{n}{\mathrm{l{\cdot}i{\cdot}m}}\, X_n=X,\underset{n}{\mathrm{l{\cdot}i{\cdot}m}}\, X_n=Y$, 则 $P(X=Y)=1$;

(2) 若 $\underset{n}{\mathrm{l{\cdot}i{\cdot}m}}\, X_n=X$, 则 $\lim\limits_n EX_n=EX=E(\underset{n}{\mathrm{l{\cdot}i{\cdot}m}}\, X_n)$;

(3) 若 $\underset{n}{\mathrm{l{\cdot}i{\cdot}m}}\, X_n=X,\underset{n}{\mathrm{l{\cdot}i{\cdot}m}}\, Y_n=Y$, 则 $\lim\limits_{\substack{n\\m}} EX_nY_m=EXY$;

(4) 若 $\underset{n}{\mathrm{l{\cdot}i{\cdot}m}}\, X_n=X,\underset{n}{\mathrm{l{\cdot}i{\cdot}m}}\, Y_n=Y$, 则 $\underset{n}{\mathrm{l{\cdot}i{\cdot}m}}(aX_n+bY_n)=aX+bY$, 其中 a,b 为复常数;

(5) 若数列 $\lim\limits_n a_n=0,X$ 为一个随机变量, 则 $\underset{n}{\mathrm{l{\cdot}i{\cdot}m}}(a_nX)=0$;

(6) $\underset{n}{\mathrm{l{\cdot}i{\cdot}m}}\, X_n$ 存在 $\Leftrightarrow \underset{\substack{n\\m}}{\mathrm{l{\cdot}i{\cdot}m}}(X_m-X_n)=0$.

5.2.4　例子

例 5.6　设 $W_n,n\in\mathbf{N}$ 是标准不相关列, 即 $EW_n=0,EW_n\overline{W}_m=\delta_{nm}$, 则 W_n 为平稳序列.

解　由已知条件

$$EW_n=0$$

$$EW_{m+n}\overline{W}_m=\begin{cases}1, & n=0\\ 0, & n\neq 0\end{cases}$$

与 m 无关.

再由定理 5.7, 随机序列的谱密度存在, 且为 $f(\lambda)=1/(2\pi)\sum\limits_{n=-\infty}^{+\infty}\mathrm{e}^{-\mathrm{i}\lambda n}B(n)=1/(2\pi)$.

此例说明, 标准不相关序列一定是平稳序列, 谱密度存在, 且为常数 $1/(2\pi)$.

例 5.7　设 $W_n,n\in\mathbf{N}$ 为标准不相关列, 复数列 $\{a_n\}$ 满足 $\sum\limits_{n=-\infty}^{+\infty}|a_n|^2<\infty$. 可

以用 L^2 收敛 (均方收敛) 意义下定义标准不相关列 W_n 的滑动和

$$X_n = \sum_{s=-\infty}^{+\infty} a_{n-s} W_s = \sum_{s=-\infty}^{+\infty} a_s W_{n-s}$$

则 $X_n, n \in \mathbf{N}$ 为平稳序列.

解 由 $EW_n = 0, n \in \mathbf{N}$ 知, $EX_n = \sum_{s=-\infty}^{+\infty} a_{n-s} EW_s = 0$.

$$\begin{aligned} EX_{n+m}\bar{X}_m &= E\left(\sum_{s=-\infty}^{+\infty} a_{n+m-s} W_s\right)\overline{\left(\sum_{l=-\infty}^{+\infty} a_{m-l} W_l\right)} \\ &= \sum_{s,l=-\infty}^{+\infty} a_{m-l} a_{n+m-s} EW_s \overline{W}_l \\ &= \sum_{s=-\infty}^{+\infty} a_{n+m-s} \bar{a}_{m-s} \\ &= \sum_{s=-\infty}^{+\infty} a_{n+s} \bar{a}_s \end{aligned}$$

只与 n 有关, 而与 m 无关, 因此 $X_n, n \in \mathbf{N}$ 是平稳序列.

例 5.8 设 X 为随机变量, $EX = 0, 0 < E|X|^2 < \infty, X(t) = Xf(t)$, 其中 $f(t)$, $t \in \mathbf{R}$ 为复值函数, 则 $X(t)$ 为均方连续平稳过程 $\Leftrightarrow f(t) = r_0 \mathrm{e}^{\mathrm{i}\lambda_0 t}$, 其中 r_0 为某一复数, λ_0 为某一实数.

证明 $\Leftarrow$ 若 $f(t) = r_0 \mathrm{e}^{\mathrm{i}\lambda_0 t}$, 则 $X(t) = X r_0 \mathrm{e}^{\mathrm{i}\lambda_0 t}$, 因此

$$\begin{aligned} EX(t) &= (EX) r_0 \mathrm{e}^{\mathrm{i}\lambda_0 t} = 0 \\ EX(t+r)\overline{X(t)} &= E(X r_0 \mathrm{e}^{\mathrm{i}\lambda_0 (t+r)})\overline{(X r_0 \mathrm{e}^{\mathrm{i}\lambda_0 t})} \\ &= |r_0|^2 \mathrm{e}^{\mathrm{i}\lambda_0 r} E|X|^2 \end{aligned}$$

只与 r 有关, 与 t 无关, 说明 $X(t), t \in \mathbf{R}$ 是一个平稳过程.

显然 $B(r) = |r_0|^2 \mathrm{e}^{\mathrm{i}\lambda_0 r} E|X|^2$ 在 $r = 0$ 处连续, 从而 $X(t), t \in \mathbf{R}$ 均方连续.

$\Rightarrow$ 由 $B(0) = E|X(t)|^2 = (E|X|^2) \cdot |f(t)|^2$, 知 $|f(t)| = C_0$ 为常数.

$$B(r) = EX(t+r)\overline{X(t)} = f(t+r)\overline{f(t)} \cdot E|X|^2$$

是连续的, 且

$$\frac{B(r)}{B(0)} = \frac{f(t+r)}{f(t)}$$

从而

$$\left|\frac{B(r)}{B(0)}\right| \equiv 1$$

又 $B(r)/B(0)$ 是特征函数, 由特征函数性质 ($|\varphi(t)|\equiv 1$ 得到 X 是退化分布) 知

$$\frac{B(r)}{B(0)}=\mathrm{e}^{\mathrm{i}\lambda_0 r},\quad \lambda_0\text{ 为某实数}$$

即 $f(t+r)=f(t)\mathrm{e}^{\mathrm{i}\lambda_0 r}$, 从而 $f(r)=f(0)\mathrm{e}^{\mathrm{i}\lambda_0 r}=r_0\mathrm{e}^{\mathrm{i}\lambda_0 r}$, 其中 $r_0=f(0)$ 为某一复数.

例 5.9 设 X_1,X_2 是具有二阶矩的随机变量, $EX_j=0,j=1,2,\lambda_1,\lambda_2$ 为两个不相等的实数, 则 $X(t)=X_1\mathrm{e}^{\mathrm{i}\lambda_1 t}+X_2\mathrm{e}^{\mathrm{i}\lambda_2 t}$ 为平稳过程 $\Leftrightarrow$ $EX_1\bar{X}_2=0$, 此时 $B(r)=E|X_1|^2\mathrm{e}^{\mathrm{i}\lambda_1 r}+E|X_2|^2\mathrm{e}^{\mathrm{i}\lambda_2 r}$.

证明 $\Leftarrow$ 显然.

$\Rightarrow$ 若 $X(t)$ 是平稳过程, 则

$$\begin{aligned}B(r)&=EX(t+r)\overline{X(t)}\\&=E(X_1\mathrm{e}^{\mathrm{i}\lambda_1(t+r)}+X_2\mathrm{e}^{\mathrm{i}\lambda_2(t+r)})\overline{(X_1\mathrm{e}^{\mathrm{i}\lambda_1 t}+X_2\mathrm{e}^{\mathrm{i}\lambda_2 t})}\\&=E[|X_1|^2\mathrm{e}^{\mathrm{i}\lambda_1 r}+X_1\bar{X}_2\mathrm{e}^{\mathrm{i}\lambda_1(t+r)-\mathrm{i}\lambda_2 t}+X_2\bar{X}_1\mathrm{e}^{\mathrm{i}\lambda_2(t+r)-\mathrm{i}\lambda_1 t}+|X_2|^2\mathrm{e}^{\mathrm{i}\lambda_2 r}]\\&=E|X_1|^2\mathrm{e}^{\mathrm{i}\lambda_1 r}+E|X_2|^2\mathrm{e}^{\mathrm{i}\lambda_2 r}+EX_1\bar{X}_2\cdot\mathrm{e}^{\mathrm{i}\lambda_1(t+r)-\mathrm{i}\lambda_2 t}+EX_2\bar{X}_1\cdot\mathrm{e}^{\mathrm{i}\lambda_2(t+r)-\mathrm{i}\lambda_1 t}\end{aligned}$$

只与 r 有关, 从而推出 $EX_1\bar{X}_2=EX_2\bar{X}_1=0$. 此时 $B(r)=E|X_1|^2\mathrm{e}^{\mathrm{i}\lambda_1 r}+E|X_2|^2\mathrm{e}^{\mathrm{i}\lambda_2 r}$.

例 5.10 设 $X(t)=\sum_{j=1}^{n}\mathrm{e}^{\mathrm{i}\lambda_j t}Z_j$, 其中 $Z_j,j=1,2,\cdots,n$ 是均值为零, 相互正交的 n 个随机变量, 即 $EZ_j\bar{Z}_k=\sigma_j\delta_{jk},j,k=1,2,\cdots,n$, 则 $X(t)$ 是平稳过程.

解 由已知条件

$$EX(t)=\sum_{j=1}^{n}\mathrm{e}^{\mathrm{i}\lambda_j t}EZ_j=0$$

$$\begin{aligned}EX(t+r)\overline{X(t)}&=\sum_{j,s=1}^{n}\mathrm{e}^{\mathrm{i}\lambda_j(t+r)-\mathrm{i}\lambda_s t}EZ_j\bar{Z}_s\\&=\sum_{j=1}^{n}\mathrm{e}^{\mathrm{i}\lambda_j r}E|Z_j|^2\\&=\int_{-\infty}^{+\infty}\mathrm{e}^{\mathrm{i}\lambda r}F(\mathrm{d}\lambda)\end{aligned}\tag{5.2.12}$$

与 t 无关, 只与 r 有关, 因此 $X(t)$ 是一个平稳过程.

注 5.10 式 (5.2.12) 说明谱测度 F 集中 λ_j 上, 且 $F\{\lambda_j\}=\sigma_j^2,j=1,2,\cdots,n$.

例 5.11 设 $X^{(n)}(t),n=1,2,\cdots$ 为平稳过程序列, 且 $EX^{(n)}(t)=0,n=1,2,\cdots,t\in\mathbf{R}$. 若 $Y(t)=\underset{n}{\mathrm{l{\cdot}i{\cdot}m}}\,X^{(n)}(t),t\in\mathbf{R}$ 存在, 则 $Y(t)$ 仍为平稳过程.

证明 由 $X^{(n)}(t)\xrightarrow{L^2}Y(t)$ 及注 5.9 均方极限的性质 (2) 知

$$EY(t)=\lim_{n}EX^{(n)}(t)=0$$

$$\begin{aligned} EY(t+r)\overline{Y(t)} &= \lim_n EX^{(n)}(t+r)\overline{X^{(n)}(t)} \\ &= \lim_n EX^{(n)}(r)\overline{X^{(n)}(0)} \\ &= EY(r)\overline{Y(0)} \end{aligned}$$

与 t 无关, 只与 r 有关, 故 $Y(t), t \in \mathbf{R}$ 为平稳过程.

习　题

1. 设 $X^{(n)}(t) = \sum_{j=1}^{n} X_j^{(n)} \mathrm{e}^{\mathrm{i}\lambda^{(n)} t}, n = 1, 2, \cdots$, 其中 $X_j^{(n)}, j, n = 1, 2, \cdots$ 是均值为零、相互正交、二阶矩存在的随机变量, 而 $\lambda^{(n)}, n = 1, 2, \cdots$ 为实数. 如果 $Y(t) \overset{L^2}{=} \lim_n X^{(n)}(t)$, 则 $Y(t)$ 为平稳过程.

2. 设 $X(t)$ 为一实平稳过程, 若对于某实数 $T, X(t)$ 的相关函数 $B(r)$ 满足: $B(T) = B(0)$. 试证 $B(r)$ 必为以 T 为周期的周期函数.

5.3 随机测度与随机积分

5.3.1 基本正交随机测度

设 $(S, \mathscr{A})$ 是可测空间, $\mathscr{A}_0$ 是域, 由它产生的 σ 域为 $\mathscr{A}$. $(\Omega, \mathscr{F}, p)$ 是概率空间, $H = L^2(\Omega, \mathscr{F}, p)$. 定义内积

$$(X, Y) = EX\bar{Y}, \quad X, Y \in H \tag{5.3.1}$$

定义 5.6 复值函数 $Z: \mathscr{A}_0 \to H$ 称为*有限可加随机测度*, 如果

(1) $E|Z(\Delta)|^2 < \infty, \Delta \in \mathscr{A}_0$; (5.3.2)

(2) $Z(\Delta_1 + \Delta_2) = Z(\Delta_1) + Z(\Delta_2)$, a.e. $p, \Delta_1, \Delta_2 \in \mathscr{A}_0, \Delta_1\Delta_2 = \varnothing$. (5.3.3)

定义 5.7 有限可加的随机测度 $Z(\Delta)$ 称为*基本随机测度*, 如果对任意互不相交集 $\Delta_1, \Delta_2, \cdots, \in \mathscr{A}_0$, 且 $\Delta = \sum_{k=1}^{+\infty} \Delta_k \in \mathscr{A}_0$, 有

$$E|Z(\Delta) - \sum_{k=1}^{n} Z(\Delta_k)|^2 \to 0 \quad (n \to \infty) \tag{5.3.4}$$

注 5.11 式 (5.3.4) 可以认为随机测度在均方意义下的可列可加性, 可以将式 (5.3.4) 中 $Z(\Delta)$ 记为

$$Z(\Delta) = \sum_{k=1}^{+\infty} Z(\Delta_k) \quad (\text{均方意义收敛}) \tag{5.3.4$'$}$$

注 5.12 对有限可加随机测度, 可列可加性条件式 (5.3.4) 等价于空集的连续性:

$$E|Z(\Delta_n)|^2 \to 0, \quad \Delta_n \downarrow \varnothing, \quad \Delta_n \in \mathscr{A}_0 \tag{5.3.5}$$

定义 5.8 基本随机测度 $Z(\varDelta), \varDelta \in \mathscr{A}_0$ 称为正交的, 若

$$EZ(\varDelta_1)\overline{Z(\varDelta_2)} = 0, \quad \varDelta_1, \varDelta_2 \in \mathscr{A}_0, \varDelta_1\varDelta_2 = \varnothing \tag{5.3.6}$$

或等价地

$$EZ(\varDelta_1)\overline{Z(\varDelta_2)} = E|Z(\varDelta_1\varDelta_2)|^2, \quad \varDelta_1, \varDelta_2 \in \mathscr{A}_0 \tag{5.3.7}$$

记

$$m(\varDelta) = E|Z(\varDelta)|^2, \quad \varDelta \in \mathscr{A}_0$$

显然 $m(\varDelta)$ 为 $(S, \mathscr{A}_0)$ 上的有限测度, 称它为基本正交随机测度 $Z(\varDelta)$ 的构成测度. 它可以扩张为 $(S, \mathscr{A})$ 上的有限测度, 仍记为 $m(\varDelta), \varDelta \in \mathscr{A}$. 现在的问题是基本正交随机测度 $Z(\varDelta)$ 能否从 $\mathscr{A}_0$ 扩张到 $\mathscr{A}$ 上, 而且保持 $m(\varDelta) = E|Z(\varDelta)|^2, \varDelta \in \mathscr{A}$.

注 5.13 基本正交随机测度的等价定义: 对 $\forall \varDelta_1, \varDelta_2 \in \mathscr{A}_0$, 有

$$E|Z(\varDelta)|^2 < \infty \tag{5.3.8}$$

$$EZ(\varDelta_1)\overline{Z(\varDelta_2)} = m(\varDelta_1\varDelta_2) \quad (\text{随机测度的本质特性}) \tag{5.3.9}$$

或

$$\begin{cases} m(\varDelta) = E|Z(\varDelta)|^2 < \infty \\ EZ(\varDelta_1)\overline{Z(\varDelta_2)} = 0, \quad \varDelta_1\varDelta_2 = \varnothing \end{cases}$$

其中 $m(\varDelta)$ 为 $(S, \mathscr{A}_0)$ 上的一个有限测度, 称为 $Z(\varDelta)$ 的构成测度.

5.3.2 关于基本正交随机测度的积分

设 $Z = Z(\varDelta), \varDelta \in \mathscr{A}_0$ 为基本正交随机测度, $m(\varDelta)$ 为它的构成测度, $L^2(m) = L^2(S, \mathscr{A}, m)$, 有内积

$$\langle f, g\rangle = \int f\bar{g}\mathrm{d}m, \quad f, g \in L^2(m)$$

对或示性函数 $\chi_\varDelta \in L^2(m), \varDelta \in \mathscr{A}_0, \chi_\varDelta = \begin{cases} 1, & \omega \in \varDelta, \\ 0, & \omega \notin \varDelta \end{cases}$ 定义映射

$$\varPhi(\chi_\varDelta) = Z(\varDelta) \in H \tag{5.3.10}$$

则

$$\begin{aligned} \langle \chi_{\varDelta_1}, \chi_{\varDelta_2}\rangle &= \int \chi_{\varDelta_1}\chi_{\varDelta_2}\mathrm{d}m \\ &= m(\varDelta_1\varDelta_2) = EZ(\varDelta_1)\overline{Z(\varDelta_2)} \\ &= (Z(\varDelta_1), Z(\varDelta_2)) = (\varPhi(\chi_{\varDelta_1}), \varPhi(\chi_{\varDelta_2})) \end{aligned} \tag{5.3.11}$$

于是 $\varPhi$ 为从 $E_1 = \{\chi_\varDelta | \varDelta \in \mathscr{A}_0\} \subset L^2(m)$ 到 $E_2 = \{Z(\varDelta) | \varDelta \in \mathscr{A}_0\} \subset H$ 的保内积映射 (等距算子). 由定理 5.5 知, $\varPhi$ 可以扩张为 $\mathscr{L}\{E_1\}$ 到 $\mathscr{L}\{E_2\}$ 的等距算子. 注意到

$\mathscr{L}\{E_1\} = L^2(m)$ (留作习题), $\mathscr{L}\{E_2\} \subset H$, 于是对 $\forall f \in L^2(m)$ 有 $\Phi(f) \in H$, 称 $\Phi(f)$ 为 f 关于基本正交随机测度 $Z(\Delta)$ 的随机积分, 记为

$$\Phi(f) = \int f Z(\mathrm{d}\lambda) \tag{5.3.12}$$

由算子 Φ 的等距性, 容易得到下面重要的结果:

定理 5.10　随机积分式 (5.3.12) 有以下性质:

若 $f_n, f, g \in L^2(m), a, b$ 任意复数, 则

(1) $\int f Z(\mathrm{d}\lambda) \in H$;

(2) $$E\left(\int f Z(\mathrm{d}\lambda)\overline{\int g Z(\mathrm{d}\lambda)}\right) = \int f \cdot \bar{g} \mathrm{d}m. \tag{5.3.13}$$

即

$$(\Phi(f), \Phi(g)) = \langle f, g\rangle \quad (\text{保内积})$$

特别地

$$E\left|\int f Z(\mathrm{d}\lambda)\right|^2 = \int |f|^2 \mathrm{d}m \quad (\text{保范性}) \tag{5.3.14}$$

(3) $$\int (af + bg) Z(\mathrm{d}\lambda) = a\int f Z(\mathrm{d}\lambda) + b\int g Z(\mathrm{d}\lambda), \tag{5.3.15}$$

即

$$\Phi(af + bg) = a\Phi(f) + b\Phi(g) \quad (\text{等距算子的线性})$$

(4) 若 $f_n \xrightarrow{L^2(m)} f$, 则

$$\int f_n Z(\mathrm{d}\lambda) \xrightarrow{L^2(H)} \int f Z(\mathrm{d}\lambda) \tag{5.3.16}$$

即

$$\Phi(f_n) \xrightarrow{L^2(H)} \Phi(f) \quad (\text{等距算子的连续性})$$

(5) 控制收敛定理: 若 $|f_n| \leqslant g \in L^2(m), f_n \to f$, a.e. m, 则

$$\int f_n Z(\mathrm{d}\lambda) \xrightarrow{L^2(H)} \int f Z(\mathrm{d}\lambda) \tag{5.3.17}$$

(首先在 $L^2(m)$ 空间中应用控制收敛定理得到 $f_n \xrightarrow{L^2(m)} f$, 再利用 (4) 可得).

5.3.3　基本正交随机测度 $Z = Z(\Delta), \Delta \in \mathscr{A}_0$ 的扩张

定义

$$\widetilde{Z}(\Delta) = \Phi(\chi_\Delta) = \int \chi_\Delta Z(\mathrm{d}\lambda), \quad \Delta \in \mathscr{A} \tag{5.3.18}$$

因为 m 为有限测度, $\chi_\Delta \in L^2(m), \Delta \in \mathscr{A}$, 所以 $\widetilde{Z}(\Delta)$ 有意义, 而且

$$\widetilde{Z}(\Delta) = Z(\Delta), \quad \Delta \in \mathscr{A}_0 \tag{5.3.19}$$

定理 5.11 由式 (5.3.18) 定义的 $\widetilde{Z} : \mathscr{A} \to H$ 有以下性质: 若 $\Delta_1, \Delta_2, \cdots \in \mathscr{A}$, 则

(1) $E\widetilde{Z}(\Delta_1)\overline{\widetilde{Z}(\Delta_2)} = m(\Delta_1\Delta_2) = E|\widetilde{Z}(\Delta_1\Delta_2)|^2,$ (5.3.20)

$$(\langle \chi_{\Delta_1}, \chi_{\Delta_2} \rangle = (\Phi(\chi_{\Delta_1}), \Phi(\chi_{\Delta_2})))$$

(2) $\widetilde{Z}(\Delta_1 + \Delta_2) = \widetilde{Z}(\Delta_1) + \widetilde{Z}(\Delta_2), \Delta_1\Delta_2 = \varnothing,$ (5.3.21)

$$(\Phi(\chi_{\Delta_1} + \chi_{\Delta_2}) = \Phi(\chi_{\Delta_1}) + \Phi(\chi_{\Delta_2}))$$

(3) 若 $\Delta_1, \Delta_2, \cdots$ 两两不交, 则

$$\widetilde{Z}\left(\sum_{n=1}^{+\infty} \Delta_n\right) = \sum_{n=1}^{+\infty} \widetilde{Z}(\Delta_n) \tag{5.3.22}$$

在下式意义下成立

$$E\left|\widetilde{Z}\left(\sum_{k=1}^{+\infty} \Delta_k\right) - \sum_{k=1}^{n} \widetilde{Z}(\Delta_k)\right|^2 \to 0 \quad (n \to \infty)$$

由等距算子的保内积、线性、连续性, 定理显然成立.

定义 5.9 复值函数 $\widetilde{Z} : \mathscr{A} \to H$ 称为 (基本正交) 随机测度, 如果它对 σ 域 $\mathscr{A}$ 上某有限测度 m 使式 (5.3.20) 成立, 称 $m(\Delta), \Delta \in \mathscr{A}$ 为它的构成测度.

注 5.14 式 (5.3.21)、式 (5.3.22) 可以从式 (5.3.20) 推出 (留作习题), 式 (5.3.19) 表示 $\widetilde{Z}$ 是 Z 的扩张.

对 $\widetilde{Z}$ 可按两种方式建立随机积分 $\int fZ(\mathrm{d}\lambda)$. 不难看出

$$\int f\widetilde{Z}(\mathrm{d}\lambda) = \int fZ(\mathrm{d}\lambda) \quad (\text{右端第一种方式, 左端第二种方式}) \tag{5.3.23}$$

今后都以 $\int fZ(\mathrm{d}\lambda)$ 表示, 并以 Z 表示 $\widetilde{Z}$.

5.3.4 关于随机测度 (略 “基本正交”) 的随机积分的进一步结果

定理 5.12 设 Z 是 $(S, \mathscr{A})$ 上的随机测度, 构成测度为 m. 设 $g \in L^2(m)$, 定义 $Z_1 : \mathscr{A} \to H$, 使

$$Z_1(\Delta) = \int_\Delta gZ(\mathrm{d}\lambda)\left(= \int \chi_\Delta gZ(\mathrm{d}\lambda)\right) \tag{5.3.24}$$

$$m_1(\Delta)=\int_\Delta |g|^2\mathrm{d}m,\quad \Delta\in\mathscr{A} \tag{5.3.25}$$

则

(1) Z_1 是随机测度, m_1 是它的构成测度;

(2) 若 $f\in L^2(m_1)$, 则 $f\cdot g\in L^2(m)$, 且

$$\int fZ_1(\mathrm{d}\lambda)=\int f\cdot gZ(\mathrm{d}\lambda) \tag{5.3.26}$$

(3) 若 $|g|>0$, a.e.m, 则

$$Z(\Delta)=\int_\Delta g^{-1}Z_1(\mathrm{d}\lambda),\quad \Delta\in\mathscr{A} \tag{5.3.27}$$

证明 (1)

$$\begin{aligned}EZ_1(\Delta_1)\overline{Z_1(\Delta_2)}&=E\int\chi_{\Delta_1}\cdot gZ(\mathrm{d}\lambda)\overline{\int\chi_{\Delta_2}\cdot gZ(\mathrm{d}\lambda)}\\&=\int\chi_{\Delta_1}\cdot g\cdot\overline{\chi_{\Delta_2}}\cdot\bar{g}\mathrm{d}m=\int_{\Delta_1\Delta_2}|g|^2\mathrm{d}m\\&=m_1(\Delta_1\Delta_2)\end{aligned}$$

(2) 对 $f=\chi_\Delta,\Delta\in\mathscr{A}$, 由式 (5.3.24) 知式 (5.3.26) 成立.

一般地, 若 $f\in L^2(m_1)$, 有简单函数列 $f_n\in L^2(m_1),n=1,2,\cdots$, 且 $f_n\stackrel{L^2(m_1)}{\longrightarrow}f$. 于是由定理 5.10 中 (4) 式, 有 $\int f_nZ_1(\mathrm{d}\lambda)\stackrel{L^2(H)}{\longrightarrow}\int fZ_1(\mathrm{d}\lambda)$.

又 $\int f_nZ_1(\mathrm{d}\lambda)=\int f_ngZ(\mathrm{d}\lambda)$, 故

$$\begin{aligned}E\left|\int(f_ng-fg)Z(\mathrm{d}\lambda)\right|^2&=\int|f_ng-fg|^2\mathrm{d}m\\&=\int|g|^2\cdot|f_n-f|^2\mathrm{d}m\\&=\int|f_n-f|^2\mathrm{d}m_1\to0\quad(n\to\infty)\end{aligned}$$

即式 (5.3.26) 成立.

(3) 注意由 m_1 的定义及 $|g|>0$, a.e. m, 令 $g^{-1}=1/g=0$, 在 $\{g=0\}$ 上. 因 $|g|>0$, a.e. m, 有 $g^{-1}g=1$, a.e. m. 于是

$$\begin{aligned}\int|g^{-1}\chi_\Delta|^2\mathrm{d}m_1&=\int|g|^{-2}\chi_\Delta|g|^2\mathrm{d}m\\&=m(\Delta)<\infty\end{aligned}$$

故 $g^{-1}\chi_\Delta\in L^2(m_1)$, 则由式 (5.3.24), 有

$$\int_{\Delta} g^{-1} Z_1(\mathrm{d}\lambda) = \int g^{-1}\chi_{\Delta} Z_1(\mathrm{d}\lambda) \overset{(5.3.26)}{=\!=\!=} \int g^{-1}\chi_{\Delta} g Z(\mathrm{d}\lambda) = Z(\Delta)$$

5.3.5 正交增量随机过程与随机测度

今考虑 $(S, \mathscr{A}) = (\mathbf{R}, \mathscr{B})$. 在 $(\mathbf{R}, \mathscr{B})$ 上的有限测度 $m = m(\Delta)$ 与广义分布函数 $F(x)\,(F(-\infty) = 0, F(\infty) < \infty)$ 之间存在着一一对应, 满足

$$F(x) = m((-\infty, x])$$
$$m((a, b]) = F(b) - F(a) \quad (\text{L-S 测度})$$

对随机测度有类似结果.

定义 5.10 定义在 $(\Omega, \mathscr{F}, p)$ 上的复随机变量集合 $\{Z(\lambda), \lambda \in \mathbf{R}\}$ 称为正交增量随机过程, 如果

(1) $E|Z(\lambda)|^2 < +\infty, \lambda \in \mathbf{R}$; (二阶矩过程)

(2) 对每一 $\lambda \in \mathbf{R}, \lambda_n \in \mathbf{R}$ 且 $\lambda_n \downarrow \lambda (n \to \infty)$, 有

$$E|Z(\lambda_n) - Z(\lambda)|^2 \to 0 \quad (n \to \infty) \quad (\text{右连续})$$

(3) 对 $\lambda_1 < \lambda_2 \leqslant \lambda_3 < \lambda_4$, 有

$$E[Z(\lambda_4) - Z(\lambda_3)]\overline{[Z(\lambda_2) - Z(\lambda_1)]} = 0 \quad (\text{正交性})$$

设 $Z = Z(\Delta)$ 是随机测度, 有构成测度 $m = m(\Delta)$, 它对应的广义分布函数为 $G(\lambda)$. 令 $Z(\lambda) = Z((-\infty, \lambda])$, 则

$$E|Z(\lambda)|^2 = m(-\infty, \lambda] = G(\lambda) < \infty$$

(满足此关系的有限测度产生的函数称为它的广义分布函数)

$$E|Z(\lambda_n) - Z(\lambda)|^2 = m(\lambda, \lambda_n] \downarrow 0 \quad (n \to \infty)$$

其中 $\lambda_n \downarrow \lambda (n \to \infty)$.

显然, $Z(\lambda)$ 也满足 (3), 于是 $Z(\lambda), \lambda \in \mathbf{R}$ 是正交增量过程 (一个随机测度可以获得一个正交增量过程).

事实上, 对 $\lambda_1 < \lambda_2 \leqslant \lambda_3 < \lambda_4$, 利用随机测度的可加性和正交性, 有

$$\begin{aligned}
&E[Z(\lambda_4) - Z(\lambda_3)]\overline{[Z(\lambda_2) - Z(\lambda_1)]} \\
=&E[Z((-\infty, \lambda_4]) - Z((-\infty, \lambda_3])]\overline{[Z((-\infty, \lambda_2]) - Z((-\infty, \lambda_1])]} \\
=&EZ((\lambda_3, \lambda_4])\overline{Z((\lambda_1, \lambda_2])} = 0
\end{aligned}$$

另一方面, 若 $Z(\lambda)$, $\lambda \in \mathbf{R}$ 是一个正交增量过程, 令 $E|Z(\lambda)|^2 = G(\lambda)$, 且满足 $G(-\infty) = 0, G(\infty) < \infty$, 则 $Z(-\infty) = 0$. 令 $Z(\varDelta) = Z(b) - Z(a)$, $\varDelta = (a, b]$, 则

$$E|Z(\varDelta)|^2 = G(b) - G(a) \quad (\text{留作习题})$$

设 $\mathscr{A}_0$ 为一切形如 $(a, b](-\infty \leqslant a < b \leqslant \infty)$ 的互不相交区间的有限和所成之域, 对 $\varDelta \in \mathscr{A}_0$, 且 $\varDelta = \sum_{k=1}^{n} (a_k, b_k]$, 令 $Z(\varDelta) = \sum_{k=1}^{n} Z(a_k, b_k]$, 则

$$E|Z(\varDelta)|^2 = m(\varDelta)$$

$$m(\varDelta) = \sum_{k=1}^{n} [G(b_k) - G(a_k)]$$

$$EZ(\varDelta_1)\overline{Z(\varDelta_2)} = 0, \varDelta_1 \varDelta_2 = \varnothing$$

因此 $Z = Z(\varDelta), \varDelta \in \mathscr{A}_0$ 为 (基本正交) 随机测度, 它的构成测度 $m = m(\varDelta), \varDelta \in \mathscr{A}_0$ 可以唯一扩张至 $\mathscr{A} = \sigma(\mathscr{A}_0) = \mathscr{B}$ 上. 如 5.3.3 小节所示, $Z = Z(\varDelta), \varDelta \in \mathscr{A}_0$ 也可扩张至 $\mathscr{A} = \mathscr{B}$ 上, 且 $E|Z(\varDelta)|^2 = m(\varDelta), \varDelta \in \mathscr{B}$. 因此在满足条件 $E|Z(\lambda)|^2 = G(\lambda)$, 且 $G(-\infty) = 0, G(+\infty) < \infty$ 的正交增量随机过程 $Z(\lambda), \lambda \in \mathbf{R}$ 与随机测度 $Z = Z(\varDelta), \varDelta \in \mathscr{B}$ 之间存在着一一对应关系, 满足

$$Z(\lambda) = Z(-\infty, \lambda], \quad G(\lambda) = m(-\infty, \lambda]$$

$$Z(a, b] = Z(b) - Z(a), \quad m(a, b] = G(b) - G(a)$$

类似通常的 L-S 积分, 关于正交增量过程 $Z(\lambda)$ 的随机积分 $\int f \mathrm{d}Z(\lambda)$ 可视为关于随机测度 $Z(\varDelta)$ 的随机积分 $\int f Z(\mathrm{d}\lambda)$.

5.4 平稳过程的谱定理

设 $X(t), t \in T$ 为平稳序列 $T = \mathbf{N}$, 或平稳过程 $T = \mathbf{R}$. 记

$$H_X = \mathscr{L}\{X(t), t \in T\} \tag{5.4.1}$$

称为随机过程 $X(t)$ 的值空间. 内积

$$(X, Y) = EX\bar{Y}, \quad X, Y \in H_X \tag{5.4.2}$$

以下总假定 $EX(t) = 0$, 则 $X(t)$ 的相关函数有谱表示

$$B(r) = \int_S \mathrm{e}^{\mathrm{i}r\lambda} F(\mathrm{d}\lambda) \tag{5.4.3}$$

其中 $S=[-\pi,\pi)$ 或 $S=\mathbf{R}$, 谱测度 $F=F(\varDelta)$ 定义在 $\mathscr{B}[-\pi,\pi)$ 或 $\mathscr{B}$ 上. 令

$$L^2(F)=L^2(S,\mathscr{A},F) \tag{5.4.4}$$

其中 $\mathscr{A}=\mathscr{B}[-\pi,\pi)$ 或 $\mathscr{B}$. 内积

$$\langle f,g\rangle=\int_S f\cdot\bar{g}F(\mathrm{d}\lambda),\quad f,g\in L^2(F) \tag{5.4.5}$$

定理 5.13 设 $X(n),n\in\mathbf{N}$ 是均值为零的平稳序列, 其谱测度为 $F(\varDelta)$, 则存在唯一的取值于 H_X 中的随机测度 $Z(\varDelta)$, 使对 $\forall n\in\mathbf{N}$, 有

$$X(n)=\int_{-\pi}^{\pi}\mathrm{e}^{\mathrm{i}n\lambda}Z(\mathrm{d}\lambda),\quad \text{a.e. } p \tag{5.4.6}$$

且 $E|Z(\varDelta)|^2=F(\varDelta)$.

证明 令

$$E_1=\{e_n(\lambda)|e_n(\lambda)=\mathrm{e}^{\mathrm{i}n\lambda},\quad n\in\mathbf{N},\lambda\in[-\pi,\pi)\}\subset L^2(F)$$
$$E_2=\{X(n)|n\in\mathbf{N}\}\subset H_X$$

建立从 E_1 到 E_2 的保内积映射：$\varPhi(\mathrm{e}_n(\lambda))=X(n)$.

$$\langle\mathrm{e}^{\mathrm{i}n_1\lambda},\mathrm{e}^{\mathrm{i}n_2\lambda}\rangle=\int_{-\pi}^{\pi}\mathrm{e}^{\mathrm{i}n_1\lambda}\cdot\overline{\mathrm{e}^{\mathrm{i}n_2\lambda}}\mathrm{d}F(\lambda)=B(n_1-n_2)$$
$$(X(n_1),X(n_2))=EX(n_1)\overline{X(n_2)}=B(n_1-n_2)$$

由定理 5.5, $\varPhi$ 可扩张为 $\mathscr{L}(E_1)=L^2(F)$ 到 $\mathscr{L}(E_2)=H_X$ 的等距算子. 定义

$$Z(\varDelta)=\varPhi(\chi_\varDelta)\in H_X,\quad \varDelta\in\mathscr{B}[-\pi,\pi)$$

则 $Z(\varDelta)$ 为随机测度, 而且 $E|Z(\varDelta)|^2=F(\varDelta)$. 由随机积分的定义, 得到

$$\varPhi(f)=\int_{-\pi}^{\pi}fZ(\mathrm{d}\lambda),\quad 对\ \forall f\in L^2(F) \tag{5.4.7}$$

事实上, 若 $f=\chi_\varDelta$, 由 Z 的定义知式 (5.4.7) 成立. 一般情况由定理 5.10 (即式 (5.3.16)) ($f_n\xrightarrow{L^2(F)}f,\varPhi(f_n)=\int f_nZ(\mathrm{d}\lambda)\xrightarrow{L^2(H)}\int fZ(\mathrm{d}\lambda)$) 与 $\varPhi$ 的连续性可得式 (5.4.7) 也成立. 特别地, 取 $f=\mathrm{e}^{\mathrm{i}n\lambda}$, 得

$$X(n)=\int_{-\pi}^{\pi}\mathrm{e}^{\mathrm{i}n\lambda}Z(\mathrm{d}\lambda)$$

唯一性. 若有随机测度 Z_1,Z_2 均满足定理要求, 则

$$\int_{-\pi}^{\pi}\mathrm{e}^{\mathrm{i}n\lambda}Z_1(\mathrm{d}\lambda)=\int_{-\pi}^{\pi}\mathrm{e}^{\mathrm{i}n\lambda}Z_2(\mathrm{d}\lambda)$$

$$EZ_1(\varDelta_1)\overline{Z_1(\varDelta_2)} = EZ_2(\varDelta_1)\overline{Z_2(\varDelta_2)} = F(\varDelta_1\varDelta_2)$$

显然, 对 $\forall f \in L^2(F)$ 有

$$\int_{-\pi}^{\pi} fZ_1(\mathrm{d}\lambda) = \int_{-\pi}^{\pi} fZ_2(\mathrm{d}\lambda)$$

取 $f = \chi_\varDelta$, 得 $Z_1(\varDelta) = Z_2(\varDelta)$, 对 $\forall \varDelta \in \mathscr{B}[-\pi, \pi)$.

定理 5.13 证毕.

注 5.15 定理 5.13 中 $EZ(\varDelta) \equiv 0$. (因 $EX(n) \equiv 0$, 而 $Z(\varDelta) \in \mathscr{L}\{X(n)|n \in \mathbf{N}\}$).

注 5.16 若 $EX(n) = a$, 则 $Y(n) = X(n) - a$, 再由定理 5.13, 有

$$Y(n) = \int_{-\pi}^{\pi} \mathrm{e}^{\mathrm{i}n\lambda} Z(\mathrm{d}\lambda)$$

故

$$X(n) = \int_{-\pi}^{\pi} \mathrm{e}^{\mathrm{i}n\lambda} Z(\mathrm{d}\lambda) + a$$

注 5.17 若随机序列 $X(n), n \in \mathbf{N}$ 有表达式 $X(n) = \int_{-\pi}^{\pi} \mathrm{e}^{\mathrm{i}n\lambda} Z(\mathrm{d}\lambda), n \in \mathbf{N}$, 其中 $Z(\varDelta)$ 为随机测度, $EZ(\varDelta) \equiv 0$, 且具有构成测度 $F(\varDelta)$, 则 $X(n)$ 为平稳序列, 且相关函数为 $B(n) = \int_{-\pi}^{\pi} \mathrm{e}^{\mathrm{i}n\lambda} F(\mathrm{d}\lambda)$ (留作习题).

定理 5.14 (平稳序列值空间元的谱表示) $Y \in H_X \Leftrightarrow$

$$Y = \int_{-\pi}^{\pi} \varphi(\lambda) Z(\mathrm{d}\lambda), \quad \text{对某 } \varphi(\lambda) \in L^2(F) \tag{5.4.8}$$

其中 $\varphi(\lambda)$ 称为 Y 的谱特征.

证明 若 $\varphi(\lambda) \in L^2(F)$, 则由 $\varPhi$ 的定义知 $Y = \varPhi(\varphi) = \int_{-\pi}^{\pi} \varphi(\lambda) Z(\mathrm{d}\lambda) \in H_X$. 反之, 若 $Y \in H_X$, 则存在 $Y_n \in L\{X(n), n \in \mathbf{N}\}$, 使 $Y \overset{L^2(p)}{=\!=} \lim\limits_n Y_n$.

令 $\varphi_n = \varPhi^{-1}(Y_n)$, 则 $\varphi_n \in L^2(F)$, 故有 $\varphi \in L^2(F)$, 使 $\varphi \overset{L^2(F)}{=\!=} \lim\limits_n \varphi_n$. 再由 $\varPhi$ 的连续性, $Y_n = \varPhi(\varphi_n) \overset{L^2(p)}{\longrightarrow} \varPhi(\varphi)$. 又 $Y_n \to Y$, 故

$$Y = \varPhi(\varphi) = \int_{-\pi}^{\pi} \varphi(\lambda) Z(\mathrm{d}\lambda)$$

定理 5.14 证毕.

定理 5.15 设 $X(t), t \in \mathbf{R}$ 是均值为零的均方连续的平稳过程, 则存在唯一的取值于 H_X 中的随机测度 $Z(\varDelta)$, 使对 $\forall t \in \mathbf{R}$ 有

$$X(t) = \int_{-\infty}^{+\infty} \mathrm{e}^{\mathrm{i}t\lambda} Z(\mathrm{d}\lambda), \quad \text{a.e. } p \tag{5.4.9}$$

而且 $E|Z(\Delta)|^2 = F(\Delta)$, 其中 $F(\Delta)$ 为 $X(t)$ 的谱测度, 称 $Z(\Delta)$ 为 $X(t)$ 的**随机谱测度**.

证明 略.

注 5.18 上述定理中 $EZ(\Delta) \equiv 0$ (留作习题).

注 5.19 若随机过程 $X(t), t \in \mathbf{R}$ 有表示式 $X(t) = \int_{-\infty}^{+\infty} \mathrm{e}^{\mathrm{i}t\lambda} Z(\mathrm{d}\lambda), t \in \mathbf{R}$, $Z(\Delta)$ 为随机测度, 且 $EZ(\Delta) \equiv 0$, 其构成测度为 $F(\Delta)$, 则 $X(t)$ 为均方连续的平稳过程, 且相关函数为 $B(r) = \int_{-\infty}^{+\infty} \mathrm{e}^{\mathrm{i}r\lambda} F(\mathrm{d}\lambda)$ (留作习题).

定理 5.16 (平稳过程值空间元的谱表示) $Y \in H_X \Leftrightarrow$

$$Y = \int_{-\infty}^{+\infty} \varphi(\lambda) Z(\mathrm{d}\lambda) \tag{5.4.10}$$

其中 $\varphi(\lambda) \in L^2(F)$ 称为 Y 的谱特征 (留作习题).

利用上面定理不难建立两个 Hilbert 空间 $H_X = \mathscr{L}\{X(t), t \in T\}$ 与 $L^2(F) = L^2(S, \mathscr{A}, F)$ 之间的同构对应:

$$X(t) \leftrightarrow \mathrm{e}^{\mathrm{i}t\lambda}, \quad Y \leftrightarrow \varphi(\lambda) \tag{5.4.11}$$

注 5.20 考虑平稳序列 $X(n)$, 令

$$H_X(0) = \mathscr{L}\{X(n) | n \leqslant 0, n \in \mathbf{N}\}$$
$$L_0^2(F) = \mathscr{L}\{\mathrm{e}^{\mathrm{i}n\lambda} | n \leqslant 0, n \in \mathbf{N}\}$$

则

$$Y \in H_X(0) \Leftrightarrow Y = \int_{-\pi}^{\pi} \varphi(\lambda) Z(\mathrm{d}\lambda), \quad \text{对某 } \varphi(\lambda) \in L_0^2(F) \quad \text{(留作习题)} \tag{5.4.12}$$

定理 5.17 (抽样定理) 设 $X(t), t \in \mathbf{R}$ 是均方连续均值为零的平稳过程, 其随机谱测度为 $Z(\Delta)$, 谱测度为 $F(\Delta)$. 如果过程是带限的, 即 $F\{[\mathbf{R} - (-2\pi\omega, 2\pi\omega)]\} = 0$, 对某个 $\omega > 0$. 则对每一个 $t \in \mathbf{R}$, 有

$$X(t) = \sum_{n=-\infty}^{+\infty} X\left(\frac{n}{2\omega}\right) \cdot \frac{\sin(2\pi\omega t - n\pi)}{2\pi\omega t - n\pi} \tag{5.4.13}$$

最后建立 H_X 到自身的酉算子群. 等距算子 U 把 Hilbert 空间 H 映射到 H 之上 (而不是映射到 H 的真子空间), 则称 U 为酉算子, 它有逆算子 U^{-1}, 也是酉算子.

定义 5.11 考虑酉算子族 $\{U^t, t \in \mathbf{R}\}$, 如对 $\forall s, t \in \mathbf{R}$, 有

$$U^{s+t} = U^s \cdot U^t = U^t \cdot U^s, \quad U^0 = I \tag{5.4.14}$$

其中 I 为恒等算子, 即 $Ih=h$, 对 $\forall h\in H$, 则称 $\{U^t,t\in\mathbf{R}\}$ 为酉算子群. 称此群是连续的, 如果对 $\forall h\in H$, 有

$$\lim_{t\to 0}\|U^t h-h\|=0 \tag{5.4.15}$$

定理 5.18 (1) 若 $X(t),t\in\mathbf{R}$ 为均方连续的零均值平稳过程, 则在 $H_X=\mathscr{L}\{X(t),t\in\mathbf{R}\}$ 上存在唯一的连续的酉算子群 $\{U^t,t\in\mathbf{R}\}$, 使

$$X(t)=U^tX(0) \tag{5.4.16}$$

(2) 在 (1) 中确定的酉算子群, 还有

$$U^t\int_{-\infty}^{+\infty}\varphi(\lambda)Z(\mathrm{d}\lambda)=\int_{-\infty}^{+\infty}\mathrm{e}^{\mathrm{i}t\lambda}\varphi(\lambda)Z(\mathrm{d}\lambda) \tag{5.4.17}$$

证明 (1) 令 $E=\{X(t),t\in\mathbf{R}\}$, 先在 E 上定义算子族 U^t:

$$U^tX(s)=X(s+t) \tag{5.4.18}$$

由于 $X(t),t\in\mathbf{R}$ 是平稳过程, 故

$$\begin{aligned}(U^tX(s),U^tX(l))&=(X(s+t),X(l+t))\\&=(X(s),X(l))\end{aligned}$$

可见 U^t 是在 E 上保内积的算子族. 由定理 5.5, 它可唯一地扩张为 $\mathscr{L}\{E\}=H_X$ 到 $\mathscr{L}(E)=H_X$ 上的酉算子族. 由于 U^t 在 E 上显然满足式 (5.4.14), 而且在 H_X 上它是线性算子, 又是连续算子, 故 U^t 在 $\mathscr{L}\{E\}=H_X$ 上也满足式 (5.4.14), 从而 $U^t,t\in\mathbf{R}$ 为酉算子群.

最后证明此群是连续的.

先证明此群在 $L(E)$ 上连续. 若 $Y\in L(E)$, 即 $Y=\sum_{j=1}^{n}a_jX(t_j)$, 则

$$\begin{aligned}\|U^tY-Y\|&=\left\|\sum_{j=1}^{n}a_jX(t_j+t)-\sum_{j=1}^{n}a_jX(t_j)\right\|\\&\leqslant\sum_{j=1}^{n}|a_j|\cdot\|X(t_j+t)-X(t_j)\|\to 0\quad(t\to 0)\\&\qquad(X(t)\text{ 是均方连续的})\end{aligned}$$

再证 U^t 在 $\mathscr{L}\{E\}$ 上连续. 若 $Y\in\mathscr{L}\{E\}$, 则对 $\forall\varepsilon>0$, 存在 $\widetilde{Y}\in L\{E\}$, 使 $\|Y-\widetilde{Y}\|<\varepsilon/3$. 由 U^t 在 $L\{E\}$ 上连续, 存在 $\delta>0$, 使得当 $|t|<\delta$ 时, 有 $\|U^t\widetilde{Y}-\widetilde{Y}\|<\varepsilon/3$, 故

$$\|U^tY-Y\|\leqslant\|U^tY-U^t\widetilde{Y}\|+\|U^t\widetilde{Y}-\widetilde{Y}\|+\|\widetilde{Y}-Y\|$$

$$= 2\|Y - \widetilde{Y}\| + \|U^t\widetilde{Y} - \widetilde{Y}\| < \varepsilon$$

唯一性显然.

(2) 当 $\varphi_n(\lambda) = \sum_{j=1}^{n} C_j^{(n)} e^{it_j^{(n)}\lambda}$ 时, 从定义式 (5.4.16) 知式 (5.4.17) 成立.

而一般地, $\varphi(\lambda)$ 为如上 $\varphi_n(\lambda)$ 的均方极限, 易证式 (5.4.17) 成立 (留作习题).

定理 5.19 (1) 设 $X(n), n \in \mathbf{N}$ 为平稳序列, 则在 H_X 上存在唯一的酉算子 U, 使

$$X(n) = U^n X(0), \quad n \in \mathbf{N} \tag{5.4.19}$$

(2) 对于 U, 还有

$$U^n \int_{-\pi}^{\pi} \varphi(\lambda) Z(d\lambda) = \int_{-\pi}^{\pi} e^{in\lambda} \varphi(\lambda) Z(d\lambda), \quad n \in \mathbf{N} \tag{5.4.20}$$

证明 留作习题.

注 5.21 U^t, U^n 又称为推移算子.

5.5 平稳过程导函数的谱表示

定义 5.12 设 $X(t), t \in \mathbf{R}$ 为平稳过程, 如果均方极限

$$\underset{h \to 0}{\mathrm{l{\cdot}i{\cdot}m}} \frac{X(t_0 + h) - X(t_0)}{h}$$

存在, 即

$$\lim_{h \to 0} E\left|\frac{X(t_0 + h) - X(t_0)}{h} - X_0\right|^2 = 0$$

则称 $X(t)$ 在 t_0 处有导数, 记为 $X'(t_0) = X_0$, 其中 X_0 为随机变量.

易知

$$(X(t) + Y(t))' = X'(t) + Y'(t)$$

$$(CX(t))' = CX'(t), \quad C \text{ 为常数}$$

设 $Z(\varDelta), \varDelta \in \mathscr{B}$ 为随机测度, $EZ(\varDelta) \equiv 0$, $F(\varDelta)$ 为其构成测度, $f \in L^2(F)$, 我们有下面的定理:

定理 5.20 设平稳过程

$$Y(t) = \int_{-\infty}^{+\infty} f(\lambda) e^{it\lambda} Z(d\lambda) + a, \quad t \in \mathbf{R}$$

其中 a 为常数, 则下面各命题等价:

(1) $Y(t)$ 在 t_0 处有导数;

(2) $\int_{-\infty}^{+\infty} \lambda^2 |f(\lambda)|^2 F(\mathrm{d}\lambda) < \infty$;

(3) $Y(t)$ 在每一点 t 有导数, 且

$$Y'(t) = \int_{-\infty}^{+\infty} (\mathrm{i}\lambda) f(\lambda) \mathrm{e}^{\mathrm{i}t\lambda} Z(\mathrm{d}\lambda)$$

证明 (1)⇒(2) 由于 $\underset{h\to 0}{\mathrm{l{\cdot}i{\cdot}m}} \dfrac{Y(t_0+h)-Y(t_0)}{h}$ 存在, 故对充分小的 h, 有 $C>0$, 使

$$E\left|\frac{Y(t_0+h)-Y(t_0)}{h}\right|^2 < C$$

(均方极限性质: $X(t) \xrightarrow{L^2} X$, 则 $E|X(t)|^2 \to E|X|^2$, 故 $E|X(t)|^2 < E|X|^2 + 1 = C$) 从而

$$\begin{aligned} &E\left|\int_{-\infty}^{+\infty} \frac{\mathrm{e}^{\mathrm{i}(t_0+h)\lambda} - \mathrm{e}^{\mathrm{i}t_0\lambda}}{h} f(\lambda) Z(\mathrm{d}\lambda)\right|^2 \\ =&\int_{-\infty}^{+\infty} \left|\frac{\mathrm{e}^{\mathrm{i}h\lambda}-1}{h}\right|^2 \cdot |f(\lambda)|^2 F(\mathrm{d}\lambda) < C \end{aligned}$$

因此对 $\forall T>0$, 有

$$\int_{-T}^{T} \left|\frac{\mathrm{e}^{\mathrm{i}h\lambda}-1}{h}\right|^2 \cdot |f(\lambda)|^2 F(\mathrm{d}\lambda) < C$$

而 $\left|\dfrac{\mathrm{e}^{\mathrm{i}h\lambda}-1}{h}\right| \leqslant |\lambda| \left(|\mathrm{e}^{\mathrm{i}\theta}-1| = \sqrt{(1-\cos\theta)^2+\sin^2\theta} = \sqrt{2(1-\cos\theta)} = 2\left|\sin\dfrac{\theta}{2}\right| \leqslant |\theta|\right)$, 令 $h\to 0$, 由 Lebesgue 控制收敛定理, 得

$$\int_{-T}^{T} \lambda^2 |f(\lambda)|^2 F(\mathrm{d}\lambda) \leqslant C$$

再由 T 的任意性知

$$\int_{-\infty}^{+\infty} \lambda^2 |f(\lambda)|^2 F(\mathrm{d}\lambda) \leqslant C < \infty$$

(2)⇒(3) 由 (2) 知, $\int_{-\infty}^{+\infty} (\mathrm{i}\lambda) f(\lambda) \mathrm{e}^{\mathrm{i}t\lambda} Z(\mathrm{d}\lambda)$ 存在, 故

$$\begin{aligned} &E\left|\frac{Y(t+h)-Y(t)}{h} - \int_{-\infty}^{+\infty} (\mathrm{i}\lambda) f(\lambda) \mathrm{e}^{\mathrm{i}t\lambda} Z(\mathrm{d}\lambda)\right|^2 \\ =&E\left|\int_{-\infty}^{+\infty} \left(\frac{\mathrm{e}^{\mathrm{i}h\lambda}-1}{h} - \mathrm{i}\lambda\right) \mathrm{e}^{\mathrm{i}t\lambda} f(\lambda) Z(\mathrm{d}\lambda)\right|^2 \\ =&\int_{-\infty}^{+\infty} \left|\frac{\mathrm{e}^{\mathrm{i}h\lambda}-1}{h} - \mathrm{i}\lambda\right|^2 \cdot |f(\lambda)|^2 F(\mathrm{d}\lambda) \end{aligned}$$

$$\to 0 \quad (h \to 0) \quad (\text{Lebesgue 控制收敛定理})$$

$$\left(g_h(\lambda) = (\mathrm{e}^{\mathrm{i}h\lambda} - 1)/h - \mathrm{i}\lambda \to 0(h \to 0), |g_h(\lambda)| \leqslant 2|\lambda|, \mathrm{e}^{\mathrm{i}h\lambda} = 1 + \mathrm{i}h\lambda + \frac{(\mathrm{i}h\lambda)^2}{2!} + \cdots\right)$$

(3)⇒(1)　显然.

引理 5.9　若 $X(t)$ 在 t_0 有导数, 则 $X(t)$ 在 t_0 均方连续.

事实上, 由 $E\left|\dfrac{X(t_0+h)-X(t_0)}{h}\right|^2 < C$, 所以

$$E|X(t_0+h) - X(t_0)|^2 < h^2 C \to 0 \quad (h \to 0)$$

引理 5.10　设 $B(r)$ 是均方连续均值为零的平稳过程 $X(t), t \in \mathbf{R}$ 的相关函数, $B''(0)$ 存在, 则 $\displaystyle\int_{-\infty}^{+\infty} \lambda^2 F(\mathrm{d}\lambda) < \infty$.

利用《分析概率论》(胡迪鹤, 1984) 中事实：若一特征函数 $B(r)/B(0)$ 在 0 点有二阶导数, 则此特征函数相应的分布有二阶矩, 即得.

也可直接证明：由于

$$\begin{aligned} E\left|\frac{X(t_0+h)-X(t_0)}{h}\right|^2 &= \frac{1}{h^2} E|X(t_0+h) - X(t_0)|^2 \\ &= \frac{1}{h^2}[2B(0) - B(h) - B(-h)] \to -B''(0) \quad (h \to 0) \end{aligned}$$

$$B(h) = B(0) + hB'(0) + \frac{h^2}{2!}B''(0) + o_1(h^2)$$

$$B(-h) = B(0) - hB'(0) + \frac{h^2}{2!}B''(0) + o_2(h^2)$$

故对充分小的 h, 有 $E\left|(X(t_0+h) - X(t_0))/h\right|^2 < C$, $C > 0$ 为常数.

又 $X(t)$ 有谱表示 $X(t) = \displaystyle\int_{-\infty}^{+\infty} \mathrm{e}^{\mathrm{i}t\lambda} Z(\mathrm{d}\lambda)$, 由定理 5.20 中 (1)⇒(2) 的证明, 本引理成立.

注 5.22　可直接证明 $X(t)$ 在 t 点导数存在为 $X'(t) = \displaystyle\int_{-\infty}^{+\infty} (\mathrm{i}\lambda)\mathrm{e}^{\mathrm{i}t\lambda} Z(\mathrm{d}\lambda)$ (留作习题).

注 5.23　$E|X'(t)|^2 = -B''(0)$ (留作习题).

定理 5.21　对平稳过程 $X(t), t \in \mathbf{R}$, 下列命题等价：

(1) $X(t)$ 在 t_0 有导数;

(2) $X(t)$ 均方连续, 且 $\displaystyle\int_{-\infty}^{+\infty} \lambda^2 F(\mathrm{d}\lambda) < \infty$;

(3) $X(t)$ 在每一点有导数, 且 $X'(t) = \displaystyle\int_{-\infty}^{+\infty} (\mathrm{i}\lambda)\mathrm{e}^{\mathrm{i}t\lambda} Z(\mathrm{d}\lambda)$.

证明 由引理 5.9, $X(t)$ 均方连续, 有谱表示, 再利用定理 5.20 即得.

定理 5.22 对均方连续的平稳过程 $X(t), t \in \mathbf{R}$, 下列命题等价:

(1) $X'(t)$ 存在;

(2) $B''(r)$ 存在;

(3) $B''(0)$ 存在.

证明 (1)⇒(2) 若 $X'(t)$ 存在, 由定理 5.21, $X'(t) = \int_{-\infty}^{+\infty} (\mathrm{i}\lambda)\mathrm{e}^{\mathrm{i}t\lambda} Z(\mathrm{d}\lambda)$, 再由定理 5.16 知 $EX'(t) = 0$, 故 $X'(t)$ 的相关函数为

$$B_{X'}(r) = \int_{-\infty}^{+\infty} \lambda^2 \mathrm{e}^{\mathrm{i}r\lambda} F(\mathrm{d}\lambda)$$

由 $\int_{-\infty}^{+\infty} \lambda^2 F(\mathrm{d}\lambda) < \infty$ 及 Lebesgue 控制收敛定理知

$$B''(r) = -\int_{-\infty}^{+\infty} \lambda^2 \mathrm{e}^{\mathrm{i}r\lambda} F(\mathrm{d}\lambda) = -B_{X'}(r)$$

存在.

(2)⇒(3) 显然.

(3)⇒(1) 由引理 5.10, $\int_{-\infty}^{+\infty} \lambda^2 F(\mathrm{d}\lambda) < \infty$. 再从定理 5.21 知 $X'(t)$ 存在, 且 $EX'(t) = 0$.

定理 5.22 证毕.

注 5.24 $B''(r) = -B_{X'}(r) = -\int_{-\infty}^{+\infty} \lambda^2 \mathrm{e}^{\mathrm{i}r\lambda} F(\mathrm{d}\lambda), B''(0) = -B_{X'}(0) = -\int_{-\infty}^{+\infty} \lambda^2 F(\mathrm{d}\lambda).$

定理 5.23 对平稳过程 $X(t), t \in \mathbf{R}$, 下列命题等价:

(1) $X^{(n)}(t_0)$ 存在;

(2) $X(t)$ 均方连续, 且 $\int_{-\infty}^{+\infty} \lambda^{2n} \cdot F(\mathrm{d}\lambda) < \infty$;

(3) $X^{(n)}(t)$ 存在, 且 $X^{(n)}(t) = \int_{-\infty}^{+\infty} (\mathrm{i}\lambda)^n \mathrm{e}^{\mathrm{i}t\lambda} Z(\mathrm{d}\lambda)$.

证明 对 n 作归纳法.

$n = 1$ 时, 即定理 5.21. 设 $n = k$ 时定理成立, 往证 $n = k + 1$ 时也成立.

(1)⇒(2) 设 $X^{(k+1)}(t_0)$ 存在, 由归纳假设 $X^{(k)}(t_0)$ 存在, 且

$$X^{(k)}(t) = \int_{-\infty}^{+\infty} (\mathrm{i}\lambda)^k \mathrm{e}^{\mathrm{i}t\lambda} Z(\mathrm{d}\lambda)$$

由定理 5.20 知, 由 $[X^{(k)}(t)]'_{t=t_0}$ 存在, 可推出

$$\int_{-\infty}^{+\infty} \lambda^2 |\mathrm{i}\lambda|^{2k} F(\mathrm{d}\lambda) = \int_{-\infty}^{+\infty} \lambda^{2(k+1)} F(\mathrm{d}\lambda) < \infty.$$

(2)⇒(3) 设 $\int_{-\infty}^{+\infty}\lambda^{2(k+1)}F(\mathrm{d}\lambda)<\infty$. 由归纳假设 $\int_{-\infty}^{+\infty}\lambda^{2k}F(d\lambda)<\infty$, 因此 $X^{(k)}(t)=\int_{-\infty}^{+\infty}(\mathrm{i}\lambda)^k\mathrm{e}^{\mathrm{i}t\lambda}Z(\mathrm{d}\lambda)$ 存在. 再由定理 5.20 知 $X^{(k+1)}(t)$ 存在, 且

$$X^{(k+1)}(t)=\int_{-\infty}^{+\infty}(\mathrm{i}\lambda)^{k+1}\mathrm{e}^{\mathrm{i}t\lambda}F(\mathrm{d}\lambda)$$

定理 5.23 证毕.

定理 5.24 (用相关函数表示) 对均方连续的平稳过程, 下列命题等价:

(1) $X^{(n)}(t)$ 存在;

(2) $B^{(2n)}(r)$ 存在;

(3) $B^{(2n)}(0)$ 存在.

且当 $X^{(n)}(t)$ 存在时, $B_{X^{(n)}}(r)=(-1)^nB^{(2n)}(r)=\int_{-\infty}^{+\infty}\lambda^{2n}\mathrm{e}^{\mathrm{i}\lambda r}F(\mathrm{d}\lambda)$.

证明 (1)⇒(2) 已知 $X^{(n)}(t)$ 存在, 由定理 5.23, 有 $\int_{-\infty}^{+\infty}\lambda^{2n}F(\mathrm{d}\lambda)<\infty$, 所以 $B^{(2n)}(r)$ 存在, 且

$$B^{(2n)}(r)=\int_{-\infty}^{+\infty}(\mathrm{i}\lambda)^{2n}\mathrm{e}^{\mathrm{i}t\lambda}F(\mathrm{d}\lambda)=(-1)^n\int_{-\infty}^{+\infty}\lambda^{2n}\mathrm{e}^{\mathrm{i}t\lambda}F(\mathrm{d}\lambda)$$

(2)⇒(3) 显然.

(3)⇒(1) 利用《分析概率论》(胡迪鹤, 1984) 中: 若分布函数 $F(x)$ 的特征函数在零点有 $2n$ 阶导数, 则 $F(x)$ 有 $2n$ 阶矩. 可见, 由 $B^{(2n)}(0)$ 存在, 可得到 $\int_{-\infty}^{+\infty}\lambda^{2n}F(\mathrm{d}\lambda)<\infty$, 从而 $X^{(n)}(t)$ 存在, 且

$$X^{(n)}(t)=\int_{-\infty}^{+\infty}(\mathrm{i}\lambda)^n\mathrm{e}^{\mathrm{i}t\lambda}Z(\mathrm{d}\lambda)$$

当上述三条件任一被满足时, 有

$$\begin{aligned}
B_{X^{(n)}}(r)&=EX^{(n)}(t+r)\overline{X^{(n)}(t)}\\
&=E\int_{-\infty}^{+\infty}(\mathrm{i}\lambda)^n\mathrm{e}^{\mathrm{i}(t+r)\lambda}Z(\mathrm{d}\lambda)\overline{\int_{-\infty}^{+\infty}(\mathrm{i}\lambda)^n\mathrm{e}^{\mathrm{i}t\lambda}Z(\mathrm{d}\lambda)}\\
&=\int_{-\infty}^{+\infty}(\mathrm{i}\lambda)^n\mathrm{e}^{\mathrm{i}(t+r)\lambda}\cdot\overline{(\mathrm{i}\lambda)^n\mathrm{e}^{\mathrm{i}t\lambda}}F(\mathrm{d}\lambda)\\
&=(-1)^n\int_{-\infty}^{+\infty}(\mathrm{i}\lambda)^{2n}\mathrm{e}^{\mathrm{i}r\lambda}F(\mathrm{d}\lambda)\\
&=(-1)^nB^{(2n)}(r)=\int_{-\infty}^{+\infty}\lambda^{2n}\mathrm{e}^{\mathrm{i}r\lambda}F(\mathrm{d}\lambda)
\end{aligned}$$

定理 5.24 证毕.

定理 5.25 设 $Y(t)=\int_{-\infty}^{+\infty}f(\lambda)\mathrm{e}^{\mathrm{i}t\lambda}Z(\mathrm{d}\lambda)+a$ (a 为常数), $Z(\Delta)$ 为零均值的随机测度, 其构成测度为 $F(\Delta),\Delta\in\mathscr{B}$, 则下列命题等价:

(1) $Y(t)$ 在 t_0 处有 n 阶导数 $Y^{(n)}(t_0)$;

(2) $\int_{-\infty}^{+\infty}\lambda^{2n}|f(\lambda)|^2F(\mathrm{d}\lambda)<\infty$;

(3) $Y^{(n)}(t)$ 存在, 且 $Y^{(n)}(t)=\int_{-\infty}^{+\infty}(\mathrm{i}\lambda)^nf(\lambda)\mathrm{e}^{\mathrm{i}t\lambda}Z(\mathrm{d}\lambda)$.

证明同定理 5.23, 利用定理 5.20 及归纳法 (留作习题).

5.6 平稳过程的常系数微分、差分方程

设 $Y(t),t\in\mathbf{R}$ 是给定的一个均方连续的平稳过程, 求均方连续的平稳过程 $X(t)$, $t\in\mathbf{R}$ 满足

$$a_0D^nX(t)+a_1D^{n-1}X(t)+\cdots+a_{n-1}DX(t)+a_nX(t)=Y(t)$$

其中 D 表示微商算子, $a_j,j=1,2,\cdots,n$ 为常数.

问什么时候有解? 并求通解.

令

$$P(x)=a_0x^n+\cdots+a_{n-1}x+a_n,\quad P(D)=a_0D^n+\cdots+a_{n-1}D+a_n$$

这样上述方程可写为

$$P(D)X(t)=Y(t)\tag{5.6.1}$$

设

$$Y(t)=\int_{-\infty}^{+\infty}\mathrm{e}^{\mathrm{i}t\lambda}Z_Y(\mathrm{d}\lambda)+\beta,\quad \beta=EY(t)$$

若式 (5.6.1) 有 (均方连续的) 解 $X(t)=\int_{-\infty}^{+\infty}\mathrm{e}^{\mathrm{i}t\lambda}Z_X(\mathrm{d}\lambda)+\alpha,\alpha=EX(t)$, 代入式 (5.6.1), 得

$$\int_{-\infty}^{+\infty}P(\mathrm{i}\lambda)\mathrm{e}^{\mathrm{i}t\lambda}Z_X(\mathrm{d}\lambda)+\alpha a_n=\int_{-\infty}^{+\infty}\mathrm{e}^{\mathrm{i}t\lambda}Z_Y(\mathrm{d}\lambda)+\beta\tag{5.6.2}$$

故有

$$\begin{cases}\alpha a_n=\beta\\ \int_{-\infty}^{+\infty}P(\mathrm{i}\lambda)\mathrm{e}^{\mathrm{i}t\lambda}Z_X(\mathrm{d}\lambda)=\int_{-\infty}^{+\infty}\mathrm{e}^{\mathrm{i}t\lambda}Z_Y(\mathrm{d}\lambda)\end{cases}\tag{5.6.3}$$

当 $a_n \neq 0$ 时, $\alpha = \dfrac{\beta}{a_n}$ 有唯一解.

当 $a_n = 0$ 时, 只当 $\beta = 0$ 时有解, 且此时 α 可为任意常数.

从式 (5.6.3) 自然取 $Z_X(\varDelta) = \int_{\varDelta} 1/p(\mathrm{i}\lambda) Z_Y(\mathrm{d}\lambda)$, 即

$$X(t) = \int_{-\infty}^{+\infty} \mathrm{e}^{\mathrm{i}t\lambda} \frac{1}{P(\mathrm{i}\lambda)} Z_Y(\mathrm{d}\lambda) + \alpha \tag{5.6.4}$$

为式 (5.6.1) 的解.

自然要求 $\int_{-\infty}^{+\infty} \lambda^{2k}/|P(\mathrm{i}\lambda)|^2 F_Y(\mathrm{d}\lambda) < \infty, k = 0, n.$

引理 5.11　若 $P(D)X(t) = Y(t)$ 有解 $X(t) = \int_{-\infty}^{+\infty} \mathrm{e}^{\mathrm{i}t\lambda} Z_X(\mathrm{d}\lambda) + \alpha$, 则

$$a_n \alpha = \beta \tag{5.6.5}$$

$$Z_Y(A) = \int_A P(\mathrm{i}\lambda) Z_X(\mathrm{d}\lambda), F_Y(A) = \int_A |P(\mathrm{i}\lambda)|^2 F_X(\mathrm{d}\lambda) \tag{5.6.6}$$

证明　由式 (5.6.2)、式 (5.6.3) 与定理 5.12 及随机测度唯一性知式 (5.6.6) 成立. 令

$$J = \{\lambda | P(\mathrm{i}\lambda) = 0\} = \{\beta_1, \beta_2, \cdots, \beta_m | P(\mathrm{i}\beta_j) = 0, \beta_j \neq \beta_k, k \neq j\}$$

引理 5.12　若 $P(D)X(t) = Y(t)$ 有解 $X(t) = \int_{-\infty}^{+\infty} \mathrm{e}^{\mathrm{i}t\lambda} Z_X(\mathrm{d}\lambda) + \alpha$, 则

$$a_n \neq 0 \quad \text{或} \quad \beta = 0 \tag{5.6.7}$$

$$\int_{-\infty}^{+\infty} \frac{\lambda^{2k}}{|P(\mathrm{i}\lambda)|^2} F_Y(\mathrm{d}\lambda) < \infty, \quad k = 0, n \tag{5.6.8}$$

证明　式 (5.6.7) 由式 (5.6.5) 得. 因 $X^{(n)}(t)$ 存在, 故

$$\begin{aligned}\int_{\bar{J}} \frac{\lambda^{2n}}{|P(\mathrm{i}\lambda)|^2} F_Y(\mathrm{d}\lambda) &\xlongequal{\text{式 (5.6.6)}} \int_{\bar{J}} \frac{\lambda^{2n}}{|P(\mathrm{i}\lambda)|^2} \cdot |P(\mathrm{i}\lambda)|^2 F_X(\mathrm{d}\lambda) \\ &= \int_{\bar{J}} \lambda^{2n} F_X(\mathrm{d}\lambda) \leqslant \int_{-\infty}^{+\infty} \lambda^{2n} F_X(\mathrm{d}\lambda) < \infty\end{aligned}$$

由式 (5.6.6), $F_Y(J) = 0$, 得到 $\int_J \lambda^{2n}/|P(\mathrm{i}\lambda)|^2 F_Y(\mathrm{d}\lambda) = 0$, 从而

$$\int_{-\infty}^{+\infty} \frac{\lambda^{2n}}{|P(\mathrm{i}\lambda)|^2} F_Y(\mathrm{d}\lambda) = \int_{\bar{J}} \frac{\lambda^{2n}}{|P(\mathrm{i}\lambda)|^2} F_Y(\mathrm{d}\lambda) + \int_J \frac{\lambda^{2n}}{|P(\mathrm{i}\lambda)|^2} F_Y(\mathrm{d}\lambda) < \infty$$

同样可证

$$\int_{-\infty}^{+\infty} \frac{1}{|P(\mathrm{i}\lambda)|^2} F_Y(\mathrm{d}\lambda) < \infty$$

即式 (5.6.8) 成立.

引理 5.13 在式 (5.6.7), 式 (5.6.8) 成立时, 可以找到 $P(D)X(t) = Y(t)$ 的一个解为

$$X(t) = \begin{cases} \displaystyle\int_{-\infty}^{+\infty} \frac{\mathrm{e}^{\mathrm{i}t\lambda}}{P(\mathrm{i}\lambda)} Z_Y(\mathrm{d}\lambda) + \frac{EY(t)}{a_n}, & a_n \neq 0 \quad (5.6.9) \\ \displaystyle\int_{-\infty}^{+\infty} \frac{\mathrm{e}^{\mathrm{i}t\lambda}}{P(\mathrm{i}\lambda)} Z_Y(\mathrm{d}\lambda) + \alpha, & \alpha \text{ 任意常数}, a_n = 0 \quad (5.6.10) \end{cases}$$

由式 (5.6.8) 知式 (5.6.9)、式 (5.6.10) 有意义, 而且由此确定的 $X(t)$ 有 n 阶导数, 代入原方程即可验证是解. 例如, 将式 (5.6.9) 代入原方程, 有

$$\begin{aligned} P(D)X(t) &= \int_{-\infty}^{+\infty} P(\mathrm{i}\lambda) \cdot \frac{\mathrm{e}^{\mathrm{i}t\lambda}}{P(\mathrm{i}\lambda)} Z_Y(\mathrm{d}\lambda) + EY(t) \\ &= \int_{-\infty}^{+\infty} \mathrm{e}^{\mathrm{i}t\lambda} Z_Y(\mathrm{d}\lambda) + EY(t) = Y(t) \end{aligned}$$

引理 5.14 设 $P(D)X(t) = Y(t)$ 有解 $X(t) = \displaystyle\int_{-\infty}^{+\infty} \mathrm{e}^{\mathrm{i}t\lambda} Z_X(\mathrm{d}\lambda) + \alpha$, 则

$$Z_X(A\bar{J}) = \int_{A\bar{J}} \frac{1}{P(\mathrm{i}\lambda)} Z_Y(\mathrm{d}\lambda) \tag{5.6.11}$$

证明 因 $\displaystyle\int_{A\bar{J}} 1/|P(\mathrm{i}\lambda)|^2 F_Y(\mathrm{d}\lambda) = F_X(A\bar{J}) < \infty$, 故式 (5.6.11) 右边积分有意义, 由定理 5.12 及式 (5.6.6), 有

$$\int_{A\bar{J}} \frac{1}{P(\mathrm{i}\lambda)} Z_Y(\mathrm{d}\lambda) = \int_{A\bar{J}} \frac{1}{P(\mathrm{i}\lambda)} \cdot P(\mathrm{i}\lambda) Z_X(\mathrm{d}\lambda) = Z_X(A\bar{J})$$

引理 5.14 证毕.

注意到, 在 $\bar{J}$ 上

$$\frac{1}{p(\mathrm{i}\lambda)} \cdot p(\mathrm{i}\lambda) \equiv 1$$

由式 (5.6.11) 可见, 若 $J = \varnothing$, 即 $P(\mathrm{i}\lambda) = 0$ 无实根, 则

$$Z_X(A) = \int_A \frac{1}{P(\mathrm{i}\lambda)} Z_Y(\mathrm{d}\lambda)$$

由 $A \in \mathscr{B}$ 完全确定. 因此 $P(\mathrm{i}\lambda) = 0$ 无实根时, 只能有一个解, 即式 (5.6.9) 给出的解 (否则 $a_n = 0$ 推出 0 是 $P(\mathrm{i}\lambda) = 0$ 的实根).

若 $P(\mathrm{i}\lambda)=0$ 有实根 $\beta_1,\cdots,\beta_m$ (重根只算一次), 那么在这 m 个点上令

$$Z_X(\beta_v)=\varphi_v,\quad v=1,2,\cdots,m$$

则 φ_v 是随机变量. 由 $Z_X(A)$ 是具有零均值的随机测度, 因而必有

(1) $E|\varphi_v|^2<\infty, E\varphi_v=0$;

(2) $E\varphi_j\bar{\varphi}_k=0, j\neq k$;

(3) $E\left(\varphi_v\overline{\int_A\frac{1}{P(\mathrm{i}\lambda)}Z_Y(\mathrm{d}\lambda)}\right)=0, A\in\mathscr{B}$.

对于 (3) 式成立, 是因 $\{\beta_v\}\cap A\bar{J}=\varnothing$, 故 $E\left(Z_X\{\beta_v\}\cdot\overline{Z_X(A\bar{J})}\right)=0$, 即

$$E\left(\varphi_v\cdot\overline{\int_{A\bar{J}}\frac{1}{P(\mathrm{i}\lambda)}Z_Y(\mathrm{d}\lambda)}\right)=0$$

又由式 (5.6.8), 得 $F_Y(\beta_v)=0$, 从而 $\int_{\beta_v}\frac{1}{P(\mathrm{i}\lambda)}Z_Y(\mathrm{d}\lambda)=0$, 因此 $\int_J\frac{1}{P(\mathrm{i}\lambda)}Z_Y(\mathrm{d}\lambda)=0$, 这样有

$$\int_{AJ}\frac{1}{P(\mathrm{i}\lambda)}Z_Y(\mathrm{d}\lambda)=0$$

从而

$$\int_A\frac{1}{P(\mathrm{i}\lambda)}Z_Y(\mathrm{d}\lambda)=\int_{A\bar{J}}\frac{1}{P(\mathrm{i}\lambda)}Z_Y(\mathrm{d}\lambda)$$

这样一来

$$\begin{aligned}\int_{-\infty}^{+\infty}\mathrm{e}^{\mathrm{i}t\lambda}Z_X(\mathrm{d}\lambda)&=\int_J\mathrm{e}^{\mathrm{i}t\lambda}Z_X(\mathrm{d}\lambda)+\int_{\bar{J}}\mathrm{e}^{\mathrm{i}t\lambda}Z_X(\mathrm{d}\lambda)\\&=\sum_{v=1}^m\mathrm{e}^{\mathrm{i}t\beta_v}Z_X\{\beta_v\}+\int_{\bar{J}}\mathrm{e}^{\mathrm{i}t\lambda}\cdot\frac{1}{P(\mathrm{i}\lambda)}Z_Y(\mathrm{d}\lambda)\\&=\sum_{v=1}^m\mathrm{e}^{\mathrm{i}t\beta_v}\varphi_v+\int_{-\infty}^{+\infty}\mathrm{e}^{\mathrm{i}t\lambda}\frac{1}{P(\mathrm{i}\lambda)}Z_Y(\mathrm{d}\lambda)\end{aligned}$$

因此, 若 $X(t)$ 为平稳解, 则

$$X(t)=\sum_{v=1}^m\mathrm{e}^{\mathrm{i}t\beta_v}\varphi_v+\int_{-\infty}^{+\infty}\mathrm{e}^{\mathrm{i}t\lambda}\frac{1}{P(\mathrm{i}\lambda)}Z_Y(\mathrm{d}\lambda)+\alpha\tag{5.6.12}$$

其中 α 满足式 (5.6.2), 即 $a_n\neq0$ 时, $\alpha=EY(t)/a_n$; 当 $a_n=0$ 时, α 为任意复数, 其中 φ_v 满足上述 (1)~(3).

反之, 若 φ_v 是 m 个随机变量满足 (1)~(3), α 满足 $a_n\alpha=EY(t)$, 则由式 (5.6.12) 确定的 $X(t)$ 是方程的平稳解.

综合上述, 得到下面结果:

定理 5.26 方程 $P(D)X(t)=Y(t)$ 具有均方连续的平稳解 $\Leftrightarrow$

(1) $a_n\neq 0$ 或 $EY(t)=0$;

(2) $\displaystyle\int_{-\infty}^{+\infty}\frac{\lambda^{2k}}{|P(\mathrm{i}\lambda)|^2}F_Y(\mathrm{d}\lambda)<\infty,\ k=0,n.$

且 (1), (2) 两条件满足时, 方程的一切平稳解是

(a) 当 $P(\mathrm{i}\lambda)=0$ 无实根时, $X(t)=\displaystyle\int_{-\infty}^{+\infty}\frac{\mathrm{e}^{\mathrm{i}t\lambda}}{P(\mathrm{i}\lambda)}Z_Y(\mathrm{d}\lambda)+\frac{EY(t)}{a_n}$.

(b) 当 $P(\mathrm{i}\lambda)=0$ 有实根时, 设为 $\beta_1,\cdots,\beta_m$(重根只计一次), 则

$$X(t)=\begin{cases}\displaystyle\int_{-\infty}^{+\infty}\frac{\mathrm{e}^{\mathrm{i}t\lambda}}{P(\mathrm{i}\lambda)}Z_Y(\mathrm{d}\lambda)+\sum_{v=1}^{m}\mathrm{e}^{\mathrm{i}t\beta_v}\varphi_v+\frac{EY(t)}{a_n}, & a_n\neq 0\\ \displaystyle\int_{-\infty}^{+\infty}\frac{\mathrm{e}^{\mathrm{i}t\lambda}}{P(\mathrm{i}\lambda)}Z_Y(\mathrm{d}\lambda)+\sum_{v=1}^{m}\mathrm{e}^{\mathrm{i}t\beta_v}\varphi_v+\alpha, & \alpha\text{ 任意常数}, a_n=0\end{cases}$$

其中 $\varphi_v(v=1,2,\cdots,m)$ 为 m 个随机变量, 满足

(1) $E|\varphi_v|^2<+\infty, E\varphi_v=0$;

(2) $E\varphi_j\bar{\varphi}_k=0, j\neq k$;

(3) $E\left(\varphi_v\overline{\displaystyle\int_A\frac{1}{P(\mathrm{i}\lambda)}Z_Y(\mathrm{d}\lambda)}\right)=0, A\in\mathscr{B}$.

常系数平稳序列的差分方程

$$a_0X(t+n)+a_1X(t+n-1)+\cdots+a_{n-1}X(t+1)+a_nX(t)=Y(t) \tag{5.6.13}$$

其中 $Y(t),t\in\mathbf{N}$ 为已知的平稳序列, 求式 (5.6.13) 的平稳解 $X(t),t\in\mathbf{N}$.

设

$$Y(t)=\int_{-\pi}^{\pi}\mathrm{e}^{\mathrm{i}t\lambda}Z_Y(\mathrm{d}\lambda)+\beta,\quad \beta=EY(t)$$

用 U 表示推移算子: $UX(t)=X(t+1),t\in\mathbf{N}$. 令

$$P(x)=a_0x^n+\cdots+a_{n-1}x+a_n$$

于是式 (5.6.13) 成为

$$P(U)X(t)=Y(t)$$

设有平稳解为

$$X(t)=\int_{-\pi}^{\pi}\mathrm{e}^{\mathrm{i}t\lambda}Z_X(\mathrm{d}\lambda)+\alpha,\quad \alpha=EX(t) \tag{5.6.14}$$

代入式 (5.6.13) 得

$$\int_{-\pi}^{\pi}P(\mathrm{e}^{\mathrm{i}\lambda})\mathrm{e}^{\mathrm{i}t\lambda}Z_X(\mathrm{d}\lambda)+P(1)\alpha=\int_{-\pi}^{\pi}\mathrm{e}^{\mathrm{i}t\lambda}Z_Y(\mathrm{d}\lambda)+\beta$$

要使式 (5.6.13) 有解, 必须要

$$P(1)\alpha=\beta \tag{5.6.15}$$

$$\int_{-\pi}^{\pi}P(\mathrm{e}^{\mathrm{i}\lambda})\mathrm{e}^{\mathrm{i}t\lambda}Z_X(\mathrm{d}\lambda)=\int_{-\pi}^{\pi}\mathrm{e}^{\mathrm{i}t\lambda}Z_Y(\mathrm{d}\lambda) \tag{5.6.16}$$

定理 5.27 方程 $P(U)X(t)=Y(t)$ 有平稳解 $\Leftrightarrow$

(1) $P(1)\neq 0$ 或 $\beta=0$;

(2) $\displaystyle\int_{-\pi}^{\pi}\frac{1}{|P(\mathrm{e}^{\mathrm{i}\lambda})|^2}F_Y(\mathrm{d}\lambda)<\infty$.

且当 (1), (2) 满足时, 方程的一切平稳解是

当 $P(\mathrm{e}^{\mathrm{i}\lambda})=0$ 无实根时, 有

$$X(t)=\int_{-\pi}^{\pi}\frac{\mathrm{e}^{\mathrm{i}t\lambda}}{P(\mathrm{e}^{\mathrm{i}\lambda})}Z_Y(\mathrm{d}\lambda)+\frac{EY(t)}{P(1)}$$

当 $P(\mathrm{e}^{\mathrm{i}\lambda})=0$ 有实根 $\beta_1,\cdots,\beta_m$ 时 (重根只计一次), 有

$$X(t)=\begin{cases}\displaystyle\int_{-\pi}^{\pi}\frac{\mathrm{e}^{\mathrm{i}t\lambda}}{P(\mathrm{e}^{\mathrm{i}\lambda})}Z_Y(\mathrm{d}\lambda)+\sum_{v=1}^{m}\mathrm{e}^{\mathrm{i}t\beta_v}\varphi_v+\frac{EY(t)}{P(1)}, & P(1)\neq 0\\ \displaystyle\int_{-\pi}^{\pi}\frac{\mathrm{e}^{\mathrm{i}t\lambda}}{P(\mathrm{e}^{\mathrm{i}\lambda})}Z_Y(\mathrm{d}\lambda)+\sum_{v=1}^{m}\mathrm{e}^{\mathrm{i}t\beta_v}\varphi_v+\alpha, & \alpha\text{ 是任意常数}, P(1)=0\end{cases}$$

其中 $\varphi_v(v=1,2,\cdots,m)$ 为 m 个随机变量, 满足

(1) $E|\varphi_v|^2<+\infty, E\varphi_v=0$;

(2) $E\varphi_j\bar{\varphi}_k=0,\ j\neq k$;

(3) $E\left(\varphi_v\overline{\displaystyle\int_A\frac{1}{P(\mathrm{e}^{\mathrm{i}\lambda})}Z_Y(\mathrm{d}\lambda)}\right)=0, A\in\mathscr{B}[-\pi,\pi)$.

5.7 大数定律、相关函数与谱函数的估计

5.7.1 R-L^2 积分

引理 5.15 设 $Y(s),s\in T$ 为二阶矩过程, $s_0\in T$, 则存在 $Y\in H$, 使 $Y(s)\xrightarrow{L^2}Y(s\to s_0)\Leftrightarrow$ 存在复数 A, 使对任意序列 $s_n\to s_0, s_n'\to s_0$ 有

$$\lim_{\substack{n\\m}}EY(s_n)\overline{Y(s_m')}=A \tag{5.7.1}$$

证明 $\Rightarrow$ 若 $Y(s)\xrightarrow{L^2}Y(s\to s_0)$, 由内积连续性

$$EY(s_n)\overline{Y(s_m')}\to E|Y|^2=A\quad(n,m\to+\infty)$$

$\Leftarrow$ 设式 (5.7.1) 成立, 任取一序列 $s_n \to s_0$, 则

$$\begin{aligned}
&E|Y(s_n)-Y(s_m)|^2\\
=&E[Y(s_n)-Y(s_m)]\overline{[Y(s_n)-Y(s_m)]}\\
&\to A-A-A+A=0 \quad (n,m\to+\infty)
\end{aligned}$$

由 H 的完备性知, 存在 $Y\in H$, 使 $Y(s_n)\xrightarrow{L^2}Y(n\to+\infty)$, 从而 $Y(s)\xrightarrow{L^2}Y(s\to s_0)$. 若不然, 存在 $\varepsilon_0>0$ 及 $t_n\to s_0(n\to\infty)$, 使

$$\|Y(t_n)-Y\|\geqslant\varepsilon_0$$

另一方面

$$\begin{aligned}
&\|Y(t_n)-Y\|\leqslant\|Y(t_n)-Y(s_n)\|+\|Y(s_n)-Y\|\\
&E|Y(t_n)-Y(s_n)|^2=E|Y(t_n)|^2-EY(t_n)\overline{Y(s_n)}-EY(s_n)\overline{Y(t_n)}+E|Y(s_n)|^2\\
&\qquad\to A-A-A+A=0(n\to\infty)
\end{aligned}$$

于是 $Y(t_n)\xrightarrow{L^2}Y(n\to\infty)$. 这说明 $Y(s)\xrightarrow{L^2}Y(s\to s_0)$.

引理 5.15 证毕.

设 $X(t),t\in\mathbf{R}$ 为二阶矩过程, $f(t),t\in\mathbf{R}$ 为复值函数. 设 $-\infty<a<b<+\infty$, 若对 $[a,b]$ 的任一分划 $\varDelta$:

$$a=t_0<t_1<\cdots<t_n=b$$

令 $\varDelta t_i=t_i-t_{i-1}$, 并在 $[t_{i-1},t_i]$ 中任取点 u_i, 作和 $\sum\limits_{i=1}^{n}f(u_i)X(u_i)\varDelta t_i$. 如果当 $|\varDelta|=\max\limits_i\varDelta t_i\to0$ 时, 此和在 L^2 意义下有极限, 且此极限与分划 $\varDelta$ 及 u_i 取法都无关, 则称 $f(t)X(t)$ 在 $[a,b]$ 上 R-L^2 可积. 极限记为

$$\int_a^b f(t)X(t)\mathrm{d}t \tag{5.7.2}$$

广义 R-L^2 积分 (被积函数为随机过程的积分) $\displaystyle\int_{-\infty}^{+\infty}f(t)X(t)\mathrm{d}t$ 或 $\displaystyle\int_a^{+\infty}f(t)X(t)\mathrm{d}t$ 定义为 $\displaystyle\lim_{T\to\infty}\int_{-T}^{T}f(t)X(t)\mathrm{d}t$ 或 $\displaystyle\lim_{T\to\infty}\int_a^{T}f(t)X(t)\mathrm{d}t$.

定理 5.28 如果 Riemann 积分 $\displaystyle\int_a^b\int_a^b B(t,s)f(t)\overline{f(s)}\mathrm{d}t\mathrm{d}s$ 存在, 其中 $B(t,s)=EX(t)\overline{X(s)}$, 则 $\displaystyle\int_a^b f(t)X(t)\mathrm{d}t$ 存在.

证明 对 $[a,b]$ 的二种分划 $\varDelta_1,\varDelta_2$, 当 $|\varDelta_i|\to0,i=1,2$ 时, 则

$$E\left(\sum_{i=1}^{n}f(u_i)X(u_i)\varDelta t_i\right)\overline{\left(\sum_{j=1}^{m}f(v_j)X(v_j)\varDelta s_j\right)}$$

$$=\sum_{i=1}^{n}\sum_{j=1}^{m}f(u_i)\overline{f(v_j)}B(u_i,v_j)\Delta t_i\Delta s_j$$

的极限存在, 且为 $\int_a^b\int_a^b B(t,s)f(t)\overline{f(s)}\mathrm{d}t\mathrm{d}s$. 由引理 5.15 的证明知定理 5.28 成立.

注 5.25 定理 5.28 之逆不成立.

定理 5.29 若以下等式中诸积分存在, 则

$$E\int_a^b f(t)X(t)\mathrm{d}t\overline{\int_c^b g(s)Y(s)\mathrm{d}s}=\int_a^b\int_c^d f(t)\overline{g(s)}EX(t)\overline{Y(s)}\mathrm{d}t\mathrm{d}s \tag{5.7.3}$$

证明

$$\begin{aligned}
\text{左}&=\lim_{\substack{|\Delta_1|\to 0\\|\Delta_2|\to 0}}E\left(\sum_{i=1}^{n}f(u_i)X(u_i)\Delta t_i\cdot\overline{\sum_{j=1}^{m}g(v_j)Y(v_j)\Delta s_j}\right)\\
&=\lim_{\substack{|\Delta_1|\to 0\\|\Delta_2|\to 0}}\sum_{i=1}^{n}\sum_{j=1}^{m}f(u_i)\overline{g(v_j)}EX(u_i)\overline{Y(v_j)}\Delta t_i\cdot\Delta s_j\\
&=\text{右}
\end{aligned}$$

注 5.26 定理 5.28 和定理 5.29 对无穷区间也成立.

注 5.27 若 $X(t),t\in[a,b]$ 均方连续, 则 $B(t,s)$ 在 $[a,b]\times[a,b]$ 上连续, 于是 $B(t,s)$ 在 $[a,b]\times[a,b]$ 上可积. 由定理 5.28 知 $X(t)$ 在 $[a,b]$ 上也 R-L^2 可积, 即 $\int_a^b X(t)\mathrm{d}t$ 存在.

5.7.2 平稳的弱大数定律

为证明宽平稳的弱大数定律 (L^2 遍历性), 引入下面的几个引理:

引理 5.16 设 $g_n(\lambda)=\dfrac{1}{n}\sum_{k=0}^{n-1}\mathrm{e}^{\mathrm{i}k\lambda}=\begin{cases}\dfrac{1-\mathrm{e}^{\mathrm{i}n\lambda}}{n(1-\mathrm{e}^{\mathrm{i}\lambda})}, & \lambda\neq 0,\\ 1, & \lambda=0\end{cases}$ $(-\pi\leqslant\lambda<\pi)$, 则 $|g_n(\lambda)|\leqslant 1, g_n(\lambda)\to\delta(\lambda)=\begin{cases}1, & \lambda=0,\\ 0, & \lambda\neq 0\end{cases}$ $(n\to\infty)$.

引理 5.17 设 $g_T(\lambda)=\dfrac{1}{T}\int_0^T\mathrm{e}^{\mathrm{i}t\lambda}\mathrm{d}t=\begin{cases}\dfrac{\mathrm{e}^{\mathrm{i}T\lambda}-1}{T\mathrm{i}\lambda}, & \lambda\neq 0,\\ 1, & \lambda=0\end{cases}$ $(0<T<+\infty)$, 则 $|g_T(\lambda)|\leqslant 1, g_T(\lambda)\to\delta(\lambda)=\begin{cases}1, & \lambda=0,\\ 0, & \lambda\neq 0\end{cases}$ $(T\to+\infty)$.

引理 5.18 设 $X(t)=\int_{-\infty}^{+\infty}\mathrm{e}^{\mathrm{i}t\lambda}Z(\mathrm{d}\lambda),t\in\mathbf{R},\varphi(t)$ 是 $[0,T]$ 上连续函数, 则

$$\int_0^T X(t)\varphi(t)\mathrm{d}t=\int_{-\infty}^{+\infty}\left[\int_0^T \mathrm{e}^{\mathrm{i}t\lambda}\varphi(t)\mathrm{d}t\right]Z(\mathrm{d}\lambda)$$

证明 由 $\varphi(t),B(t-s)$ 连续 (平稳过程的谱表示决定了它自身的连续性), 左边 (R-L^2) 积分存在, 且

$$\begin{aligned}\text{左边}&=\underset{|\Delta|\to 0}{\mathrm{l\cdot i\cdot m}}\sum_{j=1}^{n}X(t_j)\varphi(t_j)\Delta t_j=\underset{|\Delta|\to 0}{\mathrm{l\cdot i\cdot m}}\sum_{j=1}^{n}\int_{-\infty}^{+\infty}\mathrm{e}^{\mathrm{i}t_j\lambda}Z(\mathrm{d}\lambda)\varphi(t_j)\Delta t_j\\&=\underset{|\Delta|\to 0}{\mathrm{l\cdot i\cdot m}}\int_{-\infty}^{+\infty}\left(\sum_{j=1}^{n}\mathrm{e}^{\mathrm{i}t_j\lambda}\varphi(t_j)\Delta t_j\right)Z(\mathrm{d}\lambda)=\text{右边}\end{aligned}$$

事实上, 令 $h_n(\lambda)=\sum_{j=1}^{n}\mathrm{e}^{\mathrm{i}t_j\lambda}\varphi(t_j)\Delta t_j$, 则

$$|h_n(\lambda)|\leqslant T\cdot\max_{0\leqslant t\leqslant T}|\varphi(t)|$$

由控制收敛定理 (定理 5.10), 有

$$h_n(\lambda)\to\int_0^T\mathrm{e}^{\mathrm{i}t\lambda}\varphi(t)\mathrm{d}t\quad(|\Delta|\to 0)$$

引理 5.18 证毕.

定理 5.30 设 $X(n),n\in\mathbf{N}$ 为平稳序列, $EX(n)=0$, 则

$$\underset{n}{\mathrm{l\cdot i\cdot m}}\frac{1}{n}\sum_{k=0}^{n-1}X(k)=Z\{0\}\tag{5.7.4}$$

$$\lim_{n}\frac{1}{n}\sum_{k=0}^{n-1}B(k)=F\{0\}\tag{5.7.5}$$

证明 由平稳序列的谱定理及引理 5.16

$$\begin{aligned}\frac{1}{n}\sum_{k=0}^{n-1}X(k)&=\int_{-\pi}^{\pi}\frac{1}{n}\sum_{k=0}^{n-1}\mathrm{e}^{\mathrm{i}k\lambda}Z(\mathrm{d}\lambda)\\&\to\int_{-\pi}^{\pi}\chi_{\{0\}}(\lambda)Z(\mathrm{d}\lambda)=Z\{0\}\quad(n\to\infty)\end{aligned}$$

类似地, 可以证明式 (5.7.5).

定理 5.31　设 $X(t)$ 为均方连续的平稳过程, $EX(t)=0$, 则

$$\underset{T\to\infty}{\mathrm{l\cdot i\cdot m}}\frac{1}{T}\int_0^T X(t)\mathrm{d}t = Z\{0\} \tag{5.7.6}$$

$$\lim_{T\to\infty}\frac{1}{T}\int_0^T B(t)\mathrm{d}t = F\{0\} \tag{5.7.7}$$

证明　由引理 5.18、引理 5.17 及控制收敛定理, 得

$$\begin{aligned}\frac{1}{T}\int_0^T X(t)\mathrm{d}t &= \int_{-\infty}^{+\infty}\left[\frac{1}{T}\int_0^T \mathrm{e}^{\mathrm{i}t\lambda}\mathrm{d}t\right]Z(\mathrm{d}\lambda)\\ &\xrightarrow{L^2}\int_{-\infty}^{+\infty}\chi_{\{0\}}(\lambda)Z(\mathrm{d}\lambda) = Z\{0\}\quad (T\to+\infty)\end{aligned}$$

再对 $\frac{1}{T}\int_0^T\left(\int_{-\infty}^{+\infty}\mathrm{e}^{\mathrm{i}t\lambda}F(\mathrm{d}\lambda)\right)\mathrm{d}t$ 用 Fubini 定理交换积分次序可得式 (5.7.7).

系 5.2　设 $X(n), n\in\mathbf{N}$ 为平稳序列, $EX(n)=0$, 则弱大数定理成立, 即

$$\underset{n}{\mathrm{l\cdot i\cdot m}}\frac{1}{n}\sum_{k=0}^{n-1}X(k)=0 \tag{5.7.8}$$

$\Leftrightarrow F\{0\}=0$ 或谱函数 $F(\lambda)$ 在 $\lambda=0$ 处连续或

$$\lim_{n}\frac{1}{n}\sum_{k=0}^{n-1}B(k)=0 \tag{5.7.9}$$

系 5.3　设 $X(t), t\in\mathbf{R}$ 为均方连续的平稳过程, 则大数定律成立, 即

$$\underset{T\to\infty}{\mathrm{l\cdot i\cdot m}}\frac{1}{T}\int_0^T X(t)\mathrm{d}t = 0 \tag{5.7.10}$$

$\Leftrightarrow F\{0\}=0$ 或谱函数 $F(\lambda)$ 在 $\lambda=0$ 连续或

$$\lim_{T\to\infty}\frac{1}{T}\int_0^T B(t)\mathrm{d}t = 0$$

从系 5.2, 系 5.3 可见

若 $B(n)\to 0(n\to+\infty)$, 或 $\sum_{n=0}^{+\infty}|B(n)|<\infty$, 则 $X(n), n\in\mathbf{N}$ 大数定律成立;

若 $B(r)\to 0(r\to+\infty)$, 或 $\int_0^{+\infty}|B(r)|\mathrm{d}r<\infty$, 则 $X(t), t\in\mathbf{R}$ 大数定律成立.

系 5.4　设 $X(n), n\in\mathbf{N}$ 为平稳序列, 则

$$\underset{n}{\mathrm{l\cdot i\cdot m}}\frac{1}{n}\sum_{k=0}^{n-1}X(k)=EX(n)\Leftrightarrow\lim_{n}\frac{1}{n}\sum_{k=0}^{n-1}B(k)=0$$

系 5.5 设 $X(t), t \in \mathbf{R}$ 为均方连续平稳过程, 则

$$\underset{T\to\infty}{\text{l}\cdot\text{i}\cdot\text{m}}\frac{1}{T}\int_0^T X(t)\mathrm{d}t = EX(t) \Leftrightarrow \lim_{T\to\infty}\frac{1}{T}\int_0^T B(t)\mathrm{d}t = 0$$

5.8 Karhunen 定理

定理 5.32 (Karhunen 定理) (1) 设 $Z(\Delta)$ 为 $(\Lambda, \Lambda\mathscr{B}, F)$ 上任一随机测度, 这里 $\Lambda \in \mathscr{B}, \Lambda\mathscr{B}$ 表示 Λ 中一切 Borel 子集成的 σ 域. $F(\Lambda) < \infty, f(t,\lambda)$ 为 $T \times \Lambda$ 的复值函数, 使对每一给定的 $t \in T$, 有

$$f(t,\lambda) \in L^2(\Lambda, \Lambda\mathscr{B}, F) \tag{5.8.1}$$

若

$$X(t) = \int_\Lambda f(t,\lambda)Z(\mathrm{d}\lambda), t \in T \tag{5.8.2}$$

则 $X(t)$ 为二阶矩过程, 且

$$EX(t)\overline{X(s)} = \int_\Lambda f(t,\lambda)\overline{f(s,\lambda)}F(\mathrm{d}\lambda) \tag{5.8.3}$$

(2) 反之, 设 $X(t), t \in T$ 为一个二阶矩过程, 使

$$EX(t)\overline{X(s)} = \int_\Lambda f(t,\lambda)\overline{f(s,\lambda)}F(\mathrm{d}\lambda) \tag{5.8.4}$$

其中

$$f(t,\lambda) \in L^2(\Lambda, \Lambda\mathscr{B}, F), \quad t \in T \tag{5.8.5}$$

且 $F(\Lambda) < +\infty$, 则存在随机测度 $Z(\Delta), \Delta \in \Lambda\mathscr{B}$, 使对每一给定的 $t \in T$, 有

$$X(t) = \int_\Lambda f(t,\lambda)Z(\mathrm{d}\lambda) \tag{5.8.6}$$

且

$$EZ(\Delta_1)\overline{Z(\Delta_2)} = F(\Delta_1\Delta_2), \quad \Delta_1, \Delta_2 \in \Lambda\mathscr{B} \tag{5.8.7}$$

证明 (1) 若式 (5.8.2) 成立, 注意到 $F(\Delta)$ 是 $Z(\Delta)$ 的构成测度, 由随机积分的性质, $E|X(t)|^2 = \displaystyle\int_\Lambda |f(t,\lambda)|^2 F(\mathrm{d}\lambda) < +\infty$, 即 $X(t)$ 是一个二阶矩过程, 且式 (5.8.3) 成立.

(2) 由假设, 令

$$E_1 = \{f(t,\lambda), t \in T, \text{ 且满足式 (5.8.4)、式 (5.8.5)}\}$$

$$E_2 = \{X(t), t \in T, \text{ 为二阶矩过程}\}$$

注意到 $f(t,\lambda) \in L^2(\varLambda, \varLambda\mathscr{B}, F), t \in T$, 故

$$\mathscr{L}(E_1) \subset L^2(\varLambda, \varLambda\mathscr{B}, F)$$

(a) 先设 $\mathscr{L}(E_1) = L^2(\varLambda, \varLambda\mathscr{B}, F)$, 注意到 $\mathscr{L}(E_1)$ 与 $\mathscr{L}(E_2)$ 的内积分别为

$$\langle g_1(\lambda), g_2(\lambda)\rangle = \int_\varLambda g_1(\lambda)\overline{g_2(\lambda)}F(\mathrm{d}\lambda)$$
$$(Y_1, Y_2) = EY_1\bar{Y_2}$$

令

$$X(t) = Vf(t,\lambda), \quad t \in T$$

由式 (5.8.4) 知, V 将 E_1 映射到 E_2 是保内积的. 据定理 5.5, 可将 V 唯一地扩张为 $\mathscr{L}(E_1) = L^2(\varLambda, \varLambda\mathscr{B}, F)$ 到 $\mathscr{L}(E_2) = H_X$ 的等距算子.

对 $\forall \varDelta \in \varLambda\mathscr{B}$, 则 $\chi_\varDelta(\lambda) \in L^2(\varLambda, \varLambda\mathscr{B}, F)$. $\left(\text{因} \int_\varLambda |\chi_\varDelta(\lambda)|^2 F(\mathrm{d}\lambda) = F(\varDelta) < \infty\right)$

令 $Z(\varDelta) = V\chi_\varDelta(\lambda)$, 则 $Z(\varDelta)$ 为随机测度, 且

$$\begin{aligned}EZ(\varDelta_1)\overline{Z(\varDelta_2)} &= \langle \chi_{\varDelta_1}(\lambda), \chi_{\varDelta_2}(\lambda)\rangle \\ &= \int_\varLambda \chi_{\varDelta_1}(\lambda)\overline{\chi_{\varDelta_2}(\lambda)}F(\mathrm{d}\lambda) = \int_\varLambda \chi_{\varDelta_1\varDelta_2}(\lambda)F(\mathrm{d}\lambda) \\ &= F(\varDelta_1\varDelta_2), \quad \varDelta_1, \varDelta_2 \in \varLambda\mathscr{B}\end{aligned}$$

又 $f(t,\lambda) \in L^2(\varLambda, \varLambda\mathscr{B}, F)$, 故有 $\sum\limits_{j=1}^{m_n} C_j^{(n)} \chi_{\varDelta_j^{(n)}}(\lambda) \xrightarrow{L^2(F)} f(t,\lambda)(n \to \infty)$.

由等距算子的线性性、连续性知

$$\begin{aligned}X(t) = Vf(t,\lambda) &= \underset{n}{\mathrm{l{\cdot}i{\cdot}m}} \sum_{j=1}^{m_n} C_j^{(n)} V\chi_{\varDelta_j^{(n)}}(\lambda) \\ &= \underset{n}{\mathrm{l{\cdot}i{\cdot}m}} \sum_{j=1}^{m_n} C_j^{(n)} Z(\varDelta_j^{(n)}) = \underset{n}{\mathrm{l{\cdot}i{\cdot}m}} \int_\varLambda \sum_{j=1}^{m_n} C_j^{(n)} \chi_{\varDelta_j^{(n)}}(\lambda) Z(\mathrm{d}\lambda) \\ &= \int_\varLambda f(t,\lambda) Z(\mathrm{d}\lambda)\end{aligned}$$

这样我们在 (a) 假定下证明了定理.

(b) 若 $\mathscr{L}(E_1) \subset L^2(\varLambda, \varLambda\mathscr{B}, F)$, 但 $\mathscr{L}(E_1) \neq L^2(\varLambda, \varLambda\mathscr{B}, F)$, 即存在 $l(\lambda) \in L^2(\varLambda, \varLambda\mathscr{B}, F)$, 但 $l(\lambda) \notin \mathscr{L}\{E_1\}$.

设 $l^*(\lambda)$ 为 $l(\lambda)$ 在 $\mathscr{L}(E_1)$ 上的投影, 则 $g(\lambda)=l(\lambda)-l^*(\lambda)\in L^2(\varLambda,\varLambda\mathscr{B},F)$, 且 $g(\lambda)\perp\mathscr{L}(E_1), g(\lambda)\neq 0$, 即

$$\int_{\varLambda} g(\lambda)\overline{f(t,\lambda)}F(\mathrm{d}\lambda)=0,\quad t\in T, f(t,\lambda)\in\mathscr{L}(E_1) \tag{5.8.8}$$

$$\int_{\varLambda} |g(\lambda)|^2F(\mathrm{d}\lambda)>0 \tag{5.8.9}$$

把一切这样的 $g(\lambda)$ 记成 $\{g(t',\lambda)|t'\in T', T\cap T'=\varnothing\}$, 于是 $L\{f(t,\lambda),g(t',\lambda)|t\in T,t'\in T'\}$ 在 $L^2(\varLambda,\varLambda\mathscr{B},F)$ 中稠密, 取 Gauss 过程 $Y(t'),t'\in T'$, 使满足

(i) $EY(t')=0,t'\in T'$;

(ii) $EY(t')\overline{Y(s')}=\int_{\varLambda} g(t',\lambda)\overline{g(s',\lambda)}F(\mathrm{d}\lambda),t',s'\in T'$;

(iii) 对 $t\in T,t'\in T',X(t)$ 与 $Y(t')$ 独立, 从而

$$EX(t)\overline{Y(t')}=0 \tag{5.8.10}$$

这种 Gauss 过程的确存在, 因为易知

$$B(t',s')=\int_{\varLambda} g(t',\lambda)\overline{g(s',\lambda)}F(\mathrm{d}\lambda)$$

是非负定的, 而且 $B(s',t')=\overline{B(t',s')}$.

由 Gauss 过程存在定理知, 满足 (i), (ii) 的 Gauss 过程 $Y(t'),t'\in T'$ 存在. 为使它满足 (iii), 只要见文献 (王梓坤, 1978)§1.1 中引理 2 构造联合概率空间即可.

今构造过程 $\widetilde{X}(t),t\in T\cup T'$, 其中

$$\widetilde{X}(t)=\begin{cases} X(t), & t\in T\\ Y(t), & t\in T'\end{cases} \tag{5.8.11}$$

这个过程由于式 (5.8.4)、(ii)、式 (5.8.10)、式 (5.8.8) 而满足

$$E\widetilde{X}(t)\overline{\widetilde{X}(s)}=\int_{\varLambda} h(t,\lambda)\overline{h(s,\lambda)}F(\mathrm{d}\lambda)$$

其中

$$h(t,\lambda)=\begin{cases} f(t,\lambda), & t\in T\\ g(t,\lambda), & t\in T'\end{cases} \tag{5.8.12}$$

因此 $\mathscr{L}\{h(t,\lambda),t\in T\cup T'\}=L^2(\varLambda,\varLambda\mathscr{B},F)$.

由 (1) 中已证的事实, 存在定义于 $(\varLambda,\varLambda\mathscr{B},F)$ 上的随机测度 $Z(\varDelta)$, 使

$$\widetilde{X}(t)=\int_{\varLambda} h(t,\lambda)Z(\mathrm{d}\lambda),\quad t\in T\cup T'$$

特别地, 当 $t \in T$ 时, 上式也成立, 而且由于式 (5.8.11)、式 (5.8.12), 上式化为式 (5.8.6).

定理 5.32 证毕.

定理 5.33 (Karhunen-Loeve 展开) 设有实值均方连续二阶矩过程 $X(t), t \in [a,b]$, 又 $EX(t) \equiv 0$, 则

$$X(t) = \sum_{v=1}^{+\infty} \sqrt{\lambda_v}\varphi_v z_v \tag{5.8.13}$$

其中级数为均方收敛, z_v 为实随机变量, $Ez_v = 0, Ez_v z_\mu = \delta_{v\mu}, \lambda_v$ 是积分方程

$$\lambda\varphi(t) = \int_a^b B(t,s)\varphi(s)\mathrm{d}s \tag{5.8.14}$$

的特征根, $\varphi_v(t)$ 是相应的特征函数, $B(t,s) = EX(t)X(s)$.

证明 考虑 $B(t,s) = EX(t)X(s)$ 是 $a \leqslant t, s \leqslant b$ 上二元对称连续实函数, 由 Mercer 定理得到

$$B(t,s) = \sum_{v=1}^{+\infty} \lambda_v\varphi_v(t)\varphi_v(s) = \sum_{v=1}^{+\infty} (\sqrt{\lambda_v}\varphi_v(t))(\sqrt{\lambda_v}\varphi_v(s))$$

级数一致收敛.

令

$$f(t,\lambda) = \begin{cases} \sqrt{\lambda_v}\varphi_v(t)\cdot v, & \text{当 } v = 1,2,\cdots \\ 0, & \text{当 } v \text{ 非正整数} \end{cases}$$

$$F\{v\} = \frac{1}{v^2}, \quad F(\varDelta) = 0, \quad \varDelta \text{ 不含正整数}$$

则

$$\begin{aligned} EX(t)X(s) = B(t,s) &= \sum_{v=1}^{+\infty} (\sqrt{\lambda_v}\varphi_v(t))(\sqrt{\lambda_v}\varphi_v(s)) \\ &= \int_{-\infty}^{+\infty} f(t,\lambda)f(s,\lambda)F(\mathrm{d}\lambda) \end{aligned}$$

利用 Karhunen 定理, 有 $(\mathbf{R}, \mathscr{B}, F)$ 上的随机测度 $Z(\varDelta)$, 使

$$X(t) = \int_{-\infty}^{+\infty} f(t,\lambda)Z(\mathrm{d}\lambda)$$

其中 $Z(\varDelta)$ 满足 $EZ(\varDelta_1)Z(\varDelta_2) = F(\varDelta_1\varDelta_2)$, 故由 $E|Z(\varDelta)|^2 = F(\varDelta)$ 知 $Z(\varDelta) = 0$, 只要 $\varDelta$ 不含正整数. 于是

$$X(t) = \int_{-\infty}^{+\infty} f(t,\lambda)Z(\mathrm{d}\lambda) = \sum_{v=1}^{+\infty} f(t,v)Z\{v\}$$

$$= \sum_{v=1}^{+\infty} \sqrt{\lambda_v}\varphi_v(t) \cdot v \cdot Z\{v\} = \sum_{v=1}^{+\infty} \sqrt{\lambda_v}\varphi_v(t) z_v$$

其中 $z_v = Z\{v\} \cdot v$, 并且

$$\begin{aligned} E|z_v|^2 &= E|Z\{v\} \cdot v|^2 = v^2 F\{v\} = v^2 \cdot \frac{1}{v^2} = 1 \\ Ez_v z_\mu &= E(Z\{v\} \cdot v \cdot Z\{\mu\} \cdot \mu) = v\mu E\{v\}\{\mu\} = \delta_{v\mu} \\ Ez_v &= vEZ\{v\} = 0 \end{aligned}$$

定理 5.33 证毕.

定理 5.34 如果平稳序列 $X(t), t \in \mathbf{N}$ 具有谱密度 $f(t)$, 且 $EX(t) = 0$, 则

$$X(t) = \sum_{k=-\infty}^{+\infty} a_k w(t-k) \tag{5.8.15}$$

其中 $Ew(k) = 0$, $Ew(k)\overline{w(j)} = \delta_{kj}$ (满足上述条件的过程称为白噪声或线性过程, 其和为滑动和).

证明

$$\begin{aligned} EX(t)\overline{X(s)} &= B(t-s) = \int_{-\pi}^{\pi} \mathrm{e}^{\mathrm{i}(t-s)\lambda} f(\lambda)\mathrm{d}\lambda \\ &= \int_{-\pi}^{\pi} (\mathrm{e}^{\mathrm{i}t\lambda}\sqrt{f(\lambda)})(\mathrm{e}^{-\mathrm{i}s\lambda}\sqrt{f(\lambda)})\mathrm{d}\lambda = \int_{-\pi}^{\pi} f(t,\lambda)\overline{f(s,\lambda)}\mathrm{d}\lambda \end{aligned}$$

由 Karhunen 定理, 有随机测度 $Z(\varDelta)$, 使

$$X(t) = \int_{-\pi}^{\pi} \mathrm{e}^{\mathrm{i}t\lambda}\sqrt{f(\lambda)} Z(\mathrm{d}\lambda)$$

其中 $EZ(\varDelta) = 0, EZ(\varDelta_1)\overline{Z(\varDelta_2)} = F(\varDelta_1\varDelta_2)$, F 为 Lebesgue 测度. 由 $\sqrt{f(\lambda)} \in L^2(F)$, 故有 Fourier 展开:

$$\sqrt{f(\lambda)} = \frac{1}{\sqrt{2\pi}} \sum_{k=-\infty}^{+\infty} a_k \mathrm{e}^{-\mathrm{i}k\lambda}$$

故

$$\mathrm{e}^{\mathrm{i}t\lambda}\sqrt{f(\lambda)} = \frac{1}{\sqrt{2\pi}} \sum_{k=-\infty}^{+\infty} a_k \mathrm{e}^{\mathrm{i}(t-k)\lambda}$$

收敛是指 $L^2(\mathrm{d}\lambda)$ 意义下. 因此

$$\begin{aligned} X(t) &= \int_{-\pi}^{\pi} \mathrm{e}^{\mathrm{i}t\lambda}\sqrt{f(\lambda)} Z(\mathrm{d}\lambda) \\ &= \sum_{k=-\infty}^{+\infty} a_k \cdot \frac{1}{\sqrt{2\pi}} \int_{-\pi}^{\pi} \mathrm{e}^{\mathrm{i}(t-k)\lambda} Z(\mathrm{d}\lambda) = \sum_{k=-\infty}^{+\infty} a_k w(t-k) \end{aligned}$$

其中 $w(t) = \dfrac{1}{\sqrt{2\pi}}\displaystyle\int_{-\pi}^{\pi} \mathrm{e}^{\mathrm{i}t\lambda} Z(\mathrm{d}\lambda)$, 因此 $Ew(t)=0$, 并且

$$
\begin{aligned}
Ew(j)\overline{w(k)} &= \frac{1}{2\pi}\int_{-\pi}^{\pi} \mathrm{e}^{\mathrm{i}j\lambda}\cdot\overline{\mathrm{e}^{\mathrm{i}k\lambda}}\mathrm{d}\lambda \\
&= \frac{1}{2\pi}\int_{-\pi}^{\pi} \mathrm{e}^{\mathrm{i}(j-k)\lambda}\mathrm{d}\lambda = \delta_{jk}
\end{aligned}
$$

定理 5.34 证毕.

定理 5.35　若 $X(t) = \displaystyle\sum_{k=-\infty}^{+\infty} a_k w(t-k)$, 其中 $Ew(k)\equiv 0, Ew(j)\overline{w(k)} = \delta_{jk}$, 则 $X(t), t\in\mathbf{N}$ 具有谱密度 $f(\lambda)$, 且

$$
f(\lambda) = \frac{1}{2\pi}\left|\sum_{k=-\infty}^{+\infty} a_k \mathrm{e}^{-\mathrm{i}k\lambda}\right|^2
$$

证明　$w(t), t\in\mathbf{N}$ 为平稳序列, 且

$$
B_w(t) = \begin{cases} 1, & t=0 \\ 0, & t\neq 0 \end{cases} \Leftrightarrow \int_{-\pi}^{\pi} \mathrm{e}^{\mathrm{i}t\lambda}\frac{1}{2\pi}\mathrm{d}\lambda
$$

设 $w(t) = \displaystyle\int_{-\pi}^{\pi} \mathrm{e}^{\mathrm{i}t\lambda} Z_w(\mathrm{d}\lambda)$, 则

$$
X(t) = \sum_{k=-\infty}^{+\infty} a_k \int_{-\pi}^{\pi} \mathrm{e}^{\mathrm{i}(t-k)\lambda} Z_w(\mathrm{d}\lambda) = \int_{-\pi}^{\pi} \sum_{k=-\infty}^{+\infty} a_k \mathrm{e}^{\mathrm{i}(t-k)\lambda} Z_w(\mathrm{d}\lambda)
$$

$$
EX(t)\overline{X(s)} = \int_{-\pi}^{\pi} \mathrm{e}^{\mathrm{i}(t-s)\lambda}\left|\sum_{k=-\infty}^{+\infty} a_k \mathrm{e}^{-\mathrm{i}k\lambda}\right|^2 \cdot \frac{1}{2\pi}\mathrm{d}\lambda
$$

可是见谱密度 $f(\lambda)$ 存在, 且

$$
f(\lambda) = \frac{1}{2\pi}\left|\sum_{k=-\infty}^{+\infty} a_k \mathrm{e}^{-\mathrm{i}k\lambda}\right|^2 \quad \text{(谱分解的唯一性)}
$$

定理 5.35 证毕.

第 6 章 线性预测问题引论

6.1 线性预测问题的提出

设具有二阶矩随机序列 $X_t,\ t \in \mathbf{N}$, 且 $EX_t = 0,\ t_1 < t_2 < \cdots < t_n < M$. 如果已知 $X_{t_1}, X_{t_2}, \cdots, X_{t_n}$ 的观测值, 要求预测 X_M 之值, 即找一个 n 元 Borel 函数 $\varphi(x_1, \cdots, x_n)$ 用 $\widetilde{X} = \varphi(X_{t_1}, \cdots, X_{t_n})$ 作 X_M 的预测量.

首先选择一个寻找最优预测量 $\widetilde{X}_M$ 的准则, 自然用

$$\sigma_M^2 = E|X_M - \widetilde{X}_M|^2 = \inf_{\xi \in S} E|X_M - \xi|^2 \tag{6.1.1}$$

其中

$$\begin{aligned} S =& \{\xi |\ \xi = \varphi(X_{t_1}, \cdots, X_{t_n}),\ \ \varphi\text{为}n\text{元Borel函数}, E|\xi|^2 < \infty\} \\ =& L^2(\Omega, \mathscr{F}_{X_{t_1} \cdots X_{t_n}}, p) \subset L^2(\Omega, \mathscr{F}, p) \end{aligned}$$

这里 $\mathscr{F}_{X_{t_1} \cdots X_{t_n}}$ 是 n 维 σ 域. 故从第 5 章知, $\widetilde{X}_M$ 即为 X_M 在 S 上的投影, 由下列条件唯一决定:

$$\begin{cases} \widetilde{X}_M \in S \\ X_M - \widetilde{X}_M \perp S \end{cases} \tag{6.1.2}$$

定理 6.1 $\widetilde{X}_M = E\{X_M | X_{t_1}, \cdots, X_{t_n}\}$ (6.1.3)

证明 易见, $E\{X_M | X_{t_1}, \cdots, X_{t_n}\} \in S$. 又由条件数学期望性质, 对 $\forall \xi \in S$, 有

$$\begin{aligned} & E\{(X_M - E\{X_M | X_{t_1}, \cdots, X_{t_n}\})\bar{\xi}\} \\ =& E(X_M \bar{\xi}) - E\{[E(X_M | X_{t_1}, \cdots, X_{t_n})]\bar{\xi}\} \\ =& E(X_M \bar{\xi}) - E\{E(X_M \bar{\xi} | X_{t_1}, \cdots, X_{t_n})\} \\ =& E(X_M \bar{\xi}) - E(X_M \bar{\xi}) = 0 \end{aligned}$$

再由投影的唯一性知, $\widetilde{X}_M = E\{X_M | X_{t_1}, \cdots, X_{t_n}\}$.

注 6.1 n 元 Borel 函数: 若 $g: \mathbf{R}^n \to \mathbf{R}$ 满足

$$\{(x_1, \cdots, x_n) |\ g(x_1, \cdots, x_n) \in B_1,\ \forall B_1 \in \mathscr{B}\} \in \mathscr{B}^n$$

注 6.2 n 个随机变量的条件数学期望: $E\{X_M | X_{t_1}, \cdots, X_{t_n}\}$ 是关于 $X_{t_1}, \cdots, X_{t_n}$ 的函数. 性质 $E\eta = E[E(\eta | \xi)]$.

令人遗憾的是, 式 (6.1.3) 并没有给出求 $\widetilde{X}_M$ 的实际可行的解法. 因为计算它要知道 $X_M, X_{t_1}, \cdots, X_{t_n}$ 的联合分布, 这是办不到的.

为了找出可行解, 必须考虑线性预测. 记

$$L = L\{X_{t_1}, \cdots, X_{t_n}\} = \mathscr{L}\{X_{t_1}, \cdots, X_{t_n}\}$$

要找 $\widehat{X}_M$, 使

$$E|X_M - \widehat{X}_M|^2 = \inf_{\xi \in L} E|X_M - \xi|^2 \tag{6.1.4}$$

称 $\widehat{X}_M$ 为 X_M 的**线性预测量**, 并记

$$\widehat{X}_M = \widehat{E}(X_M | X_{t_1}, \cdots, X_{t_n})$$

又称为**广义条件数学期望**. $\widehat{X}_M$ 即为 X_M 在子空间 L 上的投影, 由下列条件唯一决定:

$$\begin{cases} \widehat{X}_M \in L \\ X_M - \widehat{X}_M \perp L \end{cases} \tag{6.1.5}$$

定理 6.2　设 X_t, $t \in \mathbf{N}$ 是 Gauss 序列, $EX_t = 0$. 对任一组 $t_1, \cdots, t_n$, M, 总可以找到一个线性函数 $L(x_1, \cdots, x_n) = \sum_{j=1}^{n} c_j x_j$, 使

$$E\left|X_M - \sum_{j=1}^{n} c_j X_{t_j}\right|^2 = \inf_{\xi \in S} E|X_M - \xi|^2 \tag{6.1.6}$$

即

$$\begin{aligned} \widetilde{X}_M =& E(X_M | X_{t_1}, \cdots, X_{t_n}) = \sum_{j=1}^{n} c_j X_{t_j} \\ =& \widehat{X}_M = \widehat{E}(X_M | X_{t_1}, \cdots, X_{t_n}) \end{aligned}$$

下面先证一个引理:

引理 6.1　设 $\xi_1, \cdots, \xi_n, \xi_{n+1}$ 具有联合 Gauss 分布, $E\xi_k = 0$, $E\xi_{n+1}\bar{\xi}_k = 0$, $k = 1, 2, \cdots, n$, 则 ξ_{n+1} 与 $(\xi_1, \cdots, \xi_n)$ 相互独立.

证明　利用定理 5.4, 存在 $\eta_1, \cdots, \eta_m$, 使

$$\eta_k = \sum_{j=1}^{n} \alpha_{kj} \xi_j, \quad k = 1, 2, \cdots, m$$

$$E\eta_k \bar{\eta}_j = \delta_{kj}$$

$$\xi_k = \sum_{j=1}^{m} \beta_{kj} \eta_j, \quad k = 1, 2, \cdots, n$$

因此只需证 ξ_{n+1} 与 $(\eta_1,\cdots,\eta_m)$ 独立.

由正态随机变量在线性变换下的不变性, 故 $\xi_{n+1},\eta_1,\cdots,\eta_m$ 仍有联合 Gauss 分布. 再由 $E(\xi_{n+1}\bar{\xi}_k)=0,\ k=1,2,\cdots,n$, 故 $\xi_{n+1},\eta_1,\cdots,\eta_m$ 的协方差阵为对角阵. 这说明 $\xi_{n+1},\eta_1,\cdots,\eta_m$ 不相关, 注意到 Gauss 分布的不相关性与独立性是等价的, 从而独立. 因此 ξ_{n+1} 与 $(\eta_1,\cdots,\eta_m)$ 独立, 进而 ξ_{n+1} 与 $(\xi_1,\cdots,\xi_n)$ 独立.

下面证明定理 6.2.

由于 $X_M,X_{t_1},\cdots,X_{t_n}$ 有联合 Gauss 分布, 所以 $X_M-\widehat{X}_M,\ \ X_{t_1},\cdots,X_{t_n}$ 也有联合 Gauss 分布 ($\widehat{X}_M$ 是 $X_{t_1},\cdots,X_{t_n}$ 的线性组合), 而且

$$(X_M-\widehat{X}_M,\ X_{t_j})=0,\quad j=1,2,\cdots,n$$

故 $X_M-\widehat{X}_M$ 与 $(X_{t_1},\cdots,X_{t_n})$ 独立 (引理 6.1). 所以

$$\begin{aligned}\widetilde{X}_M=&E(X_M|X_{t_1},\cdots,X_{t_n})\\=&E(X_M-\widehat{X}_M+\widehat{X}_M|X_{t_1},\cdots,X_{t_n})\\=&E(X_M-\widehat{X}_M|X_{t_1},\cdots,X_{t_n})+E(\widehat{X}_M|X_{t_1},\cdots,X_{t_n})\\=&E(X_M-\widehat{X}_M)+\widehat{X}_M\quad(\text{独立性, 常数的期望为自身})\\=&\widehat{X}_M=\widehat{E}(X_M|X_{t_1},\cdots,X_{t_n})\end{aligned}$$

定理 6.2 证毕.

下面考虑资料为无穷的情况.

设有平稳序列 $X(t),\ t\in\mathbf{N},\ EX(t)=0$, 已知 $X(t),\ t<0$, 要求 $X_M\ (M\geqslant 0)$ 的最优线性预测, 即求 $\widehat{X}_M\in H_0=\mathscr{L}\{X(t),\ t<0\}$, 使

$$E|X_M-\widehat{X}_M|^2=\inf_{\xi\in H_0}E|X_M-\xi|^2 \tag{6.1.7}$$

显然, $\widehat{X}_M=P_{H_0}X_M$, 它由条件

$$\widehat{X}_M\in H_0 \tag{6.1.8}$$

$$X_M-\widehat{X}_M\perp H_0\text{或等价地}(X_M-\widehat{X}_M,\ X(t))=0\quad(t<0) \tag{6.1.9}$$

唯一确定. 将 $\widehat{X}_M$ 用谱表示为

$$\widehat{X}_M=\int_{-\pi}^{\pi}\varPhi_M(\lambda)Z(\mathrm{d}\lambda) \tag{6.1.10}$$

其中 $\varPhi_M(\lambda)$ 为 $\widehat{X}_M$ 的谱特征.

将条件式 (6.1.8)、式 (6.1.9) 表示为谱特征 $\varPhi_M(\lambda)$ 的条件, 即为下面的定理.

定理 6.3 设 $X_t,\ t\in\mathbf{N}$ 为平稳序列, $EX_t=0$. 已知 $X_t,\ t<0$, 要求预测 $X_M\ (M\geqslant 0)$. 令 $H_0=\mathscr{L}\{X_t,\ t<0\}$, 于是预测问题成为找 $P_{H_0}X_M=\widehat{X}_M$. 设

$$\widehat{X}_M=\int_{-\pi}^{\pi}\varPhi_M(\lambda)Z(\mathrm{d}\lambda)$$

其中 $\varPhi_M(\lambda) \in L^2(F)$ 由下列条件唯一确定:

(1) $\varPhi_M(\lambda) \xlongequal{L^2(F)} \lim\limits_{n} \sum\limits_{k=1}^{m_n} c_k^{(n)} \mathrm{e}^{-\mathrm{i}l_k\lambda}$ ($l_k > 0$ 为正整数); (6.1.11)

(2) $\int_{-\pi}^{\pi} (\mathrm{e}^{\mathrm{i}M\lambda} - \varPhi_M(\lambda))\mathrm{e}^{\mathrm{i}k\lambda} F(\mathrm{d}\lambda) = 0, \quad k = 1, 2, \cdots.$ (6.1.12)

如果谱密度存在, 则式 (6.1.12) 成为

$$\int_{-\pi}^{\pi} (\mathrm{e}^{\mathrm{i}M\lambda} - \varPhi_M(\lambda))\mathrm{e}^{\mathrm{i}k\lambda} f(\lambda)\mathrm{d}\lambda = 0, \qquad k = 1, 2, \cdots \tag{6.1.13}$$

注 6.3 定理 6.3 把寻找投影 $\widehat{X}_M$ 转化为求谱特征 $\varPhi_M(\lambda)$.

下面给出具体求谱特征的方法:

定理 6.4 如果存在复变量函数 $\varPhi_M^*(z)$, 使

(1′) $\varPhi_M^*(z)$ 在 $|z| > 1 - \varepsilon$ $(0 < \varepsilon < 1)$ 上解析, 且 $\varPhi_M^*(\infty) = 0$;

(2′) $[z^M - \varPhi_M^*(z)]f^*(z)$ 在 $|z| < 1 + \rho$(ρ 为某一正数) 内解析, 其中 $f^*(\mathrm{e}^{\mathrm{i}\lambda}) = f(\lambda)$ 为过程的谱密度, 则取 $\varPhi_M(\lambda) = \varPhi_M^*(\mathrm{e}^{\mathrm{i}\lambda})$ 即可.

证明 只需说明由定理确定的 $\varPhi_M(\lambda)$ 满足条件式 (6.1.11) 和式 (6.1.13) 即可.

由 (1′) 知

$$\varPhi_M^*(z) = \sum_{k=0}^{+\infty} \frac{a_k}{z^k}, \quad |z| > 1 - \varepsilon$$

再由 $\varPhi_M^*(+\infty) = 0$ 知, $a_0 = 0$, 故

$$\varPhi_M^*(z) = \sum_{k=1}^{+\infty} \frac{a_k}{z^k}, \quad |z| > 1 - \varepsilon$$

于是

$$\varPhi_M(\lambda) = \varPhi_M^*(\mathrm{e}^{\mathrm{i}\lambda}) = \sum_{k=1}^{+\infty} a_k \mathrm{e}^{-\mathrm{i}k\lambda}$$

一致收敛, 当然 $L^2(F)$ 收敛 (F 为有限测度), 故 $\varPhi_M(\lambda) \in L^2(F)$, 且满足式 (6.1.11).

由 (2′)

$$[z^M - \varPhi_M^*(z)]f^*(z) = \sum_{j=0}^{+\infty} c_j z^j, \quad |z| < 1 + \rho$$

得知

$$[\mathrm{e}^{\mathrm{i}M\lambda} - \varPhi_M(\lambda)]f(\lambda) = \sum_{j=0}^{+\infty} c_j \mathrm{e}^{\mathrm{i}j\lambda}$$

一致收敛, 从而

$$\int_{-\pi}^{\pi} [\mathrm{e}^{\mathrm{i}M\lambda} - \varPhi_M(\lambda)]f(\lambda)\mathrm{e}^{\mathrm{i}k\lambda}\mathrm{d}\lambda$$

$$
\begin{aligned}
&= \int_{-\pi}^{\pi} \sum_{j=0}^{+\infty} c_j \mathrm{e}^{\mathrm{i}j\lambda} \mathrm{e}^{\mathrm{i}k\lambda} \mathrm{d}\lambda \\
&= \sum_{j=0}^{+\infty} c_j \int_{-\pi}^{\pi} \mathrm{e}^{\mathrm{i}(j+k)\lambda} \mathrm{d}\lambda = 0, \quad k = 1, 2, \cdots
\end{aligned}
$$

这说明 $\Phi_M(\lambda)$ 满足式 (6.1.13).

定理 6.4 证毕.

6.2 具有有理谱密度的平稳序列的线性预测

设平稳序列 $X_t,\ t \in \mathbf{N}$ 具有有理谱密度

$$
f(\lambda) = \left| \frac{B(\mathrm{e}^{\mathrm{i}\lambda})}{A(\mathrm{e}^{\mathrm{i}\lambda})} \right|^2
$$

其中 $A(z),\ B(z)$ 均为多项式, 可以要求

$$
A(z) = A_0 \prod_{k=1}^{S} (z - a_k), \quad 0 < |a_k| < 1
$$

$$
B(z) = B_0 \prod_{j=1}^{T} (z - b_j), \quad 0 < |b_j| < 1
$$

这因为若 $|a_k| > 1$, 则

$$
\begin{aligned}
|\mathrm{e}^{\mathrm{i}\lambda} - a_k|^2 &= \left| \mathrm{e}^{\mathrm{i}\lambda} a_k \left(\frac{1}{a_k} - \mathrm{e}^{-\mathrm{i}\lambda} \right) \right|^2 \\
&= |a_k|^2 \left| \mathrm{e}^{\mathrm{i}\lambda} - \frac{1}{\bar{a}_k} \right|^2
\end{aligned}
$$

而 $\left| \dfrac{1}{\bar{a}_k} \right| = \dfrac{1}{|a_k|} < 1$, 取 $a_k' = \dfrac{1}{\bar{a}_k}$ 即可. 同样可讨论 b_j.

若 $|a_k| = 1$, 则 $\displaystyle\int_{-\pi}^{\pi} f(\lambda)\mathrm{d}\lambda$ 发散 $\left(\text{因} \left| \dfrac{1}{\mathrm{e}^{\mathrm{i}\lambda} - \mathrm{e}^{\mathrm{i}\lambda_0}} \right|^2 \sim \left| \dfrac{1}{\lambda - \lambda_0} \right|^2, \text{当 } \lambda \to \lambda_0 \text{ 时} \right)$.

对 $|b_j| = 1$, 情况太复杂, 讨论省略.

对于 $|a_k| = 0$ 或 $|b_j| = 0$, 可去掉该因子 (因 $|\mathrm{e}^{\mathrm{i}\lambda}| = 1$).

定理 6.5 设平稳序列 $X_t,\ t \in \mathbf{N},\ EX_t = 0$, 具有有理谱密度

$$
f(\lambda) = \left| \frac{B_0}{A_0} \right|^2 \cdot \left| \frac{\prod\limits_{j=1}^{T} (\mathrm{e}^{\mathrm{i}\lambda} - b_j)}{\prod\limits_{k=1}^{S} (\mathrm{e}^{\mathrm{i}\lambda} - a_k)} \right|^2, \quad 0 < |a_k|, \ \ |b_j| < 1
$$

令

$$f^*(z) = \left|\frac{B_0}{A_0}\right|^2 \cdot \frac{(z-b_1)\cdots(z-b_T)(1-\bar{b}_1 z)\cdots(1-\bar{b}_T z)}{(z-a_1)\cdots(z-a_S)(1-\bar{a}_1 z)\cdots(1-\bar{a}_S z)} \cdot z^{S-T}$$

于是 $f^*(\mathrm{e}^{\mathrm{i}\lambda}) = f(\lambda)$.

当 $S \geqslant T$ 时, 确定一个 $S-1$ 次多项式 $Q(z)$, 使

$$z^{M+S-T}(z-b_1)\cdots(z-b_T) - Q(z)$$

有根 $a_1, \cdots, a_S$.

当 $S < T$ 时, 确定一个 $T-1$ 次多项式 $Q(z)$, 使

$$z^M(z-b_1)\cdots(z-b_T) - Q(z)$$

有根 $a_1, \cdots, a_S$ 及 $T-S$ 个零根. 于是, 令

$$\varPhi_M^*(z) = \begin{cases} \dfrac{Q(z)}{z^{S-T}(z-b_1)\cdots(z-b_T)}, & S \geqslant T \\ \dfrac{Q(z)}{(z-b_1)\cdots(z-b_T)}, & S < T \end{cases}$$

取

$$\varPhi_M(\lambda) = \varPhi_M^*(\mathrm{e}^{\mathrm{i}\lambda})$$

则

$$\widehat{X}_M = \int_{-\pi}^{\pi} \varPhi_M(\lambda)\mathrm{d}\lambda$$

$$\sigma_M^2 = E|X_M - \widehat{X}_M|^2 = B(0) - \int_{-\pi}^{\pi} |\varPhi_M(\lambda)|^2 f(\lambda)\mathrm{d}\lambda$$

$$\lim_{M\to\infty} \sigma_M^2 = \int_{-\pi}^{\pi} f(\lambda)\mathrm{d}\lambda = B(0)$$

证明　当 $S \geqslant T$ 时

$$[z^M - \varPhi_M^*(z)]f^*(z) = \frac{z^{M+S-T}(z-b_1)\cdots(z-b_T) - Q(z)}{z^{S-T}(z-b_1)\cdots(z-b_T)} \cdot \left|\frac{B_0}{A_0}\right|^2 \cdot \frac{(z-b_1)\cdots(z-b_T)(1-\bar{b}_1 z)\cdots(1-\bar{b}_T z)}{(z-a_1)\cdots(z-a_S)(1-\bar{a}_1 z)\cdots(1-\bar{a}_S z)} z^{S-T}$$

令 $\alpha = \max\{|a_j|,\ j=1,2,\cdots,S\}$, $\rho = 1/\alpha - 1$. 显然, $[z^M - \varPhi_M^*(z)]f^*(z)$ 在 $|z| < 1+\rho$ 内解析, 即 $\varPhi_M^*(z)$ 满足定理 6.4 中条件 $(2')$.

事实上, ① 因 $z^{M+S-T}(z-b_1)\cdots(z-b_T) - Q(z)$ 有根 $a_1, \cdots, a_S$, 所以 $a_1, \cdots, a_S$ 不是 $[z^M - \varPhi_M^*(z)]f^*(z)$ 的奇点; ②因 $|z| < 1+\rho$, 即 $|z| < 1/\alpha, |\bar{a}_j z| < 1$, 故 $\prod\limits_{j=1}^{S}(1-\bar{a}_j z) \neq 0$, 从而 $[z^M - \varPhi_M^*(z)]f^*(z)$ 无奇点, 解析.

令 $\beta=\max\{|b_k|,\ k=1,2,\cdots,T\}$, 取 $1-\varepsilon=\beta$, 则 $\Phi_M^*(z)$ 在 $|z|>1-\varepsilon=\beta$ 上解析.

事实上, 因 $|z|>\beta$, $b_1,\cdots,b_T$ 非 $\Phi_M^*(z)$ 的奇点. 又 $\Phi_M^*(\infty)=0$(分子是 $S-1$ 次多项式, 分母是 S 次多项式), 因此 $\Phi_M^*(z)$ 满足定理 6.4 中 $(1')$, $(2')$, 取 $\Phi_M(\lambda)=\Phi_M^*(\mathrm{e}^{\mathrm{i}\lambda})$ 即可.

当 $S<T$ 时, 同样可证. 因此可取

$$\widehat{X}_M=\int_{-\pi}^{\pi}\Phi_M(\lambda)Z(\mathrm{d}\lambda)$$

下面来确定多项式 $Q(z)$. 方程组

$$\begin{pmatrix} a_1^{S-1} & a_1^{S-2} & \cdots & a_1 & 1\\ a_2^{S-1} & a_2^{S-2} & \cdots & a_2 & 1\\ \vdots & \vdots & & \vdots & \vdots\\ a_S^{S-1} & a_S^{S-2} & \cdots & a_S & 1\end{pmatrix}\begin{pmatrix} x_1^{(M)}\\ x_2^{(M)}\\ \vdots\\ x_S^{(M)}\end{pmatrix}=\begin{pmatrix} a_1^{M+S-T}\sum\limits_{j=1}^{T}(a_1-b_j)\\ a_2^{M+S-T}\sum\limits_{j=1}^{T}(a_2-b_j)\\ \vdots\\ a_S^{M+S-T}\sum\limits_{j=1}^{T}(a_S-b_j)\end{pmatrix}$$

当 $a_1,a_2,\cdots,a_S$ 中两两不相同时, 其系数行列式为 Vandermonde 行列式, 其值不为 0. 因此方程组有唯一解, 从而可求出 $x_1^{(M)},\ \cdots,x_S^{(M)}$.

当 $a_1,a_2,\cdots,a_S$ 分别为 $A(z)$ 的 $j_1,j_2,\cdots,j_S$ 重根时, $\sum\limits_{k=1}^{S}j_k=S$. 由方程组

$$\frac{\mathrm{d}^j}{\mathrm{d}z^j}[z^{M+S-T}(z-b_1)\cdots(z-b_T)-Q(z)]_{z=a_k}=0,\quad j=0,1,\cdots,j_k-1,\ \ k=1,2,\cdots,S$$

决定 $Q(z)$ 的系数, 此亦为解 S 个未知数的线性方程组问题. 系数行列式第 1 行为原行列式第 1 行, 第 2 行为原第 1 行对 a_1 作一次微商, $\cdots$, 第 j_1 行为原第 1 行对 a_1 作 j_1-1 次微商, $\cdots$. 此系数行列式为广义 Vandermonde 行列式, 其值不为 0, 故可唯一地求出 $Q(z)$ 的 S 个系数.

因 $0<|a_j|<1$, 当 $M\to\infty$ 时, $a_j^{M+S-T}\to 0,\ j=1,2,\cdots,S$, 故 $x_j^{(M)}\to 0\ (M\to\infty),\quad j=1,2,\cdots,S$.

由 Riesz 分解定理

$$\begin{aligned}\sigma_M^2=&E|X_M-\widehat{X}_M|^2=E|X_M|^2-E|\widehat{X}_M|^2\\ =&B(0)-\int_{-\pi}^{\pi}|\Phi_M(\lambda)|^2f(\lambda)\mathrm{d}\lambda\end{aligned}$$

而

$$\int_{-\pi}^{\pi}|\varPhi_M(\lambda)|^2 f(\lambda)\mathrm{d}\lambda=\int_{-\pi}^{\pi}\frac{|Q(\mathrm{e}^{\mathrm{i}\lambda})|^2}{|(\mathrm{e}^{\mathrm{i}\lambda}-b_1)\cdots(\mathrm{e}^{\mathrm{i}\lambda}-b_T)|^2}f(\lambda)\mathrm{d}\lambda$$

$$=\int_{-\pi}^{\pi}\left|\frac{B_0}{A_0}\right|^2\frac{\left|\sum_{j=1}^{S}x_j^{(M)}\mathrm{e}^{\mathrm{i}(S-j)\lambda}\right|^2}{|(\mathrm{e}^{\mathrm{i}\lambda}-a_1)\cdots(\mathrm{e}^{\mathrm{i}\lambda}-a_S)|^2}\mathrm{d}\lambda\to 0\quad (M\to\infty)$$

以上讨论是对 $S\geqslant T$ 的情况.

当 $S<T$, $Q(z)=y_1^{(M)}z^{T-1}+y_2^{(M)}z^{T-2}+\cdots+y_T^{(M)}$ 的系数可用待定系数法求解一个含 T 个未知数的方程组.

定理 6.5 证毕.

例 6.1 设平稳序列 X_t, $t\in\mathbf{N}$ 具有谱密度 $f(\lambda)=\dfrac{c}{|\mathrm{e}^{\mathrm{i}\lambda}-a|^2}$, $0<|a|<1$, $c>0$.

解 这里 $S=1$, $T=0$, $S>T$, $f^*(z)=cz/[(z-a)(1-\bar{a}z)]$, $Q(z)=x$, $\varPhi_M^*(z)=x/z$, 其中 x 为待定系数, 使

$$z^{M+1}-x=0$$

有根 a, 即 $x=a^{M+1}$, 故

$$\varPhi_M^*(z)=\frac{a^{M+1}}{z}$$

$$\varPhi_M(\lambda)=\varPhi_M^*(\mathrm{e}^{\mathrm{i}\lambda})=a^{M+1}\mathrm{e}^{-\mathrm{i}\lambda}$$

$$\widehat{X}_M=\int_{-\pi}^{\pi}a^{M+1}\mathrm{e}^{-\mathrm{i}\lambda}Z(\mathrm{d}\lambda)=a^{M+1}X_{-1}$$

$$\begin{aligned}\sigma_M^2&=E|X_M-\widehat{X}_M|^2=\int_{-\pi}^{\pi}|\mathrm{e}^{\mathrm{i}M\lambda}-a^{M+1}\mathrm{e}^{-\mathrm{i}\lambda}|^2\cdot\frac{c}{|\mathrm{e}^{\mathrm{i}\lambda}-a|^2}\mathrm{d}\lambda\\&=c\int_{-\pi}^{\pi}\left|\frac{\mathrm{e}^{\mathrm{i}(M+1)\lambda}-a^{M+1}}{\mathrm{e}^{\mathrm{i}\lambda}-a}\right|\mathrm{d}\lambda\\&=c\int_{-\pi}^{\pi}|\mathrm{e}^{\mathrm{i}M\lambda}+a\mathrm{e}^{\mathrm{i}(M-1)\lambda}+\cdots+a^{M-1}\mathrm{e}^{\mathrm{i}\lambda}+a^M|^2\mathrm{d}\lambda\\&=2\pi c(1+a^2+\cdots+a^{2M})\end{aligned}$$

例 6.2 设平稳序列 X_t, $t\in\mathbf{N}$ 具有谱密度 $f(\lambda)=c|\mathrm{e}^{\mathrm{i}\lambda}-b|^2, 0<|b|<1, c>0$.

解 此处 $S=0$, $T=1$, $S<T$, 并且

$$Q(z)=x,\quad \varPhi_M^*(z)=\frac{x}{z-b}$$

其中 x 为待定常数, 使

$$z^M(z-b)-x=0$$

有零根.

(1) $M=0$ 时, 则 $x=-b$, $\Phi_0^*(z)=\dfrac{-b}{z-b}$, $\Phi_0(\lambda)=\dfrac{-b}{\mathrm{e}^{\mathrm{i}\lambda}-b}$, 因此

$$\begin{aligned}\widehat{X}_0&=\int_{-\pi}^{\pi}-\frac{b}{\mathrm{e}^{\mathrm{i}\lambda}-b}Z(\mathrm{d}\lambda)=\int_{-\pi}^{\pi}-\frac{b\mathrm{e}^{-\mathrm{i}\lambda}}{1-b\mathrm{e}^{-\mathrm{i}\lambda}}Z(\mathrm{d}\lambda)\\&=-b\int_{-\pi}^{\pi}\mathrm{e}^{-\mathrm{i}\lambda}\sum_{k=0}^{+\infty}(b\mathrm{e}^{-\mathrm{i}\lambda})^kZ(\mathrm{d}\lambda)\\&=-\sum_{k=1}^{+\infty}b^k\int_{-\pi}^{\pi}\mathrm{e}^{-\mathrm{i}k\lambda}Z(\mathrm{d}\lambda)=-\sum_{k=1}^{\infty}b^kX_{-k}\end{aligned}$$

从而

$$\begin{aligned}\sigma_0^2=&E|X_0-\widehat{X}_0|^2\\=&\int_{-\pi}^{\pi}\left|1+\frac{b}{\mathrm{e}^{\mathrm{i}\lambda}-b}\right|^2\cdot c\cdot|\mathrm{e}^{\mathrm{i}\lambda}-b|^2\mathrm{d}\lambda=2\pi c\end{aligned}$$

(2) $M>0$ 时, 得 $x=0$, $\Phi_M^*(z)\equiv 0$, $\Phi_M(\lambda)\equiv 0$, $\widehat{X}_M=0$.

$$\sigma_M^2=c\int_{-\pi}^{\pi}|\mathrm{e}^{\mathrm{i}M\lambda}|^2\cdot|\mathrm{e}^{\mathrm{i}\lambda}-b|^2\mathrm{d}\lambda=2\pi c(1+|b|^2)$$

事实上, 由于

$$\begin{aligned}B(r)=&\int_{-\pi}^{\pi}\mathrm{e}^{\mathrm{i}r\lambda}c|\mathrm{e}^{\mathrm{i}\lambda}-b|^2\mathrm{d}\lambda\\=&c\int_{-\pi}^{\pi}\mathrm{e}^{\mathrm{i}r\lambda}[1+|b|^2-\bar{b}\mathrm{e}^{\mathrm{i}\lambda}-b\mathrm{e}^{-\mathrm{i}\lambda}]\mathrm{d}\lambda\end{aligned}$$

当 $r\geqslant 2$ 时, $B(r)=0$, 于是当 $M\geqslant 1$ 时, 有

$$X_M\perp\mathscr{L}\{X(t),\ \ t<1\}$$

从而 $\widehat{X}_M=0$.

例 6.3 设平稳序列 X_t, $t\in\mathbf{N}$ 具有谱密度 $f(\lambda)=\dfrac{c}{|\mathrm{e}^{\mathrm{i}\lambda}-a_1|^2\cdot|\mathrm{e}^{\mathrm{i}\lambda}-a_2|^2}$, $a_1\neq a_2$, $0<|a_1|$, $|a_2|<1, c>0$.

解 此时 $S=2$, $T=0$, $S>T$, $Q(z)=\alpha z+\beta$, 其中 α,β 待定, 使

$$z^{M+2}-\alpha z-\beta=0$$

有根 a_1,a_2, 即

$$\begin{cases}a_1^{M+2}-\alpha a_1-\beta=0\\a_2^{M+2}-\alpha a_2-\beta=0\end{cases}$$

解之得

$$\begin{cases} \alpha = \dfrac{a_1^{M+2} - a_2^{M+2}}{a_1 - a_2} \\ \beta = \dfrac{a_1 a_2 (a_2^{M+1} - a_1^{M+1})}{a_1 - a_2} \end{cases}$$

于是

$$\widehat{X}_M = \int_{-\pi}^{\pi} \frac{\alpha \mathrm{e}^{\mathrm{i}\lambda} + \beta}{\mathrm{e}^{2\lambda \mathrm{i}}} Z(\mathrm{d}\lambda) = \alpha X_{-1} + \beta X_{-2}$$

从而

$$\begin{aligned} \sigma_M^2 =& E|X_M - \widehat{X}_M|^2 \\ =& \int_{-\pi}^{\pi} \left| \mathrm{e}^{\mathrm{i}M\lambda} - \frac{\alpha \mathrm{e}^{\mathrm{i}\lambda} + \beta}{\mathrm{e}^{2\lambda \mathrm{i}}} \right|^2 \cdot \frac{c}{|\mathrm{e}^{\mathrm{i}\lambda} - a_1|^2 \cdot |\mathrm{e}^{\mathrm{i}\lambda} - a_2|^2} \mathrm{d}\lambda \\ =& c \int_{-\pi}^{\pi} \frac{|\mathrm{e}^{\mathrm{i}(M+2)\lambda} - \alpha \mathrm{e}^{\mathrm{i}\lambda} - \beta|^2}{|\mathrm{e}^{\mathrm{i}\lambda} - a_1|^2 \cdot |\mathrm{e}^{\mathrm{i}\lambda} - a_2|^2} \mathrm{d}\lambda \end{aligned}$$

定理 6.6　设平稳序列 $X_t,\ t \in \mathbf{N},\ EX_t = 0$, 具有谱密度

$$f(\lambda) = \frac{1}{|A(\mathrm{e}^{\mathrm{i}\lambda})|^2} = \frac{1}{|A_0|^2 \cdot \left| \prod_{j=1}^{S} (\mathrm{e}^{\mathrm{i}\lambda} - a_j) \right|^2}, \quad 0 < |a_j| < 1, \ \ j = 1, 2, \cdots, S \tag{6.2.1}$$

则

$$\begin{cases} \widehat{X}_M = \alpha_1^{(M)} X_{-1} + \cdots + \alpha_S^{(M)} X_{-S}, \quad M \geqslant 0 \\ \alpha_S^{(0)} \neq 0 \end{cases} \tag{6.2.2}$$

证明　此时 $T = 0$, $\varPhi_M^*(z) = \dfrac{Q(z)}{z^S}$, 且设

$$Q(z) = \alpha_1^{(M)} z^{S-1} + \cdots + \alpha_S^{(M)}$$

于是

$$\begin{aligned} \varPhi_M(\lambda) =& \varPhi_M^*(\mathrm{e}^{\mathrm{i}\lambda}) \\ =& \alpha_1^{(M)} \mathrm{e}^{-\lambda \mathrm{i}} + \alpha_2^{(M)} \mathrm{e}^{-2\lambda \mathrm{i}} + \cdots + \alpha_S^{(M)} \mathrm{e}^{-S\lambda \mathrm{i}} \\ \widehat{X}_M =& \alpha_1^{(M)} X_{-1} + \alpha_2^{(M)} X_{-2} + \cdots + \alpha_S^{(M)} X_{-S} \end{aligned}$$

进一步还有 $\alpha_S^{(0)} \neq 0$. 事实上, 若 $\alpha_S^{(0)} = 0$, 即

$$Q(z) = \alpha_1^{(0)} z^{S-1} + \alpha_2^{(0)} z^{S-2} + \cdots + \alpha_{S-1}^{(0)} z$$

于是 $z^S - Q(z) = 0$ 有根 $z = 0$, 与有根 $a_1, \cdots, a_S$(都不为 0) 矛盾.

定理 6.7 对平稳序列 $X_t,\ t\in\mathbf{N},\ EX(t)=0$, 下面两命题等价:

$$(1)\begin{cases}\widehat{X}_M=\alpha_1^{(M)}X_{-1}+\cdots+\alpha_S^{(M)}X_{-S}, M\geqslant 0\\ \alpha_S^{(0)}\neq 0\end{cases}$$

$$(2)\begin{cases}\widehat{X}_0=\alpha_1^{(0)}X_{-1}+\cdots+\alpha_S^{(0)}X_{-S}\\ \alpha_S^{(0)}\neq 0\end{cases}\tag{6.2.3}$$

证明 (1)⇒(2) 显然.

(2)⇒(1) 用数学归纳法, 设

$$\widehat{X}_M=\alpha_1^{(M)}X_{-1}+\cdots+\alpha_S^{(M)}X_{-S}$$

即

$$E\left\{(X_M-\sum_{k=1}^{S}\alpha_k^{(M)}X_{-k})\bar{X}_t\right\}=0,\quad t<0$$

再由平稳性知

$$E\left\{(X_{M+1}-\sum_{k=1}^{S}\alpha_k^{(M)}X_{1-k})\bar{X}_{t+1}\right\}=0,\quad t<0$$

即

$$E\left\{(X_{M+1}-\alpha_1^{(M)}X_0-\sum_{k=2}^{S}\alpha_k^{(M)}X_{1-k})\bar{X}_{t+1}\right\}=0,\quad t<0$$

但是

$$\begin{aligned}&E\left\{\alpha_1^{(M)}(X_0-\sum_{k=1}^{S}\alpha_k^{(0)}X_{-k})\bar{X}_t\right\}\\ =&E\left\{(\alpha_1^{(M)}X_0-\sum_{k=1}^{S}\alpha_1^{(M)}\alpha_k^{(0)}X_{-k})\bar{X}_t\right\}=0,\quad t<0\end{aligned}$$

上述两式相加 (第一式 $\overline{X}_{t+1}$ 改为 $\overline{X}_t$), 得

$$E\left\{\left(X_{M+1}-\left[\sum_{k=1}^{S-1}(\alpha_1^{(M)}\alpha_k^{(0)}+\alpha_{k+1}^{(M)})X_{-k}+\alpha_1^{(M)}\alpha_S^{(0)}X_{-S}\right]\right)\bar{X}_t\right\}=0,\quad t<0$$

从而

$$\begin{aligned}\widehat{X}_{M+1}&=\sum_{k=1}^{S-1}(\alpha_1^{(M)}\alpha_k^{(0)}+\alpha_{k+1}^{(M)})X_{-k}+\alpha_1^{(M)}\alpha_S^{(0)}X_{-S}\\ &=\sum_{k=1}^{S}\alpha_k^{(M+1)}X_{-k}\end{aligned}$$

其中

$$\alpha_S^{(M+1)} = \alpha_1^{(M)}\alpha_S^{(0)}$$

$$\alpha_k^{(M+1)} = \alpha_1^{(M)}\alpha_k^{(0)} + \alpha_{k+1}^{(M)}, \quad k = 1, 2, \cdots, S-1$$

定理 6.7 证毕.

定义 6.1 设平稳序列 X_t, $t \in \mathbf{N}$, $EX_t = 0$ 具有性质式 (6.2.2), 且 S 是使式 (6.2.2) 成立的最小非负整数, 则称 X_t 是*S 级复杂马氏型序列*.

零级马氏型序列是指 $\widehat{X}_M = 0$, 这样的序列只有两种: ① $X_t \equiv 0 \Leftrightarrow f(\lambda) \equiv 0$; ② X_t 为相互正交序列 $\Leftrightarrow f(\lambda) = c/(2\pi) = c$(常数).

定理 6.6′ 若平稳序列 X_t, $t \in \mathbf{N}$, $EX_t = 0$, 有谱密度式 (6.2.1), 则它必是 S 级复杂的马氏型序列.

证明 由定理 6.6 知

$$\begin{cases} \widehat{X}_M = \alpha_1^{(M)} X_{-1} + \cdots + \alpha_S^{(M)} X_{-S}, \quad M \geqslant 0 \\ \alpha_S^{(0)} \neq 0 \end{cases}$$

若有 $t < S$, 使

$$\widehat{X}_M = \beta_1^{(M)} X_{-1} + \cdots + \beta_t^{(M)} X_{-t}$$

于是

$$0 = (\alpha_1^{(M)} - \beta_1^{(M)}) X_{-1} + \cdots + (\alpha_t^{(M)} - \beta_t^{(M)}) X_{-t} + \alpha_{t+1}^{(M)} X_{-t-1} + \cdots + \alpha_S^{(M)} X_{-S}$$

特别地, $M = 0$ 时, 令 $\delta_j^{(0)} = \alpha_j^{(0)} - \beta_j^{(0)}$, $j = 1, 2, \cdots, t$; $\delta_j^{(0)} = \alpha_j^{(0)}$, $j = t+1, \cdots, S$, 得

$$\int_{-\pi}^{\pi} \sum_{j=1}^{S} \delta_j^{(0)} \mathrm{e}^{-\mathrm{i}j\lambda} Z(\mathrm{d}\lambda) = 0 \quad \Leftrightarrow$$

$$\int_{-\pi}^{\pi} \left| \sum_{j=1}^{S} \delta_j^{(0)} \mathrm{e}^{-\mathrm{i}j\lambda} \right|^2 f(\lambda) \mathrm{d}\lambda = 0$$

由于 $\delta_s^{(0)} = \alpha_s^{(0)} \neq 0$, 所以 $\sum\limits_{j=1}^{S} \delta_j^{(0)} z^j$ 为 z 的 S 次多项式. 于是, 使 $\sum\limits_{j=1}^{S} \delta_j^{(0)} \mathrm{e}^{-\mathrm{i}j\lambda} = 0$ 的 λ 只有有限个.

因此, 除有限个 λ 外, $\left| \sum\limits_{j=1}^{S} \delta_j^{(0)} \mathrm{e}^{-\mathrm{i}j\lambda} \right| > 0$. 注意到 $f(\lambda) > 0$, 从而

$$\int_{-\pi}^{\pi} \left| \sum_{j=1}^{S} \delta_j^{(0)} \mathrm{e}^{-\mathrm{i}j\lambda} \right|^2 f(\lambda) \mathrm{d}\lambda > 0$$

这个矛盾说明定理 6.6′ 成立.

系 6.1 如果平稳序列有谱密度式 (6.2.1), 则式 (6.2.2)、式 (6.2.3) 中系数是唯一确定的.

现在考虑定理 6.6′ 的反问题: 若一个均值为零的平稳序列 $X_t,\ t\in\mathbf{N}$ 为 S 级复杂的马氏型序列, 则它是否一定有谱密度? 如果有谱密度 $f(\lambda)$, 那么它是否是式 (6.2.1) 的形式?

考虑 $S>0$ 级的复杂马氏型序列 $X_t,\ t\in\mathbf{N},\ EX_t=0$, 它满足式 (6.2.3). 令

$$\eta(0)=X_0-\sum_{k=1}^{S}\alpha_k^{(0)}X_{-k}$$

$$\eta(t)=X_t-\sum_{k=1}^{S}\alpha_k^{(0)}X_{t-k}$$

显然, $\eta(t)$ 也是一个平稳过程, 并且对 $r>0$, 有

$$E\eta(\rho+r)\overline{\eta(\rho)}=0 \tag{6.2.4}$$

这是因为 $\eta(0)=X_0-\widehat{X}_0\perp\mathscr{L}\{X_t,\ t<0\}$, 所以

$$\eta(\rho+r)\perp\mathscr{L}\{X_t,\ \ t<\rho+r\}$$

但是

$$\eta(\rho)\in\mathscr{L}\{X(t),\ t\leqslant\rho\}\subset\mathscr{L}\{X_t,\ t<\rho+r\}$$

即式 (6.2.4) 成立.

在式 (6.2.4) 两边取共轭, 可见对 $r<0$ 时, 式 (6.2.4) 也成立. 这样一来 $B_\eta(r)=E\eta(\rho+r)\overline{\eta(\rho)}=0,\ \ r\neq 0$. 从而

$$B_\eta(r)=\int_{-\pi}^{\pi}\mathrm{e}^{\mathrm{i}r\lambda}c\mathrm{d}\lambda \quad (\text{相互正交列的特性})$$

其中 c 为某常数.

另一方面,

$$\begin{aligned}\eta(t)&=\int_{-\pi}^{\pi}\left[\mathrm{e}^{\mathrm{i}t\lambda}-\sum_{k=1}^{S}\alpha_k^{(0)}\mathrm{e}^{\mathrm{i}(t-k)\lambda}\right]Z(\mathrm{d}\lambda)\\&=\int_{-\pi}^{\pi}\mathrm{e}^{\mathrm{i}t\lambda}\left[1-\sum_{k=1}^{S}\alpha_k^{(0)}\mathrm{e}^{-\mathrm{i}k\lambda}\right]Z(\mathrm{d}\lambda)\end{aligned}$$

$$B_\eta(r)=E\eta(r)\overline{\eta(0)}=\int_{-\pi}^{\pi}\mathrm{e}^{\mathrm{i}r\lambda}\left|1-\sum_{k=1}^{S}\alpha_k^{(0)}\mathrm{e}^{-\mathrm{i}k\lambda}\right|^2F(\mathrm{d}\lambda)$$

$$= \int_{-\pi}^{\pi} \mathrm{e}^{\mathrm{i}r\lambda} |A(\mathrm{e}^{\mathrm{i}\lambda})|^2 F(\mathrm{d}\lambda)$$

其中 $A(\mathrm{e}^{\mathrm{i}\lambda}) = 1 - \sum_{k=1}^{S} \alpha_k^{(0)} \mathrm{e}^{-\mathrm{i}k\lambda}$. 于是

$$\int_{\Delta} |A(\mathrm{e}^{\mathrm{i}\lambda})|^2 F(\mathrm{d}\lambda) = \int_{\Delta} c\mathrm{d}\lambda, \quad \Delta \in \mathscr{B}[-\pi, \pi) \tag{6.2.5}$$

若 $c = 0$, 则

$$\int_{\Delta} |A(\mathrm{e}^{\mathrm{i}\lambda})|^2 F(\mathrm{d}\lambda) \equiv 0, \quad \Delta \in \mathscr{B}[-\pi, \pi)$$

而 $A(\mathrm{e}^{\mathrm{i}\lambda}) = 0$ 的 λ 至多有有限个. 若 $A(\mathrm{e}^{\mathrm{i}\lambda}) \neq 0$ 处处成立, 则 $F(\Delta) \equiv 0, \Delta \in \mathscr{B}[-\pi, \pi)$, 从而得 $f(\lambda) \equiv 0$, 即 X_t 为零级复杂马氏型. 但已假定 $S \neq 0$, 有矛盾, 即不允许 $A(\mathrm{e}^{\mathrm{i}\lambda}) \neq 0$ 处处成立. 因此必须 $A(\mathrm{e}^{\mathrm{i}\lambda}) = 0$, 当 $\lambda = r_i$, $-\pi \leqslant r_i < \pi$, $i = 1, 2, \cdots, p$, 且 $p \leqslant S$, 所以谱测度集中在这个 p 个点上.

设使谱测度 $F(A)$ 不为零的点为 $r_{j_1}, \cdots, r_{j_t}$, $t \leqslant p \leqslant S$. 令

$$\prod_{k=1}^{t} (\mathrm{e}^{\mathrm{i}\lambda} - \mathrm{e}^{\mathrm{i}r_{j_k}}) = \mathrm{e}^{\mathrm{i}t\lambda} - v_1 \mathrm{e}^{\mathrm{i}(t-1)\lambda} - \cdots - v_t$$

则

$$X_0 - \sum_{k=1}^{t} v_k X_{-k} = \int_{-\pi}^{\pi} \left[1 - \sum_{k=1}^{t} v_k \mathrm{e}^{-\mathrm{i}k\lambda}\right] Z(\mathrm{d}\lambda)$$

$$\begin{aligned} E|X_0 - \sum_{k=1}^{t} v_k X_{-k}|^2 &= \int_{-\pi}^{\pi} \left|1 - \sum_{k=1}^{t} v_k \mathrm{e}^{-\mathrm{i}k\lambda}\right|^2 F(\mathrm{d}\lambda) \\ &= \int_{-\pi}^{\pi} \left|\prod_{k=1}^{t} (\mathrm{e}^{\mathrm{i}\lambda} - \mathrm{e}^{\mathrm{i}r_{j_k}})\right|^2 F(\mathrm{d}\lambda) = 0 \end{aligned}$$

因此

$$X_0 = \sum_{k=1}^{t} v_k X_{-k}$$

从而

$$\hat{X}_0 = X_0 = \sum_{k=1}^{t} v_k X_{-k}$$

因为 X_t 是 S 级复杂马氏型序列, 由定理 6.6′ 知 $t = p = S$.

还可以看出, 这时预测误差为 0, 即 $\sigma_M^2 = 0$. 因此当 $c = 0$ 时, 谱测度 $F(\Delta)$ 恰好在 S 个点上不为零, 其余不含这 S 个点的点集上测度为零, 此时预测误差为 0.

再看 $c \neq 0$ 情形. 将谱测度 $F(\mathrm{d}\lambda)$ 对 $\mathrm{d}\lambda$ 作分解:

$$F(\mathrm{d}\lambda) = f(\lambda)\mathrm{d}\lambda + \delta(\mathrm{d}\lambda)$$

其中测度 $\delta(\mathrm{d}\lambda)$ 关于 $\mathrm{d}\lambda$ 是奇异的, 即存在 Lebesgue 零测度集 N_0, 使

$$\delta(\Delta) = \delta(\Delta N_0), \quad \Delta \in \mathscr{B}[-\pi, \pi)$$

由式 (6.2.5)

$$\int_{\Delta \bar{N}_0} |A(\mathrm{e}^{\mathrm{i}\lambda})|^2 f(\lambda)\mathrm{d}\lambda + \int_{\Delta \bar{N}_0} |A(\mathrm{e}^{\mathrm{i}\lambda})|^2 \delta(\mathrm{d}\lambda) = \int_{\Delta \bar{N}_0} c\mathrm{d}\lambda, \quad \Delta \in \mathscr{B}[-\pi, \pi)$$

由于左边第二项为 0, 可得

$$\int_{\Delta} |A(\mathrm{e}^{\mathrm{i}\lambda})|^2 f(\lambda)\mathrm{d}\lambda = \int_{\Delta} c\mathrm{d}\lambda, \quad \Delta \in \mathscr{B}[-\pi, \pi)$$

所以

$$|A(\mathrm{e}^{\mathrm{i}\lambda})|^2 f(\lambda) = c, \quad \text{a.e.}$$

$$f(\lambda) = \frac{c}{|A(\mathrm{e}^{\mathrm{i}\lambda})|^2}, \quad \text{a.e.}$$

由于

$$\int_{-\pi}^{\pi} \frac{c}{|A(\mathrm{e}^{\mathrm{i}\lambda})|^2}\mathrm{d}\lambda = \int_{-\pi}^{\pi} f(\lambda)\mathrm{d}\lambda < \infty$$

所以 $A(\mathrm{e}^{\mathrm{i}\lambda}) = 0$ 无实根. 再由式 (6.2.5)

$$\begin{aligned}\int_{-\pi}^{\pi} |A(\mathrm{e}^{\mathrm{i}\lambda})|^2 \delta(\mathrm{d}\lambda) &= \int_{N_0} |A(\mathrm{e}^{\mathrm{i}\lambda})|^2 \delta(\mathrm{d}\lambda) \\ &\leqslant c\int_{N_0} \mathrm{d}\lambda = 0\end{aligned}$$

故 $\delta(\mathrm{d}\lambda) \equiv 0$, 这说明 $F(\mathrm{d}\lambda)$ 绝对连续, 因此谱密度 $f(\lambda)$ 存在, 且

$$f(\lambda) = \frac{c}{|A(\mathrm{e}^{\mathrm{i}\lambda})|^2}$$

定理 6.8 平稳序列 $X_t, t \in \mathbf{N}, EX_t = 0$ 是 $S(>0)$ 级复杂马氏型序列 $\Leftrightarrow$ 它的谱测度 $F(\Delta)$ 满足下列两条件之一:

(1) $F(\Delta)$ 恰好在 S 个点上不为零. 即 $F\{v_j\} \neq 0, j = 1, 2, \cdots, S$, 且 $F(\Delta) = 0, \Delta$ 不含 $v_1, \cdots, v_S$;

(2) $F(\Delta)$ 关于 Lebesgue 测度绝对连续, 且谱密度 $f(\lambda)$ 为

$$f(\lambda) = \frac{c}{|A(\mathrm{e}^{\mathrm{i}\lambda})|^2}, \quad \text{a.e.} \quad (c > 0\text{为常数})$$

其中 $A(\mathrm{e}^{\mathrm{i}\lambda})=\prod\limits_{j=1}^{S}(\mathrm{e}^{\mathrm{i}\lambda}-a_j)$,$0<|a_j|<1$, 而且出现 (1) 的情况正好是可以无误差地进行预测.

证明 $\Rightarrow$ 上面已证.

$\Leftarrow$ 由 (2) 知道 X_t 是 S 级复杂马氏型序列 (定理 6.6、定理 6.6′). 再由 (1) 得知 X_t 是 S 级复杂马氏型序列 (用前面构造三角多项式方法).

定理 6.8 证毕.

称满足 $S\leqslant 1$(即 $S=0,\ 1$) 时的条件式 (6.2.2) 或式 (6.2.3) 的平稳序列为马氏型的平稳序列.

定理 6.9 平稳序列 $X_t, t\in\mathbf{N}, EX_t=0$ 成为马氏型的平稳序列 $\Leftrightarrow$ 它的谱测度 $F(\Delta)$ 满足下列两条件之一:

(1) 至多有一个点 v, 使 $F\{v\}\neq 0$, 且对一切不含 v 的点集 $\Delta, F(\Delta)=0$;

(2) F 绝对连续, 且谱密度 $f(\lambda)=\dfrac{c}{|\mathrm{e}^{\mathrm{i}\lambda}-a|^2}, 0\leqslant|a|<1, c>0$ 为常数 ($|a|=0$ 时, $f(\lambda)\equiv c$).

定理 6.10 对于平稳序列 $X_t, t\in\mathbf{N}, EX_t=0$, 下列两命题等价:

(1) X_t 是马氏型的;

(2) $B(r)=\begin{cases}\alpha a^r, & r\geqslant 0,\\ \alpha(\bar{a})^{-r}, & r<0,\end{cases}\quad 0<|a|\leqslant 1,\quad \alpha\geqslant 0$ 或

$$B(r)=\begin{cases}\alpha, & r=0,\\ 0, & r\neq 0,\end{cases}\quad \alpha\geqslant 0.$$

第 7 章　平稳序列的线性预测

7.1　线性外推问题的提出

设 $X(n), n \in \mathbf{N}$ 为平稳序列, 本章总假定 $EX_n = 0,\ n \in \mathbf{N}$. 记

$$\begin{aligned} &H = L^2(\Omega, \mathscr{F}, P) \\ &H_X = \mathscr{L}\{X(n),\ \ n \in \mathbf{N}\} \\ &H_X(n) = \mathscr{L}\{X(k), k \leqslant n, k \in \mathbf{N}\}, \quad n \in \mathbf{N} \end{aligned} \tag{7.1.1}$$

H 中内积

$$(X, Y) = EX\overline{Y}, \quad \forall X, Y \in H \tag{7.1.2}$$

模或范数

$$||X|| = \sqrt{(X, X)}, \quad \forall X \in H \tag{7.1.3}$$

极限指均方极限, $H, H_X, H_X(n)$ 均为 Hilbert 空间. 显然

$$H_X(n) \subset H_X(n+1) \subset H_X \subset H \tag{7.1.4}$$

线性外推问题是: 求 $\widehat{X}(n, \tau), \tau > 0$, 使

$$\widehat{X}(n, \tau) \in H_X(n) \tag{7.1.5}$$

$$||X(n+\tau) - \widehat{X}(n, \tau)|| = \inf_{h \in H_X(n)} ||X(n+\tau) - h|| \tag{7.1.6}$$

条件 (7.1.5) 表示外推量是线性的; 条件 (7.1.6) 表示外推量在最小均方误差意义下是最优的, 称 $\widehat{X}(n, \tau)$ 为 $X(n+\tau)$ 关于 $H_X(n)$ 的最优线性预测量.

由 Hilbert 空间理论, $\widehat{X}(n, \tau)$ 存在且唯一, 并有

$$\widehat{X}(n, \tau) = P_{H_X(n)} X(n+\tau) \tag{7.1.7}$$

即 $\widehat{X}(n, \tau)$ 由条件

$$\left\{ \begin{aligned} &\widehat{X}(n, \tau) \in H_X(n) \\ &X(n+\tau) - \widehat{X}(n, \tau) \perp H_X(n) \end{aligned} \right. \tag{7.1.8}$$

唯一确定.

设 U^k 是平稳序列 $X(n), n \in \mathbf{N}$ 的酉算子族:

$$U^k X(n) = X(n+k), \quad k, n \in \mathbf{N} \tag{7.1.9}$$

显然

$$U^k H_X(n) = H_X(n+k), \quad k, n \in \mathbf{N} \tag{7.1.10}$$

$$U^k \widehat{X}(n, \tau) = \widehat{X}(n+k, \tau) \tag{7.1.11}$$

为了看出这一点, 注意 $\widehat{X}(n,\tau) \in H_X(n)$, 因此

$$U^k \widehat{X}(n,\tau) \in H_X(n+k)$$

又

$$X(n+\tau) - \widehat{X}(n,\tau) \perp H_X(n)$$

因此

$$X(n+k+\tau) - U^k \widehat{X}(n,\tau) \perp H_X(n+k)$$

于是

$$\widehat{X}(n+k,\tau) = U^k \widehat{X}(n,\tau)$$

特别地

$$\widehat{X}(n,\tau) = U^n \widehat{X}(0,\tau)$$

这样一来, 对固定的 τ, 随机序列 $\widehat{X}(n,\tau)$ 是平稳的, 且可表示为

$$\begin{aligned}\widehat{X}(n,\tau) &= \int_{-\pi}^{\pi} \mathrm{e}^{\mathrm{i}n\lambda} \widehat{\varphi}(\lambda,\tau) Z(\mathrm{d}\lambda) \\ &= U^n \widehat{X}(0,\tau) = U^n \int_{-\pi}^{\pi} \widehat{\varphi}(\lambda,\tau) Z(\mathrm{d}\lambda)\end{aligned} \tag{7.1.12}$$

这里 $\widehat{\varphi}(\lambda,\tau) \in L^2(F)$, 其中 $F(\Delta)$ 与 $Z(\Delta)$ 分别为 $X(n), n \in \mathbf{N}$ 的谱测度与随机谱测度.

不难看出, 预测误差

$$\begin{aligned}\sigma^2(\tau) &= ||X(n+\tau) - \widehat{X}(n,\ \tau)||^2 = ||U^n X(\tau) - U^n \widehat{X}(0,\tau)||^2 \\ &= \int_{-\pi}^{\pi} |\mathrm{e}^{\mathrm{i}(n+\tau)\lambda} - \mathrm{e}^{\mathrm{i}n\lambda} \widehat{\varphi}(\lambda,\tau)|^2 F(\mathrm{d}\lambda) \\ &= \int_{-\pi}^{\pi} |\mathrm{e}^{\mathrm{i}\tau\lambda} - \widehat{\varphi}(\lambda,\tau)|^2 F(\mathrm{d}\lambda) \\ &= ||X(\tau) - \hat{X}(0,\tau)||^2\end{aligned} \tag{7.1.13}$$

与 n 无关, 只与 τ 有关. 又因为 $H_X(m) \subset H_X(n)$, $m \leqslant n$, 故有

$$\sigma^2(1) \leqslant \sigma^2(2) \leqslant \cdots$$

线性外推问题就在于从平稳序列 $X(n)$ 的相关函数 $B(n)$ 或谱测度 $F(\mathrm{d}\lambda)$ 来求预测量 $\widehat{X}(0,\tau)$ 的谱特征 $\widehat{\varphi}(\lambda,\tau)$ 及预测误差 $\sigma^2(\tau)$.

7.2 平稳序列的正则性与奇异性

令

$$S_X = \bigcap_n H_X(n) \tag{7.2.1}$$

以 $S_X^\perp$ 表示子空间 S_X 在 H_X 中的正交补, 即

$$H_X = S_X \oplus S_X^\perp \quad \text{或} \quad S_X^\perp = H_X \ominus S_X \tag{7.2.2}$$

定义 7.1 若 $S_X = H_X$, 或等价地 $S_X^\perp = \{0\}$, 则称 $X(n), n \in \mathbf{N}$ 为奇异的, 否则为非奇异的.

显然, $X(n)$ 为奇异的当且仅当

$$H_X(n) = H_X(n+1), \quad n \in \mathbf{N} \tag{7.2.3}$$

或者说对一切正整数 τ

$$\widehat{X}(n,\tau) = X(n+\tau), \quad n \in \mathbf{N} \tag{7.2.4}$$

于是, 若 $X(n)$ 为奇异的, 则预测误差 $\sigma^2(\tau) \equiv 0$, 对一切 $\tau \in \mathbf{N}$. 反之, 若对某一 $\tau_0 > 0, \sigma^2(\tau_0) = 0$, 则 $X(n)$ 是奇异的.

式 (7.2.3)、式 (7.2.4) 若对某一个 $n = n_0, \tau = \tau_0$ 成立, 则对 $\forall n \in \mathbf{N}$ 及一切正整数 τ 均成立.

定义 7.2 若 $S_X = \{0\}$, 则称平稳序列 $X(n)$, $n \in \mathbf{N}$ 为正则的 (完全非决定的).

可以证明: $X(n)$ 为正则 $\Leftrightarrow$

$$\sigma^2(\tau) = ||X(n+\tau) - \widehat{X}(n,\tau)||^2 \to B(0) \quad (\tau \to \infty)$$

$$\underset{\tau\to\infty}{\mathrm{l\cdot i\cdot m}}\, \widehat{X}(n,\tau) \overset{L^2(H)}{=\!=} 0$$

其中 $B(0) = ||X(n+\tau)||^2$, 即当 τ 充分大时, $\widehat{X}(n,\tau)$ 近似为 0, 说明 $X(s), s \leqslant n$ 没有提供什么信息.

定义 7.3 两个平稳序列 $X_1(n), X_2(n), \forall n \in \mathbf{N}$ 称为平稳相关的, 如果它们的互相关函数

$$B_{X_1X_2}(m,n) = (X_1(m), X_2(n)) = EX_1(m)\overline{X_2(n)} = B_{X_1X_2}(m-n) \tag{7.2.5}$$

仅依赖于 $m-n$, 见参考文献 (郑绍濂, 1963).

定义 7.4 若平稳序列 $X_1(n), X_2(n), n \in \mathbf{N}$ 平稳相关, 而且

$$H_{X_2} \subset H_{X_1} \tag{7.2.6}$$

则称 $X_2(n)$从属于$X_1(n)$. 若更有

$$H_{X_2}(n) \subset H_{X_1}(n), \quad n \in \mathbf{N} \tag{7.2.7}$$

则称 $X_2(n)$ 强从属于 $X_1(n)$.

显然, 式 (7.2.7) 若对某 n_0 成立, 则对一切 $n \in \mathbf{N}$ 成立 (推移算子作用).

引理 7.1 平稳序列 $X(n), n \in \mathbf{N}$ 的酉算子 U 及 U^{-1} 都把 $S_X, S_X^{\perp}$ 变到自身.

证明 $\forall Y \in S_X$, 则 $Y \in H_X(n)$ 对一切 $n \in \mathbf{N}$, 因而 $UY \in H_X(n+1)$ 对一切 $n \in \mathbf{N}$, 这表示 $UY \in S_X$. 同样 U^{-1} 把 S_X 变到 S_X. 再证 U 把 $S_X^{\perp}$ 变到自身.

反证法 $\forall Y \in S_X^{\perp}$, 令 $UY = Y_r + Y_S$, 使

$$Y_r \in S_X^{\perp}, \quad Y_S \in S_X$$

由于 U 是酉算子, 故

$$(UY, Y_S) = (Y, U^{-1}Y_S)$$

由于 $Y_S \in S_X$, 由前面证明的结果 $U^{-1}Y_S \in S_X$, 故

$$\begin{aligned}(Y_r + Y_S, Y_S) =& (UY, Y_S)\\ =& (Y, U^{-1}Y_S) = 0\end{aligned}$$

因此 $||Y_S|| = 0$, 这说明 $Y_S = 0$. 故 $UY = Y_r \in S_X^{\perp}$.

同样可以证明 U^{-1} 把 $S_X^{\perp}$ 变到自身.

引理 7.2 若平稳序列 $Y(n), n \in \mathbf{N}$ 从属于平稳序列 $X(n), n \in \mathbf{N}$, U^k 为 $X(n)$ 的酉算子族, 则

$$Y(n) = U^n Y(0), \quad n \in \mathbf{N} \tag{7.2.8}$$

证明 因为 $(Y(n), X(m)) = B_{YX}(n-m)$, 又

$$\begin{aligned}&(U^n Y(0), X(m)) = (Y(0), U^{-n}X(m))\\ =&(Y(0), X(m-n)) = B_{YX}(n-m)\end{aligned}$$

故对 $\forall n, m \in \mathbf{N}$, 有

$$(Y(n) - U^n Y(0), X(m)) = 0$$

由内积性质, 对 $\forall h \in H_X$, 有

$$(Y(n) - U^n Y(0), h) = 0$$

特别取 $h = Y(n) - U^n Y(0)$, 可见 $Y(n) = U^n Y(0)$.

引理 7.3 若平稳序列 $Y(n)$ 从属于平稳序列 $X(n), n \in \mathbf{N}$, 则存在 $\varphi(\lambda) \in L^2(F)$, 使

$$Y(n) = \int_{-\pi}^{\pi} \mathrm{e}^{\mathrm{i}n\lambda} \varphi(\lambda) Z(\mathrm{d}\lambda)$$

其中 $F(\mathrm{d}\lambda)$ 和 $Z(\mathrm{d}\lambda)$ 分别为 $X(n)$ 的谱测度和随机谱测度.

证明 因 $Y(0) \in H_X$, 有 $\varphi(\lambda) \in L^2(F)$, 使

$$Y(0) = \int_{-\pi}^{\pi} \varphi(\lambda) Z(\mathrm{d}\lambda)$$

再由引理 7.2 知

$$\begin{aligned} Y(n) =& U^n Y(0) = U^n \int_{-\pi}^{\pi} \varphi(\lambda) Z(\mathrm{d}\lambda) \\ =& \int_{-\pi}^{\pi} \mathrm{e}^{\mathrm{i}n\lambda} \varphi(\lambda) Z(\mathrm{d}\lambda) \end{aligned} \tag{7.2.9}$$

定义 7.5 设 $X_1(n), X_2(n), n \in \mathbf{N}$ 为平稳序列, 若对 $\forall m, n \in \mathbf{N}$, 有

$$(X_1(m), X_2(n)) = 0 \tag{7.2.10}$$

则称这两个平稳序列是*相互正交的*, 记为 $X_1(n) \perp X_2(n)$.

引理 7.4 若平稳序列 $X_1(n) \perp X_2(n)$, 则

$$\bigcap_n [H_{X_1}(n) \oplus H_{X_2}(n)] = \bigcap_n H_{X_1}(n) \oplus \bigcap_n H_{X_2}(n) = S_{X_1} \oplus S_{X_2} \tag{7.2.11}$$

证明 若 $X \in \bigcap\limits_n [H_{X_1}(n) \oplus H_{X_2}(n)]$, 则 $X \in H_{X_1}(0) \oplus H_{X_2}(0)$. 将 X 作正交分解:

$$X = Y_0 + Z_0$$

其中 $Y_0 \in H_{X_1}(0), Z_0 \in H_{X_2}(0)$.

又 $X \in H_{X_1}(n) \oplus H_{X_2}(n)$, 故 X 可表示为

$$X = Y_n + Z_n$$

其中 $Y_n \in H_{X_1}(n), Z_n \in H_{X_2}(n)$. 因此

$$0 = X - X = (Y_0 - Y_n) + (Z_0 - Z_n)$$

但 $Y_0 - Y_n \perp Z_0 - Z_n$, 可知

$$||Y_0 - Y_n||^2 + ||Z_0 - Z_n||^2 = 0$$

从而得 $Y_0 = Y_n, Z_0 = Z_n$ 对 $\forall n \in \mathbf{N}$ 成立, 故

$$Y_0 \in \bigcap_n H_{X_1}(n), \quad Z_0 \in \bigcap_n H_{X_2}(n)$$

这说明 $X = Y_0 + Z_0 \in \bigcap\limits_n H_{X_1}(n) \oplus \bigcap\limits_n H_{X_2}(n)$.

相反的包含关系显然成立.

定理 7.1 (Wold 分解)　任一平稳序列 $X(n), n \in \mathbf{N}$ 总能唯一地表示为

$$X(n) = X_1(n) + X_2(n) \tag{7.2.12}$$

其中 $X_1(n), X_2(n), n \in \mathbf{N}$ 均为强从属于 $X(n)$ 的平稳序列且相互正交. 特别还有 $X_1(n)$ 是正则的, $X_2(n)$ 是奇异的 (且 $H_X(n) = H_{X_1}(n) \oplus H_{X_2}(n)$).

证明　将 $X(0)$ 作正交分解

$$X(0) = X_1(0) + X_2(0)$$

其中 $X_1(0) \in S_X^{\perp}, X_2(0) \in S_X$.

设 U^n 是 $X(n)$ 的酉算子族, 则

$$X(n) = U^n X(0) = U^n X_1(0) + U^n X_2(0)$$

令

$$X_1(n) = U^n X_1(0) \in S_X^{\perp} \tag{7.2.13}$$

$$X_2(n) = U^n X_2(0) \in S_X \quad (\text{引理 } 7.1) \tag{7.2.14}$$

则

$$X(n) = X_1(n) + X_2(n), \quad X_1(n) \perp X_2(n), \quad \forall n \in \mathbf{N}$$

而且 $X_1(n), X_2(n)$ 都与 $X(n)$ 平稳相关.

又对 $\forall n \in \mathbf{N}, X_2(n) \in S_X \subset H_X(n)$, 即 $X_2(n)$ 强从属于 $X(n)$. 而 $X_1(n) = X(n) - X_2(n) \in H_X(n)$, 即 $X_1(n)$ 强从属于 $X(n)$.

因为 $H_{X_1}(n) \subset H_X(n)$, 对一切 $n \in \mathbf{N}$, 所以

$$\bigcap_n H_{X_1}(n) \subset \bigcap_n H_X(n) \ \ (S_{X_1} \subset S_X) \tag{7.2.15}$$

又由式 (7.2.13), $X_1(n) \perp S_X$, 故

$$S_{X_1} \perp S_X \tag{7.2.16}$$

比较式 (7.2.15)、式 (7.2.16) 得, $S_{X_1} = \{0\}$, 即 $X_1(n)$ 是正则的. 从式 (7.2.13)、式 (7.2.14) 知, 对 $\forall n \in \mathbf{N}$, 有

$$X_2(n) = P_{S_X} X(n)$$

$$H_{X_2}(n) = P_{S_X} H_X(n) = S_X$$

故 $H_{X_2} = H_{X_2}(n) = S_X = S_{X_2}$, 可见 $X_2(n)$ 是奇异的.

最后证明表示是唯一的.

若有表示式 (7.2.12), 则

$$H_X(n) \subset H_{X_1}(n) \oplus H_{X_2}(n), \quad \forall n \in \mathbf{N}$$

(两个正交闭子空间的直和仍为闭子空间) 相反的包含关系显然, 故有

$$H_X(n) = H_{X_1}(n) \oplus H_{X_2}(n) \tag{7.2.17}$$

又由引理 7.4 知

$$S_X = S_{X_1} \oplus S_{X_2} \tag{7.2.18}$$

再由 $X_1(n)$ 的正则性和 $X_2(n)$ 的奇异性知

$$S_X = S_{X_2} = H_{X_2}$$

这说明 $X_2(n) \in S_X$. 而

$$X_1(n) \perp H_{X_2} = S_X$$

故分解式 (7.2.12) 中 $X_2(n)$ 必为 $X(n)$ 在 S_X 上的投影. 由投影的唯一性, 分解式 (7.2.12) 的唯一性得证.

定理 7.1 证毕.

定理 7.1 告诉我们, 任一平稳序列都有分解式 (7.2.12), 而且式 (7.2.17) 也成立. 于是有

$$\widehat{X}(n,\tau) = \widehat{X}_1(n,\tau) + \widehat{X}_2(n,\tau) = \widehat{X}_1(n,\tau) + X_2(n+\tau) \tag{7.2.19}$$

即

$$P_{H_X(n)} X(n+\tau) = P_{H_{X_1}(n)} X_1(n+\tau) + X_2(n+\tau)$$

可见, 为求 $\widehat{X}(n,\tau)$ 的谱特征, 只要求 $\widehat{X}_1(n,\tau)$ 与 $X_2(n+\tau)$ 的谱特征, 所以平稳序列的外推问题可归结为分解式 (7.2.12) 中正则分量 $X_1(n)$ 的外推问题与求奇异分量 $X_2(n)$ 的谱特征问题, 下面将分别在 7.3 和 7.4 中研究这两个问题.

7.3 正则平稳序列的 Wold 分解

设 $X(n), n \in \mathbf{N}$ 为正则的平稳序列, U^τ 是它的酉算子族. 令

$$D_X(n) = H_X(n) \ominus H_X(n-1) \tag{7.3.1}$$

因为 $U^\tau H_X(n) = H_X(n+\tau), \forall n, \tau \in \mathbf{N}$, 则

$$U^\tau D_X(n) = D_X(n+\tau) \tag{7.3.2}$$

且

$$D_X(n) \perp D_X(m), \quad m \neq n, m, n \in \mathbf{N} \tag{7.3.3}$$

引理 7.5 设 $X(n), n \in \mathbf{N}$ 为正则平稳序列, 则 $D_X(n), n \in \mathbf{N}$ 均为一维子空间.

证明 由式 (7.3.1),

$$\widetilde{X}(n) = X(n) - P_{H_X(n-1)}X(n) \neq 0$$

(否则 $X(n) \in H_X(n-1)$, 得到 $H_X(n) = H_X(n-1)$ 与正则性矛盾) 从而

$$D_X(n) = \{\alpha\widetilde{X}(n), \quad \alpha \text{ 为任意复数}\}$$

引理 7.6 设 $X(n), n \in \mathbf{N}$ 为正则平稳序列, 则

$$H_X = \sum_{k=-\infty}^{+\infty} \oplus D_X(k) \tag{7.3.4}$$

$$H_X(n) = \sum_{k=-\infty}^{n} \oplus D_X(k) \tag{7.3.5}$$

证明 先证对 $\forall n \in \mathbf{N}$, 有

$$H_X = H_X(n) \oplus \sum_{k=n+1}^{+\infty} \oplus D_X(k) \tag{7.3.6}$$

由式 (7.3.1) 知

$$\begin{aligned} H_X(n+1) &= H_X(n) \oplus D_X(n+1) \\ H_X(n+m) &= H_X(n) \oplus \sum_{k=n+1}^{n+m} \oplus D_X(k) \\ &\subset H_X(n) \oplus \sum_{k=n+1}^{+\infty} \oplus D_X(k), \quad \forall m > 0, m \in \mathbf{N} \end{aligned} \tag{7.3.7}$$

对固定的 $n, \forall s \in \mathbf{N}$, 总可以找到 $m_s \in \mathbf{N}$, 使 $n + m_s \geqslant s$. 于是, 由式 (7.3.7)

$$X(s) \in H_X(n+m_s) \subset H_X(n) \oplus \sum_{k=n+1}^{+\infty} \oplus D_X(k)$$

故

$$H_X \subset H_X(n) \oplus \sum_{k=n+1}^{+\infty} \oplus D_X(k)$$

相反的包含关系显然成立, 故式 (7.3.6) 成立.

因 $D_X(n) \subset H_X(n) \subset H_X$, 故 $\sum\limits_{k=-\infty}^{+\infty} \oplus D_X(k) \subset H_X$.

若有 $Y \in H_X$ 且 $Y \perp \sum\limits_{k=-\infty}^{+\infty} \oplus D_X(k)$, 从式 (7.3.6) 知, 对 $\forall n \in \mathbf{N}$, 由 $Y \in H_X(n)$, 得 $Y \in S_X = \{0\}$, 从而 $Y = 0$. 这说明式 (7.3.4) 成立.

由式 (7.3.4) 与式 (7.3.6), 即得式 (7.3.5) 成立.

定义 7.6 平稳序列 $w(n), n \in \mathbf{N}$ 称为**标准正交列**, 若

$$\begin{cases} Ew(n) = 0 \\ (w(n), w(m)) = Ew(n)\overline{w(m)} = \delta_{nm} \end{cases} \tag{7.3.8}$$

显然, 任一标准正交列都是正则的.

定义 7.7 设 $X(n), n \in \mathbf{N}$ 为正则的平稳序列, 若存在 $w(0) \in D_X(0)$, 且 $||w(0)|| = 1$, $w(n) = U^n w(0)$, 其中 $U^n, n \in \mathbf{N}$ 为 $X(n)$ 的酉算子族, 则称 $w(n), n \in \mathbf{N}$ 为 $X(n)$ 的**基本列**.

定理 7.2 (Wold 分解) 正则平稳序列 $X(n), n \in \mathbf{N}$ 可表示成

$$X(n) = \sum_{k=-\infty}^{n} c_{n-k} w(k) = \sum_{k=0}^{+\infty} c_k w(n-k) \tag{7.3.9}$$

其中 $w(n)$ 为标准正交列, 且

$$H_X(n) = H_w(n), \quad n \in \mathbf{N}$$

还有 $\sum\limits_{k=0}^{+\infty} |c_k|^2 < \infty, c_0 \neq 0$. 而且若 $X(n)$ 有上述表示式, 则 $w(n)$ 必为基本列, 并且 $w(n)$ 与 c_k 都在相差一个模为 1 的常数因子意义下唯一确定.

证明 任取 $w(0) \in D_X(0)$, 且 $||w(0)|| = 1$. 令

$$w(n) = U^n w(0) \in D_X(n), \quad n \in \mathbf{N}$$

其中 U 为 $X(n)$ 的酉算子, 则 $w(n)$ 是基本列. 注意到

$$\begin{aligned} &w(n) \in D_X(n) \subset H_X(n) \\ &H_w(n) \subset H_X(n) \end{aligned} \tag{7.3.10}$$

由式 (7.3.5) 及引理 7.5 知

$$X(n) = \sum_{k=-\infty}^{n} c_{n-k} w(k) = \sum_{k=0}^{+\infty} c_k w(n-k) \tag{7.3.11}$$

其中

$$c_{n-k} = (X(n), w(k)) = EX(n)\overline{w(k)} \tag{7.3.12}$$

由式 (7.3.11) 可见

$$H_X(n) \subset H_w(n)$$

再由式 (7.3.10) 知

$$H_X(n) = H_w(n)$$

因为式 (7.3.11) 中级数是在均方意义下收敛, 故 $\sum_{k=0}^{+\infty}|c_k|^2 < \infty$, 且 $c_0 \neq 0$, 否则由式 (7.3.11)

$$X(n) \in H_w(n-1) = H_X(n-1)$$

知

$$H_X(n) = H_X(n-1)$$

这说明 $X(n)$ 是奇异的, 与已知 ($X(n)$ 是正则的) 矛盾.

最后证明唯一性.

设式 (7.3.9) 成立, 则式 (7.3.12) 成立. 这说明 $X(n)$ 与 $w(n)$ 平稳相关, 而且相互强从属 (因 $H_X(n) = H_w(n)$). 并且由引理 7.2 知 $w(n) = U^n w(0)$, $\forall n \in \mathbf{N}$. 由于

$$w(0) \in H_w(0) \ominus H_w(-1) = H_X(0) \ominus H_X(-1) = D_X(0)$$

且 $||w(0)|| = 1$(已知), 则 $w(n)$ 为基本列, $w(0)$ 必为 $D_X(0)$ 中单位元. 而 $D_X(0)$ 中一切单位元只差一个模为 1 的常数因子, 从而一切 c_k 也只差一个模为 1 的常数因子. 若要求 $c_0 > 0$, 知一切 $c_k, w(k), k \in \mathbf{N}$ 唯一确定.

定理 7.2 证毕.

系 7.1　平稳序列 $X(n), n \in \mathbf{N}$ 是正则的 $\Leftrightarrow$ $X(n)$ 可表示为

$$X(n) = \sum_{k=0}^{+\infty} c_k w(n-k) \tag{7.3.13}$$

其中 $w(n)$ 为标准正交基, 且 $\sum_{k=0}^{+\infty}|c_k|^2 < \infty$.

证明　$\Rightarrow$　由定理 7.2 可得.

$\Leftarrow$　由式 (7.3.13) 知, $X(n) \in H_w(n)$, 因此 $H_X(n) \subset H_w(n)$, 故 $S_X \subset S_w = \{0\}$, 从而 $X(n)$ 正则.

系 7.1 证毕.

称式 (7.3.9) 为正则序列 $X(n)$ 的 Wold 分解. 从式 (7.3.9) 可见, $X(n+\tau)$ 在 $H_X(n)$ 上投影为

$$\widehat{X}(n,\tau)=\sum_{k=-\infty}^{n}c_{n+\tau-k}w(k) \tag{7.3.14}$$

于是正则平稳序列 $X(n), n\in\mathbf{N}$ 的线性外推问题转化为求基本列 $w(n)$ 和 Wold 分解式中系数 $c_k, k\in\mathbf{N}$. 7.4 节将集中讨论这一问题, 并建立一个平稳序列为正则的条件.

7.4 正则平稳序列的条件及 H_δ 类函数的基本性质

定理 7.3 平稳序列 $X(n), n\in\mathbf{N}$ 是正则的 $\Leftrightarrow$ 它的谱测度绝对连续, 谱密度可表示为

$$f(\lambda)=\frac{1}{2\pi}|\varGamma(\mathrm{e}^{-\mathrm{i}\lambda})|^2 \tag{7.4.1}$$

其中 $\varGamma(\mathrm{e}^{-\mathrm{i}\lambda})=\sum\limits_{k=0}^{+\infty}c_k\mathrm{e}^{-\mathrm{i}k\lambda}$, 且 $\sum\limits_{k=0}^{+\infty}|c_k|^2<\infty$.

证明 $\Rightarrow$ 设 $X(n)$ 正则, 则它有 Wold 分解式 (7.3.9). 令

$$\varGamma(\mathrm{e}^{-\mathrm{i}\lambda})=\sum_{k=0}^{+\infty}c_k\mathrm{e}^{-\mathrm{i}k\lambda}$$

则由 Parseval 等式, $X(n)$ 的相关函数为

$$\begin{aligned}B_X(n)=&EX(n)\overline{X(0)}=E\left(\sum_{k=-\infty}^{n}c_{n-k}w(k)\right)\overline{\left(\sum_{l=-\infty}^{0}c_{-l}w(l)\right)}\\=&\sum_{k=0}^{+\infty}c_{n+k}\bar{c}_k=\frac{1}{2\pi}\int_{-\pi}^{\pi}\mathrm{e}^{\mathrm{i}n\lambda}|\varGamma(\mathrm{e}^{-\mathrm{i}\lambda})|^2\mathrm{d}\lambda\\=&\int_{-\pi}^{\pi}\mathrm{e}^{\mathrm{i}n\lambda}F(\mathrm{d}\lambda)\end{aligned}$$

即 $X(n)$ 的谱测度绝对连续, 而且谱密度

$$f(\lambda)=\frac{1}{2\pi}|\varGamma(\mathrm{e}^{-\mathrm{i}\lambda})|^2$$

$\Leftarrow$ 令

$$\varLambda(\varDelta)=\int_{-\pi}^{\pi}\chi_{\varDelta}(\lambda)\frac{1}{\varGamma(\mathrm{e}^{-\mathrm{i}\lambda})}Z(\mathrm{d}\lambda)$$

其中 $\chi_{\varDelta}(\lambda)$ 为示性函数, $Z(\mathrm{d}\lambda)$ 为 $X(n)$ 谱表示中的随机测度. 由于

$$(\varLambda(\varDelta_1),\varLambda(\varDelta_2))=\int_{-\pi}^{\pi}\chi_{\varDelta_1\varDelta_2}(\lambda)\frac{1}{|\varGamma(\mathrm{e}^{-\mathrm{i}\lambda})|^2}f(\lambda)\mathrm{d}\lambda=\int_{\varDelta_1\varDelta_2}\frac{1}{2\pi}\mathrm{d}\lambda$$

故 $\Lambda(\Delta)$ 为随机测度, 其构成测度为 $\dfrac{1}{2\pi}\mathrm{d}\lambda$. 令

$$w(n)=\int_{-\pi}^{\pi}\mathrm{e}^{\mathrm{i}n\lambda}\Lambda(\mathrm{d}\lambda)$$

则

$$(w(n),w(m))=\int_{-\pi}^{\pi}\mathrm{e}^{\mathrm{i}(n-m)\lambda}\cdot\frac{1}{2\pi}\mathrm{d}\lambda=\delta_{nm}$$

故 $w(n)$ 为标准正交列. 因此

$$\begin{aligned}X(n)&=\int_{-\pi}^{\pi}\mathrm{e}^{\mathrm{i}n\lambda}Z(\mathrm{d}\lambda)=\int_{-\pi}^{\pi}\mathrm{e}^{\mathrm{i}n\lambda}\Gamma(\mathrm{e}^{-\mathrm{i}\lambda})\Lambda(\mathrm{d}\lambda)\\&=\sum_{k=0}^{+\infty}c_k\int_{-\pi}^{\pi}\mathrm{e}^{\mathrm{i}(n-k)\lambda}\Lambda(\mathrm{d}\lambda)=\sum_{k=0}^{+\infty}c_kw(n-k)\end{aligned}$$

由系 7.1 知 $X(n)$ 是正则的.

注 7.1 若平稳序列 $X(n)$ 谱密度有表示式 (7.4.1), 则 $X(n)$ 可表示为式 (7.3.13).

7.4.1 H_δ 类函数的定义

设 $\delta>0$, $h(z)$ 为单位圆内的解析函数. 若存在 $c>0$, 使

$$\int_{-\pi}^{\pi}|h(\rho\mathrm{e}^{-\mathrm{i}\lambda})|^\delta\mathrm{d}\lambda<c,\quad 0\leqslant\rho<1\ \left(\sup_{0\leqslant\rho<1}\int_{-\pi}^{\pi}|h(\rho\mathrm{e}^{-\mathrm{i}\lambda})|^\delta\mathrm{d}\lambda<\infty\right)$$

则称 $h(z)$ 为H_δ 类函数, 记 $h(z)\in H_\delta$.

命题 7.1 单位圆内解析函数 $h(z)=\sum\limits_{t=0}^{+\infty}r_tz^t\in H_2\Leftrightarrow\sum\limits_{t=0}^{+\infty}|r_t|^2<\infty$.

证明 $\Rightarrow$ 当 $0\leqslant\rho<1$ 时, $\sum\limits_{t=0}^{+\infty}|r_t|\rho^t<\infty$. 由 Parseval 等式

$$\frac{1}{2\pi}\int_{-\pi}^{\pi}|h(\rho\mathrm{e}^{-\mathrm{i}\lambda})|^2\mathrm{d}\lambda=\sum_{t=0}^{+\infty}|r_t|^2\rho^{2t}$$

由 $h(z)=\sum\limits_{t=0}^{+\infty}r_tz^t\in H_2$, 故存在常数 $C>0$, 使得

$$\sum_{t=0}^{+\infty}|r_t|^2\rho^{2t}\leqslant C$$

令 $\rho\to1^-$, 得 $\sum\limits_{t=0}^{+\infty}|r_t|^2\leqslant C$.

$\Leftarrow$ 由

$$\frac{1}{2\pi}\int_{-\pi}^{\pi}|h(\rho\mathrm{e}^{-\mathrm{i}\lambda})|^2\mathrm{d}\lambda=\sum_{t=0}^{+\infty}|r_t|^2\rho^{2t}\leqslant\sum_{t=0}^{\infty}|r_t|^2<\infty,\quad 0\leqslant\rho<1$$

知 $h(z)\in H_2$.

7.4.2 H_δ 类函数的基本性质

(1) 设 $h_j(z) \in H_{\delta},_j = 1, \cdots, n$, 则

$$h_1(z) + \cdots + h_n(z) \in H_\delta, \quad h_1(z) \cdots h_n(z) \in H_{\delta/n}$$

证明 因 $h_j(z) \in H_\delta, j = 1, \cdots, n$. 故存在常数 $c > 0$, 使

$$\int_{-\pi}^{\pi} |h_j(\rho \mathrm{e}^{-\mathrm{i}\lambda})|^\delta \mathrm{d}\lambda < c, \quad j = 1, \cdots, n, \quad 0 \leqslant \rho < 1$$

因此

$$\begin{aligned}
&\int_{-\pi}^{\pi} |h_1(\rho \mathrm{e}^{-\mathrm{i}\lambda}) + h_2(\rho \mathrm{e}^{-\mathrm{i}\lambda}) + \cdots + h_n(\rho \mathrm{e}^{-\mathrm{i}\lambda})|^\delta \mathrm{d}\lambda \\
\leqslant &\int_{-\pi}^{\pi} \left[|h_1(\rho \mathrm{e}^{-\mathrm{i}\lambda})| + |h_2(\rho \mathrm{e}^{-\mathrm{i}\lambda})| + \cdots + |h_n(\rho \mathrm{e}^{-\mathrm{i}\lambda})|\right]^\delta \mathrm{d}\lambda \\
\leqslant &n^\delta \int_{-\pi}^{\pi} \left[\max_{1 \leqslant j \leqslant m} |h_j(\rho \mathrm{e}^{-\mathrm{i}\lambda})|\right]^\delta \mathrm{d}\lambda \\
\leqslant &n^\delta \int_{-\pi}^{\pi} \sum_{j=1}^{n} |h_j(\rho \mathrm{e}^{-\mathrm{i}\lambda})|^\delta \mathrm{d}\lambda \\
\leqslant &n^{1+\delta} \cdot c
\end{aligned}$$

$$\begin{aligned}
&\int_{-\pi}^{\pi} |h_1(\rho \mathrm{e}^{-\mathrm{i}\lambda}) \cdots h_n(\rho \mathrm{e}^{-\mathrm{i}\lambda})|^{\frac{\delta}{n}} \mathrm{d}\lambda \\
\leqslant &\int_{-\pi}^{\pi} \left(\max_{1 \leqslant j \leqslant n} |h_j(\rho \mathrm{e}^{-\mathrm{i}\lambda})|^n\right)^{\frac{\delta}{n}} \mathrm{d}\lambda \\
\leqslant &\sum_{j=1}^{n} \int_{-\pi}^{\pi} |h_j(\rho \mathrm{e}^{-\mathrm{i}\lambda})|^\delta \mathrm{d}\lambda \\
\leqslant &nc
\end{aligned}$$

(2) 设 $\delta_1 > \delta_2$, 则 $H_{\delta_1} \subset H_{\delta_2}$.

证明 对 $\forall a, |a|^{\delta_2} \leqslant 1 + |a|^{\delta_1}$, 有

$$|h(\rho \mathrm{e}^{-\mathrm{i}\lambda})|^{\delta_2} \leqslant 1 + |h(\rho \mathrm{e}^{-\mathrm{i}\lambda})|^{\delta_1}$$

这说明 $H_{\delta_1} \subset H_{\delta_2}$.

(3) H_δ 类函数几乎处处有边界值 $h(\mathrm{e}^{-\mathrm{i}\lambda})$, 且 $h(\mathrm{e}^{-\mathrm{i}\lambda}) \in L^\delta$, 即

$$h(\mathrm{e}^{-\mathrm{i}\lambda}) = \lim_{\rho \to 1^-} h(\rho \mathrm{e}^{-\mathrm{i}\lambda}), \text{ a.e.}$$

且

$$\int_{-\pi}^{\pi} |h(\mathrm{e}^{-\mathrm{i}\lambda})|^\delta \mathrm{d}\lambda < \infty$$

(4) 若 $h(z) \in H_\delta$, 则 $h(\mathrm{e}^{-\mathrm{i}\lambda}) = \sum_{t=0}^{+\infty} r_t \mathrm{e}^{-\mathrm{i}t\lambda}$, 且

$$\lim_{\rho\to 1^-} \int_{-\pi}^{\pi} |h(\mathrm{e}^{-\mathrm{i}\lambda}) - h(\rho\mathrm{e}^{-\mathrm{i}\lambda})|^\delta \mathrm{d}\lambda = 0$$

7.4.3　H_δ 类函数的参数表示

若 $h(z) \not\equiv 0$, 且 $h(z) \in H_\delta$, 则 $h(z)$ 有如下的参数表示:

$$h(z) = g(z)h_0(z) \tag{7.4.2}$$

其中

$$g(z) = z^m \prod_{n=1}^{+\infty} \frac{\alpha_n - z}{1 - \bar{\alpha}_n z} \cdot \frac{|\alpha_n|}{\alpha_n} \cdot \mathrm{e}^{-\mathrm{i}\alpha} \cdot \exp\left\{-\frac{1}{2\pi}\int_{-\pi}^{\pi} \frac{\mathrm{e}^{-\mathrm{i}\lambda} + z}{\mathrm{e}^{-\mathrm{i}\lambda} - z}\sigma(\mathrm{d}\lambda)\right\} \tag{7.4.3}$$

$$h_0(z) = \exp\left\{\frac{1}{2\pi}\int_{-\pi}^{\pi} \ln P(\lambda) \frac{\mathrm{e}^{-\mathrm{i}\lambda} + z}{\mathrm{e}^{-\mathrm{i}\lambda} - z}\mathrm{d}\lambda\right\} \tag{7.4.4}$$

其中 m 为 $z = 0$ 是 $h(z)$ 的零点重数, α_n 为其他零点, 只计一次. $|\alpha_n| < 1, \sum_{n=1}^{+\infty}(1 - |\alpha_n|) < \infty$, α 是实数, $\sigma(\mathrm{d}\lambda)$ 为奇异测度, 即它的测度集中在 Lebesgue 零测集上. $\ln P(\lambda) \in L^1$, $P(\lambda) \in L^\delta$.

式 (7.4.2)~(7.4.4) 称为 $h(z)$ 的参数表示, 且表示是唯一的, 即参数 m, α_n, α, 及 $\sigma(\mathrm{d}\lambda)$, $P(\lambda)$ 由 $h(z)$ 唯一确定; 反之, 式 (7.4.2)~(7.4.4) 所表示的函数皆为 H_δ 类函数, 而且

$$P(\lambda) = |h(\mathrm{e}^{-\mathrm{i}\lambda})|, \quad \text{a.e.}$$

由 H_δ 类函数的参数表示知道, 对每一 $h(z) \in H_\delta$, 有 $|h(\mathrm{e}^{-\mathrm{i}\lambda})| \in L^\delta$, $\ln|h(\mathrm{e}^{-\mathrm{i}\lambda})| \in L^1$, 并且表示式 (7.4.2) 中 $h_0(z)$ 由 $|h(\mathrm{e}^{-\mathrm{i}\lambda})|$ 唯一确定.

若 $h(z), \tilde{h}(z) \in H_\delta$, 且

$$|h(\mathrm{e}^{-\mathrm{i}\lambda})| = |\tilde{h}(\mathrm{e}^{-\mathrm{i}\lambda})|, \quad \text{a.e.}$$

则在表示 $h(z) = g(z)h_0(z)$ 与 $\tilde{h}(z) = \tilde{g}(z)\tilde{h}_0(z)$ 中, 有

$$h_0(z) = \tilde{h}_0(z)$$

此外, 从参数表示还可看出

$$|h(\mathrm{e}^{-\mathrm{i}\lambda})| = |h_0(\mathrm{e}^{-\mathrm{i}\lambda})|, \quad \text{a.e.}$$

7.4.4 H_δ 类函数的进一步性质

命题 7.2 (唯一性定理) 若 $h(z) \in H_\delta$, 且 $h(\mathrm{e}^{-\mathrm{i}\lambda})$ 在一正测度集上为零, 则 $h(z) \equiv 0$.

命题 7.3 设 $g(z)$ 由式 (7.4.3) 给出, 则 $g(z) = \sum\limits_{t=0}^{+\infty} g_t z^t, |g(\mathrm{e}^{-\mathrm{i}\lambda})| = 1$, a.e., $\sum\limits_{t=0}^{+\infty} |g_t|^2 = 1$, $|g(0)| \leqslant 1$. 当 $|g(0)| = 1$ 时, $g(z) = g(0) = \mathrm{e}^{\mathrm{i}\alpha}$, 其中 α 为某一实数.

证明 由于 $g(z)$ 在单位圆内解析, 可展成幂级数

$$g(z) = \sum_{t=0}^{+\infty} g_t z^t$$

将 $g(z)$ 看成式 (7.4.2) 中的 $h(z)$, 则可认为 $p(\lambda) \equiv 1$. 再由 $g(z) \in H_2$ 知, $h(z) = g(z) \in H_2$. 于是

$$p(\lambda) = |h(\mathrm{e}^{-\mathrm{i}\lambda})| = |g(\mathrm{e}^{-\mathrm{i}\lambda})| = 1, \quad \text{a. e.}$$

由 Parseval 等式, 得

$$\sum_{t=0}^{+\infty} |g_t|^2 = \frac{1}{2\pi} \int_{-\pi}^{\pi} |g(\mathrm{e}^{-\mathrm{i}\lambda})|^2 \mathrm{d}\lambda = 1$$

所以 $|g_0| = |g(0)| \leqslant 1$.

若 $|g(0)| = 1$, 则 $g_t = 0$, 对 $t \geqslant 1$, 从而

$$g(z) \equiv g_0 = g(0) = \mathrm{e}^{\mathrm{i}\alpha}$$

定义 7.8 设 $h(z) \in H_\delta$, 若对 $\forall \tilde{h}(z) \in H_\delta$, 当 $|\tilde{h}(\mathrm{e}^{-\mathrm{i}\lambda})| = |h(\mathrm{e}^{-\mathrm{i}\lambda})|$, a.e. 时, 有 $|\tilde{h}(0)| \leqslant |h(0)|$, 则称 $h(z)$ 为**最大函数**.

命题 7.4 设 $h(z) \in H_\delta$, 则 $h(z)$ 为最大函数 $\Leftrightarrow h(z) = \mathrm{e}^{\mathrm{i}\alpha} h_0(z)$, 其中 $h_0(z)$ 满足式 (7.4.2), α 为某一实数.

证明 $\Rightarrow$ 将 $h(z)$ 表示成: $h(z) = g(z)h_0(z)$. 考虑 $\tilde{h}(z) = h_0(z)$, 由 $h(z)$ 的参数表示知

$$|\tilde{h}(\mathrm{e}^{-\mathrm{i}\lambda})| = |h_0(\mathrm{e}^{-\mathrm{i}\lambda})| = |h(\mathrm{e}^{-\mathrm{i}\lambda})|, \quad \text{a. e.}$$

因 $h(z)$ 为最大函数, 故

$$|\tilde{h}(0)| = |h_0(0)| \leqslant |h(0)| = |g(0)| \cdot |h_0(0)|$$

且

$$h_0(0) = \exp\left\{ \frac{1}{2\pi} \int_{-\pi}^{\pi} \ln p(\lambda) \mathrm{d}\lambda \right\} > 0$$

故 $|g(0)| \geqslant 1$. 又从命题 7.3 知 $|g(0)| \leqslant 1$, 从而 $|g(0)| = 1$, 而且 $g(z) = g(0) = \mathrm{e}^{\mathrm{i}\alpha}$, 即 $h(z) = \mathrm{e}^{\mathrm{i}\alpha} h_0(z)$.

$\Leftarrow$　设 $h(z) = \mathrm{e}^{\mathrm{i}\alpha} h_0(z)$, 往证它是最大函数.

对于任意的 $\tilde{h}(z) = \tilde{g}(z)\tilde{h}_0(z) \in H_\delta$, 而且 $|\tilde{h}(\mathrm{e}^{-\mathrm{i}\lambda})| = |h(\mathrm{e}^{-\mathrm{i}\lambda})|$, a. e., 则由参数表示知 $h_0(z) = \tilde{h}_0(z)$. 又由命题 7.3 知 $|\tilde{g}(0)| \leqslant 1$, 因此

$$|\tilde{h}(0)| = |\tilde{g}(0)| \cdot |\tilde{h}_0(0)| = |\tilde{g}(0)| \cdot |h_0(0)| \leqslant |h_0(0)| = |h(0)|$$

这说明 $h(z)$ 是最大函数.

命题 7.5　设 $h(z) \in H_\delta$, 则 $h(z)$ 为最大函数 $\Leftrightarrow |h(0)| = \exp\left\{\dfrac{1}{2\pi}\displaystyle\int_{-\pi}^{\pi} \ln|h(\mathrm{e}^{-\mathrm{i}\lambda})|\,\mathrm{d}\lambda\right\}$.

证明　$\Rightarrow$　若 $h(z)$ 为最大函数, 由命题 7.4 知 $h(z) = \mathrm{e}^{\mathrm{i}\alpha} h_0(z)$, 因此

$$\begin{aligned}|h(0)| = |h_0(0)| &= \exp\left\{\frac{1}{2\pi}\int_{-\pi}^{\pi} \ln p(\lambda)\mathrm{d}\lambda\right\} \\ &= \exp\left\{\frac{1}{2\pi}\int_{-\pi}^{\pi} \ln|h(\mathrm{e}^{-\mathrm{i}\lambda})|\mathrm{d}\lambda\right\}\end{aligned}$$

$\Leftarrow$　若 $|h(0)| = \exp\left\{\dfrac{1}{2\pi}\displaystyle\int_{-\pi}^{\pi} \ln|h(\mathrm{e}^{-\mathrm{i}\lambda})|\mathrm{d}\lambda\right\}$, 则 $|h(0)| = |h_0(0)|$, 但是 $|h(0)| = |g(0)| \cdot |h_0(0)|$, 故 $|g(0)| = 1$, 再由命题 7.3 知 $g(z) = \mathrm{e}^{\mathrm{i}\alpha}$ 从而

$$h(z) = g(z)h_0(z) = \mathrm{e}^{\mathrm{i}\alpha} h_0(z)$$

又由命题 7.4 知 $h(z)$ 为最大函数.

定理 7.4　设 $f(\lambda) \geqslant 0, f(\lambda) \in L^1$, 则 $\ln f(\lambda) \in L^1 \Leftrightarrow f(\lambda)$ 可表示为

$$f(\lambda) = \frac{1}{2\pi}|\Gamma(\mathrm{e}^{-\mathrm{i}\lambda})|^2 \tag{7.4.5}$$

其中

$$\Gamma(\mathrm{e}^{-\mathrm{i}\lambda}) = \sum_{k=0}^{+\infty} c_k \mathrm{e}^{-\mathrm{i}k\lambda}, \quad \sum_{k=0}^{+\infty} |c_k|^2 < \infty \tag{7.4.6}$$

证明　$\Rightarrow$　由 H_2 类函数参数表示知

$$\Gamma(z) = \sqrt{2\pi}\exp\left\{\frac{1}{4\pi}\int_{-\pi}^{\pi} \ln f(\lambda)\frac{\mathrm{e}^{-\mathrm{i}\lambda} + z}{\mathrm{e}^{-\mathrm{i}\lambda} - z}\mathrm{d}\lambda\right\} \in H_2$$

注意到

$$\exp\left\{\frac{1}{2\pi}\int_{-\pi}^{\pi} \ln\frac{\mathrm{e}^{-\mathrm{i}\lambda} + z}{\mathrm{e}^{-\mathrm{i}\lambda} - z}\mathrm{d}\lambda\right\} \equiv \sqrt{2\pi}$$

易知式 (7.4.5) 成立.

$\Leftarrow$ 从式 (7.4.6) 可见, $\Gamma(\mathrm{e}^{-\mathrm{i}\lambda})$ 是 H_2 类函数 $\Gamma(z)=\sum_{k=0}^{+\infty}c_kz^k$ 的边界值, 故

$$\ln f(\lambda)=2\ln|\Gamma(\mathrm{e}^{-\mathrm{i}\lambda})|-\ln(2\pi)\in L_1$$

定理 7.5 平稳序列 $X(n),n\in\mathbf{N}$ 是正则的 $\Leftrightarrow X(n)$ 的谱测度绝对连续, 谱密度 $f(\lambda)$ 满足

$$\ln f(\lambda)\in L^1 \tag{7.4.7}$$

定理 7.5′ 平稳序列 $X(n),n\in\mathbf{N}$ 是正则的 $\Leftrightarrow X(n)$ 的谱测度绝对连续, 谱密度 $f(\lambda)$ 满足

$$\int_{-\pi}^{\pi}\ln f(\lambda)\mathrm{d}\lambda>-\infty \tag{7.4.8}$$

证明 $\Rightarrow$ 由式 (7.4.7) 知式 (7.4.8) 显然成立.

$\Leftarrow$ 设式 (7.4.8) 成立. 令 $E=\{\lambda|f(\lambda)\geqslant 1\}$, 则

$$\ln f(\lambda)=\chi_E(\lambda)\ln f(\lambda)+\chi_{\bar{E}}(\lambda)\ln f(\lambda) \tag{7.4.9}$$

因为 $0\leqslant\chi_E(\lambda)\ln f(\lambda)\leqslant\chi_E(\lambda)f(\lambda)\leqslant f(\lambda)\in L^1(f(\lambda)$ 是谱密度), 再由式 (7.4.8)、式 (7.4.9) 知

$$\int_{-\pi}^{\pi}\chi_{\bar{E}}(\lambda)\ln f(\lambda)\mathrm{d}\lambda=\int_{-\pi}^{\pi}[\ln f(\lambda)-\chi_E(\lambda)\ln f(\lambda)]\mathrm{d}\lambda>-\infty \tag{7.4.10}$$

注意到

$$\int_{-\pi}^{\pi}|\chi_{\bar{E}}(\lambda)\ln f(\lambda)|\mathrm{d}\lambda=\int_{-\pi}^{\pi}-\chi_{\bar{E}}(\lambda)\ln f(\lambda)\mathrm{d}\lambda<\infty \tag{7.4.11}$$

由式 (7.4.9)~(7.4.11) 知式 (7.4.7) 成立, 再由定理 7.5 知 $X(n)$ 是正则的.

定理 7.6 设正则平稳序列 $X(n),n\in\mathbf{N}$ 可表示为

$$X(n)=\sum_{k=0}^{+\infty}c_kw(n-k) \tag{7.4.12}$$

其中 $w(n)$ 为从属于 $X(n)$ 的标准正交列, 则表示式 (7.4.12) 为 $X(n)$ 的 Wold 分解 $\Leftrightarrow \Gamma(z)=\sum_{k=0}^{+\infty}c_kz^k$ 为边界条件满足: $f(\lambda)=\dfrac{1}{2\pi}|\Gamma(\mathrm{e}^{-\mathrm{i}\lambda})|^2$ 的最大函数, 其中 $f(\lambda)$ 是 $X(n)$ 的谱密度.

证明 $\Rightarrow$ 设式 (7.4.12) 为 Wold 分解, 则 $\Gamma(z)=\sum_{k=0}^{+\infty}c_kz^k$ 的边界值满足:

$$f(\lambda)=\frac{1}{2\pi}|\Gamma(\mathrm{e}^{-\mathrm{i}\lambda})|^2$$

下面证 $\Gamma(z)$ 为最大函数. 即对任意 $\widetilde{\Gamma}(z)=\sum\limits_{k=0}^{+\infty}\tilde{c}_k z^k\in H_2$, 而且

$$|\widetilde{\Gamma}(\mathrm{e}^{-\mathrm{i}\lambda})|=|\Gamma(\mathrm{e}^{-\mathrm{i}\lambda})|,\ \text{a.e.}$$

要证 $|\widetilde{\Gamma}(0)|\leqslant|\Gamma(0)|$, 也就是要证 $|\tilde{c}_0|\leqslant|c_0|$.

由于有

$$f(\lambda)=\frac{1}{2\pi}|\widetilde{\Gamma}(\mathrm{e}^{-\mathrm{i}\lambda})|^2,\ \text{a.e.}$$

由定理 7.3 的注 7.1 知, $X(n)$ 有表示式

$$X(n)=\sum_{k=0}^{+\infty}\tilde{c}_k\tilde{w}(n-k)\in H_{\tilde{w}}(n) \tag{7.4.13}$$

其中 $\tilde{w}(n)$ 为标准正交列, 且 $\sum\limits_{k=0}^{+\infty}|\tilde{c}_k|^2<\infty$.

由于式 (7.4.12) 是 $X(n)$ 的 Wold 分解, 再由式 (7.4.13), 有

$$H_w(n)=H_X(n)\subset H_{\tilde{w}}(n),\quad n\in\mathbf{N} \tag{7.4.14}$$

联合式 (7.4.12) 和式 (7.4.13), 有

$$\begin{cases} X(1)-P_{H_w(0)}X(1)=c_0w(1)\\ X(1)-P_{H_{\tilde{w}}(0)}X(1)=\tilde{c}_0\tilde{w}(1)\end{cases} \tag{7.4.15}$$

又由式 (7.4.14), 有

$$||X(1)-P_{H_{\tilde{w}}(0)}X(1)||\leqslant||X(1)-P_{H_w(0)}X(1)|| \tag{7.4.16}$$

将式 (7.4.15) 代入式 (7.4.16) 得 $|\tilde{c}_0|\leqslant|c_0|$.

$\Leftarrow$　设 $\Gamma(z)=\sum\limits_{k=0}^{+\infty}c_kz^k$ 为边界值满足 $f(\lambda)=1/2\pi|\Gamma(\mathrm{e}^{-\mathrm{i}\lambda})|^2$ 的最大函数, 要证式 (7.4.12) 为 $X(n)$ 的 Wold 分解. 这只需证 $w(n)\in D_X(n)$.

设 $X(n)$ 有 Wold 分解

$$X(n)=\sum_{k=0}^{+\infty}\tilde{c}_k\tilde{w}(n-k)$$

其中 $\tilde{w}(n)$ 为 $X(n)$ 的基本列, 则由必要性的证明知 $\widetilde{\Gamma}(z)=\sum\limits_{k=0}^{+\infty}\tilde{c}_kz^k$ 亦为最大函数, 而且 $|\Gamma(\mathrm{e}^{-\mathrm{i}\lambda})|=|\widetilde{\Gamma}(\mathrm{e}^{-\mathrm{i}\lambda})|$. 于是

$$|c_0|=|\Gamma(0)|=|\widetilde{\Gamma}(0)|=|\tilde{c}_0|\neq0\quad(\text{Wold 分解要求})$$

即得 $||c_0w(1)|| = ||\tilde{c}_0\tilde{w}(1)||$, 亦即

$$||X(1) - P_{H_w(0)}X(1)|| = ||X(1) - P_{H_{\tilde{w}}(0)}X(1)||$$

又因 $H_{\tilde{w}}(0) = H_X(0) \subset H_w(0)$, 由投影的唯一性得

$$X(1) - P_{H_w(0)}X(1) = X(1) - P_{H_{\tilde{w}}(0)}X(1)$$

即 $c_0w(1) = \tilde{c}_0\tilde{w}(1)$, 从而 $w(1) = \tilde{c}_0/c_0w(1) \in D_X(1)$.

再由 $w(n)$ 从属于 $X(n)$, 故 $w(n) = U^{n-1}w(1) \in D_X(n), n \in \mathbf{N}$, 而且 $||w(n)|| = ||w(1)|| = 1$. 这说明 $w(n)$ 是基本列, 且 $H_X(n) = H_w(n)$.

定理 7.6 证毕.

下面求正则平稳序列 $X(n), n \in \mathbf{N}$ 的 Wold 分解式

$$X(n) = \sum_{k=0}^{+\infty} c_k w(n-k) \tag{7.4.17}$$

中的系数 c_k 与基本列 $w(n)$ 的谱特征.

由定理 7.6, $\Gamma(z) = \sum\limits_{k=0}^{+\infty} c_k z^k \in H_2$ 为最大函数, 且

$$f(\lambda) = \frac{1}{2\pi}|\Gamma(\mathrm{e}^{-\mathrm{i}\lambda})|^2$$

于是由命题 7.4,

$$\begin{aligned}\Gamma(z) =& \mathrm{e}^{\mathrm{i}\alpha} \exp\left\{\frac{1}{2\pi}\int_{-\pi}^{\pi} \ln\sqrt{2\pi f(\lambda)} \cdot \frac{\mathrm{e}^{-\mathrm{i}\lambda}+z}{\mathrm{e}^{-\mathrm{i}\lambda}-z}\mathrm{d}\lambda\right\} \\ =& \mathrm{e}^{\mathrm{i}\alpha}\sqrt{2\pi} \exp\left\{\frac{1}{4\pi}\int_{-\pi}^{\pi} \ln f(\lambda) \cdot \frac{\mathrm{e}^{-\mathrm{i}\lambda}+z}{\mathrm{e}^{-\mathrm{i}\lambda}-z}\mathrm{d}\lambda\right\}\end{aligned}$$

其中 α 为实数. 为使 $c_0 > 0$, 则应取 $\alpha = 0$, 即

$$\Gamma(z) = \sqrt{2\pi} \exp\left\{\frac{1}{4\pi}\int_{-\pi}^{\pi} \ln f(\lambda) \cdot \frac{\mathrm{e}^{-\mathrm{i}\lambda}+z}{\mathrm{e}^{-\mathrm{i}\lambda}-z}\mathrm{d}\lambda\right\}$$

若 $w(n) = \int_{-\pi}^{\pi} \mathrm{e}^{\mathrm{i}n\lambda}\varphi(\lambda)Z(\mathrm{d}\lambda)$, 其中 $Z(\mathrm{d}\lambda)$ 是 $X(n)$ 的随机测度, 则由式 (7.4.17)

$$\begin{aligned}X(n) &= \int_{-\pi}^{\pi} \mathrm{e}^{\mathrm{i}n\lambda}Z(\mathrm{d}\lambda) = \sum_{k=0}^{+\infty} c_k \int_{-\pi}^{\pi} \mathrm{e}^{\mathrm{i}(n-k)\lambda}\varphi(\lambda)Z(\mathrm{d}\lambda) \\ &= \int_{-\pi}^{\pi} \mathrm{e}^{\mathrm{i}n\lambda}\sum_{k=0}^{+\infty} c_k \mathrm{e}^{-\mathrm{i}k\lambda}\varphi(\lambda)Z(\mathrm{d}\lambda)\end{aligned}$$

$$
= \int_{-\pi}^{\pi} \mathrm{e}^{in\lambda} \Gamma(\mathrm{e}^{-\mathrm{i}\lambda}) \varphi(\lambda) Z(\mathrm{d}\lambda)
$$

于是 $\varphi(\lambda) = 1/\Gamma(\mathrm{e}^{-\mathrm{i}\lambda})$, a.e. (关于 Lebesgue 测度), 即

$$
w(n) = \int_{-\pi}^{\pi} \mathrm{e}^{\mathrm{i}n\lambda} \cdot \frac{1}{\Gamma(\mathrm{e}^{-\mathrm{i}\lambda})} Z(\mathrm{d}\lambda)
$$

这样得到下面的定理:

定理 7.7　正则平稳序列 $X(n), n \in \mathbf{N}$ 有 Wold 分解式

$$
X(n) = \sum_{k=0}^{+\infty} c_k w(n-k) \tag{7.4.18}
$$

其中

$$
w(n) = \int_{-\pi}^{\pi} \mathrm{e}^{in\lambda} \frac{1}{\Gamma(\mathrm{e}^{-\mathrm{i}\lambda})} Z(\mathrm{d}\lambda) \tag{7.4.19}
$$

$$
\Gamma(z) = \sum_{k=0}^{+\infty} c_k z^k = \sqrt{2\pi} \exp\left\{ \frac{1}{4\pi} \int_{-\pi}^{\pi} \ln f(\lambda) \cdot \frac{\mathrm{e}^{-\mathrm{i}\lambda} + z}{\mathrm{e}^{-\mathrm{i}\lambda} - z} \mathrm{d}\lambda \right\} \tag{7.4.20}
$$

此处 $f(\lambda), Z(\mathrm{d}\lambda)$ 分别为 $X(n)$ 的谱密度与随机谱测度.

由定理 7.7 及式 (7.3.17) 可得

定理 7.8　设正则平稳序列 $X(n), n \in \mathbf{N}$ 的谱密度为 $f(\lambda)$, 随机谱测度为 $Z(\mathrm{d}\lambda)$, 则

$$
\widehat{X}(n,\tau) = \int_{-\pi}^{\pi} \mathrm{e}^{\mathrm{i}n\lambda} \widehat{\varphi}(\lambda,\tau) Z(\mathrm{d}\lambda) \tag{7.4.21}
$$

$$
\widehat{\varphi}(\lambda,\tau) = \mathrm{e}^{\mathrm{i}\tau\lambda} \cdot \frac{\Gamma(\mathrm{e}^{-\mathrm{i}\lambda}) - \sum_{k=0}^{\tau-1} c_k \mathrm{e}^{-\mathrm{i}k\lambda}}{\Gamma(\mathrm{e}^{-\mathrm{i}\lambda})} \tag{7.4.22}
$$

$$
\sigma^2(\tau) = E|X(n+\tau) - \widehat{X}(n,\tau)|^2 = \sum_{k=0}^{\tau-1} |c_k|^2 \tag{7.4.23}
$$

其中 $\Gamma(z)$ 及 c_k 由式 (7.4.20) 确定. 特别地, 一步预测误差

$$
\sigma^2(1) = c_0^2 = 2\pi \exp\left\{ \frac{1}{2\pi} \int_{-\pi}^{\pi} \ln f(\lambda) \mathrm{d}\lambda \right\} \tag{7.4.24}
$$

注 7.2　式 (7.4.20) 也可写成

$$
\Gamma(z) = \sqrt{2\pi} \exp\left\{ \frac{1}{2} a_0 + \sum_{k=1}^{+\infty} a_k z^k \right\}
$$

$$
a_k = \frac{1}{2\pi} \int_{-\pi}^{\pi} \mathrm{e}^{\mathrm{i}k\lambda} \ln f(\lambda) \mathrm{d}\lambda
$$

事实上, 只要注意到式 (7.4.20) 中

$$\frac{\mathrm{e}^{-\mathrm{i}\lambda}+z}{\mathrm{e}^{-\mathrm{i}\lambda}-z}=1+\frac{2z\mathrm{e}^{\mathrm{i}\lambda}}{1-z\mathrm{e}^{\mathrm{i}\lambda}}=1+2\sum_{k=1}^{+\infty}z^k\mathrm{e}^{\mathrm{i}k\lambda}$$

下面考虑 $X(n)$ 具有有理谱密度

$$f(\lambda)=\left|\frac{P(\mathrm{e}^{-\mathrm{i}\lambda})}{Q(\mathrm{e}^{-\mathrm{i}\lambda})}\right|^2 \tag{7.4.25}$$

这里多项式 $P(z),_Q(z)$ 在单位圆内 $\{z||z|\leqslant 1\}$ 无零点. 令

$$\Gamma(z)=\sqrt{2\pi}\frac{P(z)}{Q(z)}=\sum_{k=0}^{+\infty}c_kz^k \tag{7.4.26}$$

显然, $\Gamma(z)$ 的收敛半径 $R>1$. 取 $\Gamma(z)\in H_2$, 而且

$$f(\lambda)=\frac{1}{2\pi}|\Gamma(\mathrm{e}^{-\mathrm{i}\lambda})|^2$$

从定理 7.3 知 $X(n)$ 是正则的. 今证 $\Gamma(z)$ 为最大函数.

因 $\Gamma(z)$ 在单位圆内无零点, $B(z)=\ln\dfrac{\Gamma(z)}{\sqrt{2\pi}}$ 在单位圆内解析, 它的实部 $\mathrm{Re}B(z)=\ln\dfrac{|\Gamma(z)|}{\sqrt{2\pi}}$ 是调和函数, 所以有 Poisson 积分表示:

$$\begin{aligned}&\mathrm{Re}B(\rho\mathrm{e}^{-\mathrm{i}\mu})\\=&\frac{1}{2\pi}\int_{-\pi}^{\pi}\mathrm{Re}B(\mathrm{e}^{-\mathrm{i}\lambda})\frac{1-\rho^2}{1+\rho^2-2\rho\cos(\mu-\lambda)}\mathrm{d}\lambda\\=&\frac{1}{4\pi}\int_{-\pi}^{\pi}\ln f(\lambda)\cdot\frac{1-\rho^2}{1+\rho^2-2\rho\cos(\mu-\lambda)}\mathrm{d}\lambda,\quad 0\leqslant\rho<1\end{aligned} \tag{7.4.27}$$

于是

$$\ln\frac{|\Gamma(0)|}{\sqrt{2\pi}}=\mathrm{Re}B(0)=\frac{1}{4\pi}\int_{-\pi}^{\pi}\ln f(\lambda)\mathrm{d}\lambda$$

$$|\Gamma(0)|=\sqrt{2\pi}\exp\left\{\frac{1}{4\pi}\int_{-\pi}^{\pi}\ln f(\lambda)\mathrm{d}\lambda\right\}$$

由命题 7.5 知 $\Gamma(z)$ 为最大函数.

7.5 平稳序列的 Lebesgue-Gramer 分解与奇异性判别法

设 $X(n),n\in\mathbf{N}$ 为平稳序列, 它的谱测度 $F(\mathrm{d}\lambda)$ 可唯一地表示为

$$F(\mathrm{d}\lambda)=f(\lambda)\mathrm{d}\lambda+\delta(\mathrm{d}\lambda) \tag{7.5.1}$$

其中 $\delta(\mathrm{d}\lambda)$ 关于 $\mathrm{d}\lambda$ 是奇异的, 它集中在一个 Lebesgue 零测集 $\varDelta_0(\varDelta_0 \subset [-\pi,\pi))$ 上. 称 $f(\lambda)$ 为 $X(n)$ 的*广义谱密度*.

设 $Z(\mathrm{d}\lambda)$ 为 $X(n)$ 的随机谱测度. 令

$$\begin{cases} X_1(n) = \displaystyle\int_{-\pi}^{\pi} \mathrm{e}^{in\lambda}\chi_{\bar{\varDelta}_0}(\lambda)Z(\mathrm{d}\lambda) \\ X_2(n) = \displaystyle\int_{-\pi}^{\pi} \mathrm{e}^{in\lambda}\chi_{\varDelta_0}(\lambda)Z(\mathrm{d}\lambda) \end{cases} \tag{7.5.2}$$

则 $X_1(n)$ 与 $X_2(n)$ 是相互正交的平稳序列, 谱测度分别为 $f(\lambda)\mathrm{d}\lambda$ 和 $\delta(\mathrm{d}\lambda)$, 且

$$X(n) = X_1(n) + X_2(n) \tag{7.5.3}$$

定义 7.9　称由式 (7.5.1), 式 (7.5.2) 确定的分解式 (7.5.3) 为 $X(n)$ 的*Lebesgue-Gramer分解*, 简称为*L-G分解*.

定理 7.9　设平稳序列 $X(n), n\in\mathbf{N}$ 的广义谱密度 $f(\lambda)$ 满足

$$\ln f(\lambda) \in L^1 \tag{7.5.4}$$

则 $X(n)$ 的 L-G 分解式 (7.5.3) 就是它的 Wold 分解式 (式 (7.2.12)), 且 $f(\lambda)$ 就是 Wold 分解式中正则部分的谱密度.

证明　设 $X(n)$ 的 Wold 分解为

$$X(n) = \widetilde{X}_1(n) + \widetilde{X}_2(n) \tag{7.5.5}$$

其中 $\widetilde{X}_1(n)$ 为正则分量, $\widetilde{X}_2(n)$ 为奇异分量. 今证明 $\widetilde{X}_i(n) = X_i(n), i=1,2$.

从定理 7.1 的证明知 $H_{\widetilde{X}_2} = S_X$. 由式 (7.5.3), 有

$$H_X(n) \subset H_{X_1}(n) \oplus H_{X_2}(n)$$

由定理 7.5 知 $X_1(n)$ 是正则的 (它有谱密度 $f(\lambda)$, 且 $\ln f(\lambda)\in L^1$), 并且

$$H_{\widetilde{X}_2} = S_X = \bigcap_n H_X(n) \subset \bigcap_n H_{X_1}(n) \oplus \bigcap_n H_{X_2}(n) = S_{X_2} \subset H_{X_2}$$

又因为 $X_2(n)$ 与 $\widetilde{X}_2(n)$ 平稳相关, 于是 $\widetilde{X}_2(n)$ 从属于 $X_2(n)$.

设 $\widetilde{X}_2(0)$ 对应于 $L^2(\widehat{F})$ 中元 $\varphi(\lambda)$, 则

$$\widetilde{X}_2(n) = \int_{-\pi}^{\pi} \mathrm{e}^{in\lambda}\varphi(\lambda)\widehat{Z}(\mathrm{d}\lambda)$$

其中 $\widehat{F}(\mathrm{d}\lambda)$ 与 $\widehat{Z}(\mathrm{d}\lambda)$ 为 $X_2(n)$ 的谱测度与随机谱测度, 且

$$B_{\widetilde{X}_2\widetilde{X}_2}(n) = \int_{-\pi}^{\pi} \mathrm{e}^{in\lambda}|\varphi(\lambda)|^2\widehat{F}(\mathrm{d}\lambda) = \int_{-\pi}^{\pi} \mathrm{e}^{in\lambda}F_{\widetilde{X}_2\widetilde{X}_2}(\mathrm{d}\lambda)$$

$$F_{\widetilde{X}_2\widetilde{X}_2}(\varDelta) = \int_{\varDelta} |\varphi(\lambda)|^2\widehat{F}(\mathrm{d}\lambda) = \int_{\varDelta} \chi_{\varDelta_0}(\lambda)|\varphi(\lambda)|^2 F(\mathrm{d}\lambda)$$

于是 $F_{\widetilde{X}_2\widetilde{X}_2}(\bar{\Delta}_0)=0$, 这说明 $F_{\widetilde{X}_2\widetilde{X}_2}(\mathrm{d}\lambda)$ 关 Lebesgue 测度是奇异的. 由于 $\widetilde{X}_1(n)$ 是正则的, 它的谱测度 $F_{\widetilde{X}_1\widetilde{X}_1}(\mathrm{d}\lambda)$ 是绝对连续的, 其谱密度为 $f_{\widetilde{X}_1\widetilde{X}_1}(\lambda)$.

由 $\widetilde{X}_1(n)\perp\widetilde{X}_2(n)$, $B_{XX}(n)=B_{\widetilde{X}_1\widetilde{X}_1}(n)+B_{\widetilde{X}_2\widetilde{X}_2}(n), n\in\mathbf{N}$, 从而

$$F(\mathrm{d}\lambda)=f_{\widetilde{X}_1\widetilde{X}_1}(\lambda)\mathrm{d}\lambda+F_{\widetilde{X}_2\widetilde{X}_2}(\mathrm{d}\lambda)$$

再由测度的 Lebesgue 分解的唯一性知

$$f(\lambda)=f_{\widetilde{X}_1\widetilde{X}_1}(\lambda)$$

这说明 Wold 分解中正则分量 $\widetilde{X}_1(n)$ 的谱密度为 $f(\lambda)$. 由式 (7.5.5), 得

$$(X(n),\ \widetilde{X}_1(m))=(\widetilde{X}_1(n),\ \widetilde{X}_1(m))=\int_{-\pi}^{\pi}\mathrm{e}^{\mathrm{i}(n-m)\lambda}f(\lambda)\mathrm{d}\lambda$$

又由式 (7.5.2)、式 (7.5.3) 知

$$(X(n),X_1(m))=(X_1(n),X_1(m))=\int_{-\pi}^{\pi}\mathrm{e}^{\mathrm{i}(n-m)\lambda}f(\lambda)\mathrm{d}\lambda$$

所以对 $\forall n,m\in\mathbf{N}$, 都有

$$(X(n),\widetilde{X}_1(m))=(X(n),X_1(m))$$

从而对 $\forall Y\in H_X$ 及 $\forall m\in\mathbf{N}$, 均有

$$(Y,\widetilde{X}_1(m)-X_1(m))=0$$

这说明 $\widetilde{X}_1(m)=X_1(m)$, 对 $\forall m\in\mathbf{N}$.

定理 7.10 设 $X(n),n\in\mathbf{N}$ 为平稳序列, 广义谱密度为 $f(\lambda)$, 则 $X(n)$ 为奇异的 $\Leftrightarrow$

$$\ln f(\lambda)\notin L^1 \tag{7.5.6}$$

证明 $\Rightarrow$ 反证法, 假设式 (7.5.6) 不成立, 即 $\ln f(\lambda)\in L^1$, 由定理 7.9 知, $X(n)$ 有分解

$$X(n)=X_1(n)+X_2(n)$$

其中 $X_1(n)$ 正则, 谱密度为 $f(\lambda)$, 而且 $X_1(n)\not\equiv 0$, $X_1(n)\in H_X$; $X_2(n)$ 奇异, $X_2(n)\in S_X$, 且 $X_1(n)\perp S_X$. 这说明 $S_X\neq H_X$ 与 $X(n)$ 是奇异的矛盾.

$\Leftarrow$ 反证法, 若 $X(n)$ 不是奇异的, 作 Wold 分解

$$X(n)=\widetilde{X}_1(n)+\widetilde{X}_2(n)$$

其中 $\widetilde{X}_1(n)$ 是正则的, 其谱密度 $f_{\widetilde{X}_1\widetilde{X}_1}(\lambda)$ 满足

$$\int_{-\pi}^{\pi}\ln f_{\widetilde{X}_1\widetilde{X}_1}(\lambda)\mathrm{d}\lambda>-\infty \tag{7.5.7}$$

再由 $\widetilde{X}_1(n)\perp\widetilde{X}_2(n)$ 知

$$B_{XX}(n)=B_{\widetilde{X}_1\widetilde{X}_1}(n)+B_{\widetilde{X}_2\widetilde{X}_2}(n)$$

从而有

$$F(\mathrm{d}\lambda)=f_{\widetilde{X}_1\widetilde{X}_1}(\lambda)\mathrm{d}\lambda+F_{\widetilde{X}_2\widetilde{X}_2}(\mathrm{d}\lambda) \tag{7.5.8}$$

设 $f_{\widetilde{X}_2\widetilde{X}_2}(\lambda)\mathrm{d}\lambda$ 为 $F_{\widetilde{X}_2\widetilde{X}_2}(\mathrm{d}\lambda)$ 的 Lebesgue 分解中的绝对连续部分, 由式 (7.5.1) 和式 (7.5.8) 知

$$f(\lambda)=f_{\widetilde{X}_1\widetilde{X}_1}(\lambda)+f_{\widetilde{X}_2\widetilde{X}_2}(\lambda)$$

从而 $f(\lambda)\geqslant f_{\widetilde{X}_1\widetilde{X}_1}(\lambda)$. 于是

$$\int_{-\pi}^{\pi}\ln f(\lambda)\mathrm{d}\lambda\geqslant\int_{-\pi}^{\pi}\ln f_{\widetilde{X}_1\widetilde{X}_1}(\lambda)\mathrm{d}\lambda>-\infty$$

这与式 (7.5.6) 相矛盾.

7.6　平稳序列外推问题的解

设 $X(n), n\in\mathbf{N}$ 为平稳序列, 其广义谱密度为 $f(\lambda)$. 若 $\ln f(\lambda)\notin L^1$, 则 $X(n)$ 为奇异的, 因此

$$\widehat{X}(n,\tau)=X(n+\tau)=\int_{-\pi}^{\pi}\mathrm{e}^{\mathrm{i}n\lambda}\widehat{\varphi}(\lambda,\tau)Z(\mathrm{d}\lambda)$$

此时 $\widehat{\varphi}(\lambda,\tau)=\mathrm{e}^{\mathrm{i}\tau\lambda}$, 预测误差 $\sigma^2(\tau)\equiv 0$.

若 $\ln f(\lambda)\in L^1$, 则 $X(n)$ 非奇异, 此时 $X(n)$ 有 Wold 分解

$$X(n)=X_1(n)+X_2(n) \tag{7.6.1}$$

其中 $X_1(n)$ 是正则的, $X_2(n)$ 是奇异的, $X_1(n)\perp X_2(n)$, $X_1(n)$ 的谱密度为 $f(\lambda)$, 且 $X_1(n), X_2(n)$ 都强属于 $X(n)$. 另一方面, 它们还可由 7.5 节 L-G 分解确定. 由式 (7.2.19) 和定理 7.8 及式 (7.6.1), 得到

$$\widehat{X}(n,\tau)=\int_{-\pi}^{\pi}\mathrm{e}^{\mathrm{i}n\lambda}\widehat{\varphi}(\lambda,\tau)Z(\mathrm{d}\lambda)$$

$$\widehat{\varphi}(\lambda,\tau)=\mathrm{e}^{\mathrm{i}\tau\lambda}\left[\frac{\varGamma(\mathrm{e}^{-\mathrm{i}\lambda})-\sum\limits_{k=0}^{\tau-1}c_k\mathrm{e}^{-\mathrm{i}k\lambda}}{\varGamma(\mathrm{e}^{-\mathrm{i}\lambda})}\chi_{\bar{\varDelta}_0}(\lambda)+\chi_{\varDelta_0}(\lambda)\right]$$

$$\sigma^2(\tau)=\sum_{k=0}^{\tau-1}|c_k|^2$$

其中

$$\Gamma(z) = \sum_{k=0}^{+\infty} c_k z^k = \sqrt{2\pi} \exp\left\{\frac{1}{4\pi}\int_{-\pi}^{\pi} \ln f(\lambda) \cdot \frac{e^{-i\lambda}+z}{e^{-i\lambda}-z} d\lambda\right\}$$
$$= \sqrt{2\pi} \exp\left\{\frac{1}{2}a_0 + \sum_{k=1}^{+\infty} a_k z^k\right\}$$
$$a_k = \frac{1}{2\pi}\int_{-\pi}^{\pi} e^{ik\lambda} \ln f(\lambda) d\lambda, \quad k = 1, 2, \cdots$$

还特别有

$$\sigma^2(1) = C_0^2 = 2\pi \exp\left\{\frac{1}{2\pi}\int_{-\pi}^{\pi} \ln f(\lambda) d\lambda\right\}$$

7.7 平稳序列的线性滤波

设 $X(n)$ 与 $Y(n), n \in \mathbf{N}$ 是两个平稳相关的平稳序列, 用对 $Y(n)$ 的观测值来线性预测 $X(n)$. 准确地说: 线性滤波问题是求

$$\widehat{X}(n,\tau) = P_{H_{Y(n)}} X(n+\tau) \tag{7.7.1}$$

及滤波误差

$$\sigma^2(\tau) = E|X(n+\tau) - \widehat{X}(n,\tau)|^2$$

假设 $Y(n)$ 是正则的, $f_{XX}(\lambda), f_{YY}(\lambda), f_{XY}(\lambda)$ 分别为 $X(n), Y(n)$ 的谱密度与互谱密度, 它们都已知, 求 $\widehat{X}(n,\tau)$ 的谱特征及 $\sigma^2(\tau)$.

解决问题的办法分两步: 先求 $\widehat{X}(n+\tau) = P_{H_Y} X(n+\tau)$; 再求 $P_{H_{Y(n)}} \widehat{X}(n+\tau)$. 不难看出

$$\widehat{X}(n,\tau) = P_{H_{Y(n)}} \widehat{X}(n+\tau) \tag{7.7.2}$$

设 $Y(n)$ 的谱表示为

$$Y(n) = \int_{-\pi}^{\pi} e^{in\lambda} Z(d\lambda) \tag{7.7.3}$$

由于 $\widehat{X}(n) \in H_Y$, 可将 $\widehat{X}(n)$ 表示为

$$\widehat{X}(n) = \int_{-\pi}^{\pi} e^{in\lambda} \widehat{\varphi}(\lambda) Z(d\lambda) \tag{7.7.4}$$

由于

$$X(n) - \widehat{X}(n) \perp H_Y \tag{7.7.5}$$

故对 $\forall n, m \in \mathbf{N}$, 有

$$EX(n)\overline{Y(m)} = E\widehat{X}(n)\overline{Y(m)} \tag{7.7.5'}$$

即

$$\int_{-\pi}^{\pi} \mathrm{e}^{\mathrm{i}(n-m)\lambda} f_{XY}(\lambda)\mathrm{d}\lambda = \int_{-\pi}^{\pi} \mathrm{e}^{\mathrm{i}(n-m)\lambda} \widehat{\varphi}(\lambda) f_{YY}(\lambda)\mathrm{d}\lambda \tag{7.7.6}$$

所以

$$\widehat{\varphi}(\lambda) = \frac{f_{XY}(\lambda)}{f_{YY}(\lambda)}, \text{ a.e.} \tag{7.7.7}$$

因为 $Y(n)$ 是正则的, 存在 $\Gamma(z) = \sum\limits_{k=0}^{+\infty} c_k z^k$ 为最大函数, 且

$$f_{YY}(\lambda) = \frac{1}{2\pi}|\Gamma(\mathrm{e}^{-\mathrm{i}\lambda})|^2$$

又设 $w(n), n \in \mathbf{N}$ 为 $Y(n)$ 的基本列, 且有谱表示

$$w(n) = \int_{-\pi}^{\pi} \mathrm{e}^{\mathrm{i}n\lambda} \Lambda(\mathrm{d}\lambda) \tag{7.7.8}$$

其中 $\Lambda(\mathrm{d}\lambda)$ 为 $w(n)$ 的随机测度, 则

$$\Lambda(\mathrm{d}\lambda) = \frac{1}{\Gamma(\mathrm{e}^{-\mathrm{i}\lambda})} Z(\mathrm{d}\lambda) \tag{7.7.9}$$

$$Z(\mathrm{d}\lambda) = \Gamma(\mathrm{e}^{-\mathrm{i}\lambda}) \Lambda(\mathrm{d}\lambda) \tag{7.7.9$'$}$$

因此由 $Y(n)$ 的 Wold 分解得

$$Y(n) = \sum_{k=0}^{+\infty} c_k w(n-k) = \int_{-\pi}^{\pi} \mathrm{e}^{\mathrm{i}n\lambda} \Gamma(\mathrm{e}^{-\mathrm{i}\lambda}) \Lambda(\mathrm{d}\lambda) \tag{7.7.10}$$

将式 (7.7.9) 代入式 (7.7.4), 有

$$\widehat{X}(n) = \int_{-\pi}^{\pi} \mathrm{e}^{\mathrm{i}n\lambda} \widehat{\varphi}(\lambda) \Gamma(\mathrm{e}^{-\mathrm{i}\lambda}) \Lambda(\mathrm{d}\lambda) \tag{7.7.11}$$

由于 $\widehat{\varphi}(\lambda)\Gamma(\mathrm{e}^{-\mathrm{i}\lambda}) \in L^2(\mathrm{d}\lambda)$, 将它展成 Fourier 级数

$$\widehat{\varphi}(\lambda)\Gamma(\mathrm{e}^{-\mathrm{i}\lambda}) = \sum_{k=-\infty}^{+\infty} a_k \mathrm{e}^{-\mathrm{i}k\lambda} \tag{7.7.12}$$

其中

$$a_k = \frac{1}{2\pi} \int_{-\pi}^{\pi} \widehat{\varphi}(\lambda)\Gamma(\mathrm{e}^{-\mathrm{i}\lambda}) \mathrm{e}^{\mathrm{i}k\lambda} \mathrm{d}\lambda$$

将式 (7.7.12) 代入式 (7.7.11), 得

$$\widehat{X}(n) = \sum_{k=-\infty}^{+\infty} a_k \int_{-\pi}^{\pi} \mathrm{e}^{\mathrm{i}(n-k)\lambda} \Lambda(\mathrm{d}\lambda) = \sum_{k=-\infty}^{+\infty} a_k w(n-k) \tag{7.7.13}$$

$$\begin{aligned}\widehat{X}(n,\tau) =& P_{H_Y(n)}\widehat{X}(n+\tau)\\ =& P_{H_w(n)}\widehat{X}(n+\tau) = \sum_{k=\tau}^{+\infty} a_k w(n+\tau-k)\end{aligned} \tag{7.7.14}$$

将式 (7.7.8) 代入式 (7.7.14), 得

$$\begin{aligned}\widehat{X}(n,\tau) &= \int_{-\pi}^{\pi}\sum_{k=\tau}^{+\infty} a_k \mathrm{e}^{\mathrm{i}(n+\tau-k)\lambda}\Lambda(\mathrm{d}\lambda)\\ &= \int_{-\pi}^{\pi}\mathrm{e}^{\mathrm{i}n\lambda}\left[\sum_{k=0}^{+\infty} a_{k+\tau}\mathrm{e}^{-\mathrm{i}k\lambda}\right]\frac{1}{\Gamma(\mathrm{e}^{-\mathrm{i}\lambda})}Z(\mathrm{d}\lambda)\end{aligned} \tag{7.7.15}$$

$$\begin{aligned}\sigma^2(\tau) =& ||X(n+\tau)-\widehat{X}(n,\tau)||^2 = ||X(n+\tau)||^2 - ||\widehat{X}(n,\tau)||^2\\ =& B_{XX}(0) - \sum_{k=\tau}^{+\infty}|a_k|^2\end{aligned} \tag{7.7.16}$$

定理 7.11　设 $X(n), Y(n), n\in\mathbf{N}$ 为两个平稳相关的平稳序列, 谱密度与互谱密度均存在, 且 $Y(n)$ 正则, 则 $X(n+\tau)$ 关于 $H_Y(n)$ 的滤波量及滤波误差可由式 (7.7.7)、式 (7.7.12)、式 (7.7.15)、式 (7.7.16) 求得.

7.8 例　　子

例 7.1　设平稳序列 $X(n), n\in\mathbf{N}$ 有相关函数

$$B(n) = \sigma^2\mathrm{e}^{-\alpha|n|},\quad \alpha>0$$

则 $X(n)$ 的谱密度为

$$f(\lambda) = \frac{1}{2\pi}\sum_{n=-\infty}^{+\infty}B(n)\mathrm{e}^{-\mathrm{i}n\lambda} = \frac{\sigma^2}{2\pi}\cdot\frac{1-\beta^2}{|1-\beta\mathrm{e}^{-\mathrm{i}\lambda}|^2}$$

其中 $\beta=\mathrm{e}^{-\alpha}$. 由此可见, 最大函数为

$$\begin{aligned}\Gamma(z) =& \sigma\sqrt{1-\beta^2}\cdot\frac{1}{1-\beta z}\\ =& \sigma\sqrt{1-\beta^2}\cdot\sum_{k=0}^{+\infty}\beta^k z^k\end{aligned}$$

于是

$$\widehat{X}(n,\tau) = \int_{-\pi}^{\pi}\mathrm{e}^{\mathrm{i}n\lambda}\cdot\frac{\mathrm{e}^{\mathrm{i}\tau\lambda}\sum_{k=\tau}^{+\infty}\beta^k\mathrm{e}^{-\mathrm{i}k\lambda}}{(1-\beta\mathrm{e}^{-\mathrm{i}\lambda})^{-1}}Z(\mathrm{d}\lambda) = \beta^\tau X(n)$$

例 7.2 设平稳序列 $X(n),\ n\in\mathbf{N}$ 的谱密度为

$$f(\lambda)=\frac{c}{|(\mathrm{e}^{\mathrm{i}\lambda}-a_1)(\mathrm{e}^{\mathrm{i}\lambda}-a_2)|^2},\quad 0<|a_1|,|a_2|<1,c>0$$

则最大函数为

$$\Gamma(z)=\sqrt{2\pi c}\frac{1}{(1-a_1z)(1-a_2z)}=\frac{\sqrt{2\pi c}}{a_1-a_2}\sum_{k=0}^{+\infty}(a_1^{k+1}-a_2^{k+1})z^k$$

于是

$$\begin{aligned}\widehat{X}(n,\tau)&=\int_{-\pi}^{\pi}\mathrm{e}^{\mathrm{i}n\lambda}\cdot\frac{\mathrm{e}^{\mathrm{i}\tau\lambda}\sum\limits_{k=\tau}^{+\infty}(a_1^{k+1}-a_2^{k+1})\mathrm{e}^{-\mathrm{i}k\lambda}}{(a_1-a_2)[(1-a_1\mathrm{e}^{-\mathrm{i}\lambda})(1-a_2\mathrm{e}^{-\mathrm{i}\lambda})]^{-1}}Z(\mathrm{d}\lambda)\\&=\int_{-\pi}^{\pi}\mathrm{e}^{\mathrm{i}n\lambda}\frac{a_1^{\tau+1}-a_2^{\tau+1}+a_1a_2(a_2^{\tau}-a_1^{\tau})\mathrm{e}^{-\mathrm{i}\lambda}}{a_1-a_2}Z(\mathrm{d}\lambda)\\&=\frac{a_1^{\tau+1}-a_2^{\tau+1}}{a_1-a_2}X(n)+\frac{a_1a_2(a_2^{\tau}-a_1^{\tau})}{a_1-a_2}X(n-1)\end{aligned}$$

例 7.3 设平稳序列 $X(n),\ n\in\mathbf{N}$ 的谱密度为

$$\begin{aligned}f(\lambda)&=\frac{1}{2\pi}(5+4\cos\lambda)\\&=\frac{1}{2\pi}\left[5+4\cdot\frac{\mathrm{e}^{\mathrm{i}\lambda}+\mathrm{e}^{-\mathrm{i}\lambda}}{2}\right]\\&=\frac{1}{2\pi}|2+\mathrm{e}^{-\mathrm{i}\lambda}|^2\end{aligned}$$

则最大函数为

$$\begin{aligned}&\Gamma(z)=2+z\\&\widehat{X}(n,\tau)=0,\ \tau\geqslant 2\\&\widehat{X}(n,1)=\int_{-\pi}^{\pi}\mathrm{e}^{\mathrm{i}n\lambda}\frac{\mathrm{e}^{\mathrm{i}\lambda}\cdot\mathrm{e}^{-\mathrm{i}\lambda}}{2+\mathrm{e}^{-\mathrm{i}\lambda}}Z(\mathrm{d}\lambda)\\&\qquad\quad=\sum_{k=0}^{+\infty}\frac{(-1)^k}{2^{k+1}}X(n-k)\end{aligned}$$

例 7.4 设 $X(n),Y(n),\ n\in\mathbf{N}$ 满足定理 7.11 条件, 且有谱密度

$$f_{XY}(\lambda)=\frac{B\mathrm{e}^{-\mathrm{i}\lambda}(1-\alpha\mathrm{e}^{-\mathrm{i}\lambda})}{2\pi(\mathrm{e}^{-\mathrm{i}\lambda}-\beta)}$$

$$f_{YY}(\lambda)=\frac{A^2|1-\alpha\mathrm{e}^{-\mathrm{i}\lambda}|^2}{2\pi|1-\beta\mathrm{e}^{-\mathrm{i}\lambda}|^2}$$

其中 $0<\alpha,\beta<1, A>0, B>0$ 均为常数, 则

$$\Gamma(\mathrm{e}^{-\mathrm{i}\lambda}) = A\cdot\frac{1-\alpha\mathrm{e}^{-\mathrm{i}\lambda}}{1-\beta\mathrm{e}^{-\mathrm{i}\lambda}}$$

$$\begin{aligned}\widehat{\varphi}(\lambda)\Gamma(\mathrm{e}^{-\mathrm{i}\lambda}) =& \frac{B}{A}\cdot\frac{1-\alpha\mathrm{e}^{-\mathrm{i}\lambda}}{1-\alpha\mathrm{e}^{\mathrm{i}\lambda}}\\ =& \frac{B}{A}\left[-\alpha\mathrm{e}^{-\mathrm{i}\lambda}+(1-\alpha^2)\sum_{k=0}^{+\infty}\alpha^k\mathrm{e}^{\mathrm{i}k\lambda}\right]\end{aligned}$$

由此, 式 (7.7.12) 中系数

$$a_0=\frac{B}{A}(1-\alpha^2),\quad a_1=-\alpha\frac{B}{A},\quad a_k=0,\quad k\geqslant 2$$

$$\begin{aligned}\widehat{X}(n,0)=&\frac{B}{A^2}\int_{-\pi}^{\pi}\mathrm{e}^{\mathrm{i}n\lambda}\cdot\frac{(1-\alpha^2-\alpha\mathrm{e}^{-\mathrm{i}\lambda})(1-\beta\mathrm{e}^{-\mathrm{i}\lambda})}{1-\alpha\mathrm{e}^{-\mathrm{i}\lambda}}Z(\mathrm{d}\lambda)\\ =&\frac{B}{A^2}\left[(1-\alpha^2)Y(n)-(\alpha^3+\beta(1-\alpha^2))Y(n-1)+\alpha(\beta-\alpha)\sum_{k=2}^{+\infty}\alpha^kY(n-k)\right]\end{aligned}$$

类似地, 可以求出 $\widehat{X}(n,1)$ (留作习题).

7.9 平稳序列的线性内插

设平稳序列 $X(n), n\in\mathbf{N}$ 除了有限个 $X(n)$ 的值外都是已知的, 要求内插这些未知值.

设 T 为仅含有限个点的一个集合, 已知 $X(n), n\notin T$, 要求 $X(n), n\in T$ 的估计 $\widehat{X}(n)$.

令

$$\widehat{H}_X(T)=\mathscr{L}\{X(n), n\notin T\} \tag{7.9.1}$$

$$\widehat{X}(n)=P_{\widehat{H}_X(T)}X(n),\quad n\in T \tag{7.9.2}$$

称 $\widehat{X}(n)$ 为 $X(n)$ 的**线性内插量**.

内插问题就是求 $\widehat{X}(n)$ 的谱特征及内插误差量 $\sigma^2=E|X(n)-\widehat{X}(n)|^2$. 先假定 $X(n)$ 的谱函数是绝对连续的, 谱密度存在, 且为 $f(\lambda)$. 记

$$L^2(f)=\left\{\varphi(\lambda)|\varphi(\lambda)\text{可测, 且}\int_{-\pi}^{\pi}|\varphi(\lambda)|^2f(\lambda)\mathrm{d}\lambda<\infty\right\}$$

则 $H_X=\mathscr{L}\{X(n), n\in\mathbf{N}\}$ 与 $L^2(f)$ 同构 (因 $L^2(f)=L^2(F)$). 引入函数空间

$$B(T)=\{b(\lambda)|b(\lambda)=\varphi(\lambda)f(\lambda),\varphi(\lambda)\in L^2(f), b(\lambda)=\sum_{k\in T}a_k\mathrm{e}^{\mathrm{i}k\lambda}\text{ a.e.}\} \tag{7.9.3}$$

定义内积及范数

$$(b_1(\lambda), b_2(\lambda)) = \int_{-\pi}^{\pi} \varphi_1(\lambda)\overline{\varphi_2(\lambda)} f(\lambda) \mathrm{d}\lambda \tag{7.9.4}$$

$$||b|| = \left(\int_{-\pi}^{\pi} |\varphi(\lambda)|^2 f(\lambda) \mathrm{d}\lambda \right)^{\frac{1}{2}} \tag{7.9.5}$$

再令

$$\Delta(T) = L\{X(n) - \widehat{X}(n), n \in T\} \tag{7.9.6}$$

引理 7.7　子空间 $\Delta(T)$ 与函数空间 $B(T)$ 同构.

证明　设 $Z(\mathrm{d}\lambda)$ 为 $X(n)$ 的随机测度, 对 $\forall h \in \Delta(T)$, 有谱表示

$$h = \int_{-\pi}^{\pi} \varphi(\lambda) Z(\mathrm{d}\lambda) \tag{7.9.7}$$

其中 $\varphi(\lambda) \in L^2(f)$. 由 h 与 $\widehat{H}_X(T)$ 正交知

$$Eh\overline{X(n)} = \int_{-\pi}^{\pi} \mathrm{e}^{-\mathrm{i}n\lambda} \varphi(\lambda) f(\lambda) \mathrm{d}\lambda = 0, \quad n \notin T \tag{7.9.8}$$

可见 $\varphi(\lambda)f(\lambda) = \sum\limits_{k \in T} a_k \mathrm{e}^{\mathrm{i}k\lambda}$ (留作习题).

令

$$b(\lambda) = \varphi(\lambda) f(\lambda) = \sum_{k \in T} a_k \mathrm{e}^{\mathrm{i}k\lambda}$$

由上述讨论可知 $b(\lambda) \in B(T)$, 而且

$$||b||^2 = \int_{-\pi}^{\pi} |\varphi(\lambda)|^2 f(\lambda) \mathrm{d}\lambda = ||h||^2 \tag{7.9.9}$$

反之, 设 $b(\lambda) \in B(T)$, 必有 $\varphi(\lambda) \in L^2(f)$, 使 $b(\lambda) = \varphi(\lambda)f(\lambda) = \sum\limits_{k \in T} a_k \mathrm{e}^{\mathrm{i}k\lambda}$.

令

$$h = \int_{-\pi}^{\pi} \varphi(\lambda) Z(\mathrm{d}\lambda) \in H_X$$

$$\begin{aligned} Eh\overline{X(n)} &= \int_{-\pi}^{\pi} \mathrm{e}^{-\mathrm{i}n\lambda} \varphi(\lambda) f(\lambda) \mathrm{d}\lambda \\ &= \int_{-\pi}^{\pi} \mathrm{e}^{-\mathrm{i}n\lambda} \left(\sum_{k \in T} a_k \mathrm{e}^{\mathrm{i}k\lambda} \right) \mathrm{d}\lambda = 0, \quad n \notin T \end{aligned}$$

这说明 $h \perp \widehat{H}_X(T)$, 即 $h \in \Delta(T)$, 而且 $||h|| = ||b||$.

引理 7.7 证毕.

定理 7.12 若平稳序列 $X(n), n\in\mathbf{N}$ 有谱密度 $f(\lambda)$, 则它可以无误差地线性内插 $\Leftrightarrow$

$$B(T)=\{0\} \tag{7.9.10}$$

证明略.

当 $f(\lambda)>0$, a.e. 条件 (7.9.10) 等价于: 对任意三角多项式 $b(\lambda)=\sum\limits_{k\in T}a_k\mathrm{e}^{\mathrm{i}k\lambda}\neq 0$ 皆有

$$\int_{-\pi}^{\pi}\frac{\left|\sum\limits_{k\in T}a_k\mathrm{e}^{\mathrm{i}k\lambda}\right|^2}{f(x)}\mathrm{d}\lambda=\infty \tag{7.9.10$'$}$$

定义 7.10 若对每个 $n\in\mathbf{N}$ 均有

$$X(n)\notin\widehat{H}_X(T),\quad T=\{n\} \tag{7.9.11}$$

则称 $X(n)$ 为**最小序列**.

容易验证

$$\widehat{H}_X(\{n\})=\mathscr{L}\{X(s),s\neq n\}$$

$$U^k\widehat{H}_X(\{n\})=\widehat{H}_X(\{n+k\})$$

因此, 每个 $\widehat{H}_X(\{n\})=H_X$, 或者每个 $\widehat{H}_X(\{n\})$ 都是 H_X 的真子空间.

显然, $X(n)$ 为最小序列 $\Leftrightarrow\sigma^2=E|X(n)-\widehat{X}(n)|^2>0$.

定理 7.13 设平稳序列 $X(n), n\in\mathbf{N}$ 的谱密度为 $f(\lambda)$, 则 $X(n)$ 为最小序列 $\Leftrightarrow$

$$\int_{-\pi}^{\pi}\frac{1}{f(\lambda)}\mathrm{d}\lambda<\infty \tag{7.9.12}$$

证明 $\Rightarrow$ 取 $T=\{n_0\}$, $n_0\in\mathbf{N}$, 则 $\widehat{X}(n_0)=P_{\hat{H}_X(T)}X(n_0)$. 因 $X(n)$ 是最小序列, 由式 (7.9.11), $h=X(n_0)-\widehat{X}(n_0)\neq 0$, 故 $B(T)$ 中与 h 对应的元为 $b(\lambda)=a\mathrm{e}^{\mathrm{i}n_0\lambda}, a\neq 0$.

又 $b(\lambda)=\varphi(\lambda)f(\lambda)$, 故 $f(\lambda)\neq 0$ a.e., 从而

$$||h||^2=||b||^2=|a|^2\int_{-\pi}^{\pi}\frac{1}{f(\lambda)}\mathrm{d}\lambda<\infty \tag{7.9.13}$$

这说明 $\displaystyle\int_{-\pi}^{\pi}\frac{1}{f(\lambda)}\mathrm{d}\lambda<\infty$.

$\Leftarrow$ 对 $\forall n_0\in\mathbf{N}$, 取 $T=\{n_0\}$, 则 $\mathrm{e}^{\mathrm{i}n_0\lambda}\in B(T)$, 且 $\mathrm{e}^{\mathrm{i}n_0\lambda}$ 不为零元, 故 $B(T)\neq\{0\}$, 即 $\varDelta(T)\neq\{0\}$, 从而 $X(n_0)\neq\widehat{X}(n_0)$. 这说明 $X(n)$ 为最小序列.

定理 7.13 证毕.

现在在条件式 (7.9.12) 之下求一般的线性内插量 $\widehat{X}(n)$, $n\in T$. 设

$$\widehat{X}(n)=\int_{-\pi}^{\pi}\widehat{\varphi}(\lambda)Z(\mathrm{d}\lambda)$$

今求谱特征 $\widehat{\varphi}(\lambda)$.

设 $n_0 \in T$, 令

$$\widehat{X}(n_0) = \int_{-\pi}^{\pi} \widehat{\varphi}(\lambda) Z(\mathrm{d}\lambda) \tag{7.9.14}$$

由于 $h = X(n_0) - \widehat{X}(n_0) \in \Delta(T)$, 根据引理 7.7 有 $b(\lambda) \in B(T)$ 与 h 对应. 而 h 的谱特征为 $\mathrm{e}^{\mathrm{i}n_0\lambda} - \widehat{\varphi}(\lambda)$, 因此

$$b(\lambda) = [\mathrm{e}^{\mathrm{i}n_0\lambda} - \widehat{\varphi}(\lambda)] f(\lambda) = \sum_{k \in T} a_k \mathrm{e}^{\mathrm{i}k\lambda} \tag{7.9.15}$$

$$\widehat{\varphi}(\lambda) = \mathrm{e}^{\mathrm{i}n_0\lambda} - \frac{b(\lambda)}{f(\lambda)} \tag{7.9.16}$$

因为函数系 $\{\mathrm{e}^{\mathrm{i}n\lambda}, n \in T\}$ 构成 $B(T)$ 的基, 则在 $\Delta(T)$ 中对应的基为 $\{h_n, n \in T\}$. 从而 $\widehat{X}(n_0)$ 与 $\Delta(T)$ 正交, 等价于

$$\int_{-\pi}^{\pi} \widehat{\varphi}(\lambda) \mathrm{e}^{-\mathrm{i}n\lambda} \mathrm{d}\lambda = \int_{-\pi}^{\pi} \left[\mathrm{e}^{\mathrm{i}n_0\lambda} - \frac{b(\lambda)}{f(\lambda)}\right] \mathrm{e}^{-\mathrm{i}n\lambda} \mathrm{d}\lambda = 0, \quad n \in T$$

于是

$$\begin{aligned}\int_{-\pi}^{\pi} \frac{b(\lambda)}{f(\lambda)} \mathrm{e}^{-\mathrm{i}n\lambda} \mathrm{d}\lambda &= \sum_{k \in T} a_k \int_{-\pi}^{\pi} \mathrm{e}^{\mathrm{i}(k-n)\lambda} \cdot \frac{1}{f(\lambda)} \mathrm{d}\lambda \\ &= \int_{-\pi}^{\pi} \mathrm{e}^{\mathrm{i}(n_0-n)\lambda} \mathrm{d}\lambda = \begin{cases} 2\pi, & n = n_0, \\ 0, & n \neq n_0, \end{cases} \quad n \in T\end{aligned}$$

则有

$$\sum_{k \in T} a_k p(k-n) = \begin{cases} 1, & n = n_0, \\ 0, & n \neq n_0, \end{cases} \quad n \in T \tag{7.9.17}$$

其中

$$P(k) = \frac{1}{2\pi} \int_{-\pi}^{\pi} \mathrm{e}^{\mathrm{i}k\lambda} \cdot \frac{1}{f(\lambda)} \mathrm{d}\lambda$$

定理 7.14　设平稳序列 $X(n), n \in \mathbf{N}$ 的谱密度 $f(\lambda)$ 满足式 (7.9.12), 则线性内插量 $\widehat{X}(n_0)$ 的谱特征 $\widehat{\varphi}(\lambda)$ 可由式 (7.9.15)~(7.9.17) 求得. 内插误差量为

$$\sigma^2 = E|X(n_0) - \widehat{X}(n_0)|^2 = \int_{-\pi}^{\pi} |b(\lambda)|^2 \cdot \frac{1}{f(\lambda)} \mathrm{d}\lambda$$

特别地, 当 $T = \{n_0\}$ 时, 由式 (7.9.14)~(7.9.17) 可知

$$\widehat{X}(n_0) = \int_{-\pi}^{\pi} \mathrm{e}^{\mathrm{i}n_0\lambda} \left[1 - \frac{2\pi}{\displaystyle\int_{-\pi}^{\pi} \frac{1}{f(\lambda)} \mathrm{d}\lambda} \cdot \frac{1}{f(\lambda)}\right] Z(\mathrm{d}\lambda) \tag{7.9.18}$$

$$\sigma^2 = \frac{(2\pi)^2}{\displaystyle\int_{-\pi}^{\pi} \frac{1}{f(\lambda)} d\lambda} \tag{7.9.19}$$

最后考虑一般的平稳序列 $X(n), n \in \mathbf{N}$. 设它的广义谱密度为 $f(\lambda)$, 若 $\ln f(\lambda) \notin L^1$, 则 $X(n)$ 为奇异的, 且 $H_X = \widehat{H}_X(T)$. 此时有

$$\begin{cases} \widehat{X}(n) = X(n) = \displaystyle\int_{-\pi}^{\pi} e^{in\lambda} Z(d\lambda) \\ \sigma^2 \equiv 0 \end{cases} \tag{7.9.20}$$

若 $\ln f(\lambda) \in L^1$, 则 $X(n)$ 是非奇异的, 它的 Wold 分解为

$$X(n) = X_1(n) + X_2(n) \tag{7.9.21}$$

其中 $X_1(n)$ 是正则的, $X_2(n)$ 是奇异的, 且 $X_1(n) \perp X_2(n)$. 可以证明

$$\widehat{H}_X(T) = \widehat{H}_{X_1}(T) \oplus H_{X_2} \tag{7.9.22}$$

于是

$$\widehat{X}(n_0) = \widehat{X}_1(n_0) + X_2(n_0) \tag{7.9.23}$$

再利用定理 7.13 和定理 7.14 的结果, 可以得到下列定理:

定理 7.15 设平稳序列 $X(n), n \in \mathbf{N}$ 的广义谱密度为 $f(\lambda)$, 且 $\ln f(\lambda) \in L^1$, 则 $X(n)$ 为最小序列 $\Leftrightarrow$

$$\int_{-\pi}^{\pi} \frac{1}{f(\lambda)} d\lambda < \infty \tag{7.9.24}$$

当式 (7.9.24) 成立时, 还有

$$\widehat{X}(n_0) = \int_{-\pi}^{\pi} \left[e^{in_0\lambda} - \frac{b(\lambda)}{f(\lambda)} \cdot \chi_{\bar{\Delta}_0}(\lambda) + e^{in_0\lambda} \chi_{\Delta_0}(\lambda) \right] Z(d\lambda) \tag{7.9.25}$$

$$\sigma^2 = \int_{-\pi}^{\pi} \frac{|b(\lambda)|^2}{f(\lambda)} d\lambda$$

其中

$$b(\lambda) = \sum_{k \in T} a_k e^{ik\lambda}$$

$$\sum_{k \in T} a_k P(k-n) = \begin{cases} 1, & n = n_0, \\ 0, & n \neq n_0, \end{cases} \quad n \in T$$

$$P(k) = \frac{1}{2\pi} \int_{-\pi}^{\pi} \frac{e^{ik\lambda}}{f(\lambda)} d\lambda$$

第 8 章　连续参数平稳过程的线性预测

8.1　线性外推问题的提出

设 $X(t), t \in \mathbf{R}$ 为均方连续的平稳过程, $EX(t)=0$, 且有谱表示

$$X(t)=\int_{-\infty}^{+\infty} \mathrm{e}^{\mathrm{i}t\lambda} Z(\mathrm{d}\lambda) \tag{8.1.1}$$

线性外推问题在于求

$$\widehat{X}(t,\tau)=P_{H_X(t)}X(t+\tau)$$

其中

$$H_X(t)=\mathscr{L}\{X(s), s \leqslant t\}$$

容易看出, $\widehat{X}(t,\tau)$ 也构成一个平稳过程, 有谱表示

$$\widehat{X}(t,\tau)=\int_{-\infty}^{+\infty} \mathrm{e}^{\mathrm{i}t\lambda} \hat{\varphi}(\lambda,\tau) Z(\mathrm{d}\lambda) \tag{8.1.2}$$

这里谱特征 $\hat{\varphi}(\lambda,\tau) \in L^2(F)$, F 为 $X(t)$ 的谱测度.

预测误差为

$$\sigma^2(\tau)=E|X(t+\tau)-\widehat{X}(t,\tau)|^2 \tag{8.1.3}$$

与 t 无关.

问题就是求 $\hat{\varphi}(\lambda,\tau)$ 与 $\sigma^2(\tau)$.

8.2　平稳过程的正则性与奇异性

8.2.1　正则性、奇异性和 Wold 分解

类似于平稳序列正则性、奇异性的讨论, 首先给出下面相应的定义:

设 $X(t), t \in \mathbf{R}$ 是平稳过程, 令

$$H_X=\mathscr{L}\{X(t), -\infty<t<+\infty\} \tag{8.2.1}$$

$$H_X(t)=\mathscr{L}\{X(s), s \leqslant t\} \tag{8.2.2}$$

$$S_X=\bigcap_t X(t) \tag{8.2.3}$$

$$S_X^{\perp} = H_X \ominus S_X \tag{8.2.4}$$

定义 8.1 若 $S_X = H_X$, 则称 $X(t)$ 为**奇异的**; 若 $S_X = \{0\}$, 则称 $X(t)$ 为**正则的**.

定义 8.2 两平稳过程 $X_1(t)$ 和 $X_2(t), t \in \mathbf{R}$ 称为**平稳相关的**, 如果它们的互相关函数

$$\begin{aligned} B_{12}(s,t) &= (X_1(s), X_2(t)) \\ &= EX_1(s)\overline{X_2(t)} = B_{12}(s-t) \end{aligned} \tag{8.2.5}$$

只与 $s-t$ 有关.

定义 8.3 若平稳过程 $X_1(t)$ 和 $X_2(t), t \in \mathbf{R}$ 平稳相关, 而且

$$H_{X_2} \subset H_{X_1} \tag{8.2.6}$$

则称 $X_2(t)$**从属于**$X_1(t)$. 若更有对一切 $t \in \mathbf{R}$, 有

$$H_{X_2}(t) \subset H_{X_1}(t) \tag{8.2.7}$$

则称 $X_2(t)$**强从属于**$X_1(t)$.

定义 8.4 若对于 $\forall s, t \in \mathbf{R}$, 皆有

$$(X_1(s), X_2(t)) = 0 \tag{8.2.8}$$

则称两平稳过程 $X_1(t)$ 和 $X_2(t), t \in \mathbf{R}$**相互正交**, 记为 $X_1(t) \perp X_2(t)$.

与平稳序列的情况相类似, 下面引理 8.1~ 引理 8.4 也成立.

引理 8.1 平稳过程 $X(t), t \in \mathbf{R}$ 的酉算子族 U^t, $t \in \mathbf{R}$ 把 S_X, $S_X^{\perp}$ 变到自身.

引理 8.2 若平稳过程 $Y(t), t \in \mathbf{R}$ 从属于平稳过程 $X(t), t \in \mathbf{R}$, U^t 为 $X(t)$ 的酉算子族, 则

$$Y(t) = U^t Y(0), \quad t \in (-\infty, +\infty)$$

引理 8.3 若平稳过程 $Y(t), t \in \mathbf{R}$ 从属于平稳过程 $X(t), t \in \mathbf{R}$, 则存在 $\varphi(\lambda) \in L^2(F)$, 使

$$Y(t) = \int_{-\infty}^{+\infty} \mathrm{e}^{\mathrm{i}t\lambda} \varphi(\lambda) Z(\mathrm{d}\lambda)$$

其中 $Z(\mathrm{d}\lambda)$ 是 $X(t)$ 的随机谱测度.

引理 8.4 若两平稳过程 $X_1(t)$ 和 $X_2(t), t \in \mathbf{R}$ 相互正交, 即 $X_1(t) \perp X_2(t)$, 则

$$\begin{aligned} \bigcap_t [H_{X_1}(t) \oplus H_{X_2}(t)] &= \bigcap_t H_{X_1}(t) \oplus \bigcap_t H_{X_2}(t) \\ &= S_{X_1} \oplus S_{X_2} \end{aligned}$$

定理 8.1(Wold 分解) 任一平稳过程 $X(t), t \in \mathbf{R}$ 总能唯一地表示为

$$X(t) = X_1(t) + X_2(t) \tag{8.2.9}$$

其中 $X_1(t), X_2(t)$ 是相互正交的平稳过程, 而且都强从属于 $X(t)$, 还有 $X_1(t)$ 是正则的, $X_2(t)$ 是奇异的.

(证明与随机序列情况完全平行).

8.2.2 双线性变换

设

$$z = \mathrm{i}\frac{\tilde{z}-1}{\tilde{z}+1} \tag{8.2.10}$$

或

$$\tilde{z} = \frac{1-\mathrm{i}z}{1+\mathrm{i}z} \tag{8.2.11}$$

称式 (8.2.10) 或式 (8.2.11) 为**双线性变换**. 注意到与 $\tilde{z} = \mathrm{e}^{-\mathrm{i}\mu}$ 相对应的 z 为 λ(实数), 因此

$$\begin{cases} \lambda = \tan\dfrac{\mu}{2}, & -\pi < \mu < \pi \\ \mu = 2\arctan\lambda, & -\infty < \lambda < +\infty \end{cases} \tag{8.2.12}$$

容易看出, 变换式 (8.2.10) 把 $\tilde{z}$ 平面上的单位圆周变成 z 平面上的实轴; 把 $\tilde{z}$ 平面上的单位圆内变到 z 平面的下半平面; 把 $\tilde{z}$ 平面上的单位圆外变到 z 平面的上半平面.

另一方面, 当式 (8.2.12) 成立时, 即 $\mu = 2\arctan\lambda$, 有 $\mathrm{d}\mu = \dfrac{2}{1+\lambda^2}\mathrm{d}\lambda$. 再由万能置换公式:

$$\cos\mu = \frac{1-\lambda^2}{1+\lambda^2}, \quad \sin\mu = \frac{2\lambda}{1+\lambda^2}$$

$$\mathrm{e}^{-\mathrm{i}\mu} = \cos\mu - \mathrm{i}\sin\mu = \frac{(1-\mathrm{i}\lambda)^2}{1+\lambda^2} = \frac{1-\mathrm{i}\lambda}{1+\mathrm{i}\lambda}$$

从而得下面有用的几个等式

$$\mathrm{e}^{-\mathrm{i}\mu} = \frac{1-\mathrm{i}\lambda}{1+\mathrm{i}\lambda} \tag{8.2.13}$$

$$\mathrm{i}\lambda = \frac{1-\mathrm{e}^{-\mathrm{i}\mu}}{1+\mathrm{e}^{-\mathrm{i}\mu}}$$

又当 $\tilde{z} = \rho\mathrm{e}^{-\mathrm{i}\mu}(0 \leqslant \rho < 1)$ 时,

$$\frac{1-\tilde{z}}{1+\tilde{z}} = \frac{1-\rho\mathrm{e}^{-\mathrm{i}\mu}}{1+\rho\mathrm{e}^{-\mathrm{i}\mu}} = \frac{1-\rho^2+\mathrm{i}2\rho\sin\mu}{|1+\rho\mathrm{e}^{-\mathrm{i}\mu}|^2}$$

故 $\mathrm{Re}\dfrac{1-\tilde{z}}{1+\tilde{z}} > 0$, 所以当 $t \leqslant 0$ 时, 有

$$\left|\mathrm{e}^{t\frac{1-\tilde{z}}{1+\tilde{z}}}\right| = \mathrm{e}^{t\mathrm{Re}\frac{1-\tilde{z}}{1+\tilde{z}}} \leqslant 1 \tag{8.2.14}$$

8.2.3 几个引理

设平稳过程 $X(t),\ t\in\mathbf{R}$ 的谱表示为

$$X(t)=\int_{-\infty}^{+\infty}\mathrm{e}^{\mathrm{i}t\lambda}Z(\mathrm{d}\lambda),\quad t\in\mathbf{R} \tag{8.2.15}$$

考察相应的平稳序列

$$\widetilde{X}(t)=\int_{-\pi}^{\pi}\mathrm{e}^{\mathrm{i}t\mu}\widetilde{Z}(\mathrm{d}\mu),\quad t\in\mathbf{N} \tag{8.2.16}$$

其中 $\widetilde{Z}(\mathrm{d}\mu)=Z(\mathrm{d}\lambda)$, 并且满足

$$\mu=2\arctan\lambda \tag{8.2.17}$$

引理 8.5 对于上述两平稳过程 $X(t),\ t\in\mathbf{R}$ 和 $\widetilde{X}(t),\ t\in\mathbf{N}$, 有

$$\begin{cases}H_X=H_{\widetilde{X}}\\ H_X(0)=H_{\widetilde{X}}(0)\end{cases} \tag{8.2.18}$$

证明 式 (8.2.18) 中第 1 式是显然的, 因为 $H_X=\mathscr{L}\{Z(\mathrm{d}\lambda)\}$, $H_{\widetilde{X}}=\mathscr{L}\{\widetilde{Z}(\mathrm{d}\mu)\}$, 而 $\mathscr{L}\{Z(\mathrm{d}\lambda)\}=\mathscr{L}\{\widetilde{Z}(\mathrm{d}\mu)\}$.

今证第 2 个等式. 若 $\mu=2\arctan\lambda$, 则

$$\begin{aligned}\mathrm{e}^{-\mathrm{i}\mu}&=\frac{1-\mathrm{i}\lambda}{1+\mathrm{i}\lambda}=-1+\frac{2}{1+\mathrm{i}\lambda}\\&=-1+2\int_{-\infty}^{0}\mathrm{e}^{\mathrm{i}\lambda t}\cdot\mathrm{e}^{t}\mathrm{d}t\end{aligned} \tag{8.2.19}$$

由此易见, 函数 $\mathrm{e}^{\mathrm{i}\mu s}$(这里 s 为负整数) 在每一有限区间 $(-\varLambda,\varLambda)$ 上能用形如 $\varphi(\lambda)=\sum\limits_{t_k\leqslant 0}a_k\mathrm{e}^{\mathrm{i}\lambda t_k}$ 的三角函数一致地逼近. (利用: 若特征函数 $f_n(t)\to f(t)(n\to\infty)$, 且 $f(t)$ 在 $t=0$ 处连续, 则在任一有界区间上 $f_n(t)\to f(t)(n\to\infty)$ 一致收敛, 即可证明.)

因此积分

$$\int_{-\infty}^{+\infty}|\mathrm{e}^{\mathrm{i}\mu s}-\varphi(\lambda)|^2F(\mathrm{d}\lambda)$$

在适当选择函数 $\varphi(\lambda)$ 之下可任意小, 并由此得到

$$\widetilde{X}(s)=\int_{-\pi}^{\pi}\mathrm{e}^{\mathrm{i}\mu s}\widetilde{Z}(\mathrm{d}\mu)=\int_{-\infty}^{+\infty}\left(\frac{1-\mathrm{i}\lambda}{1+\mathrm{i}\lambda}\right)^{-s}Z(\mathrm{d}\lambda) \tag{8.2.20}$$

能用

$$h=\int_{-\infty}^{+\infty}\varphi(\lambda)Z(\mathrm{d}\lambda)\in H_X(0)$$

均方逼近. 这意味着 $\widetilde{X}(s) \in H_X(0)$, $s \leqslant 0$(因为 $\widetilde{X}(0) = X(0)$, 对于 $s = 0$ 是显然的), 因此

$$H_{\widetilde{X}}(0) \subset H_X(0) \tag{8.2.21}$$

再证 $H_X(0) \subset H_{\widetilde{X}}(0)$. 这只要对 $t \leqslant 0$, $X(t) \in H_{\widetilde{X}}(0)$. 从式 (8.2.14) 知, 函数 $\mathrm{e}^{t\frac{1-\tilde{z}}{1+\tilde{z}}}$ 在单位圆 $|\tilde{z}| < 1$ 内解析且对 $\forall t \leqslant 0$, 其模不超过 1. 因此

$$\mathrm{e}^{t\frac{1-\tilde{z}}{1+\tilde{z}}} = \sum_{s=0}^{+\infty} a(s)\rho^s \mathrm{e}^{-\mathrm{i}\mu s}, \quad \tilde{z} = \rho \mathrm{e}^{-\mathrm{i}\mu} \tag{8.2.22}$$

注意到 $\mathrm{i}\lambda = \dfrac{1-\mathrm{e}^{-\mathrm{i}\mu}}{1+\mathrm{e}^{-\mathrm{i}\mu}}$, 有

$$\lim_{\rho \to 1^-} \mathrm{e}^{t\frac{1-\tilde{z}}{1+\tilde{z}}} = \mathrm{e}^{\mathrm{i}\lambda t} \tag{8.2.23}$$

由 Lebesgue 控制收敛定理, 得

$$\lim_{\rho \to 1^-} \int_{-\pi}^{\pi} \left| \mathrm{e}^{\mathrm{i}\lambda t} - \mathrm{e}^{t\frac{1-\tilde{z}}{1+\tilde{z}}} \right|^2 \widetilde{F}(\mathrm{d}\mu) = 0 \tag{8.2.24}$$

其中 $\widetilde{F}(\mathrm{d}\mu)$ 是 $\widetilde{X}(t)$ 的谱测度. 再从式 (8.2.22)、式 (8.2.24) 知

$$\int_{-\pi}^{\pi} \mathrm{e}^{t\frac{1-\tilde{z}}{1+\tilde{z}}} \widetilde{Z}(\mathrm{d}\mu) \in H_{\widetilde{X}}(0), \quad t \leqslant 0$$

且

$$\begin{aligned} X(t) &= \int_{-\infty}^{+\infty} \mathrm{e}^{\mathrm{i}\lambda t} Z(\mathrm{d}\lambda) = \int_{-\pi}^{\pi} \mathrm{e}^{\mathrm{i}\lambda t} \widetilde{Z}(\mathrm{d}\mu) \\ &= \lim_{\rho \to 1^-} \int_{-\pi}^{\pi} \mathrm{e}^{t\frac{1-\tilde{z}}{1+\tilde{z}}} \widetilde{Z}(\mathrm{d}\mu) \in H_{\widetilde{X}}(0), \quad t \leqslant 0 \end{aligned}$$

因此

$$H_X(0) \subset H_{\widetilde{X}}(0) \tag{8.2.25}$$

从式 (8.2.21) 和式 (8.2.25) 知, 式 (8.2.18) 中第 2 个等式成立.

引理 8.6 $Y(t)$ 强从属于 $X(t) \Leftrightarrow \widetilde{Y}(t)$ 强从属于 $\widetilde{X}(t)$.

证明 由于 $\widetilde{Y}(0) = Y(0)$, $H_X(0) = H_{\widetilde{X}}(0)$, 而强从属性的条件等价于 $Y(0) \in H_X(0)$, 对应地 $\widetilde{Y}(0) \in H_{\widetilde{X}}(0)$, 故引理 8.6 成立.

引理 8.7 $X(t)$ 与 $\widetilde{X}(t)$ 同时是奇异的或同时是非奇异的.

证明 奇异性意味着 $H_X(0) = H_X$(相应地 $H_{\widetilde{X}}(0) = H_{\widetilde{X}}$), 但由引理 8.5 总有 $H_X(0) = H_{\widetilde{X}}(0)$, $H_X = H_{\widetilde{X}}$, 故引理 8.7 成立.

引理 8.8 $X(t)$ 与 $\widetilde{X}(t)$ 同时是正则的或同时是非正则的.

证明 若 $X(t)$ 不是正则的, 则由定理 8.1, 存在奇异过程 $X_2(t)$ 强从属于 $X(t)$. 于是对应的 $\widetilde{X}_2(t)$ 是奇异的且强从属于 $\widetilde{X}(t)$, 因此对 $\forall t \in \mathbf{R}$, $H_{\widetilde{X}_2}(t) \subset H_{\widetilde{X}}(t)$, $H_{\widetilde{X}_2}(t) =$

$H_{\widetilde{X}_2}$, 故空间 $S_{\widetilde{X}} = \bigcap_t H_{\widetilde{X}}(t)$ 包含非平凡子空间 $H_{\widetilde{X}_2} \neq \{0\}$, 这意味着 $\widetilde{X}(t)$ 非正则. 在上面证明中交换 $X(t)$ 与 $\widetilde{X}(t)$ 的位置, 可由 $\widetilde{X}(t)$ 的非正则性得到 $X(t)$ 的非正则性. 这样引理 8.8 得证.

引理 8.9 函数系

$$\frac{\sqrt{2}}{1+\mathrm{i}\lambda}\mathrm{e}^{-\mathrm{i}\mu s} = \sqrt{2}\frac{(1-\mathrm{i}\lambda)^s}{(1+\mathrm{i}\lambda)^{s+1}}, \quad s = 0, \pm 1, \pm 2, \cdots \tag{8.2.26}$$

是 $L^2(\mathrm{d}\lambda)$ 上完备正交系.

证明 由于

$$\begin{aligned}\int_{-\infty}^{+\infty} \frac{\sqrt{2}}{1+\mathrm{i}\lambda}\mathrm{e}^{-\mathrm{i}\mu s} \cdot \overline{\frac{\sqrt{2}}{1+\mathrm{i}\lambda}\mathrm{e}^{-\mathrm{i}\mu t}}\mathrm{d}\lambda &= \int_{-\pi}^{\pi} \frac{2}{1+\lambda^2}\mathrm{e}^{-\mathrm{i}\mu(s-t)} \cdot \frac{1+\lambda^2}{2}\mathrm{d}\mu \\ &= \int_{-\pi}^{\pi} \mathrm{e}^{-\mathrm{i}\mu(s-t)}\mathrm{d}\mu = \begin{cases} 2\pi, & s = t \\ 0, & s \neq t \end{cases}\end{aligned}$$

这说明函数系式 (8.2.26) 是正交的.

再证完备性. 设 $\varphi(\lambda) \in L^2(\mathrm{d}\lambda)$, 且

$$\int_{-\infty}^{+\infty} \varphi(\lambda) \cdot \overline{\frac{\sqrt{2}}{1+\mathrm{i}\lambda}\mathrm{e}^{-\mathrm{i}\mu s}}\mathrm{d}\lambda = 0, \quad s = 0, \pm 1, \pm 2, \cdots$$

由于

$$\begin{aligned}\int_{-\infty}^{+\infty} \varphi(\lambda)\frac{\sqrt{2}}{1-\mathrm{i}\lambda}\mathrm{e}^{\mathrm{i}\mu s}\mathrm{d}\lambda &= \int_{-\pi}^{\pi} \varphi(\lambda)\frac{\sqrt{2}}{1-\mathrm{i}\lambda}\mathrm{e}^{\mathrm{i}\mu s} \cdot \frac{1+\lambda^2}{2}\mathrm{d}\mu \\ &= \int_{-\pi}^{\pi} \left[\frac{1+\mathrm{i}\lambda}{\sqrt{2}}\varphi(\lambda)\right]\mathrm{e}^{\mathrm{i}\mu s}\mathrm{d}\mu = 0, \quad s = 0, \pm 1, \pm 2, \cdots\end{aligned}$$

又 $\mathrm{e}^{\mathrm{i}\mu s}$ 是 $L^2(\mathrm{d}\lambda)$ 上完备正交系, 且 $(1+\mathrm{i}\lambda)/\sqrt{2}\varphi(\lambda) \in L^2(\mathrm{d}\mu)$. (因为 $\int_{-\infty}^{+\infty} |\varphi(\lambda)|^2\mathrm{d}\lambda = \int_{-\pi}^{\pi} |\varphi(\lambda)|^2 \cdot (1+\lambda^2)/2\mathrm{d}\mu = \int_{-\pi}^{\pi} |(1+\mathrm{i}\lambda)/\sqrt{2}\varphi(\lambda)|^2\mathrm{d}\mu < \infty$), 故

$$\frac{1+\mathrm{i}\lambda}{\sqrt{2}}\varphi(\lambda) = 0, \quad \text{a. e. } \mathrm{d}\mu$$

即 $\varphi(\lambda) = 0$, a. e. $\mathrm{d}\lambda$, 这说明函数系式 (8.2.26) 是完备的.

引理 8.9 证毕.

利用引理 8.9, 任一 $\varphi(\lambda) \in L^2(\mathrm{d}\lambda)$ 均可展成如下形式的 Fourier 级数:

$$\varphi(\lambda) = \sum_{s=-\infty}^{+\infty} a(s)\frac{(1-\mathrm{i}\lambda)^s}{(1+\mathrm{i}\lambda)^{s+1}} \tag{8.2.27}$$

$$a(s) = \frac{1}{\pi}\int_{-\infty}^{+\infty} \varphi(\lambda)\overline{\left(\frac{(1-\mathrm{i}\lambda)^s}{(1+\mathrm{i}\lambda)^{s+1}}\right)}\mathrm{d}\lambda \tag{8.2.28}$$

8.3　平稳过程的正则性条件

设平稳过程 $X(t), t \in \mathbf{R}$ 和 $\widetilde{X}(t), t \in \mathbf{N}$ 的谱测度分别为 F 和 $\widetilde{F}$. 由于

$$Z(\mathrm{d}\lambda) = \widetilde{Z}(\mathrm{d}\mu)$$

因此有

$$\begin{cases} F(\mathrm{d}\lambda) = \widetilde{F}(\mathrm{d}\mu) \\ \mu = 2\arctan\lambda \\ \mathrm{d}\mu = \dfrac{2}{1+\lambda^2}\mathrm{d}\lambda \end{cases} \tag{8.3.1}$$

显然, $F(\mathrm{d}\lambda)$ 和 $\widetilde{F}(\mathrm{d}\mu)$ 或者都是绝对连续的, 或者都不是绝对连续的.

若 $F(\mathrm{d}\lambda)$ 和 $\widetilde{F}(\mathrm{d}\mu)$ 都是绝对连续的, 其谱密度分别为 $f(\lambda)$ 和 $\tilde{f}(\mu)$, 则

$$\tilde{f}(\mu) = \frac{1+\lambda^2}{2} f(\lambda) \tag{8.3.2}$$

由式 (8.3.2) 和平稳序列的正则性准则, 可得下列连续参数的平稳过程的正则性准则:

定理 8.2　平稳过程 $X(t),\ t \in \mathbf{R}$ 是正则的 $\Leftrightarrow$ 谱测度 $F(\mathrm{d}\lambda)$ 绝对连续, 且谱密度 $f(\lambda)$ 满足:

$$\int_{-\infty}^{+\infty} \frac{|\ln f(\lambda)|}{1+\lambda^2}\mathrm{d}\lambda < \infty \tag{8.3.3}$$

证明　注意到 $\widetilde{F}(\mathrm{d}\mu)$ 与 $F(\mathrm{d}\lambda)$ 中之一是绝对连续的, 另一个也是绝对连续的. 由定理 7.5 及引理 8.8, 为证本定理, 只要证式 (8.3.3) 与下式等价:

$$\int_{-\pi}^{\pi} |\ln\tilde{f}(\mu)|\mathrm{d}\mu < \infty \tag{8.3.4}$$

事实上,

$$\begin{aligned} \int_{-\pi}^{\pi} \ln\tilde{f}(\mu)\mathrm{d}\mu &= \int_{-\infty}^{+\infty} \left\{\ln\left[\frac{1+\lambda^2}{2} f(\lambda)\right]\right\} \frac{2}{1+\lambda^2}\mathrm{d}\lambda \\ &= 2\int_{-\infty}^{+\infty} \frac{\ln f(\lambda)}{1+\lambda^2}\mathrm{d}\lambda + 2\int_{-\infty}^{+\infty} \frac{\ln(1+\lambda^2) - \ln 2}{1+\lambda^2}\mathrm{d}\lambda \end{aligned}$$

而 $\ln(1+\lambda^2)/(1+\lambda^2) \in L^1(-\infty, +\infty)$, 因此式 (8.3.3) 与式 (8.3.4) 等价.

定理 8.2 证毕.

现在讨论正则平稳过程 $X(t), t \in \mathbf{R}$ 的谱密度 $f(\lambda)$ 的因子分解问题. 若 $\widetilde{X}(t)$ 也是正则的, 其谱密度可因子分解, 即存在单位圆内解析函数 $\widetilde{\Gamma}(\tilde{z}) \in H_2$, 使

$$\tilde{f}(\mu) = \frac{1}{2\pi}|\widetilde{\Gamma}(\mathrm{e}^{-\mathrm{i}\mu})|^2 \tag{8.3.5}$$

其中 $\widetilde{\Gamma}(\mathrm{e}^{-\mathrm{i}\mu})$ 为 $\widetilde{\Gamma}(\tilde{z})$ 在单位圆周上之边值. 若 $\widetilde{\Gamma}(\tilde{z})$ 为最大函数, 则称 $\widetilde{\Gamma}(\mathrm{e}^{-\mathrm{i}\mu})$ 为 $\tilde{f}(\mu)$ 的**最大因子**. 令

$$\Gamma(z)=\frac{\sqrt{2}}{1+\mathrm{i}z}\widetilde{\Gamma}(\tilde{z}) \tag{8.3.6}$$

其中

$$z=\mathrm{i}\frac{\tilde{z}-1}{\tilde{z}+1} \quad 或 \quad \tilde{z}=\frac{1-\mathrm{i}z}{1+\mathrm{i}z}$$

变换式 (8.3.6) 将单位圆内解析函数 $\widetilde{\Gamma}(\tilde{z})$ 变为下半平面的解析函数 $\Gamma(z)$, 而 $\widetilde{\Gamma}(\tilde{z})\in H_2$, 相应地还称 $\Gamma(z)$ 为下半平面 H_2 类函数, 记为 $\Gamma(z)\in H_2$, 还有

$$f(\lambda)=\frac{1}{2\pi}|\Gamma(\lambda)|^2 \tag{8.3.7}$$

若下半平面解析函数 $\Gamma(z)\in H_2$, 其边界值为 $\Gamma(\lambda)$. 如果对任意下半平面解析函数 $\Gamma_1(z)\in H_2$, 其边界值 $\Gamma_1(\lambda)$ 满足 $|\Gamma_1(\lambda)|=|\Gamma(\lambda)|$ 都有

$$|\Gamma(-\mathrm{i})|^2\geqslant|\Gamma_1(-\mathrm{i})|^2$$

则称 $\Gamma(z)$ 为**最大函数**.

注意到

$$\begin{aligned}\Gamma(\lambda)&=\frac{\sqrt{2}}{1+\mathrm{i}\lambda}\widetilde{\Gamma}(\mathrm{e}^{-\mathrm{i}\mu})=\frac{\sqrt{2}}{1+\mathrm{i}\lambda}\sum_{s=0}^{+\infty}\tilde{c}(s)\mathrm{e}^{-\mathrm{i}s\mu}\\&=\sqrt{2}\sum_{s=0}^{+\infty}\tilde{c}(s)\frac{(1-\mathrm{i}\lambda)^s}{(1+\mathrm{i}\lambda)^{s+1}}\end{aligned} \tag{8.3.8}$$

由引理 8.9, 式 (8.3.8) 级数是均方收敛的. 现在注意到 $s\geqslant 0$ 时

$$\begin{aligned}\frac{(1-\mathrm{i}\lambda)^s}{(1+\mathrm{i}\lambda)^{s+1}}&=\sum_{k=0}^{s}\frac{A_k}{(1+\mathrm{i}\lambda)^{k+1}}=\sum_{k=0}^{s}\frac{A_k}{k!}\int_0^{+\infty}\mathrm{e}^{-\mathrm{i}\lambda t}\cdot\mathrm{e}^{-t}\cdot t^k\mathrm{d}t\\&=\int_{-\infty}^{+\infty}\mathrm{e}^{-\mathrm{i}\lambda t}B_s(t)\mathrm{d}t\end{aligned} \tag{8.3.9}$$

其中

$$B_s(t)=\begin{cases}\mathrm{e}^{-t}\displaystyle\sum_{k=0}^{s}\frac{A_k}{k!}t^k, & s=0,\ 1,2,\cdots\\ 0, & s=-1,-2,\cdots\end{cases}$$

同时应记住级数式 (8.3.8) 的部分和是如下一个函数的 Fourier 变换:

$$\sqrt{2}\sum_{s=0}^{N}\tilde{c}(s)B_s(t)$$

从 Parseval 等式及式 (8.3.8) 可得

$$\Gamma(\lambda)=\int_{-\infty}^{+\infty}\mathrm{e}^{-\mathrm{i}\lambda t}c(t)\mathrm{d}t=\int_0^{+\infty}\mathrm{e}^{-\mathrm{i}\lambda t}c(t)\mathrm{d}t \tag{8.3.10}$$

其中

$$c(t)=\sqrt{2}\sum_{s=0}^{+\infty}\tilde{c}(s)B_s(t) \tag{8.3.11}$$

式 (8.3.11) 级数也在均方意义下收敛的, 且

$$\int_0^{+\infty}|c(t)|^2\mathrm{d}t=\frac{1}{2\pi}\int_{-\infty}^{+\infty}|\Gamma(\lambda)|^2\mathrm{d}\lambda<\infty \tag{8.3.12}$$

定义 8.5　若平稳过程 $X(t),t\in\mathbf{R}$ 的谱密度可表示成式 (8.3.7), 其中 $\Gamma(\lambda)$ 满足式 (8.3.10) 和式 (8.3.12), 则称 $f(\lambda)$ 是**可因子分解**的. 称 $\Gamma(\lambda)$ 为 $f(\lambda)$ 的一个因子. 再若 $\Gamma(z)$ 为最大函数, 则称 $\Gamma(\lambda)$ 为 $f(\lambda)$ 的**最大因子**.

上面已证明了任一正则平稳过程 $X(t),t\in\mathbf{R}$ 的谱密度是可因子分解的; 反之, 若 $f(\lambda)$ 是可因子分解的, 将 $\Gamma(\lambda)$ 展成级数, 并令 $\widetilde{\Gamma}(\tilde{z})=\sum\limits_{s=0}^{+\infty}\tilde{c}(s)\tilde{z}^s\in H_X$, 则 $\widetilde{\Gamma}(\tilde{z})$ 的边界值满足条件式 (8.3.5). 这说明 $\widetilde{X}(t)$ 是正则的, 从而 $X(t)$ 也是正则的, 因此得到以下的定理:

定理 8.3　平稳过程 $X(t)$, $t\in\mathbf{R}$ 是正则的 $\Leftrightarrow$ 它的谱函数绝对连续, 且谱密度 $f(\lambda)$ 可因子分解, 即有

$$f(\lambda)=\frac{1}{2\pi}|\Gamma(\lambda)|^2 \tag{8.3.13}$$

其中

$$\Gamma(\lambda)=\int_0^{+\infty}\mathrm{e}^{-\mathrm{i}\lambda t}\cdot c(t)\mathrm{d}t,\quad \int_0^{+\infty}|c(t)|^2\mathrm{d}t<\infty \tag{8.3.14}$$

8.4　正则平稳过程的 Wold 分解与线性预测

8.4.1　随机测度的 Fourier 变换

第 5 章给出了随机测度的定义, 现在将其推广到任意的测度空间 $(S,\mathscr{A},F)$ 上, 其构成测度 F 不一定为有限测度. 令

$$\mathscr{A}^0=\{A|\ A\in\mathscr{A},\ F(A)<\infty\}$$

H 为 $(\Omega,\mathscr{F},p)$ 上一切有二阶矩的随机变量构成的 Hilbert 空间. 若

$$Z:\ \mathscr{A}^0\to H$$

使对 $\forall A_1,A_2\in\mathscr{A}^0$, 有

$$(Z(A_1),\ Z(A_2))=F(A_1A_2)$$

则称 $Z(A)$ 为 $(S,\mathscr{A},F)$ 上的随机测度, F 为其构成测度, 同样可建立随机积分.

设 $\Lambda(\mathrm{d}\lambda)$ 是定义在直线 $-\infty < \lambda < +\infty$ 上一切有界可测子集上的随机测度, 满足

$$E[\Lambda(\Delta_1)\overline{\Lambda(\Delta_2)}] = \frac{1}{2\pi}l(\Delta_1\Delta_2), \quad \Delta_1, \Delta_2 \in \mathscr{B} \tag{8.4.1}$$

其中 l 为 Lebesgue 测度.

对任意区间 $\Delta = (t_1, t_2]$ 存在积分

$$\xi(\Delta) = \int_{-\infty}^{+\infty} \frac{\mathrm{e}^{\mathrm{i}\lambda t_2} - \mathrm{e}^{\mathrm{i}\lambda t_1}}{\mathrm{i}\lambda}\Lambda(\mathrm{d}\lambda) \tag{8.4.2}$$

函数

$$\varphi_\Delta(\lambda) = \frac{\mathrm{e}^{\mathrm{i}\lambda t_2} - \mathrm{e}^{\mathrm{i}\lambda t_1}}{\mathrm{i}\lambda}$$

是函数

$$\tilde{\varphi}_\Delta(t) = \begin{cases} 1, & t \in \Delta \\ 0, & t \notin \Delta \end{cases}$$

的 Fourier 变换, 即

$$\varphi_\Delta(\lambda) = \int_{-\infty}^{+\infty} \mathrm{e}^{\mathrm{i}\lambda t}\tilde{\varphi}_\Delta(t)\mathrm{d}t$$

设区间 $\Delta' = (t_1', t_2']$ 与 Δ 不相交. 由 Parseval 等式

$$\begin{aligned} E\xi(\Delta)\overline{\xi(\Delta')} &= \frac{1}{2\pi}\int_{-\infty}^{+\infty} \varphi_\Delta(\lambda)\overline{\varphi_{\Delta'}(\lambda)}\mathrm{d}\lambda \\ &= \int_{-\infty}^{+\infty} \tilde{\varphi}_\Delta(t)\overline{\tilde{\varphi}_{\Delta'}(t)}\mathrm{d}t = 0 \end{aligned}$$

$$E|\xi(\Delta)|^2 = \int_{-\infty}^{+\infty} |\tilde{\varphi}_\Delta(t)|^2\mathrm{d}t = t_2 - t_1 \tag{8.4.3}$$

等式 (8.4.3) 表明在式 (8.4.2) 中的积分定义了一个在区间 $\Delta = (t_1, t_2]$ 集上的随机测度 $\xi(\mathrm{d}t)$, 满足

$$E|\xi(\Delta)|^2 = t_2 - t_1 \tag{8.4.4}$$

于是随机测度 $\xi(\mathrm{d}t)$ 可以扩张到直线 $-\infty < t < +\infty$ 的一切有界可测子集上, 使

$$E\xi(\Delta_1)\overline{\xi(\Delta_2)} = l(\Delta_1\Delta_2) \tag{8.4.5}$$

其中 Δ_1, Δ_2 为数直线上的有界可测子集, 称满足等式 (8.4.5) 的随机测度为标准随机测度. 这里 $\xi(\mathrm{d}t)$ 通过 $\Lambda(\mathrm{d}\lambda)$ 由式 (8.4.2) 确定, 称 $\xi(\mathrm{d}t)$ 为随机测度 $\Lambda(\mathrm{d}\lambda)$ 的 Fourier 变换. 等式 (8.4.2) 现在可表示为

$$\int_{-\infty}^{+\infty} \tilde{\varphi}_\Delta(t)\xi(\mathrm{d}t) = \int_{-\infty}^{+\infty} \varphi_\Delta(\lambda)\Lambda(\mathrm{d}\lambda) \tag{8.4.6}$$

对任一平方可积函数 $\tilde{\varphi}(t)$, 即

$$\int_{-\infty}^{+\infty} |\tilde{\varphi}(t)|^2 \mathrm{d}t < \infty$$

能用函数 $\tilde{\varphi}_\Delta(t)$ 的线性组合均方逼近, 而它的 Fourier 变换

$$\varphi(\lambda) = \int_{-\infty}^{+\infty} \mathrm{e}^{\mathrm{i}\lambda t}\tilde{\varphi}(t)\mathrm{d}t$$

能用对应的 $\varphi_\Delta(\lambda)$ 的线性组合均方逼近. 于是等式 (8.4.6) 不仅对函数 $\tilde{\varphi}_\Delta(t)$ 与 $\varphi_\Delta(\lambda)$ 正确, 而且对任意平方可积函数 $\tilde{\varphi}(t)$ 与 $\varphi(\lambda)$ 也正确, 即

$$\int_{-\infty}^{+\infty} \tilde{\varphi}(t)\xi(\mathrm{d}t) = \int_{-\infty}^{+\infty} \varphi(\lambda)\Lambda(\mathrm{d}\lambda) \tag{8.4.7}$$

特别地, 取区间 $\Delta = (\lambda_1, \lambda_2]$, 且

$$\varphi(\lambda) = \begin{cases} 1, & \lambda \in \Delta \\ 0, & \lambda \notin \Delta \end{cases}$$

得

$$\Lambda(\Delta) = \frac{1}{2\pi}\int_{-\infty}^{+\infty} \frac{\mathrm{e}^{-\mathrm{i}\lambda_2 t} - \mathrm{e}^{-\mathrm{i}\lambda_1 t}}{-\mathrm{i}t}\xi(\mathrm{d}t) \tag{8.4.8}$$

即随机测度 $\Lambda(\mathrm{d}\lambda)$ 可以由随机测度 $\xi(\mathrm{d}t)$ 借助于 Fourier 变换得到.

8.4.2 平稳过程的滑动和表示

设平稳过程 $X(t), t \in \mathbf{R}$ 的谱密度 $f(\lambda) > 0$, a.e. l(l 为 Lebesgue 测度), 取 $\varphi(\lambda)$, 使

$$f(\lambda) = \frac{1}{2\pi}|\varphi(\lambda)|^2 \tag{8.4.9}$$

则 $\varphi(\lambda) \neq 0$, a. e., 且 $\varphi(\lambda) \in L^2(\mathrm{d}\lambda)$. 因此存在 $c(s) \in L^2(\mathrm{d}s)$, 使

$$\begin{cases} \varphi(\lambda) = \displaystyle\int_{-\infty}^{+\infty} \mathrm{e}^{-\mathrm{i}\lambda s}c(s)\mathrm{d}s \\ c(s) = \displaystyle\frac{1}{2\pi}\int_{-\infty}^{+\infty} \mathrm{e}^{\mathrm{i}\lambda s}\varphi(\lambda)\mathrm{d}\lambda \end{cases} \tag{8.4.10}$$

随机测度

$$\Lambda(\mathrm{d}\lambda) = \frac{1}{\varphi(\lambda)}Z(\mathrm{d}\lambda)$$

其中 $Z(\mathrm{d}\lambda)$ 为 $X(t)$ 的随机谱测度, $\Lambda(\mathrm{d}\lambda)$ 满足式 (8.4.1), 即

$$E[\Lambda(\Delta_1)\overline{\Lambda(\Delta_2)}] = \frac{1}{2\pi}l(\Delta_1\Delta_2) \tag{8.4.11}$$

而且

$$X(t)=\int_{-\infty}^{+\infty}\mathrm{e}^{\mathrm{i}t\lambda}\varphi(\lambda)\varLambda(\mathrm{d}\lambda) \tag{8.4.12}$$

令 $\xi(\varDelta)$ 为由式 (8.4.2) 定义的标准随机测度, 由式 (8.4.10), 式 (8.4.7), 式 (8.4.12) 得

$$\begin{aligned} X(t)&=\int_{-\infty}^{+\infty}\left[\frac{1}{2\pi}\int_{-\infty}^{+\infty}\mathrm{e}^{-\mathrm{i}\lambda s}\mathrm{e}^{\mathrm{i}t\lambda}\varphi(\lambda)\mathrm{d}\lambda\right]\xi(\mathrm{d}s)\\ &=\int_{-\infty}^{+\infty}c(t-s)\xi(\mathrm{d}s) \end{aligned} \tag{8.4.13}$$

定理 8.4　设平稳过程 $X(t),\ t\in\mathbf{R}$ 的谱密度几乎处处为正, 则 $X(t)$ 可表示为滑动和形式

$$X(t)=\int_{-\infty}^{+\infty}c(t-s)\xi(\mathrm{d}s) \tag{8.4.14}$$

其中标准随机测度$\xi(\varDelta)$由式 (8.4.2) 定义, $\xi(\varDelta)\in H_X, c(t-s)=\dfrac{1}{2\pi}\displaystyle\int_{-\infty}^{+\infty}\mathrm{e}^{\mathrm{i}\lambda(t-s)}\varphi(\lambda)\mathrm{d}\lambda$.

8.4.3　正则平稳过程的 Wold 分解

定义 8.6　正则平稳过程 $X(t), t\in\mathbf{R}$ 若可表示成滑动和形式

$$X(t)=\int_{-\infty}^{t}c(t-s)\xi(\mathrm{d}s) \tag{8.4.15}$$

其中 $\xi(\mathrm{d}s)$ 是标准随机测度, 即

$$E(\xi(\varDelta_1)\overline{\xi(\varDelta_2)})=l(\varDelta_1\varDelta_2),\quad \varDelta_1,\varDelta_2\in\mathscr{B} \tag{8.4.16}$$

又若

$$H_\xi(t)=H_X(t) \tag{8.4.17}$$

其中

$$H_\xi(t)=\mathscr{L}\{\xi(\varDelta),\ \varDelta\in(-\infty,t)\cap\mathscr{B}\}$$

则称 $\xi(\mathrm{d}s)$ 为 $X(t)$ 的*基本正交测度*. 称表示式 (8.4.15) 为 $X(t)$ 的*Wold 分解*.

前面已看到正则平稳过程 $X(t)$ 的谱密度 $f(\lambda)$ 可因子分解

$$f(\lambda)=\frac{1}{2\pi}|\varGamma(\lambda)|^2 \tag{8.4.18}$$

其中 $\varGamma(\lambda)$ 是下半平面解析的 H_2 类函数 $\varGamma(z)$ 的边值, 即

$$\varGamma(\lambda)=\int_{0}^{+\infty}\mathrm{e}^{-\mathrm{i}\lambda t}c(t)\mathrm{d}t \tag{8.4.19}$$

它的 Fourier 变换 $c(t)$ 在 $t<0$ 时为零. 由定理 8.4, $X(t)$ 可表示为式 (8.4.15), 其中

$$\begin{cases} \xi(\Delta) = \displaystyle\int_{-\infty}^{+\infty} \frac{\mathrm{e}^{\mathrm{i}\lambda t_2} - \mathrm{e}^{\mathrm{i}\lambda t_1}}{\mathrm{i}\lambda} \Lambda(\mathrm{d}\lambda), \Delta = (t_1, t_2] \\ \Lambda(\mathrm{d}\lambda) = \dfrac{1}{\Gamma(\lambda)} Z(\mathrm{d}\lambda) \end{cases} \tag{8.4.20}$$

设 $\Gamma(\lambda)$ 是 $f(\lambda)$ 的最大因子, 即 $\Gamma(z)$ 是最大函数. 下面来证明这时 $H_\xi(t) = H_X(t)$, 即 $\xi(\mathrm{d}s)$ 是 $X(t)$ 的基本正交测度, 式 (8.4.15) 为 $X(t)$ 的 Wold 分解.

令

$$\Psi(\mathrm{d}\lambda) = \frac{\sqrt{2}}{1+\mathrm{i}\lambda} \cdot \frac{1}{\Gamma(\lambda)} Z(\mathrm{d}\lambda) \tag{8.4.21}$$

则

$$\begin{cases} E|\Psi(\mathrm{d}\lambda)|^2 = \dfrac{1}{\pi(1+\lambda^2)} \\ E(\Psi(\Delta_1)\overline{\Psi(\Delta_2)}) = 0, \Delta_1 \cap \Delta_2 = \varnothing \end{cases} \tag{8.4.22}$$

若 $\Delta = (t_1, t_2]$, 则

$$\begin{aligned} \xi(\Delta) &= \frac{1}{\sqrt{2}} \int_{-\infty}^{+\infty} \frac{\mathrm{e}^{\mathrm{i}\lambda t_2} - \mathrm{e}^{\mathrm{i}\lambda t_1}}{\mathrm{i}\lambda} (1+\mathrm{i}\lambda) \Psi(\mathrm{d}\lambda) \\ &= \frac{1}{\sqrt{2}} \int_{-\infty}^{+\infty} \mathrm{e}^{\mathrm{i}\lambda t_2} \Psi(\mathrm{d}\lambda) - \frac{1}{\sqrt{2}} \int_{-\infty}^{+\infty} \mathrm{e}^{\mathrm{i}\lambda t_1} \Psi(\mathrm{d}\lambda) \\ &\quad + \frac{1}{\sqrt{2}} \int_{-\infty}^{+\infty} \left[\int_{t_1}^{t_2} \mathrm{e}^{\mathrm{i}t\lambda} \mathrm{d}t \right] \Psi(\mathrm{d}\lambda) \end{aligned} \tag{8.4.23}$$

令

$$Y(t) = \int_{-\infty}^{+\infty} \mathrm{e}^{\mathrm{i}\lambda t} \Psi(\mathrm{d}\lambda) \tag{8.4.24}$$

从式 (8.4.23) 可见 $\xi(\Delta) \in H_Y(t)$ 对一切 $\Delta = (t_1, t_2], t_1 \leqslant t_2 < t$. 与 $Y(t)$ 对应的平稳序列

$$\widetilde{Y}(t) = \int_{-\pi}^{\pi} \mathrm{e}^{\mathrm{i}\mu t} \widetilde{\Psi}(\mathrm{d}\mu)$$

其中 $\widetilde{\Psi}(\mathrm{d}\mu) = \Psi(\mathrm{d}\lambda), \mu = 2\mathrm{arctan}\lambda$, 则 $\widetilde{Y}(t)$ 是标准正交列, 因为

$$E|\widetilde{\Psi}(\mathrm{d}\mu)|^2 = E|\Psi(\mathrm{d}\lambda)|^2 = \frac{1}{\pi(1+\lambda^2)} \mathrm{d}\lambda = \frac{1}{2\pi} \mathrm{d}\mu \tag{8.4.25}$$

现在可以看出, $\widetilde{Y}(t)$ 是 $\widetilde{X}(t)$ 的基本列, 其中

$$\widetilde{X}(t) = \int_{-\pi}^{\pi} \mathrm{e}^{\mathrm{i}\mu t} \widetilde{Z}(\mathrm{d}\mu) \tag{8.4.26}$$

事实上, $\widetilde{\Gamma}(z)$ 是最大函数, $\widetilde{\Gamma}(\mathrm{e}^{-\mathrm{i}\mu}) = (1+\mathrm{i}\lambda)/\sqrt{2}\Gamma(\lambda)$ 是 $\widetilde{X}(t)$ 的谱密度 $\tilde{f}(\mu)$ 的最大因子, $\widetilde{Y}(t)$ 的基本性从等式

$$\widetilde{\Psi}(\mathrm{d}\mu) = \frac{1}{\widetilde{\Gamma}(\mathrm{e}^{-\mathrm{i}\mu})} \widetilde{Z}(\mathrm{d}\mu) \tag{8.4.27}$$

得出. $\widetilde{Y}(t)$ 的基本性表明, $H_{\widetilde{Y}}(0)=H_{\widetilde{X}}(0)$. 再由引理 8.9 得 $H_Y(0)=H_X(0)$. 因 $Y(t)$ 与 $X(t)$ 是平稳相关的, 故 $H_Y(t)=H_X(t)$. 于是表示式 (8.4.15) 中标准随机测度 $\xi(\varDelta)\in H_X(t)$, 对一切 $\varDelta=(t_1,t_2]\subset(-\infty,t)$ 成立, 因此 $H_\xi(t)\subset H_X(t)$. 相反的包含关系显然成立. 这说明 $H_\xi(t)=H_X(t)$, 即 $\xi(\mathrm{d}s)$ 是 $X(t)$ 的基本正交测度, 而式 (8.4.15) 为 $X(t)$ 的 Wold 分解. 综上所述, 得下面的定理:

定理 8.5 正则平稳过程 $X(t)$, $t\in\mathbf{R}$ 总可表示成滑动和形式 (8.4.15), 其中标准随机测度 $\xi(\mathrm{d}s)$ 由式 (8.4.20) 确定. 而当 $c(t)$ 是 $X(t)$ 的谱密度 $f(\lambda)$ 的最大因子 $\varGamma(\lambda)$ 的 Fourier 变换时, 式 (8.4.15) 即为 $X(t)$ 的 Wold 分解.

下面求最大因子 $\varGamma(z)$ 的表示式. 考虑单位圆内解析函数 $\widetilde{\varGamma}(\tilde{z})$

$$\widetilde{\varGamma}(\tilde{z})=\frac{1+\mathrm{i}z}{\sqrt{2}}\varGamma(z)\tag{8.4.28}$$

其中

$$\tilde{z}=\frac{1-\mathrm{i}z}{1+\mathrm{i}z}$$

由 $\varGamma(z)$ 的最大性知, $\widetilde{\varGamma}(\tilde{z})$ 也是最大的. 此外

$$\begin{aligned}&\frac{1}{2\pi}|\widetilde{\varGamma}(\mathrm{e}^{-\mathrm{i}\mu})|^2=\tilde{f}(\mu)\\&\tilde{f}(\mu)=\frac{1+\lambda^2}{2}f(\lambda)\\&\mu=2\arctan\lambda\end{aligned}\tag{8.4.29}$$

由式 (7.4.1), 有

$$\widetilde{\varGamma}(\tilde{z})=\sqrt{2\pi}\exp\left\{\frac{1}{4\pi}\int_{-\pi}^{\pi}\ln\tilde{f}(\mu)\cdot\frac{\mathrm{e}^{-\mathrm{i}\mu}+\tilde{z}}{\mathrm{e}^{-\mathrm{i}\mu}-\tilde{z}}\mathrm{d}\mu\right\}\tag{8.4.30}$$

注意函数

$$\frac{\tilde{z}+1}{2}=\frac{1}{1+\mathrm{i}z}\tag{8.4.31}$$

可表示为

$$\begin{aligned}\frac{\tilde{z}+1}{2}&=\exp\left\{\frac{1}{4\pi}\int_{-\pi}^{\pi}\ln\left|\frac{\mathrm{e}^{-\mathrm{i}\mu}+1}{2}\right|^2\cdot\frac{\mathrm{e}^{-\mathrm{i}\mu}+\tilde{z}}{\mathrm{e}^{-\mathrm{i}\mu}-\tilde{z}}\mathrm{d}\mu\right\}\\&=\exp\left\{\frac{1}{2\pi\mathrm{i}}\int_{-\infty}^{+\infty}\ln\frac{1}{1+\lambda^2}\cdot\frac{1+\lambda z}{z-\lambda}\cdot\frac{1}{1+\lambda^2}\mathrm{d}\lambda\right\}\end{aligned}\tag{8.4.32}$$

从而有

$$\varGamma(z)=\frac{\sqrt{2}}{1+\mathrm{i}z}\widetilde{\varGamma}(\tilde{z})=\sqrt{2}\cdot\frac{\tilde{z}+1}{2}\cdot\sqrt{2\pi}\exp\left\{\frac{1}{4\pi}\int_{-\pi}^{\pi}\ln\tilde{f}(\mu)\frac{\mathrm{e}^{-\mathrm{i}\mu}+\tilde{z}}{\mathrm{e}^{-\mathrm{i}\mu}-\tilde{z}}\mathrm{d}\mu\right\}$$

$$
=\sqrt{2}\exp\left\{\frac{1}{2\pi\mathrm{i}}\int_{-\infty}^{+\infty}\ln\frac{1}{1+\lambda^2}\cdot\frac{1+\lambda z}{z-\lambda}\cdot\frac{\mathrm{d}\lambda}{1+\lambda^2}\right\}\cdot
$$

$$
\sqrt{2\pi}\exp\left\{\frac{1}{2\pi\mathrm{i}}\int_{-\infty}^{+\infty}\ln\left[\frac{1+\lambda^2}{2}f(\lambda)\right]\cdot\frac{1+\lambda z}{z-\lambda}\cdot\frac{\mathrm{d}\lambda}{1+\lambda^2}\right\}
$$

$$
=\sqrt{\pi}\exp\left\{\frac{1}{2\pi\mathrm{i}}\int_{-\infty}^{+\infty}\ln f(\lambda)\cdot\frac{1+\lambda z}{z-\lambda}\cdot\frac{1}{1+\lambda^2}\mathrm{d}\lambda\right\} \tag{8.4.33}
$$

8.4.4 正则平稳过程的线性预测

由正则平稳过程 $X(t),\ t\in\mathbf{R}$ 的 Wold 分解式 (8.4.15) 知, $X(t)$ 的前 τ 步最优线性预测量 $\widehat{X}(t,\tau)$ 为

$$
\widehat{X}(t,\tau)=\int_{-\infty}^{t}c(t+\tau-s)\xi(\mathrm{d}s)=\int_{-\infty}^{+\infty}\chi_{(-\infty,t)}(s)c(t+\tau-s)\xi(\mathrm{d}s)
$$

由式 (8.4.7) 知

$$
\begin{aligned}
\widehat{X}(t,\tau)&=\int_{-\infty}^{+\infty}\left[\int_{-\infty}^{+\infty}\mathrm{e}^{\mathrm{i}\lambda s}\chi_{(-\infty,t)}(s)\cdot c(t+\tau-s)\mathrm{d}s\right]\varLambda(\mathrm{d}\lambda)\\
&=\int_{-\infty}^{+\infty}\left[\int_{-\infty}^{t}\mathrm{e}^{\mathrm{i}\lambda s}\cdot c(t+\tau-s)\mathrm{d}s\right]\frac{1}{\varGamma(\lambda)}Z(\mathrm{d}\lambda)\\
&=\int_{-\infty}^{+\infty}\mathrm{e}^{\mathrm{i}\lambda t}\left[\frac{1}{\varGamma(\lambda)}\int_{0}^{+\infty}\mathrm{e}^{-\mathrm{i}\lambda s}c(s+\tau)\mathrm{d}s\right]Z(\mathrm{d}\lambda)
\end{aligned} \tag{8.4.34}
$$

定理 8.6　正则平稳过程

$$
X(t)=\int_{-\infty}^{+\infty}\mathrm{e}^{\mathrm{i}t\lambda}Z(\mathrm{d}\lambda),\quad t\in\mathbf{R} \tag{8.4.35}
$$

向前 τ 步最优线性预测量为

$$
\widehat{X}(t,\tau)=\int_{-\infty}^{+\infty}\mathrm{e}^{\mathrm{i}t\lambda}\hat{\varphi}(\lambda,\tau)Z(\mathrm{d}\lambda) \tag{8.4.36}
$$

$$
\hat{\varphi}(\lambda,\ \tau)=\mathrm{e}^{\mathrm{i}\tau\lambda}\cdot\frac{1}{\varGamma(\lambda)}\int_{\tau}^{+\infty}\mathrm{e}^{-\mathrm{i}s\lambda}c(s)\mathrm{d}s
$$

其中 $\varGamma(\lambda)$ 是由式 (8.4.33) 确定的解析函数 $\varGamma(z)$ 的边值, 而

$$
c(s)=\frac{1}{2\pi}\int_{-\infty}^{+\infty}\mathrm{e}^{\mathrm{i}s\lambda}\varGamma(\lambda)\mathrm{d}\lambda \tag{8.4.37}
$$

预测误差为

$$
\sigma^2(\tau)=E|X(t+\tau)-\widehat{X}(t,\tau)|^2=\int_0^{\tau}|c(s)|^2\mathrm{d}s \tag{8.4.38}
$$

这里的式 (8.4.38) 不难从式 (8.4.36) 及 Parseval 等式得到.

8.5 一般平稳过程的线性预测

设有一平稳过程

$$X(t)=\int_{-\infty}^{+\infty}\mathrm{e}^{\mathrm{i}t\lambda}Z(\mathrm{d}\lambda),\quad t\in\mathbf{R}\tag{8.5.1}$$

它的谱测度 $F(\mathrm{d}\lambda)$ 的 Lebesgue 分解为

$$F(\mathrm{d}\lambda)=f(\lambda)\mathrm{d}\lambda+\delta(\mathrm{d}\lambda)\tag{8.5.2}$$

其中奇异测度 $\delta(\mathrm{d}\lambda)$ 集中在 Lebesgue 零测度集 $\varDelta_0$ 上, $\overline{\varDelta}_0$ 是 $\varDelta_0$ 的余集, 称 $f(\lambda)$ 为 $X(t)$ 的*广义谱测度*. 完全类似于平稳序列定理 7.9 和定理 7.10 的证明, 只要作平凡的修改即可得以下的定理 8.7 和定理 8.8:

定理 8.7 设平稳过程 $X(t),t\in\mathbf{R}$ 的广义谱密度 $f(\lambda)$ 满足

$$\frac{\ln f(\lambda)}{1+\lambda^2}\in L^1(\mathrm{d}\lambda)\tag{8.5.3}$$

则 $X(t)$ 的 Wold 分解 (式 (8.2.9) 中) 的正则部分 $X_1(t)$ 与奇异部分 $X_2(t)$ 是

$$X_1(t)=\int_{-\infty}^{+\infty}\mathrm{e}^{\mathrm{i}t\lambda}\chi_{\overline{\varDelta}_0}(\lambda)Z(\mathrm{d}\lambda)\tag{8.5.4}$$

$$X_2(t)=\int_{-\infty}^{+\infty}\mathrm{e}^{\mathrm{i}t\lambda}\chi_{\varDelta_0}(\lambda)Z(\mathrm{d}\lambda)\tag{8.5.5}$$

定理 8.8 设平稳过程 $X(t),t\in\mathbf{R}$ 的广义谱密度为 $f(\lambda)$, 则 $X(t)$ 是奇异的 $\Leftrightarrow$

$$\frac{\ln f(\lambda)}{1+\lambda^2}\notin L^1(\mathrm{d}\lambda)$$

定理 8.9 设一平稳过程 $X(t),t\in\mathbf{R}$ 的广义谱密度为 $f(\lambda)$, 若 $\dfrac{\ln f(\lambda)}{1+\lambda^2}\notin L^1(\mathrm{d}\lambda)$, 则 $X(t)$ 是奇异的, 此时

$$\widehat{X}(t,\tau)=X(t+\tau)=\int_{-\infty}^{+\infty}\mathrm{e}^{\mathrm{i}t\lambda}\hat{\varphi}(\lambda,\tau)Z(\mathrm{d}\lambda)$$

$$\begin{cases}\hat{\varphi}(\lambda,\tau)=\mathrm{e}^{\mathrm{i}\tau\lambda}\\ \sigma^2(\tau)=0\end{cases}\tag{8.5.6}$$

若 $\dfrac{\ln f(\lambda)}{1+\lambda^2}\in L^1(\mathrm{d}\lambda)$, 则 $X(t)$ 非奇异, 此时

$$\widehat{X}(t,\tau)=\int_{-\infty}^{+\infty}\mathrm{e}^{\mathrm{i}t\lambda}\hat{\varphi}(\lambda,\tau)Z(\mathrm{d}\lambda)\tag{8.5.7}$$

$$\hat{\varphi}(\lambda,\tau)=\mathrm{e}^{\mathrm{i}\tau\lambda}\left[\frac{1}{\Gamma(\lambda)}\int_{\tau}^{+\infty}\mathrm{e}^{-\mathrm{i}\lambda s}\cdot c(s)\mathrm{d}s\cdot\chi_{\overline{\Delta_0}}(\lambda)+\chi_{\Delta_0}(\lambda)\right] \tag{8.5.8}$$

$$\sigma^2(\tau)=\int_0^{\tau}|c(t)|^2\mathrm{d}t \tag{8.5.9}$$

其中 $\Gamma(\lambda)$ 为

$$\Gamma(z)=\sqrt{\pi}\exp\left\{\frac{1}{2\pi\mathrm{i}}\int_{-\infty}^{+\infty}\ln f(\lambda)\cdot\frac{1+\lambda z}{z-\lambda}\cdot\frac{\mathrm{d}\lambda}{1+\lambda^2}\right\} \tag{8.5.10}$$

在单位圆周上的边值.

8.6 连续参数平稳过程的线性滤波

设 $X(t),t\in\mathbf{R}$ 为平稳过程, $Y(t),t\in\mathbf{R}$ 为正则的平稳过程, $X(t)$ 与 $Y(t)$ 平稳相关, 其谱密度、互谱密度分别为 $f_{XX}(\lambda),f_{YY}(\lambda),f_{XY}(\lambda)$. 于是

$$\begin{aligned}\widehat{X}(t,\tau)&=P_{H_Y(t)}X(t+\tau)\\&=\int_{-\infty}^{+\infty}\mathrm{e}^{\mathrm{i}t\lambda}\left[\int_0^{+\infty}\mathrm{e}^{-\mathrm{i}s\lambda}a(s+\tau)\mathrm{d}s\right]\Gamma^{-1}(\lambda)Z(\mathrm{d}\lambda)\end{aligned}$$

其中 $Z(\mathrm{d}\lambda)$ 是 $Y(t)$ 的谱密度, $\Gamma(\lambda)$ 是 $f_{YY}(\lambda)$ 的最大因子, 满足

$$\begin{aligned}f_{YY}(\lambda)&=\frac{1}{2\pi}|\Gamma(\lambda)|^2\\a(s)&=\frac{1}{2\pi}\int_{-\infty}^{+\infty}\mathrm{e}^{\mathrm{i}s\lambda}\frac{f_{XY}(\lambda)}{f_{YY}(\lambda)}\Gamma(\lambda)\mathrm{d}\lambda\\\sigma^2(\tau)&=E|X(t+\tau)-\hat{X}(t,\tau)|^2\\&=B(0)-\int_{\tau}^{+\infty}|a(s)|^2\mathrm{d}s\end{aligned}$$

8.7 一维平稳过程的几个问题

(1) 设 $(S,\mathscr{A},F)$ 为 σ 有限测度空间, $\mathscr{A}_0$ 为域, $\mathscr{A}=\sigma(\mathscr{A}_0),f\in L^2(F)$, 则存在 $\mathscr{A}_0$ 可测简单函数列 $f_n\in L^2(F)$, 使得 $f_n\xrightarrow{L^2(F)}f(n\to\infty)$.

证明 由已知 f 是 $\mathscr{A}$ 可测的, 则有 $\mathscr{A}$ 可测简单函数列 f_n, 满足 $|f_n|\leqslant|f|$. 故 $f_n\in L^2(F)$, 且 $f_n\to f(n\to\infty)$, 其中 $f_n=\sum\limits_{j=1}^{m_n}\alpha_j^{(n)}\chi_{\Delta_j^{(n)}}(\lambda),\Delta_j^{(n)}\in\mathscr{A}$, $F(\Delta_j^{(n)})<\infty$. 由控制收敛定理

$$||f_n-f||=\left(\int|f_n-f|^2F(\mathrm{d}\lambda)\right)^{\frac{1}{2}}\to 0\quad(n\to\infty)$$

又 $\mathscr{A}=\sigma(\mathscr{A}_0), F(\varDelta_j^{(n)})<\infty$, 故存在 $\varDelta_{j_1}^{(n)}\in\mathscr{A}_0$, 使得

$$\sum_{j=1}^{m_n}|\alpha_j^{(n)}|F^{\frac{1}{2}}(\varDelta_j^{(n)}\varDelta\ \varDelta_{j_1}^{(n)})\leqslant\frac{1}{n}$$

从而记 $f_n'=\sum\limits_{j=1}^{m_n}\alpha_j^{(n)}\chi_{\varDelta_{j_1}^{(n)}}(\lambda)$ 是 $\mathscr{A}_0$ 可测函数, 记号 $A\vartriangle B=(A-B)\cup(B-A)$ 为集合 A 与 B 的**对称差**, 则

$$\begin{aligned}||f_n-f_n'||&\leqslant\sum_{j=1}^{m_n}|\alpha_j^{(n)}|\cdot||\chi_{\varDelta_j^{(n)}}(\lambda)-\chi_{\varDelta_{j_1}^{(n)}}(\lambda)||\\&=\sum_{j=1}^{m_n}|\alpha_j^{(n)}|\cdot F^{\frac{1}{2}}(\varDelta_j^{(n)}\varDelta\ \varDelta_{j_1}^{(n)})\leqslant\frac{1}{n}\end{aligned}$$

从而

$$\begin{aligned}&||f_n'-f||\\\leqslant&||f_n'-f_n||+||f_n-f||\\=&\frac{1}{n}+||f_n-f||\to0\quad(n\to\infty)\end{aligned}$$

即 $f_n'\xrightarrow{L^2(F)}f(n\to\infty)$.

(2) 设 $(\mathbf{R},\mathscr{B},F)$ 为 σ 有限测度空间, 则 $L^2(F)$ 为可分空间.

证明 要证存在可数集 $M\subset L^2(F)$, M 在 $L^2(F)$ 中稠密.

设 $f\in L^2(F)$, 则存在简单函数 $\varphi=\sum\limits_{j=1}^{n}c_j\chi_{E_j}(\lambda), E_j\in\mathscr{B}, F(E_j)<\infty$ 可任意逼近 f. 进一步可用梯形函数 $\psi=\sum\limits_{j=1}^{n}\alpha_j\chi_{[a_j,b_j)}(\lambda)$ 来逼近 f.

由于 $F(E_j)<\infty$, 由测度论知, 对 $\forall\varepsilon>0$, 存在集合 $E_j^0=\sum\limits_{l=1}^{L}[a_l,b_l)$(此处 $[a_l,b_l)$ 是两个不相交的), 使 $F(E_j\Delta E_j^0)<\varepsilon$, 因此

$$\int|\chi_{E_j}(\lambda)-\chi_{E_j^0}(\lambda)|^2F(\mathrm{d}\lambda)<\varepsilon$$

而 $\chi_{E_j^0}(\lambda)=\sum\limits_{l=1}^{L}\chi_{[a_l,b_l)}(\lambda)$. 取

$$M=\left\{\sum_{j=1}^{n}\alpha_j\chi_{[a_j,b_j)}(\lambda),\text{其中 } a_j,b_j,\mathrm{Re}\alpha_j,\mathrm{Im}\alpha_j\text{ 均为有理数}, n\text{ 是正整数}\right\}$$

则由上述讨论知 M 在 $L^2(F)$ 中稠密. 结论证毕.

由上述命题的证明过程知, 对 $\forall f \in L^2(F)$, 存在阶梯函数

$$f_n(\lambda) = \sum_{j=1}^{m_n} \alpha_j \chi_{[a_j^{(n)}, b_j^{(n)})}(\lambda)$$

使

$$||f_n - f|| \to 0 \quad (n \to \infty)$$

(3) Hilbert 空间 H 中的完备性与完全性.

设 $(e_j), j = 1, 2, \cdots$ 是 Hilbert 空间 H 中的一列元素, 且

$$(e_j, e_k) = \delta_{jk}, \quad j, k = 1, 2, \cdots \tag{8.7.1}$$

满足式 (8.7.1) 的列称为 H 的标准正交系.

对 $\forall x \in H$, 有

$$\begin{aligned} &\left(x - \sum_{j=1}^{n} (x, e_j) e_j, e_k \right) \\ =&(x, e_k) - \sum_{j=1}^{n} (x, e_j) \delta_{jk} = 0, \quad k = 1, 2, \cdots, n \end{aligned}$$

从而 $\left(x - \sum\limits_{j=1}^{n} (x, e_j) e_j \right) \perp e_k, k = 1, 2, \cdots, n$. 于是

$$P_M x = \sum_{j=1}^{n} (x, e_j) e_j$$

其中 $M = \mathscr{L}\{e_1, \cdots, e_n\}$. 所以

$$\left\| x - \sum_{j=1}^{n} (x, e_j) e_j \right\|^2 = ||x||^2 - \sum_{j=1}^{n} |(x, e_j)|^2 \geqslant 0 \tag{8.7.2}$$

于是证得 Bessel 不等式

$$\sum_{j=1}^{n} |(x, e_j)|^2 \leqslant ||x||^2 \tag{8.7.3}$$

一般来说式 (8.7.3) 为严格不等式. 但如果式 (8.7.3) 为等式, 则由式 (8.7.2) 得

$$\left\| x - \sum_{j=1}^{n} (x, e_j) e_j \right\| \to 0 \ \ (n \to \infty)$$

即

$$x = \sum_{j=1}^{+\infty} (x, e_j) e_j \tag{8.7.4}$$

其中级数收敛为范数意义下收敛, 称为强收敛.

若 (e_j) 为标准正交系, 且对 H 中任意元式 (8.7.3) 都成为等式, 则称 (e_j) 为 H 中完备标准正交系, 也称为 H 中的标准正交基. 这时式 (8.7.4) 称为 x 按 (e_j) 的 Fourier 展开, (x, e_j) 为 Fourier 系数.

由式 (8.7.4) 可见, 若 (e_j) 是标准正交基, 则由

$$(x, e_j) = 0, \quad j = 1, 2, \cdots \tag{8.7.5}$$

可得 $x = 0$, 称式 (8.7.5) 为标准正交系 (e_j) 的完全性.

由上可见, 若 H 中标准正交系 (e_j) 为完备系, 则必为完全的. 反之, 若 (e_j) 为完全的, 则它也必为完备系.

事实上, 对 $\forall x \in H$, 令

$$g_n = \sum_{j=1}^{n} (x, e_j) e_j$$

则由式 (8.7.3) 知, g_n 为 Cauchy 列, 故存在 $g = \sum_{j=1}^{+\infty} (x, e_j) e_j$. 因为

$$(g, e_k) = (x, e_k), \quad k = 1, 2, \cdots$$

从而

$$(g - x, e_k) = 0, \quad k = 1, 2, \cdots$$

由 (e_j) 的完全性知 $x = g$, 即 $x = \sum_{j=1}^{+\infty} (x, e_j) e_j$. 说明 (e_j) 是完备系.

结论: Hilbert 空间中标准正交系 (e_j) 的完备性与完全性等价.

第 9 章　严平稳序列和遍历理论

9.1　严平稳序列、保测变换

设 $\xi_1,\xi_2,\cdots$ 是一列随机变量, 且 $\theta_k\xi_n=\xi_{n+k},k=1,2,\cdots$.

定义 9.1　一个随机变量序列 $\xi_1,\xi_2,\cdots$ 称为严平稳序列, 若

$$\theta_k\boldsymbol{\xi}=(\xi_{k+1},\xi_{k+2},\cdots)\quad 与\quad \boldsymbol{\xi}=(\xi_1,\xi_2,\cdots),\quad k\geqslant 1$$

同分布, 即 $\forall B\in\mathscr{B}^\infty,P(\theta_k\xi\in B)=P(\xi\in B)$.

定义 9.2　设 $T:\Omega\to\Omega$ 为可测映射, 称 T 是保测的, 若对 $\forall A\in\mathscr{F}$, 有

$$P(A)=P(T^{-1}(A))$$

设 T 是保测变换, ξ 是任一随机变量, 令 $T^n(\omega)=T(T^{n-1}(\omega))$, 则 T^n 是保测变换. 设 $\xi_n=\xi(T^{n-1}(\omega))$, 即

$$\xi_1=\xi,\quad \xi_2=\xi\circ T,\quad \cdots,\quad \xi_n=\xi\circ T^{n-1},\quad \cdots$$

令

$$\begin{aligned}&A=\{\omega|(\xi_1,\xi_2,\cdots)\in B\}\\&A_i=\{\omega|(\xi_{i+1},\xi_{i+2},\cdots)\in B\},\quad i=1,2,\cdots\end{aligned}$$

则 $\omega\in A_1\Leftrightarrow T(\omega)\in A$, 所以

$$\begin{aligned}&P(A_1)=P\{\omega|T(\omega)\in A\}=P(T^{-1}(A))=P(A)\\&P(A_i)=P(A_{i-1})=\cdots=P(A)\end{aligned}$$

引理 9.1　设 $\xi_1,\xi_2,\cdots,\xi_n,\cdots$ 是一个严平稳序列, 则存在一个概率空间 $(\widetilde{\Omega},\widetilde{\mathscr{F}},\widetilde{P})$ 和一个保测变换 T 及一个随机变量 $\tilde{\boldsymbol{\xi}}$, 使得

$$\boldsymbol{\xi}=(\xi_1,\xi_2,\cdots)\ 与\ \tilde{\boldsymbol{\xi}}=(\tilde{\xi},\tilde{\xi}\circ T,\cdots,\tilde{\xi}\circ T^{n-1},\cdots)$$

同分布.

证明　设 $\widetilde{\Omega}=\mathbf{R}^\infty,\widetilde{\mathscr{F}}=\mathscr{B}^\infty,\widetilde{P}=P_{\boldsymbol{\xi}}$, 其中 $P_{\boldsymbol{\xi}}$ 表示 $\boldsymbol{\xi}$ 的概率分布, 且

$$T(x_1,\cdots,x_n,\cdots)=(x_2,\cdots,x_{n+1},\cdots)$$

若 $\tilde{\boldsymbol{\omega}}=(x_1,\cdots,x_n,\cdots),\tilde{\xi}=x_1,\tilde{\xi}(T^n(\tilde{\omega}))=\tilde{\xi}(x_{n+1},x_{n+2},\cdots)=x_{n+1}$. 设 $A=\{\bar{\omega}|(x_1,\cdots,x_n)\in B\},T^{-1}(A)=\{\bar{\omega}|(x_2,\cdots,x_{n+1})\in B\}$, 则

$$\widetilde{P}(A)=P_\xi(A)=P\{(\xi_1,\cdots,\xi_n)\in B\}=P((\xi_2,\cdots,\xi_{n+1})\in B)$$

$$P_\xi(T^{-1}(A)) = \widetilde{P}(T^{-1}(A)), \quad B \in \mathscr{B}^n$$

$$P((\xi_1, \cdots, \xi_n) \in B) = P_\xi(B) = \widetilde{P}(B)$$

引理 9.1 证毕.

定理 9.1 设 $(\Omega, \mathscr{F}, P)$ 是概率空间, T 是保测变换, $A \in \mathscr{F}$, 则对几乎所有 $\omega \in A, T^n(\omega) \in A$, 对无穷多个 n 都成立.

证明 设 $c = \{\omega \in A, T^n(\omega) \notin A, n \geqslant 1\}$. 由于 $c \cap T^n(c) = \varnothing, n \geqslant 1$, $T^{-m}(c) \cap T^{-(m+n)}(c) = T^{-m}(c \cap T^{-n}(c)) = \varnothing$, 因此 $\{T^{-n}(c)\}$ 是不相交的集构成, 且

$$P(T^{-n}(c)) = P(T^{-m}(c)) = P(c)$$
$$\sum_{k=1}^{+\infty} P(c) = \sum_{k=1}^{+\infty} P(T^{-k}(c)) = P\left(\sum_{k=1}^{+\infty} T^{-k}(c)\right)$$

从而 $P(c) = 0$.

现设

$$A_k = \{\omega \in A | \text{ 存在 } n_k, \text{使 } (T^k)^{n_k}(\omega) \in A\}$$

由前面证明知 $P(A_k) = P(A)$, 且

$$P(A_1 \cap \cdots \cap A_k \cap \cdots) = P\left(A - \bigcup_{k=1}^{\infty}(A - A_k)\right)$$
$$= P(A) - P\left(\bigcup_{k=1}^{\infty}(A - A_k)\right) = P(A)$$

由于 $\omega \in A_1 \cap \cdots \cap A_k \cap \cdots$, 则存在无穷多个 n, 使得 $T^n(\omega) \in A$.

系 9.1 设 $\xi \geqslant 0$, 则 $\sum\limits_{k=0}^{+\infty} \xi(T^k(\omega)) = \infty$, 在 $\omega \in \{\omega | \xi(\omega) > 0\}$ 上 a.e. 成立.

证明 设 $A_k = \{\xi \geqslant 1/k\}$, 则 $\sum\limits_{k=0}^{+\infty} \xi(T^k(\omega)) = \infty$ a.e. 成立在 A_k 上. 因此, 在 $\bigcup\limits_{k=1}^{+\infty} A_k = \{\xi > 0\}$ 上 a.e. 有 $\sum\limits_{n=0}^{+\infty} \xi(T^n(\omega)) = \infty$.

9.2 遍历性和混合性

定义 9.3 集合 $A \in \mathscr{F}$ 称为不变的, 若 $T^{-1}A = A$; 称为几乎不变的, 若 $P(A \triangle T^{-1}A) = 0$.

设 $\mathfrak{b}$ ={全体不变集}, 则 $\mathfrak{b}$ 是 σ 代数.

定义 9.4 称 T 是遍历的, 若 $P(A)=0$ 或 1, $A\in\mathfrak{b}$.

定义 9.5 称 ξ 为不变的(几乎不变的), 若 $\xi(\omega)=\xi(T(\omega))(\xi(\omega)\overset{\text{a.e.}p}{=\!=}\xi(T(\omega)))$, 对所有 $\omega\in\Omega$.

引理 9.2 若 A 是几乎不变的, 则存在不变集 B, 使得 $P(A\vartriangle B)=0$.

证明 若 $B=\overline{\lim\limits_n}T^{-n}A$, 则

$$B=\overline{\lim_n}T^{-n}A=\overline{\lim_n}T^{-(n+1)}A=T^{-1}\overline{\lim_n}T^{-n}A=T^{-1}(B)$$

$$\begin{aligned}A\vartriangle B&\subseteq\bigcup_{k=0}^{\infty}(T^{-k}A\vartriangle T^{-(k+1)}A)\\&=\bigcup_{k=0}^{\infty}(A\vartriangle T^{-1}A)\end{aligned}$$

从而 $P(A\vartriangle B)=0$.

引理 9.3 T 是遍历的 $\Leftrightarrow$ 每一个几乎不变集有概率 0 或 1.

定理 9.2 下列命题等价:

(1) T 是遍历的;

(2) 每一个几乎不变的随机变量为常数;

(3) 每一个不变随机变量为常数.

证明 (1) $\Rightarrow$ (2) 已知 T 是遍历的, 对于 $\xi(\omega)\overset{\text{a.e.}}{=\!=}\xi(T(\omega))$, 则对 $\forall c\in\mathbf{R}$, 有

$$A_c=\{\omega|\ \xi(\omega)\leqslant c\}$$

是几乎不变的, 故 $P(A_c)=0$ 或 1, 设 $c_0=\sup\{c|\ P(A_c)=0\}$, 则 $P(\xi=c_0)=1$.

(2) $\Rightarrow$ (3) 显然.

(3) $\Rightarrow$ (1) 设 A 是不变集, 则 I_A 是不变随机变量. 故 $I_A=0$ 或 1, 从而 $P(A)=0$ 或 1.

定义 9.6 T 称为混合的, 若对 $A,B\in\mathscr{F}$, 有

$$\lim_n P(A\cap T^{-n}B)=P(A)P(B)$$

定理 9.3 每一个混合的、保测变换 T 都是遍历的.

证明 设 A 是不变的, 则

$$\lim_n P(A\cap T^{-n}A)=P(A)\cdot P(A)$$

而

$$P(A\cap T^{-n}A)=P(A)$$

故

$$P^2(A)-P(A)=0$$

从而 $P(A)=0$ 或 1.

9.3 遍历定理

引理 9.4 设 T 是保测变换, $E|\xi|<\infty$, 且

$$S_k(\omega)=\xi(\omega)+\xi(T(\omega))+\cdots+\xi(T^{k-1}(\omega))$$

$$M_k(\omega)=\max\{0,\ S_1(\omega),\cdots,S_k(\omega)\}$$

则 $E(\xi(\omega)I_{(M_k>0)})\geqslant 0,\quad k\geqslant 1$.

证明 对 $k\geqslant l$, 有 $M_k(T(\omega))\geqslant S_l(T(\omega))$, 因此

$$\xi(\omega)+M_k(T(\omega))\geqslant\xi(\omega)+S_l(T(\omega))=S_{l+1}(\omega)$$

又由于

$$\xi(\omega)\geqslant S_1(\omega)-M_k(T(\omega))=\xi(\omega)-M_k(T(\omega))$$

因此

$$\begin{aligned}\xi(\omega)&\geqslant\max\{S_1(\omega),\cdots,S_k(\omega)\}-M_k(T(\omega))\\ E(\xi(\omega)I_{(M_k>0)})&\geqslant E(\max(S_1(\omega),\cdots,S_k(\omega))-M_k\circ TI_{(M_k>0)})\\ &=E[(M_k-M_k\circ T(\omega)]I_{(M_k>0)}]\\ &\geqslant E(M_k(\omega)-M_k(T(\omega)))=0\end{aligned}$$

定理 9.4 设 T 是保测变换, $E|\xi|<\infty$, 则 $\lim\limits_n\dfrac{1}{n}\sum\limits_{k=0}^{n-1}\xi(T^k(\omega))=E(\xi|\mathfrak{b})$, a.e., 其中 $\mathfrak{b}=\{$ 全体不变集$\}$.

证明 假设 $E(\xi|\mathfrak{b})=0$, 令 $\bar{\eta}=\overline{\lim\limits_n}S_n/n$, $\underline{\eta}=\underline{\lim\limits_n}S_n/n$, 往证 $P\{0\leqslant\underline{\eta}\leqslant\bar{\eta}\leqslant 0\}=1$.

由于

$$\bar{\eta}(\omega)=\overline{\lim_n}\left(\frac{\xi(\omega)}{n}+\frac{S_n(T(\omega))}{n}\right)=\bar{\eta}(T(\omega))$$

所以 $\bar{\eta}$ 是不变的随机变量.

令 $A_\varepsilon=\{\bar{\eta}(\omega)>\varepsilon\}$, 则它是不变集.

$$\xi^*=(\xi(\omega)-\varepsilon)I_{A_\varepsilon}$$

$$S_k^*=\xi^*(\omega)+\cdots+\xi^*(T^{k-1}(\omega))$$

$$M_k^*(\omega)=\max\{0,\ S_1^*,\cdots,S_k^*\}$$

由引理 9.4, $E(\xi^*I_{(M_k^*>0)})\geqslant 0$, $k\geqslant 1$. 所以

$$\{M_k^*>0\}=\{\max_{1\leqslant n\leqslant k}S_n^*>0\}\uparrow\{\sup_{k\geqslant 1}S_k^*>0\}\quad(k\to\infty)$$

而

$$\left\{\sup_{k\geqslant 1} S_k^* > 0\right\} = \left\{\sup_{k\geqslant 1} \frac{S_k^*}{k} > 0\right\}$$
$$= \left\{\sup_{k\geqslant 1} \frac{S_k^*}{k} > \varepsilon\right\} \cap A_\varepsilon = A_\varepsilon$$

由控制收敛定理

$$0 \leqslant E\left\{\xi^* I_{(M_k^*>0)}\right\} \to E\{\xi^* I_{A_\varepsilon}\} \quad (k\to\infty)$$

而

$$\begin{aligned} E\{\xi^* I_{A_\varepsilon}\} &= E[(\xi(\omega)-\varepsilon)I_{A_\varepsilon}] \\ &= E(\xi I_{A_\varepsilon}) - \varepsilon P(A_\varepsilon) \\ &= E(A_\varepsilon E(\xi|\mathfrak{b})) - \varepsilon P(A_\varepsilon) \\ &= -\varepsilon P(A_\varepsilon) \end{aligned}$$

因此 $P(A_\varepsilon)=0$, 从而 $P(\bar{\eta}(\omega)\leqslant 0)=1$

用 $-\xi$ 代替 ξ, 由述讨论, 我们有

$$P(\underline{\eta}\geqslant 0) = P\left(\underline{\lim}_n \frac{S_n}{n} \geqslant 0\right) = P\left(\overline{\lim}_n -\frac{S_n}{n} \leqslant 0\right) = 1$$

定理 9.4 证毕.

若 T 是遍历的, 则 $E(\xi|\mathfrak{b})$ 是常数.

系 9.2 T 是遍历的 $\Leftrightarrow$ 对 $A,B\in\mathscr{F}$, 有

$$\lim_n \frac{1}{n}\sum_{k=0}^{n-1} P(A\cap T^k B) = P(A)P(B)$$

证明 $\Leftarrow$ 设 $A,B\in\mathfrak{b}$, 令 $A=B$, 则有 $P(A)=P(A)\cdot P(A)$, 所以 $P(A)=0$ 或 1.

$\Rightarrow$ 取 $\xi=I_B$, 则 $\lim_n \frac{1}{n}\sum_{k=0}^{n-1} I_{T^{-k}(B)} = P(B)$, 所以

$$\begin{aligned} P(A)P(B) &= \int_A \lim_n \frac{1}{n}\sum_{k=0}^{n-1} I_{T^{-k}(B)}\mathrm{d}p \\ &= \lim_n \int_A \frac{1}{n}\sum_{k=0}^{n-1} I_{T^{-k}(B)}\mathrm{d}p \\ &= \lim_n \frac{1}{n}\sum_{k=0}^{n-1} P(AT^{-k}(B)) \\ &= \lim_n \frac{1}{n}\sum_{k=0}^{n-1} P(A\cap T^k B) \end{aligned}$$

定理 9.5 设 T 是保测变换, $\xi=\xi(\omega)$, 且 $E|\xi|<\infty$, 则

$$E\left|\frac{1}{n}\sum_{k=0}^{n-1}\xi(T^k(\omega))-E(\xi|\mathfrak{b})\right|\to 0\quad(n\to\infty)$$

证明 对每一个 $\varepsilon>0$, 找一个有界随机变量 η, 使得 $E|\xi-\eta|<\varepsilon$, 于是

$$\begin{aligned}&E\left|\frac{1}{n}\sum_{k=0}^{n-1}\xi(T^k(\omega))-E(\xi|\mathfrak{b})\right|\\ \leqslant&E\left|\frac{1}{n}\sum_{k=0}^{n-1}\xi(T^k(\omega))-\frac{1}{n}\sum_{k=0}^{n-1}\eta(T^k(\omega))\right|\\ &+E\left|\frac{1}{n}\sum_{k=0}^{n-1}\eta(T^k(\omega))-E(\eta|\mathfrak{b})\right|+E(E(|\xi-\eta||\,\mathfrak{b}))\\ \leqslant&\varepsilon+0+\varepsilon\end{aligned}$$

因此

$$\frac{1}{n}\sum_{k=0}^{n-1}\xi(T^k(\omega))\xrightarrow{L^1}E(\xi\mathfrak{b})\quad(n\to\infty)$$

定义 9.7 集 A 称为关于随机变量 ξ 不变的, 若存在 $B\in\mathscr{B}^\infty$, 使得

$$A=\{(\xi_n,\xi_{n+1},\cdots)\in B\},\quad n\geqslant 1$$

$$\mathfrak{b}_\xi=\{\text{全体不变集}\}$$

称 ξ 是遍历的, 若 $P(A)=0$ 或 1, 对 $\forall A\in\mathfrak{b}_\xi$.

定理 9.6 设 $\boldsymbol{\xi}=(\xi_1,\cdots,\xi_n,\cdots)$ 是严平稳过程, 且 $E|\xi_1|<\infty$, 则

$$\frac{1}{n}\sum_{k=1}^{n}\xi_k(\omega)\xrightarrow[L^1]{a.e.}E(\xi_1|\mathfrak{b}_\xi)\quad(n\to\infty)$$

若 ξ 是遍历的, 则 $E(\xi_1|\mathfrak{b}_\xi)=E\xi_1$.

证明 构造保测变换 T 及随机变量 ζ, 使得

$$(\xi_1,\cdots,\xi_n,\cdots)\quad\text{与}\quad(\zeta,\zeta\circ T,\cdots,\zeta\circ T^{n-1},\cdots)$$

同分布. 由定理 9.4 和定理 9.5 知,

$$\frac{1}{n}\sum_{k=1}^{n}\xi_n(\omega)\xrightarrow[L^1]{a.e.}\eta\quad(n\to\infty)$$

其中 η 是关于 $\mathfrak{b}_\xi$ 可测的.

$\forall A\in\mathfrak{b}_\xi$, 存在 $B\in\mathscr{B}^\infty$, 使 $A=\{(\xi_n,\xi_{n+1},\cdots)\in B\},n\geqslant 1$, 则由 $\lim\limits_n E\left|\frac{1}{n}\sum_{k=1}^{n}\xi_k-\eta\right|I_A=0$, 得

$$\frac{1}{n}\sum_{k=1}^{n}\int_A \xi_k \mathrm{d}p \to \int_A \eta \mathrm{d}p$$

而

$$\begin{aligned}\int_A \xi_k \mathrm{d}p &= \int_{\{(\xi_k,\xi_{k+1},\cdots)\in B\}} \xi_k \mathrm{d}p \\ &= \int_{\{(\xi_1,\xi_2,\cdots)\in B\}} \xi_1 \mathrm{d}p \\ &= \int_A \xi_1 \mathrm{d}p\end{aligned}$$

因此 $\int_A \xi_1 \mathrm{d}p = \int_A \eta \mathrm{d}p$, 从而 $\eta = E(\xi_1|\mathfrak{b}_\xi)$.

第 10 章　正定函数及矩阵测度

10.1　正定函数定义

10.1.1　二元正定函数和二元正定矩阵函数

设 X 为一集合, X^2 为 X 的乘积集合 $X \times X$.

定义 10.1　复值二元函数 $c(x_1, x_2)$, $(x_1, x_2) \in X^2$ 称为二元正定函数, 如果对任意正整数 n, $x_k \in X$ 和复数 z_k, $k = 1, 2, \cdots, n$, 有

$$\sum_{k,l=1}^{n} c(x_k, x_l) z_k \bar{z}_l \geqslant 0 \tag{10.1.1}$$

性质 10.1　(1) $c(x, x) \geqslant 0$; (10.1.2)

(2) $c(x_1, x_2) = \overline{c(x_2, x_1)}$; (10.1.3)

(3) $|c(x_1, x_2)|^2 \leqslant c(x_1, x_1) \cdot c(x_2, x_2)$; (10.1.4)

(4) $|c(x_1, x_3) - c(x_2, x_3)|^2$

$$\leqslant c(x_3, x_3)[c(x_1, x_1) + c(x_2, x_2) - 2\mathrm{Re} c(x_1, x_2)]. \tag{10.1.5}$$

证明　在式 (10.1.1) 中取 $n = 1$, 则有 $c(x, x)|z|^2 \geqslant 0$. 再取 $z = 1$, 即得式 (10.1.2).

取 $n = 2$, 由式 (10.1.1) 知 $c(x_1, x_2) z_1 \bar{z}_2 + c(x_2, x_1) z_2 \bar{z}_1$ 为实数, 再取 $z_1 = z_2 = 1$ 知 $\mathrm{Im}[c(x_1, x_2) + c(x_2, x_1)] = 0$, 即 $\mathrm{Im}\ c(x_1, x_2) = -\mathrm{Im}\ c(x_2, x_1)$.

现取 $z_1 = 1$, $z_2 = \mathrm{i}$, 则 $\mathrm{Re}[c(x_1, x_2) - c(x_2, x_1)] = 0$, 即 $\mathrm{Re}\ c(x_1, x_2) = \mathrm{Re}\ c(x_2, x_1)$, 从而式 (10.1.3) 成立.

再证式 (10.1.4). 在式 (10.1.1) 中取 $n = 2, z_1 = \lambda$(实数), $z_2 = c(x_1, x_2)$, 则有

$$c(x_1, x_1)\lambda^2 + 2|c(x_1, x_2)|^2 \lambda + c(x_2, x_2)|c(x_1, x_2)|^2 \geqslant 0 \tag{10.1.6}$$

对任意实数 λ 成立.

当 $c(x_1, x_1) = 0$ 时, 得 $c(x_1, x_2) = 0$; 当 $c(x_1, x_1) \neq 0$ 时, 由二次三项式的判别式知式 (10.1.4) 成立.

为证式 (10.1.5), 取 $n = 3$, $z_1 = y_1$, $z_2 = -y_1$, $z_3 = y_2$, 由式 (10.1.1) 知

$$\begin{aligned}&[c(x_1, x_1) + c(x_2, x_2) - 2\mathrm{Re}\ c(x_1, x_2)]|y_1|^2 \\ &+ 2\mathrm{Re}[c(x_1, x_3) - c(x_2, x_3)] y_1 \bar{y}_2 + c(x_3, x_3)|y_2|^2 \geqslant 0\end{aligned}$$

取 $y_1=-c(x_3,x_3)$, $y_2=c(x_1,c_3)-c(x_2,x_3)$ 代入上式, 得

$$\begin{aligned}&c(x_3,x_3)|c(x_1,x_3)-c(x_2,x_3)|^2\\&\leqslant[c(x_3,x_3)]^2[c(x_1,x_1)+c(x_2,x_2)-2\mathrm{Re}\ c(x_1,x_2)]\end{aligned}$$

当 $c(x_3,x_3)\neq 0$ 时, 直接得式 (10.1.5).

当 $c(x_3,x_3)=0$ 时, 由式 (10.1.4) 知

$$c(x_1,x_3)=c(x_2,x_3)=0$$

从而式 (10.1.5) 成立.

定义 10.2　复值二元矩阵函数 $\boldsymbol{c}(x,y)=(c_{jk}(x,y))_{m\times m}$, $1\leqslant j,\ k\leqslant m$, 且 $(x,y)\in X^2$ 称为**二元正定矩阵函数**, 若对任意正整数 n, 任意复 m 维向量 $\boldsymbol{z}_k=(z_{k1},\ \cdots,\ z_{km})\in\mathbf{Z}^m$ 和 $x_k\in X(k=1,2,\cdots,n)$, 都有

$$\sum_{j,k=1}^{n}\boldsymbol{z}_j\boldsymbol{c}(x_j,x_k)\boldsymbol{z}_k^*\geqslant 0 \tag{10.1.7}$$

其中 $\boldsymbol{z}_k^*$ 为 $\boldsymbol{z}_k$ 的共轭转置.

性质 10.2　(1) $\boldsymbol{c}(x,x)\geqslant 0$; (非负定矩阵)　(10.1.8)

(2) $\boldsymbol{c}(x,y)=\boldsymbol{c}^*(y,x)$;　(10.1.9)

(3) $|c_{jk}(x,y)|^2\leqslant c_{jj}(x,x)\cdot c_{kk}(y,y)$;　(10.1.10)

(4) $|c_{jk}(x_1,x_3)-c_{jk}(x_2,x_3)|$

$\leqslant c_{kk}(x_3,x_3)[c_{jj}(x_1,x_1)+c_{jj}(x_2,x_2)-2\mathrm{Re}c_{jj}(x_1,x_2)]$.　(10.1.11)

式 (10.1.7) 可写为

$$\begin{aligned}&\sum_{j,k=1}^{n}\boldsymbol{z}_jc(x_j,x_k)\boldsymbol{z}_k^*\\&=(\boldsymbol{z}_1,\cdots,\boldsymbol{z}_n)\begin{pmatrix}c(x_1,x_1)&\cdots&c(x_1,x_n)\\ \vdots&&\vdots\\ c(x_n,x_1)&\cdots&c(x_n,x_n)\end{pmatrix}\begin{pmatrix}\boldsymbol{z}_1^*\\ \vdots\\ \boldsymbol{z}_n^*\end{pmatrix}\end{aligned}$$

根据式 (10.1.2)~(10.1.4) 讨论, 再由式 (10.1.7)

当 $n=1$ 时, 得式 (10.1.8) 成立;

当 $n=2$ 时, 得式 (10.1.9), 式 (10.1.10) 成立;

当 $n=3$ 时, 由式 (10.1.5) 得式 (10.1.11) 成立.

注 10.1　二元正定矩阵函数中的每一个元素都是二元正定函数.

10.1.2 (一元) 正定函数与 (一元) 正定矩阵函数

定义 10.3 设 X 是一线性空间, 一个复值函数 $f(x)$, $x \in X$ 称为*正定函数*, 如果对任意正整数 n, $x_j \in X$ 及复数 z_j, $j = 1, 2, \cdots, n$, 都有

$$\sum_{j,k=1}^{n} f(x_j - x_k) z_j \bar{z}_k \geqslant 0 \tag{10.1.12}$$

性质 10.3 (1) $f(0) \geqslant 0$; (10.1.13)

(2) $f(x) = \overline{f(-x)}$; (10.1.14)

(3) $|f(x)| \leqslant f(0)$; (10.1.15)

(4) $|f(x_1) - f(x_2)|^2 \leqslant 2f(0)[f(0) - \mathrm{Re}f(x_2 - x_1)]$. (10.1.16)

(证明参照式 (10.1.2)~(10.1.5), 只需注意到 $c(x, y) = f(x - y)$)

由式 (10.1.15) 知正定函数有界, 由式 (10.1.16) 知当正定函数在 0 点连续时, 它一定一致连续.

定义 10.4 设 X 是一线性空间, 矩阵函数 $\boldsymbol{c}(x) = (c_{jk}(x))_{m \times m}, x \in X$ 称为 X 上的*正定矩阵函数*, 如果对任意的正整数 n, $x_j \in X$ 及 m 维复向量 $\boldsymbol{z}_j \in \mathbf{Z}^m$, $j = 1, 2, \cdots, n$, 都有

$$\sum_{j,k=1}^{n} \boldsymbol{z}_j \boldsymbol{c}(x_j - x_k) \boldsymbol{z}_k^* \geqslant 0 \tag{10.1.17}$$

由于 $\boldsymbol{c}(x - y)$ 是一个二元正定矩阵函数, 所以由式 (10.1.8)~(10.1.11) 可知正定矩阵函数有如下的性质:

(1) $\boldsymbol{c}(0) \geqslant 0$; (10.1.18)

(2) $\boldsymbol{c}^*(x) = \boldsymbol{c}(-x)$; (10.1.19)

(3) $|c_{jk}(x)|^2 \leqslant c_{jj}(0) c_{kk}(0)$; (10.1.20)

(4) $|c_{jk}(x_1) - c_{jk}(x_2)|^2 \leqslant 2c_{kk}(0)[c_{jj}(0) - \mathrm{Re}c_{jj}(x_2 - x_1)]$. (10.1.21)

10.2 正定齐次序列及其谱表示

10.2.1 正定齐次序列的定义

设 $\mathbf{N}$ 为整数集, l 为某一正整数, 且

$$\mathbf{N}^l = \overbrace{\mathbf{N} \times \mathbf{N} \times \cdots \times \mathbf{N}}^{(l\text{ 个})} \quad (l\text{ 维格子点})$$

$$\mathbf{N}_+ = \{0,\ 1,\ 2,\ \cdots\}$$

定义 10.5 如果 $\mathbf{N}^l$ 上的函数 $R(\boldsymbol{n})$ 是 $\mathbf{N}^l$ 上正定函数, 则称 $R(\boldsymbol{n})$ 为 $\mathbf{N}^l$ 上*正定齐次序列*. 当 $l = 1$ 时, 简称 $R(\boldsymbol{n})$ 为*正定序列*. $R(\boldsymbol{n})$ 有性质

(1) $R(\mathbf{0}) \geqslant 0$;

(2) $R(\boldsymbol{n}) = \overline{R(-\boldsymbol{n})}$;

(3) $|R(\boldsymbol{n})| \leqslant R(\mathbf{0})$.

10.2.2　正定齐次序列的谱表示

定理 10.1　$\mathbf{N}^l$ 上的函数 $R(\boldsymbol{n})$ 是正定的 $\Leftrightarrow$ $R(\boldsymbol{n})$ 可表示为

$$R(\boldsymbol{n}) = \int_{[-\pi,\,\pi)^l} \mathrm{e}^{\mathrm{i}(\boldsymbol{n},\boldsymbol{\lambda})} F(\mathrm{d}\boldsymbol{\lambda}) \tag{10.2.1}$$

其中 $\boldsymbol{F}(\mathrm{d}\boldsymbol{\lambda})$ 是 $\mathscr{B}^l \cap [-\pi,\pi)^l$ 上有限测度, 由式 (10.2.1) 唯一确定, 且

$$\boldsymbol{n} = (n_1, \cdots, n_l)$$

$$\boldsymbol{\lambda} = (\lambda_1, \cdots, \lambda_l) \quad (\text{皆为 } l \text{ 维向量})$$

$$(\boldsymbol{n},\ \boldsymbol{\lambda}) = \sum_{j=1}^{l} n_j \lambda_j \quad (\text{内积})$$

证明　$\Leftarrow$　设 J 是任意正整数, $\boldsymbol{n}^{(j)} \in \mathbf{N}^l$, $z_j \in \mathbf{C}$. 由式 (10.2.1) 知

$$\begin{aligned}
&\sum_{j,k=1}^{J} z_j R(\boldsymbol{n}^{(j)} - \boldsymbol{n}^{(k)}) \bar{z}_k \\
&= \int_{[-\pi,\pi)^l} \sum_{j,k=1}^{J} z_j \bar{z}_k \mathrm{e}^{\mathrm{i}(\boldsymbol{n}^{(j)} - \boldsymbol{n}^{(k)},\boldsymbol{\lambda})} F(\mathrm{d}\boldsymbol{\lambda}) \\
&= \int_{[-\pi,\pi)^l} \left| \sum_{j=1}^{J} z_j \mathrm{e}^{\mathrm{i}(\boldsymbol{n}^{(j)},\boldsymbol{\lambda})} \right|^2 F(\mathrm{d}\boldsymbol{\lambda}) \geqslant 0
\end{aligned}$$

所以 $R(\boldsymbol{n})$ 是正定的.

$\Rightarrow$　设 $\boldsymbol{n}, \boldsymbol{k} \in \mathbf{N}_+^l$, $\boldsymbol{e}_0 = (1, 1, \cdots, 1)$ 为 l 维向量. 令

$$f(\boldsymbol{\lambda}, \rho) = \sum_{n \in \mathbf{N}_+^l} \sum_{k \in \mathbf{N}_+^l} \mathrm{e}^{-\mathrm{i}(\boldsymbol{n}-\boldsymbol{k},\boldsymbol{\lambda})} R(\boldsymbol{n} - \boldsymbol{k}) \rho^{(\boldsymbol{n}+\boldsymbol{k},\boldsymbol{e}_0)} \tag{10.2.2}$$

其中 $0 < \rho < 1$. 由于

$$\sum_{\boldsymbol{n},\boldsymbol{k} \in \mathbf{N}_+^l} |R(\boldsymbol{n} - \boldsymbol{k})| \rho^{(\boldsymbol{n}+\boldsymbol{k},\boldsymbol{e}_0)} \leqslant R(\mathbf{0}) \sum_{\boldsymbol{n},\boldsymbol{k} \in \mathbf{N}_+^l} \rho^{(\boldsymbol{n}+\boldsymbol{k},\boldsymbol{e}_0)} = \frac{R(\mathbf{0})}{(1-\rho)^{2l}}$$

这说明等式 (10.2.2) 右边级数绝对收敛.

又由于 $R(\boldsymbol{n})$ 正定, 即对任意正整数 J, 有

$$\sum_{\boldsymbol{n},\boldsymbol{k}\in[0,J]^l} \mathrm{e}^{-\mathrm{i}(\boldsymbol{n}-\boldsymbol{k},\boldsymbol{\lambda})} R(\boldsymbol{n}-\boldsymbol{k})\rho^{(\boldsymbol{n}+\boldsymbol{k},\ \boldsymbol{e}_0)} \geqslant 0 \tag{10.2.3}$$

(取 $z_n = \mathrm{e}^{-\mathrm{i}(\boldsymbol{n},\boldsymbol{\lambda})}\rho^{(\boldsymbol{n},\boldsymbol{e}_0)}$) 在式 (10.2.3) 中令 $J \to \infty$, 得到

$$f(\boldsymbol{\lambda},\ \rho) \geqslant 0 \tag{10.2.4}$$

在式 (10.2.2) 中令 $\boldsymbol{\mu} = \boldsymbol{n}-\boldsymbol{k}$, $\boldsymbol{v} = \boldsymbol{k}$, 由于 $\boldsymbol{n} = \boldsymbol{\mu}+\boldsymbol{v} \geqslant \boldsymbol{0}$, $\boldsymbol{k} = \boldsymbol{v} \geqslant \boldsymbol{0}$, 所以 $\boldsymbol{\mu}, \boldsymbol{v}$ 相应 $\boldsymbol{n} \geqslant \boldsymbol{0}$, $\boldsymbol{k} \geqslant \boldsymbol{0}$ 的范围如图 10.2.1 所示, 所以式 (10.2.2) 可写为

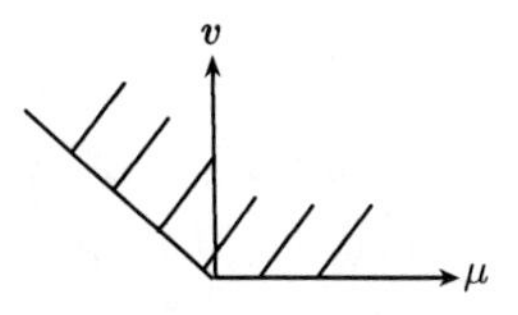

图 10.2.1

$$f(\boldsymbol{\lambda},\rho) = \sum_{\boldsymbol{\mu}\in(-\infty,0]^l} \sum_{\boldsymbol{v}=-\boldsymbol{\mu}}^{+\infty} \mathrm{e}^{-\mathrm{i}(\boldsymbol{\mu},\boldsymbol{\lambda})} R(\boldsymbol{\mu})\rho^{(\boldsymbol{\mu}+2\boldsymbol{v},\boldsymbol{e}_0)}$$

$$+ \sum_{\boldsymbol{\mu}\in(0,\infty)^l} \sum_{\boldsymbol{v}\in[0,\infty)^l} \mathrm{e}^{-\mathrm{i}(\boldsymbol{\mu},\boldsymbol{\lambda})} R(\boldsymbol{\mu})\rho^{(\boldsymbol{\mu}+2\boldsymbol{v},\boldsymbol{e}_0)} \tag{10.2.5}$$

再令 $\boldsymbol{s} = \boldsymbol{\mu}+\boldsymbol{v}$, 则式 (10.2.5) 中第一个和式为

$$\sum_{\boldsymbol{\mu}\in(-\infty,0]^l} \sum_{\boldsymbol{s}\in[0,\infty)^l} \mathrm{e}^{-\mathrm{i}(\boldsymbol{\mu},\boldsymbol{\lambda})} R(\boldsymbol{\mu})\rho^{(2\boldsymbol{s}-\boldsymbol{\mu},\boldsymbol{e}_0)}$$

于是式 (10.2.5) 可写成

$$f(\boldsymbol{\lambda},\rho) = \sum_{\boldsymbol{\mu}\in\mathbf{N}^l} \sum_{\boldsymbol{v}\in\mathbf{N}_+^l} \mathrm{e}^{-\mathrm{i}(\boldsymbol{\mu},\boldsymbol{\lambda})} R(\boldsymbol{\mu})\rho^{(|\boldsymbol{\mu}|+2\boldsymbol{v},\boldsymbol{e}_0)}$$

$$= \sum_{\boldsymbol{\mu}\in\mathbf{N}^l} \mathrm{e}^{-\mathrm{i}(\boldsymbol{\mu},\boldsymbol{\lambda})} R(\boldsymbol{\mu})\rho^{(|\boldsymbol{\mu}|,\boldsymbol{e}_0)} \cdot \frac{1}{(1-\rho^2)^l} \tag{10.2.6}$$

由此知 (Fourier 变换)

$$\frac{\rho^{(|\boldsymbol{n}|,\boldsymbol{e}_0)}}{(1-\rho^2)^l} R(\boldsymbol{n}) = \frac{1}{(2\pi)^l} \int_{[-\pi,\pi)^l} \mathrm{e}^{\mathrm{i}(\boldsymbol{n},\boldsymbol{\lambda})} f(\boldsymbol{\lambda},\rho)\mathrm{d}\boldsymbol{\lambda} \tag{10.2.7}$$

或

$$\rho^{(|\boldsymbol{n}|,\boldsymbol{e}_0)} R(\boldsymbol{n}) = \int_{[-\pi,\pi)^l} \mathrm{e}^{\mathrm{i}(\boldsymbol{n},\boldsymbol{\lambda})} \mathrm{d}F_\rho(\boldsymbol{\lambda}) \tag{10.2.8}$$

其中

$$F_\rho(\boldsymbol{\lambda}) = \left(\frac{1-\rho^2}{2\pi}\right)^l \int_{[-\pi,\lambda)^l} f(\boldsymbol{u},\rho)\mathrm{d}\boldsymbol{u}$$

显然, $0 \leqslant F_\rho(\boldsymbol{\lambda}) \leqslant F_\rho(\pi) = R(\boldsymbol{0})$, 其中式 $\pi = \pi\boldsymbol{e}_0 = (\pi,\pi,\cdots,\pi)$, 为 l 维向量, 且 $F_\rho(\boldsymbol{\lambda})\uparrow$. 取 $\rho_s \uparrow 1(s\to\infty)$, 由 Helly 第二定理, 必有子序列 $\{F_{\rho_{s_k}}(\boldsymbol{\lambda})\}$, 使得

$$F_{\rho_{s_k}}(\boldsymbol{\lambda}) \to F(\boldsymbol{\lambda}) \quad (k\to\infty)$$

且

$$\int_{[-\pi,\pi)^l} \mathrm{e}^{\mathrm{i}(\boldsymbol{n},\boldsymbol{\lambda})}\mathrm{d}F_{\rho_{s_k}}(\boldsymbol{\lambda}) \to \int_{[-\pi,\pi)^l} \mathrm{e}^{\mathrm{i}(\boldsymbol{n},\boldsymbol{\lambda})}\mathrm{d}F(\boldsymbol{\lambda}) \quad (k \to \infty) \tag{10.2.9}$$

由式 (10.2.8)、式 (10.2.9) 得到

$$R(\boldsymbol{n}) = \int_{[-\pi,\pi)^l} \mathrm{e}^{\mathrm{i}(\boldsymbol{n},\boldsymbol{\lambda})}\mathrm{d}F(\boldsymbol{\lambda}) \tag{10.2.10}$$

其中 $F(\mathrm{d}\boldsymbol{\lambda})$ 是 $F(\boldsymbol{\lambda})$ 在 $\mathscr{B}^l[-\pi,\pi)^l$ 上产生的 L-S 测度.

再证 $F(\mathrm{d}\boldsymbol{\lambda})$ 的唯一性. 若有两个有限测度 F_1, F_2 满足式 (10.2.10), 令

$$F_i(\boldsymbol{\lambda}) = \int_{[-\pi,\pi)^l} \chi_{[-\pi,\lambda_i)^l}(\boldsymbol{u})F_i(\mathrm{d}\boldsymbol{u}), \quad i = 1, 2 \tag{10.2.11}$$

其中 $\boldsymbol{\lambda} = (\lambda_1, \cdots, \lambda_l)$, 由于 F_1, F_2 均为有限测度, 由 Weierstrass 定理有

$$\sum_{k\in[-s,s]} \alpha_k^{(s)}\mathrm{e}^{\mathrm{i}(\boldsymbol{n_k},\boldsymbol{u})} \to \chi_{[-\pi,\lambda_i)^l}(\boldsymbol{u}), \quad s \to \infty$$

上式在 $L^2(F_1 + F_2)$ 意义下成立, 所以

$$F_1(\boldsymbol{\lambda}) = \lim_{s\to\infty} \sum_{k\in[-s,s]} \alpha_k^{(s)} R(n_k) = F_2(\boldsymbol{\lambda})$$

即它们产生的 L-S 测度相同.

定理 10.1 证毕.

称式 (10.2.1) 为正定函数 $R(\boldsymbol{n})$ 的谱展式, $F(\mathrm{d}\boldsymbol{\lambda})$ 为它的谱测度, 且

$$F(\boldsymbol{\lambda}) = \int_{[-\pi,\pi)^l} \chi_{[-\pi,\lambda_i)^l}(\boldsymbol{u})F(\mathrm{d}\boldsymbol{u})$$

为它的谱函数.

注 10.2 在式 (10.2.1) 中把 $[-\pi,\pi)^l$ 改为 $[-\pi,\pi]^l$, 则谱测度 $F(\mathrm{d}\boldsymbol{\lambda})$ 不唯一.

例 10.1(许宝騄) 令 $l = 1$, 取 $F_1(\mathrm{d}\lambda)$, 使 $F_1\{-\pi\} = F_1\{\pi\} = \dfrac{1}{2}$, $F_1\{(-\pi,\pi)\} = 0$.

取 $F_2(\mathrm{d}\lambda)$, 使 $F_2\{-\pi\} = 1$, $F_2\{(-\pi,\pi]\} = 0$, 则

$$\int_{[-\pi,\pi]} \mathrm{e}^{\mathrm{i}n\lambda}F_1(\mathrm{d}\lambda) = \mathrm{e}^{-\mathrm{i}n\pi}\cdot\frac{1}{2} + \mathrm{e}^{\mathrm{i}n\pi}\cdot\frac{1}{2} = \cos n\pi$$

$$\int_{[-\pi,\pi]} \mathrm{e}^{\mathrm{i}n\lambda}F_2(\mathrm{d}\lambda) = \mathrm{e}^{-\mathrm{i}n\pi}\cdot 1 = \cos n\pi$$

注 10.3 正定齐次序列是用来解决随机场的问题.

10.3 正定矩阵齐次序列及其谱表示

10.3.1 正定矩阵齐次序列的定义和性质

定义 10.6 设 $\mathbf{N}^l$ 上的 m 阶矩阵函数 $\boldsymbol{R}(\boldsymbol{n})=(R_{jk}(\boldsymbol{n}))_{m\times m}$ 是 $\mathbf{N}^l$ 上的正定矩阵函数 (10.1 定义 10.4), 则称 $\boldsymbol{R}(\boldsymbol{n})$ 为**正定矩阵齐次序列**, 简称**正定矩阵序列**.

性质 10.4 (1) $\boldsymbol{R}(\boldsymbol{0})\geqslant \boldsymbol{0}$; (10.3.1)

(2) $\boldsymbol{R}^*(\boldsymbol{n})=\boldsymbol{R}(-\boldsymbol{n})$; (10.3.2)

(3) $|R_{jk}(\boldsymbol{n})|^2\leqslant R_{jj}(\boldsymbol{0})\cdot R_{kk}(\boldsymbol{0})$; (10.3.3)

(4) 设 $\boldsymbol{\beta}\in\mathbf{Z}^m$, 则

$$\boldsymbol{\beta}\boldsymbol{R}(\boldsymbol{n})\boldsymbol{\beta}^* \tag{10.3.4}$$

为正定齐次序列.

性质 10.4(1)~(3) 由 10.1 中式 (10.1.18)~(10.1.20) 即得, 性质 10.4(4) 直接验证:

对 $\forall$ 正整数 J, $\boldsymbol{n}_j\in\mathbf{N}^l$, $\alpha_j\in\mathbf{C}$, 有

$$\begin{aligned}&\sum_{j,k=1}^{J}\alpha_j(\boldsymbol{\beta}\boldsymbol{R}(\boldsymbol{n}_j-\boldsymbol{n}_k)\boldsymbol{\beta}^*)\bar{\alpha}_k\\ =&\sum_{j,k=1}^{J}(\alpha_j\boldsymbol{\beta})\boldsymbol{R}(\boldsymbol{n}_j-\boldsymbol{n}_k)(\alpha_k\boldsymbol{\beta})^*\geqslant 0\end{aligned}$$

由性质 10.4(4) 可知, $\boldsymbol{R}(\boldsymbol{n})$ 中每一元素 $R_{jk}(\boldsymbol{n})$ 可表示为正定齐次序列的线性组合, 下面说明之. 令 m 维向量

$$\begin{aligned}\boldsymbol{e}_j&=(0,\cdots,0,\overset{j}{1},0,\cdots,0)\\ \boldsymbol{e}_{jk}&=(0,\cdots,0,\overset{j}{1},0,\cdots,0,\overset{k}{1},0,\cdots,0),\qquad j\neq k\\ \tilde{e}_{jk}&=(0,\cdots,0,\overset{j}{1},0,\cdots,0,\overset{k}{\mathrm{i}},0,\cdots,0),\qquad j\neq k\end{aligned}$$

其中 i 为虚数单位. 由性质 (4) 知

$$\boldsymbol{e}_j\boldsymbol{R}(\boldsymbol{n})\boldsymbol{e}_j^*=R_{jj}(\boldsymbol{n}) \tag{10.3.5}$$

$$\boldsymbol{e}_{jk}\boldsymbol{R}(\boldsymbol{n})\boldsymbol{e}_{jk}^*=R_{jj}(\boldsymbol{n})+R_{kk}(\boldsymbol{n})+R_{jk}(\boldsymbol{n})+R_{kj}(\boldsymbol{n}) \tag{10.3.6}$$

$$\tilde{e}_{jk}\boldsymbol{R}(\boldsymbol{n})\tilde{e}_{jk}^*=R_{jj}(\boldsymbol{n})+R_{kk}(\boldsymbol{n})-\mathrm{i}R_{jk}(\boldsymbol{n})+\mathrm{i}R_{kj}(\boldsymbol{n}) \tag{10.3.7}$$

都是正定齐次序列. 由上面各式知, $j \neq k$ 时

$$R_{jk}(\boldsymbol{n}) = \frac{1}{2}[(\boldsymbol{e}_{jk}\boldsymbol{R}(\boldsymbol{n})\boldsymbol{e}_{jk}^* - \boldsymbol{e}_j\boldsymbol{R}(\boldsymbol{n})\boldsymbol{e}_j^* - \boldsymbol{e}_k\boldsymbol{R}(\boldsymbol{n})\boldsymbol{e}_k^*) + \mathrm{i}(\tilde{\boldsymbol{e}}_{jk}\boldsymbol{R}(\boldsymbol{n})\tilde{\boldsymbol{e}}_{jk}^* - \boldsymbol{e}_j\boldsymbol{R}(\boldsymbol{n})\boldsymbol{e}_j^* - \boldsymbol{e}_k\boldsymbol{R}(\boldsymbol{n})\boldsymbol{e}_k^*)] \tag{10.3.8}$$

由式 (10.3.5)~(10.3.8) 说明, 对正定矩阵序列每一元素的讨论可以转化为对正定齐次序列的讨论.

10.3.2　矩阵测度

设 $\boldsymbol{F}(\boldsymbol{A})$ 为 $\mathscr{B}^l \cap [-\pi, \pi)^l$ 上的矩阵集合函数, 即

$$\boldsymbol{F}(\boldsymbol{A}) = (F_{jk}(\boldsymbol{A}))_{m\times m}, \quad \boldsymbol{A} \in \mathscr{B}^l \cap [-\pi, \pi)^l$$

定义 10.7　矩阵集合函数 $\boldsymbol{F}(\boldsymbol{A})$ 称为*矩阵测度*, 如果对 $\forall \boldsymbol{\beta} \in \mathbf{C}^m$,

$$\mu_{\boldsymbol{\beta}}(\boldsymbol{A}) = \boldsymbol{\beta}\boldsymbol{F}(\boldsymbol{A})\boldsymbol{\beta}^*$$

是 $\mathscr{B}^l \cap [-\pi, \pi)^l$ 上的有限测度.

定义 10.8　矩阵测度 $\boldsymbol{F}_1(\boldsymbol{A})$ 与 $\boldsymbol{F}_2(\boldsymbol{A})$ 相等, 如果对 $\forall \boldsymbol{\beta} \in \mathbf{C}^m$, 都有

$$\boldsymbol{\beta}\boldsymbol{F}_1(\boldsymbol{A})\boldsymbol{\beta}^* = \boldsymbol{\beta}\boldsymbol{F}_2(\boldsymbol{A})\boldsymbol{\beta}^*, \quad \boldsymbol{A} \in \mathscr{B}^l \bigcap [-\pi, \pi)^l$$

由定义知, $F_{jj}(\boldsymbol{A}) = \boldsymbol{e}_j\boldsymbol{F}(\boldsymbol{A})\boldsymbol{e}_j^*$, $\boldsymbol{e}_{jk}\boldsymbol{F}(\boldsymbol{A})\boldsymbol{e}_{jk}^*$, $\tilde{\boldsymbol{e}}_{jk}\boldsymbol{F}(\boldsymbol{A})\tilde{e}_{jk}^*$ 为有限测度, 称

$$F_{jk}(\boldsymbol{A}) = \frac{1}{2}[\boldsymbol{e}_{jk}\boldsymbol{F}(\boldsymbol{A})\boldsymbol{e}_{jk}^* - \boldsymbol{e}_j\boldsymbol{F}(\boldsymbol{A})\boldsymbol{e}_j^* - \boldsymbol{e}_k\boldsymbol{F}(\boldsymbol{A})\boldsymbol{e}_k^*) + \mathrm{i}(\tilde{\boldsymbol{e}}_{jk}\boldsymbol{F}(\boldsymbol{A})\tilde{\boldsymbol{e}}_{jk}^* - \boldsymbol{e}_j\boldsymbol{F}(\boldsymbol{A})\boldsymbol{e}_j^* - \boldsymbol{e}_k\boldsymbol{F}(\boldsymbol{A})\boldsymbol{e}_k^*)]$$

为有限广义测度 (即有限测度的线性组合).

由 $\boldsymbol{\beta}\boldsymbol{F}(\boldsymbol{A})\boldsymbol{\beta}^* \geqslant 0$, 对 $\forall \boldsymbol{\beta} \in \mathbf{C}^m$, 故 $\boldsymbol{F}(\boldsymbol{A})$ 是正定矩阵, 从而

$$|F_{jk}(\boldsymbol{A})|^2 \leqslant F_{jj}(\boldsymbol{A}) \cdot F_{kk}(\boldsymbol{A}) \tag{10.3.9}$$

可见, 若 $F_{jj}(\boldsymbol{A}) = 0$ 或 $F_{kk}(\boldsymbol{A}) = 0$, 则 $F_{jk}(\boldsymbol{A}) = 0$, 从而

$$F_{jk}(\boldsymbol{A}) \ll F_{jj}(\boldsymbol{A}), \quad F_{jk}(\boldsymbol{A}) \ll F_{kk}(\boldsymbol{A})(\text{关于绝对连续}) \tag{10.3.10}$$

下面讨论矩阵测度对 Lebesgue 测度的分解.

在 $\mathscr{B}^l \cap [-\pi, \pi)^l$ 上的 Lebesgue 测度用 L 表示, 由 Lebesgue 分解定理

$$F_{jk}(\boldsymbol{A}) = \int_{\boldsymbol{A}} f_{jk}(\boldsymbol{\lambda})L(\mathrm{d}\boldsymbol{\lambda}) + F_{jk}^{(s)}(\boldsymbol{A}) \tag{10.3.11}$$

其中 $F_{jk}^{(s)}(\boldsymbol{A})$ 对 L 测度是奇异的, 即 $\exists \boldsymbol{\Delta}_{jk} \in \mathscr{B}^l \cap [-\pi, \pi)^l$, 使

$$L(\boldsymbol{\Delta}_{jk}) = 0, \quad F_{jk}^{(s)}(\bar{\boldsymbol{\Delta}}_{jk}) = 0 \tag{10.3.12}$$

因此 $F(\boldsymbol{A})$ 有如下的分解:

$$\boldsymbol{F}(\boldsymbol{A}) = \left(\int_{\boldsymbol{A}} f_{jk}(\boldsymbol{\lambda})\mathrm{d}\boldsymbol{\lambda}\right)_{m\times m} + \left(F_{jk}^{(s)}(\boldsymbol{A})\right)_{m\times m} \tag{10.3.11$'$}$$

记

$$\boldsymbol{\Delta} = \bigcup_{j,k=1}^{m} \boldsymbol{\Delta}_{jk} \tag{10.3.13}$$

由 $\boldsymbol{A} \cap \bar{\boldsymbol{\Delta}} \subset \boldsymbol{A} \cap \bar{\boldsymbol{\Delta}}_{jk}$, $F_{jk}^{(s)}(\boldsymbol{A} \cap \bar{\boldsymbol{\Delta}}) = 0$, $1 \leqslant j$, $k \leqslant n$, 则

$$\begin{cases} \boldsymbol{F}(\boldsymbol{A} \cap \bar{\boldsymbol{\Delta}}) = \left(\displaystyle\int_{\boldsymbol{A}} f_{jk}(\boldsymbol{\lambda})\mathrm{d}\boldsymbol{\lambda}\right)_{m\times m} \\ \boldsymbol{F}(\boldsymbol{A} \cap \boldsymbol{\Delta}) = (F_{jk}^{(s)}(\boldsymbol{A}))_{m\times m} \end{cases} \tag{10.3.14}$$

由式 (10.3.14) 知 $\left(\displaystyle\int_{\boldsymbol{A}} f_{jk}(\boldsymbol{\lambda})\mathrm{d}\boldsymbol{\lambda}\right)_{m\times m}$, $(F_{jk}^{(s)}(\boldsymbol{A}))_{m\times m}$ 仍然是矩阵测度, 并且由此知 $(f_{jk}(\boldsymbol{\lambda}))_{m\times m}$ 对 Lebesgue 测度 $L(\mathrm{d}\boldsymbol{\lambda})$ 几乎处处正定.

事实上, $\forall \boldsymbol{\beta} \in \mathbf{C}^m$, $\forall \boldsymbol{A} \in \mathscr{B}^l \cap [-\pi, \pi)^l$, 则有

$$\boldsymbol{\beta}\boldsymbol{F}(\boldsymbol{A} \cap \bar{\boldsymbol{\Delta}})\boldsymbol{\beta}^* = \int_{\boldsymbol{A}} \boldsymbol{\beta}(f_{jk}(\boldsymbol{\lambda}))_{m\times m}\boldsymbol{\beta}^*\mathrm{d}\boldsymbol{\lambda} \geqslant 0$$

由 $\boldsymbol{A}$ 的任意性知, $\boldsymbol{\beta}(f_{jk}(\boldsymbol{\lambda}))_{m\times m}\boldsymbol{\beta}^* \geqslant 0$ 几乎处处成立, 即有 $E_{\boldsymbol{\beta}}$, 使 $L(\bar{E}_{\boldsymbol{\beta}}) = 0$, 且

$$\boldsymbol{\beta}(f_{jk}(\boldsymbol{\lambda}))_{m\times m}\boldsymbol{\beta}^* \geqslant 0, \quad \forall \boldsymbol{\lambda} \in E_{\boldsymbol{\beta}}$$

还要证, 存在一个集合 E, $L(\bar{E}) = 0$, 对 $\forall \beta \in \mathbf{C}^m$, 都有

$$\boldsymbol{\beta}(f_{jk}(\boldsymbol{\lambda}))_{m\times m}\boldsymbol{\beta}^* \geqslant 0, \quad \boldsymbol{\lambda} \in E$$

这里 E 与 $\boldsymbol{\beta}$ 无关. 此处利用 $\boldsymbol{\beta}(f_{jk}(\boldsymbol{\lambda}))_{m\times m}\boldsymbol{\beta}^*$ 为 $\boldsymbol{\beta}$ 的连续函数及实数系中有理数的稠密性, 即可证得.

设 $\boldsymbol{\beta} = (\beta_1, \cdots, \beta_m) \in \mathbf{C}^m$, $\beta_j = a_j + \mathrm{i}b_j$, 取 $\tilde{\beta}_j = \tilde{a}_j + \mathrm{i}\tilde{b}_j$, 其中 $\tilde{a}_j$, $\tilde{b}_j$ 都是有理数, 令 $\tilde{\boldsymbol{\beta}} = (\tilde{\beta}_1, \cdots, \tilde{\beta}_m)$, 则存在集合 $E_{\tilde{\boldsymbol{\beta}}}$, 使 $L(\bar{E}_{\tilde{\beta}}) = 0$, 且

$$\tilde{\boldsymbol{\beta}}(f_{jk}(\boldsymbol{\lambda}))_{m\times m}\tilde{\boldsymbol{\beta}}^* \geqslant 0, \quad \tilde{\boldsymbol{\lambda}} \in E_{\tilde{\boldsymbol{\beta}}}$$

注意到 $\{\tilde{\boldsymbol{\beta}}\}$ 为可数集, 令 $E = \cap E_{\tilde{\boldsymbol{\beta}}}$, 则

$$L(\bar{E}) = L(\cup \bar{E}_{\tilde{\boldsymbol{\beta}}}) \leqslant \sum L(\bar{E}_{\tilde{\boldsymbol{\beta}}}) = 0$$

$$\tilde{\boldsymbol{\beta}}(f_{jk}(\boldsymbol{\lambda}))_{m\times m}\tilde{\boldsymbol{\beta}}^* \geqslant 0, \quad \boldsymbol{\lambda}\in E$$

一般情况对 $\forall\boldsymbol{\beta}\in\mathbf{C}^m$, 取一列 $\tilde{\boldsymbol{\beta}}_n\to\boldsymbol{\beta}\ (n\to\infty)$, 由 $\tilde{\boldsymbol{\beta}}_n(f_{jk}(\boldsymbol{\lambda}))_{m\times m}\tilde{\boldsymbol{\beta}}_n^*\geqslant 0$, $\boldsymbol{\lambda}\in E$ 知

$$\boldsymbol{\beta}(f_{jk}(\boldsymbol{\lambda}))_{m\times m}\boldsymbol{\beta}^* \geqslant 0, \quad \boldsymbol{\lambda}\in E$$

下面给出矩阵测度的积分表示:

令

$$\mu(\boldsymbol{A})=\sum_{j=1}^{m}F_{jj}(\boldsymbol{A}) \tag{10.3.15}$$

由式 (10.3.15)、式 (10.3.10) 知

$$F_{jk}\ll\mu(\boldsymbol{A})\quad (\text{R-N 定理})$$

因此有

$$F_{jk}(\boldsymbol{A})=\int_{\boldsymbol{A}}f_{jk}(\boldsymbol{A})\mu(\mathrm{d}\boldsymbol{\lambda}) \tag{10.3.16}$$

其中

$$f_{jk}(\boldsymbol{\lambda})=\frac{F_{jk}(\mathrm{d}\boldsymbol{\lambda})}{\mu(\mathrm{d}\boldsymbol{\lambda})}\quad (\text{R-N 导数})$$

所以

$$\boldsymbol{F}(\boldsymbol{A})=\left(\int_{\boldsymbol{A}}f_{jk}(\boldsymbol{\lambda})\mu(\mathrm{d}\boldsymbol{\lambda})\right)_{m\times m}=\int_{\boldsymbol{A}}\boldsymbol{f}(\boldsymbol{\lambda})\mu(\mathrm{d}\boldsymbol{\lambda}) \tag{10.3.17}$$

其中 $\boldsymbol{f}(\boldsymbol{\lambda})=(f_{jk}(\boldsymbol{\lambda}))_{m\times m}$, 且 $\boldsymbol{f}$ 对测度 μ 是a. e.正定的.

10.3.3　正定矩阵齐次序列的谱表示

定理 10.2　$\mathbf{N}^l$ 上的 m 阶矩阵函数 $\boldsymbol{R}(\boldsymbol{n})$ 为正定矩阵齐次序列 $\Leftrightarrow$ $\boldsymbol{R}(\boldsymbol{n})$ 可表示为

$$\boldsymbol{R}(\boldsymbol{n})=\int_{[-\pi,\pi)^l}\mathrm{e}^{\mathrm{i}(\boldsymbol{n},\boldsymbol{\lambda})}\boldsymbol{F}(\mathrm{d}\boldsymbol{\lambda}) \tag{10.3.18}$$

其中 $F(\mathrm{d}\boldsymbol{\lambda})$ 为 $\mathscr{B}^l\cap[-\pi,\pi)^l$ 上的矩阵测度, 且由式 (10.3.18) 唯一确定.

证明　$\Leftarrow$　对 $\forall$ 正整数 J, $\boldsymbol{\beta}_j\in\mathbf{C}^m$, $\boldsymbol{n}_j\in\mathbf{C}^l$, 有

$$\begin{aligned}
&\sum_{j,k=1}^{J}\boldsymbol{\beta}_j\boldsymbol{R}(\boldsymbol{n}_j-\boldsymbol{n}_k)\boldsymbol{\beta}_k^*\\
&=\sum_{j,k=1}^{J}\int_{[-\pi,\pi)^l}\mathrm{e}^{\mathrm{i}(\boldsymbol{n}_j-\boldsymbol{n}_k,\boldsymbol{\lambda})}\boldsymbol{\beta}_j(\boldsymbol{f}(\boldsymbol{\lambda}))_{m\times m}\boldsymbol{\beta}_k^*\mu(\mathrm{d}\boldsymbol{\lambda})\\
&=\int_{[-\pi,\pi)^l}\left(\sum_{j=1}^{J}\mathrm{e}^{\mathrm{i}(\boldsymbol{n}_j,\boldsymbol{\lambda})}\boldsymbol{\beta}_j\right)(\boldsymbol{f}(\boldsymbol{\lambda}))_{m\times m}\left(\sum_{k=1}^{J}\mathrm{e}^{\mathrm{i}(\boldsymbol{n}_k,\boldsymbol{\lambda})}\boldsymbol{\beta}_k\right)^*\mu(\mathrm{d}\boldsymbol{\lambda})\geqslant 0
\end{aligned}$$

$\Rightarrow$ 对 $\forall\boldsymbol{\beta}\in\mathbf{C}^m$, 则 $\boldsymbol{\beta}\boldsymbol{R}(\boldsymbol{n})\boldsymbol{\beta}^*$ 为正定齐次序列, 根据定理 10.1, 存在唯一的有限测度 $\boldsymbol{F}_{\boldsymbol{\beta}}(\boldsymbol{A})$, 使

$$\boldsymbol{\beta}\boldsymbol{R}(\boldsymbol{n})\boldsymbol{\beta}^* = \int_{[-\pi,\pi)^l} \mathrm{e}^{\mathrm{i}(\boldsymbol{n},\boldsymbol{\lambda})} F_{\boldsymbol{\beta}}(\mathrm{d}\boldsymbol{\lambda}) \tag{10.3.19}$$

现在取 $\boldsymbol{\beta}$ 分别为 $\boldsymbol{e}_j$, $\boldsymbol{e}_{jk}$, $\tilde{\boldsymbol{e}}_{jk}$, 则分别有 $F_{\boldsymbol{e}_j}(\mathrm{d}\boldsymbol{\lambda}), F_{\boldsymbol{e}_{jk}}(\mathrm{d}\boldsymbol{\lambda}), F_{\tilde{\boldsymbol{e}}_{jk}}(\mathrm{d}\boldsymbol{\lambda})$ 满足式 (10.3.19), 根据式 (10.3.5)~(10.3.8), 令

$$\begin{aligned}
F_{jj}(\boldsymbol{A}) &= F_{e_j}(\boldsymbol{A}) \\
F_{jk}(\boldsymbol{A}) &= \frac{1}{2}[(F_{e_{jk}}(\boldsymbol{A}) - F_{e_j}(\boldsymbol{A}) - F_{e_k}(\boldsymbol{A})) \\
&\quad + \mathrm{i}(F_{\tilde{e}_{jk}}(\boldsymbol{A}) - F_{e_j}(\boldsymbol{A}) - F_{e_k}(\boldsymbol{A}))], \quad j \neq k
\end{aligned}$$

令 $\boldsymbol{F}(\boldsymbol{A}) = (F_{jk}(\boldsymbol{A}))_{m\times m}$, 则 $\boldsymbol{F}(\boldsymbol{A})$ 为矩阵可列可加集合函数, 且 $\boldsymbol{F}(\boldsymbol{A})$ 满足式 (10.3.18). 由式 (10.3.18) 知, 对 $\forall\boldsymbol{\beta}\in\mathbf{C}^m$, 有 $\mu(\boldsymbol{A}) = \boldsymbol{\beta}\boldsymbol{F}(\boldsymbol{A})\boldsymbol{\beta}^*$ 满足

$$\begin{aligned}
\boldsymbol{\beta}\boldsymbol{R}(\boldsymbol{n})\boldsymbol{\beta}^* &= \int_{[-\pi,\pi)^l} \mathrm{e}^{\mathrm{i}(\boldsymbol{n},\boldsymbol{\lambda})} \mu(\mathrm{d}\boldsymbol{\lambda}) \\
&= \int_{[-\pi,\pi)^l} \mathrm{e}^{\mathrm{i}(\boldsymbol{n},\boldsymbol{\lambda})} F_{\boldsymbol{\beta}}(\mathrm{d}\boldsymbol{\lambda})
\end{aligned} \tag{10.3.20}$$

而由式 (10.3.19) 表示式的唯一性, 得

$$\mu(\boldsymbol{A}) = \boldsymbol{\beta}\boldsymbol{F}(\boldsymbol{A})\boldsymbol{\beta}^* = F_{\boldsymbol{\beta}}(\boldsymbol{A})$$

其中 $\boldsymbol{F}_{\boldsymbol{\beta}}(\boldsymbol{A})$ 为有限测度. 因此由式 (10.3.20) 知, $\boldsymbol{F}(\boldsymbol{A})$ 为矩阵测度, 同时由式 (10.3.18) 唯一确定.

10.4 正定齐次函数及其谱表示

10.4.1 正定齐次函数的定义

记 $\mathbf{R}$ 为实数集, $\mathbf{R}^l$ 为 l 维 Euclid 空间, $\mathbf{R}^l$ 中的距离为 $\|\cdot\|$.

定义 10.9 如果 $\mathbf{R}^l$ 上的函数 $R(\boldsymbol{x})$ 是 $\mathbf{R}^l$ 上的正定函数, 则称 $R(\boldsymbol{x})$ 为 $\mathbf{R}^l$ 上的正定齐次函数.

由式 (10.1.13)~(10.1.16) 易知, 正定齐次函数有以下性质:

(1) $R(\boldsymbol{0}) \geqslant 0$; (10.4.1)

(2) $\overline{R(\boldsymbol{x})} = R(-\boldsymbol{x})$; (10.4.2)

(3) $|R(\boldsymbol{x})| \leqslant R(\boldsymbol{0})$; (10.4.3)

(4) $|R(\boldsymbol{x}_2) - R(\boldsymbol{x}_1)|^2 \leqslant 2R(\boldsymbol{0})[R(\boldsymbol{0}) - \mathrm{Re}R(\boldsymbol{x}_2 - \boldsymbol{x}_1)]$; (10.4.4)

(5) $R(\boldsymbol{x})$ 在零点连续 $\Leftrightarrow$ $R(\boldsymbol{x})$ 在 $\mathbf{R}^l$ 上一致连续.

10.4.2　连续的正定齐次函数的谱表示

定理 10.3　$\mathbf{R}^l$ 上的函数 $R(\boldsymbol{x})$ 为连续的正定齐次函数 $\Leftrightarrow$ $R(\boldsymbol{x})$ 可表示为

$$R(\boldsymbol{x}) = \int_{\mathbf{R}^l} \mathrm{e}^{\mathrm{i}(\boldsymbol{x},\boldsymbol{\lambda})} F(\mathrm{d}\boldsymbol{\lambda}) \tag{10.4.5}$$

其中 F 为 $\mathscr{B}^l$ 上的有限测度, 且由式 (10.4.5) 唯一确定.

证明　充分性显然, 今证必要性.

由于 $R(\boldsymbol{x})$ 是连续正定齐次函数, 所以对 $\mathbf{R}^l$ 上任何可积函数 $g(\boldsymbol{x})$, 有

$$\int_{\mathbf{R}^l}\int_{\mathbf{R}^l} R(\boldsymbol{x}-\boldsymbol{y})g(\boldsymbol{x})\overline{g(\boldsymbol{y})}\mathrm{d}\boldsymbol{x}\mathrm{d}\boldsymbol{y} \geqslant 0 \tag{10.4.6}$$

令

$$g(\boldsymbol{x}) = \exp\left\{-\frac{\|\boldsymbol{x}\|^2}{n} - \mathrm{i}(\boldsymbol{x},\boldsymbol{\lambda})\right\} \tag{10.4.7}$$

其中 n 为正整数, $\boldsymbol{\lambda} \in \mathbf{R}^l$. 把式 (10.4.7) 代入式 (10.4.6) 得

$$\int_{\mathbf{R}^l}\int_{\mathbf{R}^l} R(\boldsymbol{x}-\boldsymbol{y}) \exp\left\{-\frac{\|\boldsymbol{x}\|^2+\|\boldsymbol{y}\|^2}{n} - \mathrm{i}(\boldsymbol{x}-\boldsymbol{y},\boldsymbol{\lambda})\right\}\mathrm{d}\boldsymbol{x}\mathrm{d}\boldsymbol{y} \geqslant 0 \tag{10.4.8}$$

在空间 $\mathbf{R}^l \times \mathbf{R}^l$ 上引入坐标变换: $\boldsymbol{x}-\boldsymbol{y}=\boldsymbol{u}, \boldsymbol{x}+\boldsymbol{y}=\boldsymbol{v}$, 则 $|\boldsymbol{J}| = \left(\dfrac{1}{2}\right)^l \neq 0$, 有

$$\begin{aligned} 0 &\leqslant \int_{\mathbf{R}^l}\int_{\mathbf{R}^l} R(\boldsymbol{u}) \exp\left\{-\frac{\|\boldsymbol{u}\|^2+\|\boldsymbol{v}\|^2}{2n} - \mathrm{i}(\boldsymbol{u},\boldsymbol{\lambda})\right\}|\boldsymbol{J}|\mathrm{d}\boldsymbol{u}\mathrm{d}\boldsymbol{v} \\ &\leqslant (2\pi n)^{\frac{l}{2}} \int_{\mathbf{R}^l} R(\boldsymbol{u}) \exp\left\{-\frac{\|\boldsymbol{u}\|^2}{2n} - \mathrm{i}(\boldsymbol{u},\boldsymbol{\lambda})\right\}\mathrm{d}\boldsymbol{u} \end{aligned}$$

令

$$\widetilde{R}_n(\boldsymbol{\lambda}) = \frac{1}{(2\pi)^{\frac{l}{2}}} \int_{\mathbf{R}^l} R(\boldsymbol{u}) \exp\left\{-\frac{\|\boldsymbol{u}\|^2}{2n}\right\} \exp\{-\mathrm{i}(\boldsymbol{u},\boldsymbol{\lambda})\}\mathrm{d}\boldsymbol{u} \geqslant 0 \tag{10.4.9}$$

由式 (10.4.9) 知, $\widetilde{R}_n(\boldsymbol{\lambda})$ 是 $R(\boldsymbol{u})\mathrm{e}^{-\frac{\|\boldsymbol{u}\|^2}{2n}}$ 的 Fourier 变换.

下面证明式 (10.4.9) 的逆变换存在, 为此只要证 $\widetilde{R}_n(\boldsymbol{\lambda})$ 可积.

易知 $\mathrm{e}^{-\frac{\varepsilon\|\boldsymbol{\lambda}\|^2}{2}} (\varepsilon > 0)$ 是 $\varepsilon^{-\frac{l}{2}}\mathrm{e}^{-\frac{\|\boldsymbol{u}\|^2}{2}}$ 的 Fourier 变换 $\left(\text{因 } \dfrac{1}{(2\pi\varepsilon)^{\frac{1}{2}}} \displaystyle\int_{\mathbf{R}} \mathrm{e}^{-\frac{u_i^2}{2\varepsilon} - u_i\lambda_i}\mathrm{d}u_i = \mathrm{e}^{-\frac{\varepsilon\lambda_i^2}{2}}\right)$, 由 Parseval 等式知

$$\int_{\mathbf{R}^l} \widetilde{R}_n(\boldsymbol{\lambda})\mathrm{e}^{-\frac{\varepsilon\|\boldsymbol{\lambda}\|^2}{2}}\mathrm{d}\boldsymbol{\lambda} = \int_{\mathbf{R}^l} R(\boldsymbol{u})\mathrm{e}^{-\frac{\|\boldsymbol{u}\|^2}{2n}}\varepsilon^{-\frac{l}{2}}\mathrm{e}^{-\frac{\|\boldsymbol{u}\|^2}{2\varepsilon}}\mathrm{d}\boldsymbol{u}$$

$$
\begin{aligned}
0 &\leqslant \int_{\mathbf{R}^l} \widetilde{R}(\boldsymbol{\lambda}) \mathrm{e}^{-\frac{\varepsilon\|\boldsymbol{\lambda}\|^2}{2}} \mathrm{d}\boldsymbol{\lambda} \\
&\leqslant \int_{\mathbf{R}^l} |R(\boldsymbol{u})| \mathrm{e}^{-\frac{\|\boldsymbol{u}\|^2}{2n}} \varepsilon^{-\frac{l}{2}} \mathrm{e}^{-\frac{\|\boldsymbol{u}\|^2}{2\varepsilon}} \mathrm{d}\boldsymbol{u} \\
&\leqslant R(\mathbf{0}) \int_{\mathbf{R}^l} \varepsilon^{-\frac{l}{2}} \mathrm{e}^{-\frac{\|\boldsymbol{u}\|^2}{2\varepsilon}} \mathrm{d}\boldsymbol{u} = R(\mathbf{0})(2\pi)^{\frac{l}{2}}
\end{aligned}
$$

令 $\varepsilon \to 0$, 由 Fatou 引理得

$$
\int_{\mathbf{R}^l} \widetilde{R}_n(\boldsymbol{\lambda}) \mathrm{d}\boldsymbol{\lambda} \leqslant R(\mathbf{0})(2\pi)^{\frac{l}{2}}
$$

由于 $\widetilde{R}_n(\boldsymbol{\lambda})$ 的可积性, 所以它有 Fourier 变换的反演公式

$$
\begin{aligned}
R(\boldsymbol{x}) \mathrm{e}^{-\frac{\|\boldsymbol{x}\|^2}{2n}} &= \int_{\mathbf{R}^l} \mathrm{e}^{\mathrm{i}(\boldsymbol{x},\boldsymbol{\lambda})} (2\pi)^{-\frac{l}{2}} \widetilde{R}_n(\boldsymbol{\lambda}) \mathrm{d}\boldsymbol{\lambda} \\
&= \int_{\mathbf{R}^l} \mathrm{e}^{\mathrm{i}(\boldsymbol{x},\boldsymbol{\lambda})} F_n(\mathrm{d}\boldsymbol{\lambda})
\end{aligned}
$$

其中

$$
\boldsymbol{F}_n(\boldsymbol{A}) = \int_{\boldsymbol{A}} \frac{\widetilde{\boldsymbol{R}}_n(\boldsymbol{\lambda})}{(2\pi)^{\frac{l}{2}}} \mathrm{d}\boldsymbol{\lambda}
$$

可见 $R(\boldsymbol{x})\mathrm{e}^{-\frac{\|\boldsymbol{x}\|^2}{2n}}/R(\mathbf{0})$ 是 $\mathbf{R}^l$ 中某一分布的特征函数, 并收敛到一个连续函数 $R(\boldsymbol{x})/R(\mathbf{0})(n \to \infty)$. 再由特征函数的性质知, $R(\boldsymbol{x})/R(\mathbf{0})$ 也是特征函数, 故式 (10.4.5) 成立, 且 F 是唯一的.

10.5 正定矩阵齐次函数及其谱表示

10.5.1 正定矩阵齐次函数的定义

定义 10.10 设 m 阶矩阵 $\boldsymbol{R}(\boldsymbol{x}) = (R_{jk}(\boldsymbol{x}))_{m\times m} (\boldsymbol{x} \in \mathbf{R}^l)$ 为 $\mathbf{R}^l$ 上的正定矩阵函数, 则称 $\boldsymbol{R}(\boldsymbol{x})$ 为 $\mathbf{R}^l$ 上的*正定矩阵齐次函数*. 当 $l = 1$ 时, 简称 $\mathbf{R}(x)$ 为*正定矩阵函数*.

从式 (10.1.18)~(10.1.20) 易知, $\boldsymbol{R}(\boldsymbol{x})$ 有如下性质:

(1) $\boldsymbol{R}(\mathbf{0}) \geqslant 0$; (10.5.1)

(2) $\boldsymbol{R}^*(\boldsymbol{x}) = \boldsymbol{R}(-\boldsymbol{x})$; (10.5.2)

(3) $|R_{jk}(\boldsymbol{x})|^2 \leqslant R_{jj}(\mathbf{0}) R_{kk}(\mathbf{0})$; (10.5.3)

(4) $|R_{jk}(\boldsymbol{x}_2) - R_{jk}(\boldsymbol{x}_1)| \leqslant 2R_{kk}(\mathbf{0})[R_{jj}(\mathbf{0}) - \mathrm{Re}R_{jj}(\boldsymbol{x}_2 - \boldsymbol{x}_1)]$. (10.5.4)

若 $R_{jk}(\boldsymbol{x})$ 对于 $1 \leqslant j,\ k \leqslant m$ 都连续, 则称 $R(\boldsymbol{x})$ 是连续的. 由性质 (4) 知, $R(\boldsymbol{x})$ 连续 $\Leftrightarrow R_{jj}(\boldsymbol{x})\ (1 \leqslant j \leqslant m)$ 在 $\mathbf{0}$ 点连续. 而且还由性质 (4), 此时 $R(\boldsymbol{x})$ 是一致连续的.

10.5.2 正定矩阵齐次函数的谱表示

定理 10.4 R^l 上的 m 阶矩阵函数 $\boldsymbol{R}(\boldsymbol{x})$ 为连续的正定矩阵齐次函数 $\Leftrightarrow$ $\boldsymbol{R}(\boldsymbol{x})$ 可表示为

$$\boldsymbol{R}(\boldsymbol{x})=\int_{\mathrm{R}^l}\mathrm{e}^{\mathrm{i}(\boldsymbol{x},\boldsymbol{\lambda})}\boldsymbol{F}(\mathrm{d}\boldsymbol{\lambda}) \tag{10.5.5}$$

其中 $\boldsymbol{F}$ 为 $\mathscr{B}^l$ 上的 m 阶矩阵测度, 且由式 (10.5.5) 唯一确定.

(利用定理 10.3 的结果和定理 10.2 的证明方法即可证明本定理)(留作习题).

10.6 矩阵测度的特征值和特征向量

设 $\boldsymbol{F}(\boldsymbol{A})$ 为 $\mathscr{B}^l$ 或 $\mathscr{B}^l\cap[-\pi,\pi)^l$ 上的 m 阶矩阵测度, 并且 $\boldsymbol{F}(\boldsymbol{A})$ 可表示为如下形式

$$\boldsymbol{F}(\boldsymbol{A})=\int_{\boldsymbol{A}}\boldsymbol{f}(\boldsymbol{\lambda})\mu(\mathrm{d}\boldsymbol{\lambda})$$

其中

$$\boldsymbol{f}(\boldsymbol{\lambda})=(f_{jk}(\boldsymbol{\lambda}))_{m\times m}\geqslant\boldsymbol{0},\quad \text{a.e.}\mu(\mathrm{d}\boldsymbol{\lambda})$$

它的特征值按大小次序排列为

$$\lambda_1(\boldsymbol{\lambda})\geqslant\lambda_2(\boldsymbol{\lambda})\geqslant\cdots\geqslant\lambda_m(\boldsymbol{\lambda})\geqslant 0,\quad \text{a.e.}\mu(\mathrm{d}\boldsymbol{\lambda})$$

10.6.1 $\boldsymbol{f}(\boldsymbol{\lambda})$ 的最小特征值与相应的特征向量

设 Q 为实部与虚部皆为有理数的复数集合, Q^m 表示 m 维向量的集合, 其中每个分量都属于 Q, 则 $\boldsymbol{f}(\boldsymbol{\lambda})$ 的最小特征值

$$\lambda_m(\boldsymbol{\lambda})=\inf_{\substack{\boldsymbol{q}\in Q^m\\ \|\boldsymbol{q}\|\neq 0}}\frac{\|\boldsymbol{f}\boldsymbol{q}\|}{\|\boldsymbol{q}\|}$$

对于固定的 $\boldsymbol{q}$, $\|\boldsymbol{f}\boldsymbol{q}\|/\|\boldsymbol{q}\|$ 为可测函数, 又由于 Q^m 是可列集合, 所以 $\lambda_m(\boldsymbol{\lambda})$ 为可测函数. 要证明, 存在单位向量 $\boldsymbol{\beta}_m(\boldsymbol{\lambda})=(\beta_{m1}(\boldsymbol{\lambda}),\cdots,\beta_{mm}(\boldsymbol{\lambda}))$, 其中 $\beta_{mj}(\boldsymbol{\lambda})$ $(1\leqslant j\leqslant m)$ 可测, 且

$$\boldsymbol{f}(\boldsymbol{\lambda})\boldsymbol{\beta}_m^*(\boldsymbol{\lambda})=\lambda_m(\boldsymbol{\lambda})\boldsymbol{\beta}_m^*(\boldsymbol{\lambda})$$

先讨论

$$\boldsymbol{f}(\boldsymbol{\lambda})-\lambda_m(\boldsymbol{\lambda})\boldsymbol{I}_m$$

设使 $\boldsymbol{f}(\boldsymbol{\lambda})-\lambda_m(\boldsymbol{\lambda})\boldsymbol{I}_m$ 秩为 k 的 $\boldsymbol{\lambda}$ 集合为 $B_k(\boldsymbol{\lambda})$, 即

$$B_k(\boldsymbol{\lambda})=\{\boldsymbol{\lambda}|\boldsymbol{f}(\boldsymbol{\lambda})-\lambda_m(\boldsymbol{\lambda})\boldsymbol{I}_m(\boldsymbol{\lambda})\text{中所有大于 } k \text{ 阶的子}$$

行列式为零, 某个 k 阶子行列式不为零}

所以 $B_k(\boldsymbol{\lambda})$ 是可测集. 由于矩阵 $\boldsymbol{f}(\boldsymbol{\lambda})-\lambda_m(\boldsymbol{\lambda})\boldsymbol{I}_m$ 只有有限个 k 阶子矩阵, 记为

$$\boldsymbol{\Delta}_{k1},\quad \boldsymbol{\Delta}_{k2},\quad \cdots,\quad \boldsymbol{\Delta}_{kl}$$

记

$$\begin{aligned}
&C_{kj}(\boldsymbol{\lambda})=\{\boldsymbol{\lambda}||\boldsymbol{\Delta}_{kj}|\neq 0\},\quad 1\leqslant j\leqslant l\\
&D_{k1}(\boldsymbol{\lambda})=C_{k1}(\boldsymbol{\lambda})\\
&D_{kj}(\boldsymbol{\lambda})=C_{kj}(\boldsymbol{\lambda})-\bigcup_{s=1}^{j-1}C_{ks}(\boldsymbol{\lambda}),\quad 2\leqslant j\leqslant l
\end{aligned}$$

显然, 有

$$B_k(\boldsymbol{\lambda})\subseteq\bigcup_{j=1}^{l}D_{kj}(\boldsymbol{\lambda})$$

在 $B_k(\boldsymbol{\lambda})\cap D_{kj}(\boldsymbol{\lambda})$ 上求特征向量. 为了讨论方便, 不妨设 $\boldsymbol{\Delta}_{k1}(\boldsymbol{\lambda})$ 就是 $\boldsymbol{f}(\boldsymbol{\lambda})-\lambda_m(\boldsymbol{\lambda})\boldsymbol{I}_m$ 的左上方 k 阶矩阵, 这时方程

$$(\boldsymbol{f}(\boldsymbol{\lambda})-\lambda_m(\boldsymbol{\lambda})\boldsymbol{I}_m)\begin{pmatrix}\alpha_1\\ \vdots\\ \alpha_k\\ 1\\ 0\\ \vdots\\ 0\end{pmatrix}=\begin{pmatrix}\boldsymbol{\Delta}_{k1} & *\\ * & *\end{pmatrix}\begin{pmatrix}\alpha_1\\ \vdots\\ \alpha_k\\ 1\\ 0\\ \vdots\\ 0\end{pmatrix}=0$$

有解, 这里 $*$ 表示分块矩阵, 且 $\alpha_1,\cdots,\alpha_k$ 为可测函数 (在 $B_k(\boldsymbol{\lambda})\cap D_{kj}(\boldsymbol{\lambda})$ 上). 这样可找到一个非零的特征向量 $\boldsymbol{\alpha}=(\alpha_1,\cdots,\alpha_m)'$, 把它单位化, 并记为

$$\boldsymbol{\beta}_m^*(\lambda)=(\beta_{m1}(\boldsymbol{\lambda}),\cdots,\beta_{mm}(\boldsymbol{\lambda}))^*$$

由上述讨论知, 在 $B_k(\boldsymbol{\lambda})$ 上可找到一个可测的单位向量 $\boldsymbol{\beta}_m^*(\boldsymbol{\lambda})=(\beta_{m1}(\boldsymbol{\lambda}),\cdots,\beta_{mm}(\boldsymbol{\lambda}))^*$, 使 $\boldsymbol{\beta}_m^*(\boldsymbol{\lambda})$ 是 $\lambda_m(\boldsymbol{\lambda})$ 对应的特征向量, 即

$$\boldsymbol{f}(\boldsymbol{\lambda})\boldsymbol{\beta}_m^*(\boldsymbol{\lambda})=\lambda_m(\boldsymbol{\lambda})\boldsymbol{\beta}_m^*(\boldsymbol{\lambda})$$

10.6.2　$\boldsymbol{f}(\boldsymbol{\lambda})$ 的第二小特征值和对应的特征向量

现在求第二小的特征值及对应的特征向量.

把向量

$$\boldsymbol{\beta}_m(\boldsymbol{\lambda}),\quad (1,0,\cdots,0),\quad (0,1,0,\cdots,0),\quad \cdots,\quad (0,\cdots,0,1)$$

依次按 Schmidt 正交化方法可得 m 维复空间中一个标准正交基:

$$\boldsymbol{\beta}_m(\boldsymbol{\lambda}),\quad \boldsymbol{r}_1,\quad \cdots,\quad \boldsymbol{r}_{m-1}$$

由正交化方法知, $\boldsymbol{r}_j(\boldsymbol{\lambda})$ 是可测的, 且

$$\lambda_{m-1}(\boldsymbol{\lambda}) = \inf_{\substack{\boldsymbol{q}\in Q^m \\ \|\boldsymbol{q}\|\neq 0}} \frac{\|\boldsymbol{f}(\boldsymbol{\lambda})(q_1\boldsymbol{r}_1^* + \cdots + q_{m-1}\boldsymbol{r}_{m-1}^*)\|}{\|q_1\boldsymbol{r}_1^* + \cdots + q_{m-1}\boldsymbol{r}_{m-1}^*\|}$$

和前面一样, 可知存在对应于 $\lambda_{m-1}(\boldsymbol{\lambda})$ 的特征向量 $\boldsymbol{\beta}_{m-1}^*(\boldsymbol{\lambda})$.

为了使得当 $\lambda_m(\boldsymbol{\lambda}) = \lambda_{m-1}(\boldsymbol{\lambda})$ 时 $\boldsymbol{\beta}_m(\boldsymbol{\lambda})$ 与 $\boldsymbol{\beta}_{m-1}(\boldsymbol{\lambda})$ 不相同, 可把解方程

$$(\boldsymbol{f}(\boldsymbol{\lambda}) - \lambda_m(\boldsymbol{\lambda})\boldsymbol{I}_m)\begin{pmatrix} \alpha_1 \\ \vdots \\ \alpha_k \\ 1 \\ 0 \\ \vdots \\ 0 \end{pmatrix} = \boldsymbol{0}$$

改为解

$$(\boldsymbol{f}(\boldsymbol{\lambda}) - \lambda_{m-1}(\boldsymbol{\lambda})\boldsymbol{I}_m)\begin{pmatrix} \alpha_1 \\ \vdots \\ \alpha_k \\ 0 \\ 1 \\ 0 \\ \vdots \\ 0 \end{pmatrix} = \boldsymbol{0},\quad k \leqslant m-2$$

类似上面讨论, 可得到 $\boldsymbol{f}(\boldsymbol{\lambda})$ 的 m 个可测的特征向量.

设特征值 $\lambda_1(\boldsymbol{\lambda}) \geqslant \lambda_2(\boldsymbol{\lambda}) \geqslant \cdots \geqslant \lambda_m(\boldsymbol{\lambda}) \geqslant 0$ 和相应的、相互正交的、模为 1 的、可测的特征向量为 $\boldsymbol{\beta}_1^*(\boldsymbol{\lambda}), \boldsymbol{\beta}_2^*(\boldsymbol{\lambda}), \cdots, \boldsymbol{\beta}_m^*(\boldsymbol{\lambda})$.

令 $\boldsymbol{\beta}=(\boldsymbol{\beta}_1(\boldsymbol{\lambda}),\boldsymbol{\beta}_2(\boldsymbol{\lambda}),\cdots,\boldsymbol{\beta}_m(\boldsymbol{\lambda}))'$, 则

$$\boldsymbol{\beta}^*\boldsymbol{\beta}=\boldsymbol{I}_m$$

$$\boldsymbol{f}\boldsymbol{\beta}^*=\boldsymbol{\beta}^*\begin{pmatrix}\lambda_1 & & \boldsymbol{O}\\ & \ddots & \\ \boldsymbol{O} & & \lambda_m\end{pmatrix}$$

$$\boldsymbol{f}=\boldsymbol{\beta}^*\begin{pmatrix}\lambda_1 & & \boldsymbol{O}\\ & \ddots & \\ \boldsymbol{O} & & \lambda_m\end{pmatrix}\boldsymbol{\beta}=\lambda_1\boldsymbol{\beta}_1^*\boldsymbol{\beta}_1+\cdots+\lambda_m\boldsymbol{\beta}_m^*\boldsymbol{\beta}_m$$

令

$$\boldsymbol{Q}=\boldsymbol{\beta}^*\begin{pmatrix}\sqrt{\lambda_1} & & \boldsymbol{O}\\ & \ddots & \\ \boldsymbol{O} & & \sqrt{\lambda_m}\end{pmatrix}\boldsymbol{\beta}$$

则 $\boldsymbol{f}=\boldsymbol{Q}\boldsymbol{Q}^*=\boldsymbol{Q}\cdot\boldsymbol{Q}=\boldsymbol{Q}^2$(因 $\boldsymbol{\beta}^*\boldsymbol{\beta}=\boldsymbol{I}_m$), 称 $\boldsymbol{Q}$ 为 $\boldsymbol{f}$ 的平方根.

10.7 矩阵测度构成的 Hilbert 空间

设 $\boldsymbol{F}$ 为矩阵测度, 存在有限测度 $\mu\left(\mu=\sum F_{jj}\right)$, 使 $F_{jk}\ll\mu$, 且 $\boldsymbol{f}=\dfrac{\mathrm{d}\boldsymbol{F}}{\mathrm{d}\mu}=(f_{jk})_{m\times m}$.

10.7.1 $L^2(\boldsymbol{F})$ 空间的定义

$L^2(\boldsymbol{F})$ 是满足下列条件的向量 $\boldsymbol{\varphi}(\boldsymbol{\lambda})=(\varphi_1(\boldsymbol{\lambda}),\cdots,\varphi_m(\boldsymbol{\lambda}))$ 组成的空间:

(1) $\varphi_j(\boldsymbol{\lambda})(1\leqslant j\leqslant m)$ 可测;

(2) $\displaystyle\int\boldsymbol{\varphi}\boldsymbol{f}\boldsymbol{\varphi}^*\mu(\mathrm{d}\boldsymbol{\lambda})<\infty$.

设 $\boldsymbol{\varphi},\boldsymbol{\psi}\in L^2(\boldsymbol{F})$, 若

$$\int(\boldsymbol{\varphi}-\boldsymbol{\psi})\boldsymbol{f}(\boldsymbol{\varphi}-\boldsymbol{\psi})^*\mu(\mathrm{d}\boldsymbol{\lambda})=0$$

则称 $\boldsymbol{\varphi}=\boldsymbol{\psi}$, a.e.$\mu(\mathrm{d}\boldsymbol{\lambda})$.

设 $\boldsymbol{f}$ 的特征向量为 $\boldsymbol{\beta}_{(1)}(\boldsymbol{\lambda}),\cdots,\boldsymbol{\beta}_{(m)}(\boldsymbol{\lambda})$, 则由 $\boldsymbol{\beta}_{(1)}(\boldsymbol{\lambda}),\cdots,\boldsymbol{\beta}_{(m)}(\boldsymbol{\lambda})$ 构成 m 维复向量空间的标准正交基. 把 $\boldsymbol{\varphi}(\boldsymbol{\lambda})$ 对 $\boldsymbol{\beta}_{(1)}(\boldsymbol{\lambda}),\cdots,\boldsymbol{\beta}_{(m)}(\boldsymbol{\lambda})$ 分解:

$$\boldsymbol{\varphi}(\boldsymbol{\lambda})=a_{\varphi1}\boldsymbol{\beta}_{(1)}(\boldsymbol{\lambda})+\cdots+a_{\varphi m}\boldsymbol{\beta}_{(m)}(\boldsymbol{\lambda})$$

其中 $a_{\varphi j} = (\boldsymbol{\varphi}(\boldsymbol{\lambda}), \boldsymbol{\beta}_{(j)}(\boldsymbol{\lambda}))$ $(j = 1, 2, \cdots, m)$ 是可测函数, 因此

$$\begin{aligned}\boldsymbol{\varphi f \varphi}^* &= [a_{\varphi 1}(\boldsymbol{\lambda})\boldsymbol{\beta}_{(1)}(\boldsymbol{\lambda}) + \cdots + a_{\varphi m}(\boldsymbol{\lambda})\boldsymbol{\beta}_{(m)}(\boldsymbol{\lambda})]\cdot \\ &\quad \boldsymbol{f}[a_{\boldsymbol{\varphi} 1}(\boldsymbol{\lambda})\boldsymbol{\beta}_{(1)}(\boldsymbol{\lambda}) + \cdots + a_{\varphi m}(\boldsymbol{\lambda})\boldsymbol{\beta}_{(m)}(\boldsymbol{\lambda})]^* \\ &= [a_{\varphi 1}(\boldsymbol{\lambda})\boldsymbol{\beta}_{(1)}(\boldsymbol{\lambda}) + \cdots + a_{\varphi m}(\boldsymbol{\lambda})\boldsymbol{\beta}_{(m)}(\boldsymbol{\lambda})]\cdot \\ &\quad [\bar{a}_{\varphi 1}(\boldsymbol{\lambda})\lambda_1\boldsymbol{\beta}^*_{(1)}(\boldsymbol{\lambda}) + \cdots + \bar{a}_{\varphi m}(\boldsymbol{\lambda})\lambda_m\boldsymbol{\beta}^*_{(m)}(\boldsymbol{\lambda})] \\ &= \lambda_1|a_{\varphi 1}|^2 + \cdots + \lambda_m|a_{\varphi m}|^2\end{aligned}$$

因此

$$\int \boldsymbol{\varphi f \varphi}^* \mu(\mathrm{d}\boldsymbol{\lambda}) = \int \sum_{j=1}^{m} \lambda_j |a_{\varphi j}(\boldsymbol{\lambda})|^2 \mu(\mathrm{d}\boldsymbol{\lambda}) < \infty$$

若

$$\int \boldsymbol{\varphi f \varphi}^* \mu(\mathrm{d}\boldsymbol{\lambda}) = 0 \tag{10.7.1}$$

则

$$\sum_{j=1}^{m} \lambda_j |a_{\varphi j}(\boldsymbol{\lambda})|^2 = 0, \quad \text{a.e.}\mu$$

即

$$\lambda_j |a_{\varphi j}(\boldsymbol{\lambda})|^2 = 0, \quad \text{a.e.}\mu, \ 1 \leqslant j \leqslant m \tag{10.7.2}$$

称满足式 (10.7.1) 的 $\varphi(\boldsymbol{\lambda})$ 为 $L^2(\boldsymbol{F})$ 的零元素.

显然, φ 为零元素 $\Leftrightarrow$ 式 (10.7.2) 成立.

10.7.2　$L^2(F)$ 为线性内积空间

先给出两个不等式:

$$|\boldsymbol{\varphi f \psi}^*| \leqslant |\boldsymbol{\varphi f \varphi}^*|^{\frac{1}{2}} |\boldsymbol{\psi f \psi}^*|^{\frac{1}{2}} \tag{10.7.3}$$

$$\int |\boldsymbol{\varphi f \psi}^*| \mu(\mathrm{d}\boldsymbol{\lambda}) \leqslant \left[\int |\boldsymbol{\varphi f \varphi}^*| \mu(\mathrm{d}\boldsymbol{\lambda})\right]^{\frac{1}{2}} \left[\int |\boldsymbol{\psi f \psi}^*| \mu(\mathrm{d}\boldsymbol{\lambda})\right]^{\frac{1}{2}} \tag{10.7.4}$$

由 10.6 节知, $\boldsymbol{f} = \boldsymbol{QQ}^* = \boldsymbol{Q}^2(\boldsymbol{Q} = \boldsymbol{Q}^*)$, 因此

$$\begin{aligned}|\boldsymbol{\varphi f \psi}^*| &= |\boldsymbol{\varphi QQ}^* \boldsymbol{\psi}^*| = |(\boldsymbol{\varphi Q}, \boldsymbol{\psi Q})| \\ &\leqslant \|\boldsymbol{\varphi Q}\| \cdot \|\boldsymbol{\psi Q}\| = \sqrt{(\boldsymbol{\varphi Q}, \boldsymbol{\varphi Q})(\boldsymbol{\psi Q}, \boldsymbol{\psi Q})} \\ &= |\boldsymbol{\varphi f \varphi}^*|^{\frac{1}{2}} \cdot |\boldsymbol{\psi f \psi}^*|^{\frac{1}{2}}\end{aligned}$$

再由 Schwarz 不等式, 从式 (10.7.3) 得式 (10.7.4). 设 $\boldsymbol{\varphi}, \boldsymbol{\psi} \in L^2(\boldsymbol{F}), a, b \in \mathbf{Z}$, 则由式 (10.7.4) 知 $a\boldsymbol{\varphi} + b\boldsymbol{\psi} \in L^2(\boldsymbol{F})$, 因此 $L^2(\boldsymbol{F})$ 是线性空间. 定义内积

$$(\boldsymbol{\varphi}, \boldsymbol{\psi}) = \int \boldsymbol{\varphi f \psi}^* \mu(\mathrm{d}\boldsymbol{\lambda}) \tag{10.7.5}$$

易验证满足内积的条件, 因此 $L^2(\boldsymbol{F})$ 也是一个内积空间. 定义范数

$$\|\boldsymbol{\varphi}\| = (\boldsymbol{\varphi}, \boldsymbol{\varphi})^{\frac{1}{2}} = \left[\int \boldsymbol{\varphi} \boldsymbol{f} \boldsymbol{\varphi}^* \mu(\mathrm{d}\boldsymbol{\lambda})\right]^{\frac{1}{2}}$$

10.7.3 $L^2(\boldsymbol{F})$ 为 Hilbert 空间

定理 10.5 设 $\boldsymbol{\varphi}_n \in L^2(\boldsymbol{F})$, 且 $\{\boldsymbol{\varphi}_n\}$ 为 Cauchy 列, 即

$$\|\boldsymbol{\varphi}_n - \boldsymbol{\varphi}_{n'}\| \to 0 \quad (n, n' \to \infty)$$

则存在 $\boldsymbol{\varphi} \in L^2(\boldsymbol{F})$, 使 $\|\boldsymbol{\varphi}_n - \boldsymbol{\varphi}\| \to 0 \ (n \to \infty)$.

证明 设 $\boldsymbol{\varphi}_n = a_{\varphi_n 1}\boldsymbol{\beta}_{(1)} + \cdots + a_{\varphi_n m}\boldsymbol{\beta}_{(m)}$, 则由

$$\|\boldsymbol{\varphi}_n - \boldsymbol{\varphi}_{n'}\|^2 = \int \sum_{j=1}^{m} \lambda_j(\boldsymbol{\lambda}) |a_{\varphi_n j}(\boldsymbol{\lambda}) - a_{\varphi_{n'} j}(\boldsymbol{\lambda})|^2 \mu(\mathrm{d}\boldsymbol{\lambda}) \to 0 \quad (n, n' \to \infty)$$

知存在 $\boldsymbol{\varphi}_n$ 的子列, 仍记为 $\boldsymbol{\varphi}_n$, 收敛到 $\boldsymbol{\varphi}$, a. e. $\boldsymbol{\mu}$, 且

$$\boldsymbol{\varphi} = a_{\varphi_1}\boldsymbol{\beta}_{(1)} + \cdots + a_{\varphi_m}\boldsymbol{\beta}_{(m)}$$

即

$$a_{\varphi_n j}(\boldsymbol{\lambda}) \to a_{\varphi j}(\boldsymbol{\lambda}), \quad \text{a. e. } \mu$$

(注意, 当 $\lambda_j(\boldsymbol{\lambda}) = 0$, 可规定 $a_{\varphi_n j} = a_{\varphi j} = 0$)

下面再利用 Fatou 引理证明 $\boldsymbol{\varphi} \in L^2(\boldsymbol{F})$, 且 $\|\boldsymbol{\varphi}_n - \boldsymbol{\varphi}\| \to 0 \ (n \to \infty)$.

由于 $\{\boldsymbol{\varphi}_n\}$ 是 Cauchy 列, 故存在常数 $c > 0$, 使

$$\|\boldsymbol{\varphi}_n\|^2 = \int \sum_{j=1}^{m} \lambda_j(\boldsymbol{\lambda}) |a_{\varphi_n j}(\boldsymbol{\lambda})|^2 \mu(\mathrm{d}\boldsymbol{\lambda}) \leqslant c$$

由 Fatou 引理 $\left(\text{即} \int \underline{\lim} f_n \mu(\mathrm{d}\boldsymbol{\lambda}) \leqslant \underline{\lim} \int f_n \mu(\mathrm{d}\boldsymbol{\lambda}),\ \ f_n \geqslant 0\right)$, 得

$$\|\boldsymbol{\varphi}\|^2 = \int \sum_{j=1}^{m} \lambda_j(\boldsymbol{\lambda}) |a_{\varphi j}(\boldsymbol{\lambda})|^2 \mu(\mathrm{d}\boldsymbol{\lambda}) \leqslant c$$

因此 $\boldsymbol{\varphi} \in L^2(\boldsymbol{F})$. 又 $\forall \varepsilon = 0$, 存在 N, 当 $n, n' > N$ 时, 有

$$\|\boldsymbol{\varphi}_n - \boldsymbol{\varphi}_{n'}\| < \varepsilon$$

取子列, 仍记为 $\boldsymbol{\varphi}_{n'}$, 使

$$\boldsymbol{\varphi}_{n'} \to \boldsymbol{\varphi} \quad (n \to \infty) \quad \text{a. e. } \mu$$

在上式中用 Fatou 引理可知

$$\|\boldsymbol{\varphi}_n - \boldsymbol{\varphi}\| \leqslant \varepsilon \quad (n \to \infty)$$

10.7.4 $L^2(\boldsymbol{F})$ 中的稠密集

由上面的讨论知

$$L^2(\boldsymbol{F})=\left\{\boldsymbol{\varphi}|\boldsymbol{\varphi}=(\varphi_1,\cdots,\varphi_m),\ \int\boldsymbol{\varphi f\varphi}^*\mu(\mathrm{d}\boldsymbol{\lambda})<\infty\right\}$$

引理 10.1 具有有界分量的可测向量函数组成的集合在 $L^2(\boldsymbol{F})$ 中稠密.

证明 设 $\boldsymbol{\varphi}\in L^2(\boldsymbol{F})$, 则 $\boldsymbol{\varphi}=a_{\varphi_1}\boldsymbol{\beta}_{(1)}+\cdots+a_{\varphi_m}\boldsymbol{\beta}_{(m)}$. 令

$$a_{\varphi_j}^{(N)}=\begin{cases}a_{\varphi_j}, & |a_{\varphi_j}|\leqslant N\\ 0, & |a_{\varphi_j}|>N\end{cases}$$

则 $\boldsymbol{\varphi}_N=\sum\limits_{j=1}^{m}a_{\varphi_j}^{(N)}\boldsymbol{\beta}_{(j)}$ 为分量有界的向量函数, 且

$$\boldsymbol{\varphi}_N\to\boldsymbol{\varphi}\quad(N\to\infty)$$

再由 Lebesgue 控制收敛定理, 得到

$$\|\boldsymbol{\varphi}-\boldsymbol{\varphi}_N\|^2=\int\sum_{j=1}^{m}\lambda_j(\boldsymbol{\lambda})|a_{\varphi_j}-a_{\varphi_j}^{(N)}|^2\mu(\mathrm{d}\boldsymbol{\lambda})\to 0\quad(N\to\infty)$$

定理 10.6 设 m 维向量 $\boldsymbol{\delta}_j(\boldsymbol{\lambda})=(0,\cdots,0,\overset{j}{1},0,\cdots,0)$, 则

$$L\{\mathrm{e}^{\mathrm{i}t\lambda_j}\boldsymbol{\delta}_j(\boldsymbol{\lambda})|\ 1\leqslant j\leqslant m,\ -\infty<t<\infty\}\tag{10.7.6}$$

其中 $\boldsymbol{\lambda}=(\lambda_1,\cdots,\lambda_m)$, (当 $\boldsymbol{F}$ 为 $\mathscr{B}^m$ 上矩阵测度时, t 取任意实数; 当 $\boldsymbol{F}$ 为 $\mathscr{B}^m\cap[-\pi,\ \pi)^m$ 上矩阵测度时, t 取整数值) 为 $L^2(\boldsymbol{F})$ 中的稠密集.

证明 由引理 10.1, 只要证对有界分量的向量函数 $\boldsymbol{\varphi}=(\varphi_1,\cdots,\varphi_m)$ 可用 $\mathrm{e}^{\mathrm{i}t\lambda_j}\boldsymbol{\delta}_j(\boldsymbol{\lambda})$ 的线性组合任意逼近.

$\forall\varepsilon>0$, 由于 $\boldsymbol{\varphi}_j\in L^2(F_{jj})$, 存在 $\mathrm{e}^{\mathrm{i}t\lambda_j}$ 的线性组合 $\boldsymbol{\psi}_j$, 使

$$\int|\boldsymbol{\varphi}_j-\boldsymbol{\psi}_j|^2F_{jj}(\mathrm{d}\boldsymbol{\lambda})<\varepsilon$$

取 $\mathrm{e}^{\mathrm{i}t\lambda_j}\boldsymbol{\delta}_j(\boldsymbol{\lambda})$ 的线性组合

$$\boldsymbol{\psi}=\boldsymbol{\psi}_1(\boldsymbol{\lambda})\boldsymbol{\delta}_1(\boldsymbol{\lambda})+\cdots+\boldsymbol{\psi}_m(\boldsymbol{\lambda})\boldsymbol{\delta}_m(\boldsymbol{\lambda})$$

则

$$\|\boldsymbol{\varphi}-\boldsymbol{\psi}\|=\left\|\sum_{j=1}^{m}(\boldsymbol{\varphi}_j-\boldsymbol{\psi}_j)\boldsymbol{\delta}_j\right\|\leqslant\sum_{j=1}^{m}\|(\boldsymbol{\varphi}_j-\boldsymbol{\psi}_j)\boldsymbol{\delta}_j\|$$

从而

$$\|(\boldsymbol{\varphi}_j-\boldsymbol{\psi}_j)\boldsymbol{\delta}_j\|^2=\int(\boldsymbol{\varphi}_j-\boldsymbol{\psi}_j)\boldsymbol{\delta}_j\boldsymbol{f}[(\boldsymbol{\varphi}_j-\boldsymbol{\psi}_j)\boldsymbol{\delta}_j]^*\mu(\mathrm{d}\boldsymbol{\lambda})$$

$$=\int|\boldsymbol{\varphi}_j-\boldsymbol{\psi}_j|^2 f_{jj}\mu(\mathrm{d}\boldsymbol{\lambda})=\int|\boldsymbol{\varphi}_j-\boldsymbol{\psi}_j|^2 F_{jj}(\mathrm{d}\boldsymbol{\lambda})<\varepsilon$$

定理 10.6 证毕.

注 10.4 若 $\boldsymbol{\varphi}=(\varphi_1,\cdots,\varphi_m)\in L^2(\boldsymbol{F})$, 并不一定有 $\varphi_j\in L^2(F_{jj})$, 但 φ_j 有界时一定成立.

10.7.5 $L^2(F)$ 的唯一性

设 $\boldsymbol{F}$ 为矩阵测度, 如果还有测度 v 满足 $F_{jk}\ll v,\ \ 1\leqslant j,\ k\leqslant m$, 则有

$$\boldsymbol{f}^{(v)}(\boldsymbol{\lambda})=\frac{\boldsymbol{F}(\mathrm{d}\boldsymbol{\lambda})}{v(\mathrm{d}\boldsymbol{\lambda})}=\left(\frac{F_{jk}(\mathrm{d}\boldsymbol{\lambda})}{v(\mathrm{d}\boldsymbol{\lambda})}\right)_{m\times m}$$

和前面一样构造

$$L_v^2=\{\boldsymbol{\varphi}=(\varphi_1,\cdots,\varphi_m)|\ \varphi_j\text{可测},1\leqslant j\leqslant m,\int\boldsymbol{\varphi}\boldsymbol{f}^v\boldsymbol{\varphi}^*v(d\boldsymbol{\lambda})<\infty\}$$

可以证明

$$L_v^2(\boldsymbol{F})=L^2(\boldsymbol{F}) \tag{10.7.7}$$

即

$$\int\boldsymbol{\varphi}\boldsymbol{f}\boldsymbol{\varphi}^*\mu(\mathrm{d}\boldsymbol{\lambda})=\int\boldsymbol{\varphi}\boldsymbol{f}^{(v)}\boldsymbol{\varphi}^*v(\mathrm{d}\boldsymbol{\lambda})$$

事实上, 令

$$\begin{cases}\mu=\tilde{\mu}+\widehat{\mu}, & \tilde{\mu}\ll v, \quad \widehat{\mu}\perp v\\ v=\tilde{v}+\widehat{v}, & \tilde{v}\ll\mu, \quad \widehat{v}\perp\mu\end{cases} \tag{10.7.8}$$

则

$$\tilde{\mu}\ll\tilde{v}, \quad \tilde{v}\ll\tilde{\mu} \tag{10.7.9}$$

令

$$\alpha(\boldsymbol{\lambda})=\left(\frac{\tilde{\mu}(\boldsymbol{\lambda})}{\tilde{v}(\boldsymbol{\lambda})}\right)^{-1} \tag{10.7.10}$$

则容易证明

$$f_{jk}(\boldsymbol{\lambda})=f_{jk}^{(\tilde{\mu})}(\boldsymbol{\lambda})=\alpha(\boldsymbol{\lambda})f_{jk}^{(\tilde{v})}(\boldsymbol{\lambda})=\alpha(\boldsymbol{\lambda})f_{jk}^{(v)}(\boldsymbol{\lambda}) \tag{10.7.11}$$

对 $\tilde{\mu},\tilde{v}$ 是 a.e. 成立的, 由此得等式

$$\int_{\Delta_0}\boldsymbol{\varphi}\boldsymbol{f}\boldsymbol{\psi}^*\mu(\mathrm{d}\boldsymbol{\lambda})=\int_{\Delta_0}\boldsymbol{\varphi}\boldsymbol{f}^{(v)}\boldsymbol{\psi}^*v(\mathrm{d}\boldsymbol{\lambda}) \tag{10.7.12}$$

其中 Δ_0 为任意可测集. 再从式 (10.7.12) 得知

$$\int \boldsymbol{\varphi} \boldsymbol{f} \boldsymbol{\varphi}^* \mu(\mathrm{d}\boldsymbol{\lambda}) = \int \boldsymbol{\varphi} \boldsymbol{f}^{(v)} \boldsymbol{\varphi}^* v(\mathrm{d}\boldsymbol{\lambda}) \tag{10.7.13}$$

因此式 (10.7.7) 成立.

记

$$\begin{aligned} \int_{\Delta_0} \boldsymbol{\varphi} \boldsymbol{F}(\mathrm{d}\boldsymbol{\lambda}) \boldsymbol{\psi}^* &= \int_{\Delta_0} \boldsymbol{\varphi} \frac{\boldsymbol{F}(\mathrm{d}\boldsymbol{\lambda})}{\mu(\mathrm{d}\boldsymbol{\lambda})} \boldsymbol{\psi}^* \mu(\mathrm{d}\boldsymbol{\lambda}) \quad (\boldsymbol{F} \ll \mu) \\ &= \int_{\Delta_0} \boldsymbol{\varphi} \frac{\boldsymbol{F}(\mathrm{d}\boldsymbol{\lambda})}{v(\mathrm{d}\boldsymbol{\lambda})} \boldsymbol{\psi}^* v(\mathrm{d}\boldsymbol{\lambda}) \quad (\boldsymbol{F} \ll v) \end{aligned}$$

第 11 章 多维平稳过程的谱理论

11.1 多维平稳过程的定义及相关的概念

11.1.1 多维平稳过程定义

设 H 是一个 Hilbert 空间, 对于 n 维随机变量

$$\boldsymbol{\xi}(t)=(\xi_1(t),\cdots,\xi_n(t))'=(\xi_k(t))_{n\times 1},\quad \xi_k(t)\in H,\ 1\leqslant k\leqslant n$$

如果满足

$$(\xi_j(t_1+t),\ \xi_k(t_1))=(\xi_j(t),\ \xi_k(0)),\quad 1\leqslant j,\ k\leqslant n$$

或

$$\boldsymbol{B}(t)=\begin{pmatrix}(\xi_1(t_1+t),\xi_1(t_1)) & \cdots & (\xi_1(t_1+t),\xi_n(t_1))\\ \vdots & & \vdots\\ (\xi_n(t_1+t),\xi_1(t_1)) & \cdots & (\xi_n(t_1+t),\xi_n(t_1))\end{pmatrix}$$

(只与 t 有关) 则称 $\boldsymbol{\xi}(t),t\in T$ 为 n维平稳过程.

用随机向量写法

$$\boldsymbol{B}(t)=E\boldsymbol{\xi}(t_1+t)\boldsymbol{\xi}^*(t_1)$$

称 $\boldsymbol{B}(t)$ 为 $\boldsymbol{\xi}(t)$ 的相关函数.

易知, $\boldsymbol{B}(t)$ 是正定矩阵齐次函数 (序列).

11.1.2 多维平稳过程的同构空间

设 $\boldsymbol{\xi}(t)$ 的相关函数 $\boldsymbol{B}(t)$ 在 $t=0$ 处连续, 由 5.2 节和 5.4 节知, 存在 $\boldsymbol{B}(t)$ 的谱测度, 即矩阵测度 $\boldsymbol{F}^{\boldsymbol{\xi\xi}}(\mathrm{d}\lambda)=(F_{jk}^{\boldsymbol{\xi\xi}}(\mathrm{d}\lambda))_{n\times n}$, 由它可以构造 $L^2(\boldsymbol{F}^{\boldsymbol{\xi\xi}})$ 空间.

设

$$H_{\boldsymbol{\xi}}=\mathscr{L}\{\xi_j(t),1\leqslant j\leqslant n,t\in T\}$$

称为 $\boldsymbol{\xi}(t),t\in T$ 的值空间. 建立 H_ξ 到 $L^2(\boldsymbol{F}^{\boldsymbol{\xi\xi}})$ 的同构对应

$$\varPsi:\xi_j(t)\to \mathrm{e}^{\mathrm{i}t\lambda}\boldsymbol{\delta}_j(\lambda)\tag{11.1.1}$$

则 $\varPsi$ 是保内积的. 事实上

$$(\varPsi(\xi_j(t_1)),\varPsi(\xi_k(t_2)))=\int \mathrm{e}^{\mathrm{i}t_1\lambda}\delta_j(\lambda)f^{\boldsymbol{\xi\xi}}(\lambda)(\mathrm{e}^{\mathrm{i}t_2\lambda}\delta_k(\lambda))^*\mu(\mathrm{d}\lambda)$$

$$
\begin{aligned}
&= \int \mathrm{e}^{\mathrm{i}(t_1-t_2)\lambda} F_{jk}^{\boldsymbol{\xi\xi}}(\mathrm{d}\lambda) \\
&= B_{jk}(t_1-t_2) = (\xi_j(t_1), \xi_k(t_2))
\end{aligned}
$$

又由于 $H_{\boldsymbol{\xi}} = \mathscr{L}\{\xi_j(t)\}, L^2(\boldsymbol{F}^{\boldsymbol{\xi\xi}}) = \mathscr{L}\{\mathrm{e}^{\mathrm{i}t\lambda}\boldsymbol{\delta}_j(\lambda)\}$, 所以存在唯一的 $H_{\boldsymbol{\xi}}$ 到 $L^2(\boldsymbol{F}^{\boldsymbol{\xi\xi}})$ 的等距算子 Ψ 满足式 (11.1.1), 而且 $H_{\boldsymbol{\xi}}$ 与 $L^2(\boldsymbol{F}^{\boldsymbol{\xi\xi}})$ 同构.

11.2　多维平稳过程的谱表示

设 H 为 Hilbert 空间, 把 H 变到 H 中的线性算子 E 称为**投影算子**, 如果对 $\forall \xi, \eta \in H$, 均有

$$
\begin{cases}
(E\xi, \eta) = (\xi, E\eta) \\
E^2\xi = E\xi
\end{cases}
\tag{11.2.1}
$$

对于二投影算子 E_1, E_2, 如果对 $\forall \xi \in H$, 均有

$$
E_1E_2\xi = E_2E_1\xi = E_1\xi \tag{11.2.2}
$$

则记为

$$
E_1 \leqslant E_2 \tag{11.2.3}
$$

(即 E_1 的投影空间是 E_2 投影空间的子空间)

若 $E_\lambda, \lambda \in \mathbf{R}$(或 $\lambda \in [-\pi, \pi)$) 为投影算子族, 满足

(1) 如果 $\lambda \leqslant \mu$, 则 $E_\lambda \leqslant E_\mu$; (单调性)　(11.2.4)

(2) $E_{\lambda+0} = E_\lambda$; (右连续性)　(11.2.5)

(3) $E_{-\infty} = 0, E_{+\infty} = I$(或 $E_{-\pi} = 0, E_\pi = I$), (规范性)　(11.2.6)

则称它为**单位分解**.

对 $\forall \xi \in H$, 定义 $Z(\lambda) = E_\lambda \xi$, 则 $Z(\lambda)$ 为正交增量过程.

事实上, 对 $\forall \lambda_1 < \lambda_2 \leqslant \lambda_3 < \lambda_4$, 则有

$$
\begin{aligned}
&(Z(\lambda_4) - Z(\lambda_3), Z(\lambda_2) - Z(\lambda_1)) \\
&= (Z(\lambda_4), Z(\lambda_2)) - (Z(\lambda_4), Z(\lambda_1)) + (Z(\lambda_3), Z(\lambda_1)) - (Z(\lambda_3), Z(\lambda_2)) \\
&= (E_{\lambda_4}\xi, E_{\lambda_2}\xi) - (E_{\lambda_4}\xi, E_{\lambda_1}\xi) + (E_{\lambda_3}\xi, E_{\lambda_1}\xi) - (E_{\lambda_3}\xi, E_{\lambda_2}\xi) \\
&= (\xi, E_{\lambda_2}\xi) - (\xi, E_{\lambda_1}\xi) + (\xi, E_{\lambda_1}\xi) - (\xi, E_{\lambda_2}\xi) \\
&= 0
\end{aligned}
$$

再由式 (11.2.5) 知, $Z(\lambda)$ 右连续, 所以 $Z(\lambda)$ 为正交增量过程.

在空间 $H_{\boldsymbol{\xi}}$ 上存在唯一的酉算子族 U^t, 使

$$
U^t\xi_j(s) = \xi_j(t+s), \quad 1 \leqslant j \leqslant n \tag{11.2.7}
$$

若再对 $\forall t, s, U^t$ 满足 $U^t \cdot U^s = U^{t+s}$, 则酉算子族 U^t 就构成了群. 又若 $\boldsymbol{\xi}(t)$ 是均方连续的, 则 U^t 就是连续的酉算子群. 由酉算子谱分解定理

$$U^t = \int \mathrm{e}^{\mathrm{i}t\lambda}\mathrm{d}E_\lambda \tag{11.2.8}$$

由于

$$\xi_j(t) = U^t\xi_j(0) \tag{11.2.9}$$

所以有

$$\xi_j(t) = \int \mathrm{e}^{\mathrm{i}t\lambda}\mathrm{d}E_\lambda\xi_j(0) \tag{11.2.10}$$

记

$$\varPhi_j(\lambda) = E_\lambda\xi_j(0) \tag{11.2.11}$$

则它们是正交增量随机过程, 相应的随机谱测度记为 $\varPhi_j(\mathrm{d}\lambda)$, 并令

$$\boldsymbol{\varPhi}(\mathrm{d}\lambda) = (\varPhi_1(\mathrm{d}\lambda), \cdots, \varPhi_n(\mathrm{d}\lambda))' \tag{11.2.12}$$

再由式 (11.2.10), 有

$$\boldsymbol{\xi}(t) = \int \mathrm{e}^{\mathrm{i}t\lambda}\,\boldsymbol{\varPhi}(\mathrm{d}\lambda) \tag{11.2.13}$$

称为 $\boldsymbol{\xi}(t)$ 的谱表示, $\boldsymbol{\varPhi}(\mathrm{d}\lambda)$ 称为 $\boldsymbol{\xi}(t)$ 的随机谱测度, 且

$$\boldsymbol{F}^{\xi\xi}(\mathrm{d}\lambda) = E\,\boldsymbol{\varPhi}(\mathrm{d}\lambda)\,\boldsymbol{\varPhi}^*(\mathrm{d}\lambda) \tag{11.2.14}$$

称为 $\boldsymbol{\xi}(t)$ 的谱测度. 当 $\boldsymbol{F}^{\xi\xi}(\mathrm{d}\lambda)$ 的每一个元均关于 Lebesgue 测度绝对连续, 即存在

$$f_{jk}(\lambda) = \frac{F_{jk}(\mathrm{d}\lambda)}{\mathrm{d}\lambda}, \quad 1 \leqslant j, k \leqslant n$$

则称 $\boldsymbol{f} = (f_{jk})_{n\times n}$ 为 $\boldsymbol{\xi}(t)$ 的谱密度.

下面给出 $H_{\boldsymbol{\xi}}$ 中元素的谱表示.

由式 (11.2.10), (11.2.13) 知, $\xi_j(t)$ 的谱特征为 $\mathrm{e}^{\mathrm{i}t\lambda}\boldsymbol{\delta}_j(\lambda)$, 即

$$\xi_j(t) = \int \mathrm{e}^{\mathrm{i}t\lambda}\,\varPhi_j(\mathrm{d}\lambda) = \int \mathrm{e}^{\mathrm{i}t\lambda}\boldsymbol{\delta}_j(\lambda)\,\boldsymbol{\varPhi}(\mathrm{d}\lambda)$$

一般地 $h \in H_{\boldsymbol{\xi}}$, h 的谱特征为 $\boldsymbol{\varphi}(\lambda)$, 记

$$h = \int \boldsymbol{\varphi}(\lambda)\boldsymbol{\varPhi}(\mathrm{d}\lambda) \tag{11.2.15}$$

称为 h 的谱表示.

注 11.1 式 (11.2.15) 仅是形式上表示, $h = \sum_{k=1}^{n}\int \varphi_k(\lambda)\varPhi_k(\mathrm{d}\lambda)$ 不一定成立, 这个式子成立当且仅当 $\varphi_j(\lambda) \in L^2(F_{jj}), 1 \leqslant j \leqslant n$ 成立.

11.3 两个多维平稳过程之间的平稳相关和从属关系

11.3.1 平稳相关

设 $\boldsymbol{\xi}(t)=(\xi_1(t),\cdots,\xi_n(t))', t\in T$ 为 n 维平稳过程, $\boldsymbol{\eta}(t)=(\eta_1(t),\cdots,\eta_m(t))', t\in T$ 为 m 维平稳过程, 如果

$$E\boldsymbol{\eta}(t_1+t)\boldsymbol{\xi}^*(t_1)=\boldsymbol{B}^{\boldsymbol{\eta}\boldsymbol{\xi}}(t) \quad (\text{只与 } t \text{ 有关, 与 } t_1 \text{ 无关}) \tag{11.3.1}$$

即

$$E\eta_j(t_1+t)\overline{\xi_k(t_1)}=B_{jk}^{\boldsymbol{\eta}\boldsymbol{\xi}}(t), \quad 1\leqslant j\leqslant m, 1\leqslant k\leqslant n \tag{11.3.2}$$

或者

$$\boldsymbol{\zeta}(t)=\begin{pmatrix}\boldsymbol{\xi}(t)\\ \boldsymbol{\eta}(t)\end{pmatrix} \tag{11.3.3}$$

是 $n+m$ 维平稳过程, 则称 $\boldsymbol{\xi}(t)$ 与 $\boldsymbol{\eta}(t)$ 是平稳相关的.

由于式 (11.3.3) 是平稳过程, 所以

$$\boldsymbol{B}^{\boldsymbol{\zeta}\boldsymbol{\zeta}}(t)=E\boldsymbol{\zeta}(t_1+t)\boldsymbol{\zeta}^*(t_1)=\begin{pmatrix}\boldsymbol{B}^{\boldsymbol{\xi}\boldsymbol{\xi}}(t) & \boldsymbol{B}^{\boldsymbol{\xi}\boldsymbol{\eta}}(t)\\ \boldsymbol{B}^{\boldsymbol{\eta}\boldsymbol{\xi}}(t) & \boldsymbol{B}^{\boldsymbol{\eta}\boldsymbol{\eta}}(t)\end{pmatrix} \tag{11.3.4}$$

有谱表示

$$\begin{aligned}\boldsymbol{B}^{\boldsymbol{\eta}\boldsymbol{\xi}}(t)=(B_{jk}^{\boldsymbol{\eta}\boldsymbol{\xi}}(t))_{m\times n}&=\left(\int \mathrm{e}^{\mathrm{i}t\lambda}F_{jk}^{\boldsymbol{\eta}\boldsymbol{\xi}}(\mathrm{d}\lambda)\right)_{m\times n}\\ &=\int \mathrm{e}^{\mathrm{i}t\lambda}\boldsymbol{F}^{\boldsymbol{\eta}\boldsymbol{\xi}}(\mathrm{d}\lambda)\end{aligned} \tag{11.3.5}$$

其中 $\boldsymbol{F}^{\boldsymbol{\eta}\boldsymbol{\xi}}(\mathrm{d}\lambda)=(F_{jk}^{\boldsymbol{\eta}\boldsymbol{\xi}}(\mathrm{d}\lambda))_{m\times n}$. 称 $\boldsymbol{B}^{\boldsymbol{\eta}\boldsymbol{\xi}}(t)$ 为 $\boldsymbol{\eta}(t)$ 与 $\boldsymbol{\xi}(t)$ 的互相关函数, 称 $\boldsymbol{F}^{\boldsymbol{\eta}\boldsymbol{\xi}}(\mathrm{d}\lambda)$ 为 $\boldsymbol{\eta}(t)$ 与 $\boldsymbol{\xi}(t)$ 的互谱测度.

若 $\boldsymbol{F}^{\boldsymbol{\eta}\boldsymbol{\xi}}(\mathrm{d}\lambda)$ 中每一元均绝对连续 (相对于 Lebesgue 测度), 即有

$$f_{jk}^{\boldsymbol{\eta}\boldsymbol{\xi}}=\frac{F_{jk}^{\boldsymbol{\eta}\boldsymbol{\xi}}(\mathrm{d}\lambda)}{\mathrm{d}\lambda}, \quad 1\leqslant j\leqslant m, 1\leqslant k\leqslant n \tag{11.3.6}$$

则称 $\boldsymbol{f}^{\boldsymbol{\eta}\boldsymbol{\xi}}(\lambda)=(f_{jk}^{\boldsymbol{\eta}\boldsymbol{\xi}}(\lambda))_{m\times n}$ 为 $\boldsymbol{\eta}(t)$ 与 $\boldsymbol{\xi}(t)$ 的互谱密度.

11.3.2 从属关系

设 $\boldsymbol{\xi}(t)$ 和 $\boldsymbol{\eta}(t), t\in T$ 分别为 n 维和 m 维平稳过程, 如果 $\boldsymbol{\xi}(t)$ 与 $\boldsymbol{\eta}(t)$ 平稳相关, 且

$$H_{\boldsymbol{\eta}}\subset H_{\boldsymbol{\xi}} \tag{11.3.7}$$

或

$$\eta_j(t) \in H_{\boldsymbol{\xi}}, \quad 1 \leqslant j \leqslant m, \forall t \in T$$

则称 $\boldsymbol{\eta}(t)$ 从属于 $\boldsymbol{\xi}(t)$.

若 $\boldsymbol{\xi}(t)$ 与 $\boldsymbol{\eta}(t)$ 相互从属, 则称 $\boldsymbol{\xi}(t)$ 与 $\boldsymbol{\eta}(t)$ 等价.

引理 11.1 若 $\boldsymbol{\eta}(t)$ 从属于 $\boldsymbol{\xi}(t)$, 则存在 $\boldsymbol{\varphi}_j(t) \in L^2(\boldsymbol{F}^{\boldsymbol{\xi}\boldsymbol{\xi}})$, 使

$$\eta_j(t) = \int \mathrm{e}^{\mathrm{i}t\lambda} \boldsymbol{\varphi}_j(\lambda) \boldsymbol{\Phi}^{\boldsymbol{\xi}}(\mathrm{d}\lambda), \quad 1 \leqslant j \leqslant m \tag{11.3.8}$$

其中 $\boldsymbol{\varphi}_j = (\varphi_{j1}, \cdots, \varphi_{jn})$. 式 (11.3.8) 还可用下式表示

$$\boldsymbol{\eta}(t) = \int \mathrm{e}^{\mathrm{i}t\lambda} \boldsymbol{\varphi}_{\boldsymbol{\eta}\boldsymbol{\xi}}(\lambda) \boldsymbol{\Phi}^{\boldsymbol{\xi}}(\mathrm{d}\lambda) \tag{11.3.9}$$

其中 $\boldsymbol{\Phi}^{\xi}(\mathrm{d}\lambda)$ 为 $\boldsymbol{\xi}(t)$ 的随机谱测度, 而 $\boldsymbol{\varphi}_{\boldsymbol{\eta}\boldsymbol{\xi}}$ 为

$$\boldsymbol{\varphi}_{\boldsymbol{\eta}\boldsymbol{\xi}} = (\varphi_{jk})_{m \times n} \tag{11.3.10}$$

证明 因为 $\eta_j(0) \in H_{\boldsymbol{\xi}}$, 所以 $\eta_j(0)$ 有谱特征 $\boldsymbol{\varphi}_j = (\varphi_{j1}, \cdots, \varphi_{jn}) \in L^2(\boldsymbol{F}^{\boldsymbol{\xi}\boldsymbol{\xi}})$. 令

$$\hat{\eta}_j(t) = \int \mathrm{e}^{\mathrm{i}t\lambda} \boldsymbol{\varphi}_j \boldsymbol{\Phi}^{\boldsymbol{\xi}}(\mathrm{d}\lambda)$$

由于

$$\begin{aligned}
(\eta_j(t), \xi_k(s)) &= (\eta_j(0), \xi_k(s-t)) \\
&= \int \boldsymbol{\varphi}_j \boldsymbol{F}^{\boldsymbol{\xi}\boldsymbol{\xi}}(\mathrm{d}\lambda)(\mathrm{e}^{\mathrm{i}(s-t)\lambda} \boldsymbol{\delta}_k(\lambda))^* \\
(\hat{\eta}_j(t), \xi_k(s)) &= \int \mathrm{e}^{\mathrm{i}t\lambda} \boldsymbol{\varphi}_j(\lambda) \boldsymbol{F}^{\boldsymbol{\xi}\boldsymbol{\xi}}(\mathrm{d}\lambda)(\mathrm{e}^{\mathrm{i}s\lambda} \boldsymbol{\delta}_k(\lambda))^*
\end{aligned}$$

所以

$$(\hat{\eta}_j(t), \xi_k(s)) = (\eta_j(t), \xi_k(s))$$

由于 $H_{\boldsymbol{\xi}} = \mathscr{L}\{\xi_k(s)\}$, 所以对一切 $h \in H_{\boldsymbol{\xi}}$, 都有

$$(\hat{\eta}_j(t) - \eta_j(t), h) = 0$$

从而 $\hat{\eta}_j(t) = \eta_j(t), 1 \leqslant j \leqslant m$. 引理 11.1 证毕.

引理 11.2 设 $\boldsymbol{\xi}(t), t \in T$ 为 n 维平稳过程, $\boldsymbol{\eta}(t)$ 和 $\boldsymbol{\zeta}(t), t \in T$ 皆为 m 维平稳过程, 其中 $\boldsymbol{\eta}(t)$ 和 $\boldsymbol{\zeta}(t)$ 都与 $\boldsymbol{\xi}(t)$ 平稳相关, 且 $\boldsymbol{\zeta}(t)$ 从属于 $\boldsymbol{\xi}(t)$, 此外还有

$$\boldsymbol{F}^{\boldsymbol{\eta}\boldsymbol{\eta}}(\mathrm{d}\lambda) = \boldsymbol{F}^{\boldsymbol{\zeta}\boldsymbol{\zeta}}(\mathrm{d}\lambda) \tag{11.3.11}$$

$$\boldsymbol{F}^{\boldsymbol{\eta}\boldsymbol{\xi}}(\mathrm{d}\lambda) = \boldsymbol{F}^{\boldsymbol{\zeta}\boldsymbol{\xi}}(\mathrm{d}\lambda) \tag{11.3.12}$$

则

$$\boldsymbol{\eta}(t) = \boldsymbol{\zeta}(t), \quad t \in T \tag{11.3.13}$$

证明 由式 (11.3.12) 知

$$\begin{aligned}(\eta_j(t), \xi_k(s)) &= \int \mathrm{e}^{\mathrm{i}(t-s)\lambda} F_{jk}^{\boldsymbol{\eta}\boldsymbol{\xi}}(\mathrm{d}\lambda) \\ &= \int \mathrm{e}^{\mathrm{i}(t-s)\lambda} F_{jk}^{\boldsymbol{\zeta}\boldsymbol{\xi}}(\mathrm{d}\lambda) \\ &= (\zeta_j(t), \xi_k(s)),\end{aligned} \tag{11.3.14}$$

其中 $1 \leqslant j \leqslant m, 1 \leqslant k \leqslant n, s, t \in T$

设

$$\eta_j(t) = \hat{\eta}_j(t) + \tilde{\eta}_j(t) \tag{11.3.15}$$

其中 $\hat{\eta}_j(t) \in H_{\boldsymbol{\xi}}, \tilde{\eta}_j(t) \perp H_{\boldsymbol{\xi}}$. 由式 (11.3.14) 知

$$(\hat{\eta}_j(t), \xi_k(s)) = (\zeta_j(t), \xi_k(s)) \tag{11.3.16}$$

所以

$$\hat{\eta}_j(t) = \zeta_j(t) \tag{11.3.17}$$

由式 (11.3.15) 知

$$||\eta_j(t)||^2 = ||\hat{\eta}_j(t)||^2 + ||\tilde{\eta}_j(t)||^2$$

由式 (11.3.17) 知

$$||\hat{\eta}_j(t)||^2 = ||\zeta_j(t)||^2$$

再由式 (11.3.11) 可得

$$||\eta_j(t)||^2 = ||\zeta_j(t)||^2$$

从而 $\tilde{\eta}_j(t) = \mathbf{0}, j = 1, 2, \cdots, m$, 进而 $\boldsymbol{\eta}(t) = \boldsymbol{\zeta}(t), t \in T$.

定理 11.1 设 $\boldsymbol{\xi}(t), t \in T$ 为 n 维平稳过程, $\boldsymbol{\eta}(t), t \in T$ 为 m 维平稳过程, $\boldsymbol{\eta}(t)$ 与 $\boldsymbol{\xi}(t)$ 平稳相关, 则 $\boldsymbol{\eta}(t)$ 从属于 $\boldsymbol{\xi}(t) \Leftrightarrow$ 存在

$$\boldsymbol{\varphi}_{\boldsymbol{\eta}\boldsymbol{\xi}} = (\varphi_{jk})_{m \times n} = \begin{pmatrix} \varphi_{11} & \cdots & \varphi_{1n} \\ \vdots & & \vdots \\ \varphi_{m1} & \cdots & \varphi_{mn} \end{pmatrix}_{m \times n} \tag{11.3.18}$$

使

$$\boldsymbol{F}^{\boldsymbol{\eta}\boldsymbol{\eta}}(\mathrm{d}\lambda) = \boldsymbol{\varphi}_{\boldsymbol{\eta}\boldsymbol{\xi}} \boldsymbol{F}^{\boldsymbol{\xi}\boldsymbol{\xi}}(\mathrm{d}\lambda) \boldsymbol{\varphi}_{\boldsymbol{\eta}\boldsymbol{\xi}}^* \tag{11.3.19}$$

$$\boldsymbol{F}^{\boldsymbol{\eta\xi}}(\mathrm{d}\lambda)=\boldsymbol{\varphi}_{\boldsymbol{\eta\xi}}\boldsymbol{F}^{\boldsymbol{\xi\xi}}(\mathrm{d}\lambda) \tag{11.3.20}$$

证明 $\Rightarrow$ 由引理 11.1, 存在 $\boldsymbol{\varphi}_{\boldsymbol{\eta\xi}}$, 使

$$\boldsymbol{\eta}(t)=\int \mathrm{e}^{\mathrm{i}t\lambda}\boldsymbol{\varphi}_{\boldsymbol{\eta\xi}}\boldsymbol{\varPhi}^{\boldsymbol{\xi}}(\mathrm{d}\lambda)$$

$$\begin{aligned}E\boldsymbol{\eta}(t)\boldsymbol{\eta}^*(0)=\boldsymbol{B}^{\boldsymbol{\eta\eta}}(t)&=\int \mathrm{e}^{\mathrm{i}t\lambda}\boldsymbol{\varphi}_{\boldsymbol{\eta\xi}}\boldsymbol{F}^{\boldsymbol{\xi\xi}}(\mathrm{d}\lambda)\boldsymbol{\varphi}^*_{\boldsymbol{\eta\xi}}\\&=\int \mathrm{e}^{\mathrm{i}t\lambda}\boldsymbol{F}^{\boldsymbol{\eta\eta}}(\mathrm{d}\lambda)\end{aligned}$$

这说明式 (11.3.19) 成立, 类似地可证式 (11.3.20) 也成立.

$\Leftarrow$ 令 $\boldsymbol{\varphi}_j=(\varphi_{j1},\cdots,\varphi_{jn})$ 是 $\boldsymbol{\varphi}_{\boldsymbol{\eta\xi}}$ 的第 j 行, $1\leqslant j\leqslant m$. 由式 (11.3.19) 知

$$\int \boldsymbol{\varphi}_j\boldsymbol{F}^{\boldsymbol{\xi\xi}}(\mathrm{d}\lambda)\boldsymbol{\varphi}_j^*=\int \boldsymbol{F}_{jj}^{\boldsymbol{\eta\eta}}(\mathrm{d}\lambda)<\infty$$

这说明 $\boldsymbol{\varphi}_j\in L^2(\boldsymbol{F}^{\boldsymbol{\xi\xi}})$. 令

$$\zeta_j(t)=\int \mathrm{e}^{\mathrm{i}t\lambda}\boldsymbol{\varphi}_j\boldsymbol{\varPhi}^{\boldsymbol{\xi}}(\mathrm{d}\lambda)\in H_{\xi},\quad 1\leqslant j\leqslant m$$

$$\boldsymbol{\zeta}(t)=(\zeta_1(t),\cdots,\zeta_m(t))'$$

从属于 $\boldsymbol{\xi}(t)$(引理 11.1), $\boldsymbol{F}^{\boldsymbol{\zeta\zeta}}(\mathrm{d}\lambda)$ 等于式 (11.3.19) 的右端, $\boldsymbol{F}^{\boldsymbol{\zeta\xi}}(\mathrm{d}\lambda)$ 等于式 (11.3.20) 的右端. 再由引理 11.2 知 $\boldsymbol{\eta}(t)=\boldsymbol{\zeta}(t)$, 从而从属于 $\boldsymbol{\xi}(t)$.

注 11.2 $\boldsymbol{\eta}(t)$ 可用 $\boldsymbol{\xi}(t)$ 线性变换得到. 如果 $\boldsymbol{\eta}(t)$ 可用式 (11.3.9) 或式 (11.3.8) 表示:

$$\boldsymbol{\eta}(t)=\int \mathrm{e}^{\mathrm{i}t\lambda}\boldsymbol{\varphi}_{\boldsymbol{\eta\xi}}\boldsymbol{\varPhi}^{\boldsymbol{\xi}}(\mathrm{d}\lambda)$$

这时式 (11.3.19) 和式 (11.3.20) 成立, 平稳过程 $\boldsymbol{\eta}(t)$ 有自己的谱表示:

$$\boldsymbol{\eta}(t)=\int \mathrm{e}^{\mathrm{i}t\lambda}\boldsymbol{\varPhi}^{\boldsymbol{\eta}}(\mathrm{d}\lambda) \tag{11.3.21}$$

$$\boldsymbol{\varPhi}^{\boldsymbol{\eta}}(\mathrm{d}\lambda)=(\varPhi_1^{\boldsymbol{\eta}}(\mathrm{d}\lambda),\cdots,\varPhi_m^{\boldsymbol{\eta}}(\mathrm{d}\lambda))' \tag{11.3.22}$$

从式 (11.3.9) 和式 (11.3.21) 可得

$$\boldsymbol{\varPhi}^{\boldsymbol{\eta}}(\mathrm{d}\lambda)=\boldsymbol{\varphi}_{\boldsymbol{\eta\xi}}(\lambda)\boldsymbol{\varPhi}^{\boldsymbol{\xi}}(\mathrm{d}\lambda) \tag{11.3.23}$$

11.4 常数秩的 n 维平稳过程

设 $\boldsymbol{\xi}(t),t\in T$ 为 n 维平稳过程, 它的随机谱测度为 $\boldsymbol{\varPhi}(\mathrm{d}\lambda)$, 即

$$\boldsymbol{\xi}(t)=\int \mathrm{e}^{\mathrm{i}t\lambda}\boldsymbol{\varPhi}(\mathrm{d}\lambda)$$

它的谱测度为 $\boldsymbol{F}(\mathrm{d}\lambda)$.

设 μ 为 Lebesgue 测度, 若 $F_{jk}(\mathrm{d}\lambda) \ll \mu$, 而且谱密度 $\boldsymbol{f}(\lambda) = \dfrac{\boldsymbol{F}(\mathrm{d}\lambda)}{\mu(\mathrm{d}\lambda)}$ 的秩 (a.e.μ) 为 m, 则称 $\boldsymbol{\xi}(t)$ 是秩为 m 的平稳过程.

引理 11.3　若 $\boldsymbol{\xi}(t), t \in T$ 是秩为 m 的 n 维平稳过程, 其谱密度为 $\boldsymbol{f}(\lambda) = (f_{jk}(\lambda))_{n\times n}$, 则存在矩阵函数 $\boldsymbol{\varphi}(\lambda) = (\varphi_{jk}(\lambda))_{n\times m}$ 和 $\boldsymbol{\psi}(\lambda) = (\psi_{jk}(\lambda))_{m\times n}$, 使

$$\boldsymbol{f}(\lambda) = \frac{1}{2\pi}\boldsymbol{\varphi}\boldsymbol{\varphi}^*, \quad \text{a.e.}\mu \tag{11.4.1}$$

$$\boldsymbol{\psi}\boldsymbol{\varphi} = \boldsymbol{I}_m, \quad \text{a.e.}\mu \tag{11.4.2}$$

证明　由于 $f(\lambda)$ 的秩 a.e.μ 为 m, 设 $f(\lambda)$ 的特征值为

$$\lambda_1(\lambda) \geqslant \lambda_2(\lambda) \geqslant \cdots \geqslant \lambda_m(\lambda) > 0, \quad \text{a.e.}\mu$$

$$\lambda_{m+1} = \cdots = \lambda_n(\lambda) = 0, \quad \text{a.e.}\mu$$

由第 11 章讨论知, 存在酉矩阵

$$\boldsymbol{\beta} = \begin{pmatrix} \beta_{11} & \cdots & \beta_{1n} \\ \vdots & & \vdots \\ \beta_{n1} & \cdots & \beta_{nn} \end{pmatrix}_{n\times n} \tag{11.4.3}$$

使

$$\boldsymbol{f} = \boldsymbol{\beta}\begin{pmatrix} \lambda_1 & & \boldsymbol{O} \\ & \ddots & \\ \boldsymbol{O} & & \lambda_n \end{pmatrix}\boldsymbol{\beta}^*$$

令

$$\boldsymbol{\varphi} = \sqrt{2\pi}\begin{pmatrix} \beta_{11} & \cdots & \beta_{1m} \\ \vdots & & \vdots \\ \beta_{n1} & \cdots & \beta_{nm} \end{pmatrix}\begin{pmatrix} \sqrt{\lambda_1} & & \boldsymbol{O} \\ & \ddots & \\ \boldsymbol{O} & & \sqrt{\lambda_m} \end{pmatrix} = \begin{pmatrix} \varphi_{11} & \cdots & \varphi_{1m} \\ \vdots & & \vdots \\ \varphi_{n1} & \cdots & \varphi_{nm} \end{pmatrix} \tag{11.4.4}$$

则 $f = \dfrac{1}{2\pi}\varphi\varphi^*$. 令

$$\boldsymbol{\psi} = \frac{1}{\sqrt{2\pi}}\begin{pmatrix} \dfrac{1}{\sqrt{\lambda_1}} & & \boldsymbol{O} \\ & \ddots & \\ \boldsymbol{O} & & \dfrac{1}{\sqrt{\lambda_m}} \end{pmatrix}\begin{pmatrix} \bar{\beta}_{11} & \cdots & \bar{\beta}_{n1} \\ \vdots & & \vdots \\ \bar{\beta}_{m1} & \cdots & \bar{\beta}_{mn} \end{pmatrix} = \begin{pmatrix} \psi_{11} & \cdots & \psi_{1n} \\ \vdots & & \vdots \\ \psi_{m1} & \cdots & \psi_{mn} \end{pmatrix} \tag{11.4.5}$$

则 $\psi\varphi = \boldsymbol{I}_m$.

引理 11.3 证毕.

由式 (11.4.1)、式 (11.4.2) 知

$$\boldsymbol{\psi}\boldsymbol{f}\boldsymbol{\psi}^* = \frac{1}{2\pi}\boldsymbol{I}_m, \quad \text{a.e.}\mu \tag{11.4.6}$$

由式 (11.4.1)、式 (11.4.2)、式 (11.4.6) 知

$$(\boldsymbol{\varphi}\boldsymbol{\psi} - \boldsymbol{I}_n)\boldsymbol{f}(\boldsymbol{\psi}^*\boldsymbol{\varphi}^* - \boldsymbol{I}_n) = 0 \tag{11.4.7}$$

令

$$\begin{aligned}
\boldsymbol{\psi} &= (\boldsymbol{\psi}_1, \cdots, \boldsymbol{\psi}_m)' \\
\boldsymbol{\psi}_j &= (\psi_{j1}, \cdots, \psi_{jn}), \quad j = 1, 2, \cdots, m
\end{aligned}$$

由式 (11.4.6) 对任意有界可测集 Δ, 有 $\chi_{\Delta}(\lambda)\boldsymbol{\psi}_j(\lambda) \in L^2(\boldsymbol{F})$. 令

$$\Lambda_j(\Delta) = \int \chi_{\Delta}\boldsymbol{\psi}_j\,\boldsymbol{\Phi}(\mathrm{d}\lambda), \quad j = 1, \cdots, m \tag{11.4.8}$$

则 $\Lambda_j(\Delta)$ 为随机测度, 且其构成测度为

$$(\Lambda_j(\Delta_1), \Lambda_j(\Delta_2)) = \frac{1}{2\pi}\mu(\Delta_1\Delta_2)$$

由式 (11.4.6) 知随机测度 $\Lambda_j(\Delta), j = 1, 2, \cdots, m$ 相互正交, 即

$$(\Lambda_j(\Delta_1), \Lambda_k(\Delta_2)) = 0, \quad j \neq k$$

再由式 (11.4.7)、式 (11.4.8) 知

$$\begin{aligned}
\boldsymbol{\xi}(t) &= \int \mathrm{e}^{\mathrm{i}t\lambda}\boldsymbol{\Phi}(\mathrm{d}\lambda) = \int \mathrm{e}^{\mathrm{i}t\lambda}\boldsymbol{I}_n\boldsymbol{\Phi}(\mathrm{d}\lambda) \\
&= \int \mathrm{e}^{\mathrm{i}t\lambda}\boldsymbol{\varphi}\boldsymbol{\psi}\,\boldsymbol{\Phi}(\mathrm{d}\lambda) = \int \mathrm{e}^{\mathrm{i}t\lambda}\boldsymbol{\varphi}\boldsymbol{\Lambda}(\mathrm{d}\lambda)
\end{aligned} \tag{11.4.9}$$

其中 $\boldsymbol{\Lambda}(\mathrm{d}\lambda) = (\Lambda_1(\mathrm{d}\lambda), \cdots, \Lambda_m(\mathrm{d}\lambda))'$.

先讨论离散参数的情况. 令

$$\zeta_j(t) = \int_{-\pi}^{\pi} \mathrm{e}^{\mathrm{i}t\lambda}\Lambda_j(\mathrm{d}\lambda)$$

即

$$\boldsymbol{\zeta}(t) = \int_{-\pi}^{\pi} \mathrm{e}^{\mathrm{i}t\lambda}\boldsymbol{\Lambda}(\mathrm{d}\lambda)$$

则 $\boldsymbol{\zeta}(t)$ 是标准正交序列, 即

$$(\zeta_j(t), \zeta_k(s)) = 0, \quad j \neq k, \forall t, s \in \mathbf{N}$$

$$(\zeta_j(t+s),\zeta_j(s))=\frac{1}{2\pi}\int_{-\pi}^{\pi}\mathrm{e}^{\mathrm{i}t\lambda}\mathrm{d}\lambda=\begin{cases}1, & t=0\\ 0, & t\neq 0\end{cases}$$

由于 $\varphi_{jk}(\lambda)$ 平方可积, 故 $\varphi_{jk}(\lambda)$ 有 Fourier 展开 (因 $\boldsymbol{f}=1/(2\pi)\boldsymbol{\varphi}\boldsymbol{\varphi}^*$)

$$\varphi_{jk}(\lambda)=\sum_{s=-\infty}^{+\infty}c_{jk}(s)\mathrm{e}^{-\mathrm{i}s\lambda}$$

级数在 $L^2[-\pi,\pi)$ 意义下收敛, 即

$$\sum_{s=-\infty}^{+\infty}|c_{jk}(s)|^2<\infty,\quad j=1,2,\cdots,n,k=1,2,\cdots,m$$

$$\begin{aligned}\boldsymbol{\varphi}=(\varphi_{jk})_{n\times m}&=\sum_{s=-\infty}^{+\infty}(c_{jk}(s))_{n\times m}\mathrm{e}^{-\mathrm{i}s\lambda}\\&=\sum_{s=-\infty}^{+\infty}\boldsymbol{c}(s)\mathrm{e}^{-\mathrm{i}s\lambda}\end{aligned}\tag{11.4.10}$$

把式 (11.4.10) 代入式 (11.4.9) 得

$$\begin{aligned}\boldsymbol{\xi}(t)=\sum_{s=-\infty}^{+\infty}\boldsymbol{c}(s)\int_{-\pi}^{\pi}\mathrm{e}^{\mathrm{i}(t-s)\lambda}\boldsymbol{\Lambda}(\mathrm{d}\lambda)&=\sum_{s=-\infty}^{+\infty}\boldsymbol{c}(s)\boldsymbol{\zeta}(t-s)\\&=\sum_{s=-\infty}^{\infty}\boldsymbol{c}(t-s)\boldsymbol{\zeta}(s)\end{aligned}\tag{11.4.11}$$

再讨论连续参数情况. 令

$$\boldsymbol{\zeta}(\Delta)=\int_{-\infty}^{+\infty}\frac{\mathrm{e}^{\mathrm{i}t_2\lambda}-\mathrm{e}^{\mathrm{i}t_1\lambda}}{\mathrm{i}\lambda}\boldsymbol{\Lambda}(\mathrm{d}\lambda),\quad \Delta=(t_1,t_2]$$

即

$$\zeta_j(\Delta)=\int_{-\infty}^{+\infty}\frac{\mathrm{e}^{\mathrm{i}t_2\lambda}-\mathrm{e}^{\mathrm{i}t_1\lambda}}{\mathrm{i}\lambda}\Lambda_j(\mathrm{d}\lambda),\quad j=1,2,\cdots,m$$

则 $\zeta_j(\Delta)$ 可扩张为标准随机测度, 即对任意可测集 Δ_1,Δ_2, 均有

$$(\zeta_j(\Delta_1),\zeta_j(\Delta))=\mu(\Delta_1\Delta_2)$$

而且 $\zeta_j(\Delta_1),\zeta_k(\Delta_2)$ 正交 $(j\neq k)$.

由于 $\varphi_{jk}(\lambda)$ 平方可积, 所以有 $c_{jk}(s)$, 使

$$\varphi_{jk}(\lambda)=\int_{-\infty}^{+\infty}\mathrm{e}^{-\mathrm{i}s\lambda}c_{jk}(s)\mathrm{d}s,$$

$$\boldsymbol{\varphi}(\lambda)=(\varphi_{jk})_{n\times m}=\int_{-\infty}^{+\infty}\mathrm{e}^{-\mathrm{i}s\lambda}\boldsymbol{c}(s)\mathrm{d}s$$

其中 $\boldsymbol{c}(s)=(c_{jk}(s))_{n\times m}$.

注意到

$$\int_{-\infty}^{+\infty}\mathrm{e}^{\mathrm{i}s\lambda}\boldsymbol{c}(t-s)\mathrm{d}s=\mathrm{e}^{\mathrm{i}t\lambda}\boldsymbol{\varphi}(\lambda) \tag{11.4.12}$$

并利用随机测度的 Fourier 变换结果, 把式 (11.4.12) 代入式 (11.4.9), 得

$$\boldsymbol{\xi}(t)=\int_{-\infty}^{+\infty}\mathrm{e}^{\mathrm{i}t\lambda}\boldsymbol{\varphi}(\lambda)\boldsymbol{\Lambda}(\mathrm{d}\lambda)=\int_{-\infty}^{+\infty}\boldsymbol{c}(t-s)\boldsymbol{\zeta}(\mathrm{d}s) \tag{11.4.13}$$

定理 11.2 n 维平稳过程 $\boldsymbol{\xi}(t),t\in T$ 秩为 $m\Leftrightarrow\boldsymbol{\xi}(t)$ 可表为式 (11.4.11)(离散参数) 或式 (11.4.13)(连续参数), 且 $\zeta_j(t)$ 或 $\zeta_j(\Delta)$ 皆属于 $H_{\boldsymbol{\xi}},\boldsymbol{\zeta}(t)$ 为标准正交序列, $\boldsymbol{\zeta}(\Delta)$ 为标准随机测度, $\zeta_j(\Delta)$ 与 $\zeta_k(\Delta)(j\neq k)$ 正交.

证明 $\Rightarrow$ 上面已证.

$\Leftarrow$ 设 $\boldsymbol{c}(t)$ 的 Fourier 变换为 $\boldsymbol{\varphi}=(\varphi_{jk})_{n\times m}$(当 t 是离散参数时, $\boldsymbol{c}(t)$ 平方可和, 且 $\boldsymbol{\varphi}=\sum\boldsymbol{c}(t)\mathrm{e}^{-\mathrm{i}t\lambda}$; 当 t 是连续参数时, $\boldsymbol{c}(t)$ 平方可积, 且 $\boldsymbol{\varphi}=\int\boldsymbol{c}(t)\mathrm{e}^{-\mathrm{i}t\lambda}\mathrm{d}t),\boldsymbol{\zeta}$ 的 Fourier 逆变换是 $\boldsymbol{\Lambda}=(\Lambda_1,\cdots,\Lambda_m)'$($t$ 是离散参数时, $\boldsymbol{\zeta}(t)=\int_{-\pi}^{\pi}\mathrm{e}^{\mathrm{i}t\lambda}\boldsymbol{\Lambda}(\mathrm{d}\lambda)$, $\boldsymbol{\Lambda}(\mathrm{d}\lambda)$ 就是 $\boldsymbol{\zeta}(t)$ 的随机谱测度; t 是连续参数时, $\Lambda_j(\Delta)=\dfrac{1}{2\pi}\displaystyle\int_{-\infty}^{+\infty}\dfrac{\mathrm{e}^{-\mathrm{i}\lambda_2t}-\mathrm{e}^{-\mathrm{i}\lambda_1t}}{-\mathrm{i}t}\zeta_j(\mathrm{d}t)$, $\Delta=(\lambda_1,\lambda_2]$). 于是

$$\boldsymbol{\xi}(t)=\int\mathrm{e}^{\mathrm{i}t\lambda}\boldsymbol{\varphi}\boldsymbol{\Lambda}(\mathrm{d}\lambda) \tag{11.4.14}$$

因此

$$(\boldsymbol{\xi}(t+s),\boldsymbol{\xi}(t))=\frac{1}{2\pi}\int\mathrm{e}^{\mathrm{i}t\lambda}\boldsymbol{\varphi}\boldsymbol{\varphi}^*\mathrm{d}\lambda$$

从而知

$$\boldsymbol{f}=\frac{1}{2\pi}\boldsymbol{\varphi}\boldsymbol{\varphi}^* \tag{11.4.15}$$

由式 (11.4.14) 知 $H_{\boldsymbol{\xi}}\subset H_{\boldsymbol{\Lambda}}$, 又由 $\boldsymbol{\Lambda}$ 的构造及定理的假设条件知 $H_{\boldsymbol{\Lambda}}\subset H_{\boldsymbol{\zeta}}\subset H_{\boldsymbol{\xi}}$, 从而知

$$H_{\boldsymbol{\Lambda}}=H_{\boldsymbol{\xi}} \tag{11.4.16}$$

今证 $\boldsymbol{f}(\lambda)$ 的秩 a.e.μ 为 m. 由式 (11.4.15) 知, $\boldsymbol{f}$ 的秩 $\leqslant m$. (反证法) 假如 $\boldsymbol{f}$ 在一正测度集 E(有限测度) 上秩 $<m$, 即在 E 上 $\boldsymbol{\varphi}$ 的秩 $<m$, 于是存在 $\boldsymbol{\psi}=(\psi_1,\cdots,\psi_m)$, 使 $\boldsymbol{\varphi}\boldsymbol{\psi}^*=0$, 且

$$0<\int_E\sum_{j=1}^m|\psi_j|^2\mathrm{d}\lambda<\infty$$

考虑元素 $h=\int \boldsymbol{\psi}(\lambda)\boldsymbol{\Lambda}(\mathrm{d}\lambda)\in H_{\boldsymbol{\Lambda}}, h\neq \mathbf{0}$, 但有

$$(\xi_k(t),h)=\frac{1}{2\pi}\int \mathrm{e}^{\mathrm{i}t\lambda}(\varphi_{k1},\cdots,\varphi_{km})\psi^*\mathrm{d}\lambda=0,\quad 1\leqslant k\leqslant n$$

这说明 $h\perp H_{\boldsymbol{\xi}}$, 但由式 (11.4.16) 知 $h\in H_{\boldsymbol{\xi}}$, 这就产生了矛盾. 因此 $\boldsymbol{f}(\lambda)$ 的秩为 m, a.e.μ.

第 12 章　多维离散参数平稳过程的预测问题

12.1　多维平稳过程的外推问题与奇异性、正则性

12.1.1　外推问题

设 $\boldsymbol{\xi}(t), t \in T$ 为 n 维平稳过程, $E\boldsymbol{\xi}(t) = 0, \quad t \in T$, 令

$$H_{\boldsymbol{\xi}} = \mathscr{L}\{\xi_j(t), 1 \leqslant j \leqslant n, t \in T\}$$

$$H_{\boldsymbol{\xi}}^{-}(t) = \mathscr{L}\{\xi_j(s), 1 \leqslant j \leqslant n, \ \ s \leqslant t\}$$

对于 $\tau > 0$, 求 $\hat{\xi}_j(t,\tau)$, 使 $\hat{\xi}_j(t,\tau) \in H_{\boldsymbol{\xi}}^{-}(t)$, 且

$$||\xi_j(t+\tau) - \hat{\xi}_j(t,\tau)|| = \inf_{h \in H_{\boldsymbol{\xi}}^{-}(t)} ||\xi_j(t+\tau) - h|| \tag{12.1.1}$$

这就是外推问题, 称 $\hat{\xi}_j(t,\tau)$ 为 $\xi_j(t+\tau)$ 关于 $H_{\xi}^{-}(t)$ 的**最优线性预测量**. 事实上

$$\hat{\xi}_j(t,\tau) = P_{H_{\boldsymbol{\xi}}^{-}(t)}\xi_j(t+\tau) \tag{12.1.2}$$

设 U^t 为 $\boldsymbol{\xi}(t)$ 的酉算子族, 则

$$U^t\xi_k(s) = \xi_k(s+t), \quad k = 1, 2, \cdots, n, t, s \in T \tag{12.1.3}$$

显然

$$U^t H_{\boldsymbol{\xi}}^{-}(s) = H_{\boldsymbol{\xi}}^{-}(t+s) \tag{12.1.4}$$

并有

$$U^t\widehat{\xi}_k(s,\tau) = \widehat{\xi}_k(t+s,\tau), \quad k = 1, 2, \cdots, n \tag{12.1.5}$$

对于固定的 τ, 易知

$$\widehat{\boldsymbol{\xi}}(t,\tau) = (\widehat{\xi}_1(t,\tau), \cdots, \widehat{\xi}_n(t,\tau))'$$

是平稳过程, 而且从属于 $\boldsymbol{\xi}(t)$. 由式 (11.3.9) 有

$$\widehat{\boldsymbol{\xi}}(t,\tau) = \int \mathrm{e}^{\mathrm{i}t\lambda}\hat{\boldsymbol{\varphi}}(\lambda,\tau)\boldsymbol{\Phi}(\mathrm{d}\lambda) \tag{12.1.6}$$

其中 $\boldsymbol{\Phi}(\mathrm{d}\lambda)$ 是 $\boldsymbol{\xi}(t)$ 的随机谱测度. 若求得式 (12.1.6) 中的

$$\hat{\boldsymbol{\varphi}}(\lambda,\tau) = (\hat{\varphi}_{kl}(\lambda,\tau))_{n\times n}$$

则认为 $\widehat{\boldsymbol{\xi}}(t,\tau)$ 已求得. 本章考虑 t 为离散参数的情况.

12.1.2　奇异性与正则性

如果

$$\widehat{\xi}_k(t,\tau)=\xi_k(t+\tau),\quad k=1,\cdots,n,\forall t,\tau\in\mathbf{N} \tag{12.1.7}$$

则称 $\boldsymbol{\xi}(t)$ 为奇异的. 显然等式 (12.1.7) 若对某 $t=t_0,\tau=\tau_0$ 成立, 则对一切 t,τ 成立.

定义 12.1　如果对一切 $t\in\mathbf{N}$ 均有

$$\underset{\tau\to+\infty}{\text{l.i.m}}\ \widehat{\xi}_k(t,\tau)=0,\quad k=1,2,\cdots,n \tag{12.1.8}$$

则称 $\boldsymbol{\xi}(t)$ 为正则的.

不难看出, $\boldsymbol{\xi}(t)$ 正则 $\Leftrightarrow$ 对一切 $t\in\mathbf{N}$, 均有

$$\lim_{\tau\to+\infty}||\widehat{\xi}_k(t,\tau)||=\lim_{\tau\to+\infty}||\widehat{\xi}_k(t-\tau,\tau)||=0\quad (\text{酉算子作用})$$

即

$$\underset{s\to-\infty}{\text{l.i.m}}\ P_{H_{\boldsymbol{\xi}}^-(s)}\xi_k(t)=0,\quad k=1,2,\cdots,n \tag{12.1.9}$$

令

$$S_{\boldsymbol{\xi}}=\bigcap_{t=-\infty}^{+\infty}H_{\boldsymbol{\xi}}^-(t) \tag{12.1.10}$$

定理 12.1　$\boldsymbol{\xi}(t)$ 奇异 $\Leftrightarrow S_{\boldsymbol{\xi}}=H_{\boldsymbol{\xi}}$ (留作习题).

引理 12.1　$\boldsymbol{\xi}(t)$ 正则 $\Leftrightarrow$

$$\underset{t\to-\infty}{\text{l.i.m}}\ P_{H_{\boldsymbol{\xi}}^-(t)}\eta=0,\quad \eta\in H_{\boldsymbol{\xi}} \tag{12.1.11}$$

证明　$\Leftarrow$　由式 (12.1.9), 取 $\eta=\xi_k(0)$ 即可.

$\Rightarrow$　$\forall\varepsilon>0$, 存在 a_{jk} 和 t_j, 使

$$\left\|\eta-\sum_{k=1}^{n}\sum_{j=1}^{m}a_{kj}\xi_k(t_j)\right\|<\varepsilon$$

所以

$$\left\|P_{H_{\boldsymbol{\xi}}^-(t)}\eta-P_{H_{\boldsymbol{\xi}}^-(t)}\sum_{k=1}^{n}\sum_{j=1}^{m}a_{kj}\xi_k(t_j)\right\|<\varepsilon\quad (||P_Ba-P_Bb||\leqslant||a-b||)$$

$$\left\|P_{H_{\boldsymbol{\xi}}^-(t)}\eta\right\|\leqslant\left\|P_{H_{\boldsymbol{\xi}}^-(t)}\sum_{k=1}^{n}\sum_{j=1}^{m}a_{kj}\xi_k(t_j)\right\|+\varepsilon\quad (\text{三角不等式})$$

因此

$$0 \leqslant \overline{\lim_{t \to -\infty}} ||P_{H_{\boldsymbol{\xi}}^-(t)}\eta|| \leqslant \varepsilon$$

由 ε 的任意性知必要性成立.

引理 12.2 设 $B(t)$ 为 Hilbert 空间 H 的子空间, 且 $B(t) \supset B(s)$, 对于 $t > s$, 则对 $\forall \eta \in H$, 有 $\lim\limits_{t \to -\infty} P_{B(t)}\eta = \zeta$ 存在, 且 $\zeta \in \bigcap\limits_t B(t)$.

证明 设 $t_1 > t_2 > \cdots > t_n > \cdots$, 且 $t_n \to -\infty (n \to \infty)$. 由于

$$||P_{B(t_1)}\eta - P_{B(t_n)}\eta|| \leqslant ||P_{B(t_1)}\eta|| \leqslant ||\eta||$$

$$||P_{B(t_1)}\eta - P_{B(t_3)}\eta||^2 = ||P_{B(t_1)}\eta - P_{B(t_2)}\eta||^2 + ||P_{B(t_2)}\eta - P_{B(t_3)}\eta||^2$$

(由 $a - P_B a \perp B$, 得 $P_{B(t_1)}\eta - P_{B(t_2)}\eta \perp B(t_2), P_{B(t_2)}\eta - P_{B(t_3)}\eta \in B(t_2)$)

因此

$$\sum_{j=1}^{n} ||P_{B(t_j)}\eta - P_{B(t_{j+1})}\eta||^2 = ||P_{B(t_1)}\eta - P_{B(t_{n+1})}\eta||^2 \leqslant ||\eta||^2$$

所以 $\sum\limits_{j=1}^{+\infty} ||P_{B(t_j)}\eta - P_{B(t_{j+1})}\eta||^2$ 收敛, 且其和小于等于 $||\eta||^2$. 从而对 $\forall \varepsilon > 0$, 存在正整数 k, 使得

$$\sum_{j=k}^{+\infty} ||P_{B(t_j)}\eta - P_{B(t_{j+1})}\eta||^2 < \varepsilon$$

对 $\forall s, t < t_k$, (不妨设 $s < t$) 取 t_{k+k_1}, 使 $t_{k+k_1} < s$, 则

$$\begin{aligned} & ||P_{B(t_k)}\eta - P_{B(t_{k+k_1})}\eta||^2 \\ = & ||P_{B(t_k)}\eta - P_{B(t)}\eta||^2 + ||P_{B(t)}\eta - P_{B(s)}\eta||^2 + ||P_{B(s)}\eta - P_{B(t_k+k_1)}\eta||^2 \end{aligned}$$

所以

$$||P_{B(t)}\eta - P_{B(s)}\eta||^2 \leqslant ||P_{B(t_k)}\eta - P_{B(t_{k+k_1})}\eta||^2 < \varepsilon$$

因此存在 $\zeta \in H$, 使

$$\zeta = \underset{t \to -\infty}{\text{l.i.m}}\, P_{B(t)}\eta$$

对 $\forall t_0$, 当 $t < t_0$ 时, 有 $P_{B(t)}\eta \in B(t_0)$, 所以

$$\zeta = \underset{t \to -\infty}{\text{l.i.m}}\, P_{B(t)}\eta \in B(t_0)$$

从而 $\zeta \in \bigcap\limits_t B(t)$. 特别地, $\bigcap\limits_t B(t) = \{0\}$ 时, 有 $\underset{t \to -\infty}{\text{l.i.m}}\, P_{B(t)}\eta = 0$.

引理 12.2 证毕.

由引理 12.1 和引理 12.2 立即得到:

定理 12.2 $\boldsymbol{\xi}(t)$ 正则 $\Leftrightarrow$

$$S_{\boldsymbol{\xi}} = \{0\} \tag{12.1.12}$$

证明 $\Rightarrow$ 若 $\eta \in S_{\boldsymbol{\xi}} \subset H_{\boldsymbol{\xi}}^-(t)$, 对 $\forall t \in \mathbf{N}$, 则

$$P_{H_{\boldsymbol{\xi}}^-(t)}\eta = \eta$$

从而由引理 12.1 知 $\eta = \mathbf{0}$.

$\Leftarrow$ 对 $\forall \eta \in H_{\boldsymbol{\xi}}$, 由引理 12.2 知

$$\underset{t\to-\infty}{\text{l.i.m}}\, P_{H_{\xi}^-(t)}\eta = \zeta \in S_{\xi} = \{0\}$$

从而 $\zeta = 0$. 再由引理 12.1 知 $\boldsymbol{\xi}(t)$ 是正则的.

定理 12.3(Wold 分解) 任一 n 维平稳序列 $\boldsymbol{\xi}(t) = (\xi_1(t), \cdots, \xi_n(t))', t \in \mathbf{N}$ 总能唯一地表示为

$$\boldsymbol{\xi}(t) = \boldsymbol{\eta}(t) + \boldsymbol{\zeta}(t) \tag{12.1.13}$$

这里 $\boldsymbol{\eta}(t) = (\eta_1(t), \cdots, \eta_n(t))'$ 和 $\boldsymbol{\zeta}(t) = (\zeta_1(t), \cdots, \zeta_n(t))', t \in \mathbf{N}$ 都是 n 维平稳序列, 相互正交, 即对一切 $t, s \in \mathbf{N}$, 有

$$(\eta_k(t), \zeta_j(s)) = 0, \quad j, k = 1, 2, \cdots, n \tag{12.1.14}$$

而且 $\boldsymbol{\eta}(t)$ 与 $\boldsymbol{\xi}(t), \boldsymbol{\zeta}(t)$ 与 $\boldsymbol{\xi}(t)$ 均平稳相关, $\boldsymbol{\eta}(t), \boldsymbol{\zeta}(t)$ 都强从属于 $\boldsymbol{\xi}(t)$, 即对一切 $t \in \mathbf{N}$, 有

$$H_{\boldsymbol{\eta}}^-(t) \subset H_{\boldsymbol{\xi}}^-(t), \quad H_{\boldsymbol{\zeta}}^-(t) \subset H_{\boldsymbol{\xi}}^-(t) \tag{12.1.15}$$

此外, $\boldsymbol{\eta}(t)$ 是正则的, $\boldsymbol{\zeta}(t)$ 是奇异的.

证明 首先证明表示式的唯一性. 若 $\boldsymbol{\xi}(t)$ 有满足定理条件的分解式 (12.1.13), 则

$$H_{\boldsymbol{\xi}}^-(t) = H_{\boldsymbol{\eta}}^-(t) \oplus H_{\boldsymbol{\zeta}}^-(t) \tag{12.1.16}$$

于是

$$S_{\boldsymbol{\xi}} = S_{\boldsymbol{\eta}} \oplus S_{\boldsymbol{\zeta}}$$

由于 $\boldsymbol{\eta}(t)$ 是正则的, 故 $S_{\boldsymbol{\eta}} = \{0\}$, 从而 $S_{\boldsymbol{\xi}} = S_{\boldsymbol{\zeta}}$. 又 $\boldsymbol{\zeta}(t)$ 是奇异的, 故 $S_{\boldsymbol{\zeta}} = H_{\boldsymbol{\zeta}}$, 从而

$$S_{\boldsymbol{\xi}} = S_{\boldsymbol{\zeta}} = H_{\boldsymbol{\zeta}}$$

注意到

$$\zeta_k(t) \in H_{\boldsymbol{\zeta}} = S_{\boldsymbol{\xi}}, \quad \eta_k(t) \perp H_{\boldsymbol{\zeta}} = S_{\boldsymbol{\xi}}$$

可见 $\zeta_k(t)$ 必为 $\xi_k(t)$ 在 $S_{\boldsymbol{\xi}}$ 上的投影, $\eta_k(t)$ 为 $\xi_k(t)$ 至 $S_{\boldsymbol{\xi}}$ 的垂线. 由投影的唯一性知, 表达式 (12.1.13) 是唯一的.

下面证明表示式 (12.1.13) 的存在性. 将 $\xi_k(0)$ 作分解

$$\xi_k(0) = \eta_k(0) + \zeta_k(0)$$

其中 $\eta_k(0) \in S_{\boldsymbol{\xi}}^{\perp}, \zeta_k(0) \in S_{\boldsymbol{\xi}}$.

设 U^t 为 $\boldsymbol{\xi}(t)$ 的酉算子族, 令

$$\begin{aligned} \eta_k(t) &= U^t \eta_k(0) \in S_{\boldsymbol{\xi}}^{\perp} \\ \zeta_k(t) &= U^t \zeta_k(0) \in S_{\xi}, \quad k = 1, 2, \cdots, n \end{aligned}$$

则 $\boldsymbol{\eta}(t) = (\eta_1(t), \cdots, \eta_n(t))'$ 和 $\boldsymbol{\zeta}(t) = (\zeta_1(t), \cdots, \zeta_n(t))'$ 都是平稳序列, 且都强从属于 $\boldsymbol{\xi}(t)$, 而 $\boldsymbol{\eta}(t)$ 与 $\boldsymbol{\zeta}(t)$ 相互正交.

一方面, 因为 $H_{\boldsymbol{\eta}}^-(t) \subset H_{\boldsymbol{\xi}}^-(t)$, 有 $S_{\boldsymbol{\eta}} \subset S_{\boldsymbol{\xi}}$; 另一方面 $\boldsymbol{\eta}(t) \perp S_{\boldsymbol{\xi}}$, 因此有 $S_{\boldsymbol{\eta}} \perp S_{\boldsymbol{\xi}}$, 从而有 $S_{\boldsymbol{\eta}} = \{0\}$, 说明 $\boldsymbol{\eta}(t)$ 是正则的.

再从 $\boldsymbol{\zeta}(t) = P_{S_{\xi}} \boldsymbol{\xi}(t)$ 得

$$H_{\boldsymbol{\zeta}}^-(t) = P_{S_{\boldsymbol{\xi}}} H_{\boldsymbol{\xi}}^-(t) = S_{\boldsymbol{\xi}}$$

因此

$$H_{\boldsymbol{\zeta}} = H_{\boldsymbol{\zeta}}^-(t) = S_{\boldsymbol{\zeta}}$$

所以 $\boldsymbol{\zeta}(t)$ 是奇异的.

定理 12.3 证毕.

从式 (12.1.16) 知, 若 $\boldsymbol{\xi}(t)$ 有 Wold 分解式 (12.1.13), 则

$$\widehat{\boldsymbol{\xi}}(t, \tau) = \hat{\boldsymbol{\eta}}(t, \tau) + \widehat{\boldsymbol{\zeta}}(t, \tau) = \hat{\boldsymbol{\eta}}(t, \tau) + \boldsymbol{\zeta}(t + \tau)$$

于是预测问题归结为求式 (12.1.13) 中正则分量与奇异分量的谱特征.

12.2　n 维正则平稳序列的 Wold 分解

设 $\boldsymbol{\xi}(t), t \in \mathbf{N}$ 是 n 维正则平稳序列, U^t 是它的酉算子族. 令

$$D_{\boldsymbol{\xi}}(t) = H_{\boldsymbol{\xi}}^-(t) \ominus H_{\boldsymbol{\xi}}^-(t-1) \tag{12.2.1}$$

它是由 $\xi_k(t)$, $k = 1, 2, \cdots, n$ 至子空间 $H_{\boldsymbol{\xi}}^-(t-1)$ 的垂线产生的子空间, 即

$$D_{\boldsymbol{\xi}}(t) = \left\{ \sum_{k=1}^{n} \alpha_k \left[\xi_k(t) - P_{H_{\boldsymbol{\xi}}^-(t-1)} \xi_k(t) \right] \right\}, \quad \alpha_k \text{ 为复数}$$

它的维数 $0 < m \leqslant n$. 显然, 对任意 $t \in \mathbf{N}$, 有

$$D_{\boldsymbol{\xi}}(t+\tau) \perp D_{\boldsymbol{\xi}}(t), \quad \tau \neq 0 \tag{12.2.2}$$

又因对 $\forall t, s \in \mathbf{N}$, 有 $U^s H_{\boldsymbol{\xi}}^-(t) = H_{\boldsymbol{\xi}}^-(t+s)$, 因此

$$U^s D_{\boldsymbol{\xi}}(t) = D_{\boldsymbol{\xi}}(t+s) \tag{12.2.3}$$

引理 12.3 设 $\boldsymbol{\xi}(t), t \in \mathbf{N}$ 是 n 维的正则平稳序列, 则

$$H_{\boldsymbol{\xi}} = \sum_{s=-\infty}^{+\infty} \oplus D_{\boldsymbol{\xi}}(s) \tag{12.2.4}$$

$$H_{\boldsymbol{\xi}}^-(t) = \sum_{s=-\infty}^{t} \oplus D_{\boldsymbol{\xi}}(s) \tag{12.2.5}$$

证明 显然有

$$D_{\boldsymbol{\xi}}(s) \subset H_{\boldsymbol{\xi}}^-(s) \subset H_{\boldsymbol{\xi}}$$

$$\sum_{s=-\infty}^{+\infty} \oplus D_{\boldsymbol{\xi}}(s) \subset H_{\boldsymbol{\xi}}$$

又若有 $\eta \neq 0, \eta \in H_{\boldsymbol{\xi}}$, 但 $\eta \perp \sum\limits_{s=-\infty}^{+\infty} \oplus D_{\boldsymbol{\xi}}(s)$. 由于

$$H_{\boldsymbol{\xi}} = H_{\boldsymbol{\xi}}^-(t) \oplus \sum_{s>t}^{+\infty} \oplus D_{\boldsymbol{\xi}}(s) \tag{12.2.6}$$

所以对 $\forall t, \eta \in H_{\boldsymbol{\xi}}^-(t)$, 即 $\eta \in S_{\boldsymbol{\xi}}$, 这与 $S_{\boldsymbol{\xi}} = \{\mathbf{0}\}$ 矛盾, 因此式 (12.2.4) 成立. 由式 (12.2.4)、式 (12.4.6) 知式 (12.2.5) 成立.

引理 12.3 证毕.

设 $\zeta_j, j = 1, 2, \cdots, m$ 是 $D_{\boldsymbol{\xi}}(0)$ 的标准正交基, 令

$$\zeta_j(t) = U^t \zeta_j, \quad j = 1, 2, \cdots, m$$

则 $\boldsymbol{\zeta}(t) = (\zeta_1(t), \cdots, \zeta_m(t))'$ 是强从属于 $\boldsymbol{\xi}(t)$ 的 m 维标准正交过程, 而且 $\zeta_1(t), \cdots, \zeta_m(t)$ 是 $D_{\boldsymbol{\xi}}(t)$ 的标准正交基, 称 $\boldsymbol{\zeta}(t)$ 是 $\boldsymbol{\xi}(t)$ 的基本过程.

注意到

$$\begin{aligned}(\xi_k(t), \zeta_j(s)) &= (U^t \xi_k(0), U^s \zeta_j) = (U^{t-s} \xi_k(0), \zeta_j) \\ &= (\xi_k(t-s), \zeta_j) = c_{kj}(t-s)\end{aligned}$$

因此 $\boldsymbol{\xi}(t)$ 与 $\boldsymbol{\zeta}(t)$ 平稳相关. 又 $U^t D_{\boldsymbol{\xi}}(0) = D_{\boldsymbol{\xi}}(t)$, 故

$$\zeta_j(t) = U^t \zeta_j \in D_{\boldsymbol{\xi}}(t) \subset H_{\boldsymbol{\xi}}^-(t)$$

即 $\boldsymbol{\zeta}(t)$ 是强从属于 $\boldsymbol{\xi}(t)$ 的.

当 $t \neq s$ 时, $\zeta_j(t) \in D_{\boldsymbol{\xi}}(t), \zeta_k(s) \in D_{\boldsymbol{\xi}}(s)$, 而 $D_{\boldsymbol{\xi}}(t) \perp D_{\boldsymbol{\xi}}(s)$, 故

$$(\zeta_j(t), \zeta_k(s)) = 0, \quad t \neq s \text{或} j \neq k$$

且 $||\zeta_j(t)|| = ||\zeta_j(s)|| = 1$.

再由式 (12.2.5) 知

$$\xi_k(t) = \sum_{s=-\infty}^{t} \sum_{j=1}^{m} c_{kj}(t-s)\zeta_j(s), \quad k = 1, 2, \cdots, n \tag{12.2.7}$$

其中

$$c_{kj}(t) = (\xi_k(t), \zeta_j), \quad k = 1, 2, \cdots, n, j = 1, 2, \cdots, m \tag{12.2.8}$$

将式 (12.2.7) 写成矩阵形式

$$\boldsymbol{\xi}(t) = \sum_{s=-\infty}^{t} \boldsymbol{c}(t-s)\boldsymbol{\zeta}(s) \tag{12.2.9}$$

其中 $\boldsymbol{c}(t) = (c_{kj}(t))_{n\times m}$. 称式 (12.2.9) 为 n 维正则平稳过程 $\boldsymbol{\xi}(t), t \in \mathbf{N}$ 的 Wold 分解.

按定义, 与 $\boldsymbol{\xi}(t)$ 平稳相关的 m 维标准正交过程为 $\boldsymbol{\zeta}(t)$, 如果 $\zeta_j(t), j = 1, 2, \cdots, m$ 是 $D_{\boldsymbol{\xi}}(t)$ 的标准正交基, 则 $\boldsymbol{\zeta}(t)$ 就是 $\boldsymbol{\xi}(t)$ 的一个基本过程. 或等价地, 与 $\boldsymbol{\xi}(t)$ 平稳相关的 m 维标准正交过程 $\boldsymbol{\zeta}(t)$, 若满足

$$H_{\boldsymbol{\zeta}}^-(t) = H_{\boldsymbol{\xi}}^-(t) \tag{12.2.10}$$

则 $\boldsymbol{\zeta}(t)$ 是 $\boldsymbol{\xi}(t)$ 的一个基本过程. 事实上

$$\zeta_j(t) \in H_{\boldsymbol{\zeta}}^-(t) \ominus H_{\boldsymbol{\zeta}}^-(t-1) = H_{\boldsymbol{\xi}}^-(t) \ominus H_{\boldsymbol{\xi}}^-(t-1) = D_{\boldsymbol{\xi}}(t)$$

因此 $\zeta_j(t), j = 1, 2, \cdots, m$ 是 $D_{\boldsymbol{\xi}}(t)$ 的标准正交基.

易见, 基本过程精确到相差一个因子 (任一酉矩阵) 而唯一确定. 若 $\widehat{\boldsymbol{\zeta}}(t), \boldsymbol{\zeta}(t)$ 都是 $\boldsymbol{\xi}(t)$ 的基本过程, 则存在一个酉矩阵 $\boldsymbol{U}$, 使

$$\widehat{\boldsymbol{\zeta}}(t) = \boldsymbol{U}\boldsymbol{\zeta}(t) \tag{12.2.11}$$

反之, 对任一酉矩阵 $\boldsymbol{U}$ 和基本过程 $\boldsymbol{\zeta}(t)$, 则由式 (12.2.11) 确定的 $\widehat{\boldsymbol{\zeta}}(t)$ 称为基本过程. 若 $\widehat{\boldsymbol{\zeta}}(t) = \boldsymbol{U}\boldsymbol{\zeta}(t)$ 与 $\boldsymbol{\zeta}(t)$ 都是 $\boldsymbol{\xi}(t)$ 的基本过程, $\boldsymbol{\xi}(t)$ 对 $\boldsymbol{\zeta}(t)$ 与 $\widehat{\boldsymbol{\zeta}}(t)$ 的 Wold 分解式系数分别为 $\boldsymbol{c}(t)$ 与 $\hat{\boldsymbol{c}}(t)$, 则

$$\hat{\boldsymbol{c}}(t) = \boldsymbol{c}(t)\boldsymbol{U}^*$$

定理 12.4(Wold 分解)　n 维正则平稳序列 $\boldsymbol{\xi}(t), t \in \mathbf{N}$ 可表示为

$$\boldsymbol{\xi}(t) = \sum_{s=-\infty}^{t} \boldsymbol{c}(t-s)\boldsymbol{\zeta}(s) = \sum_{s=0}^{+\infty} \boldsymbol{c}(s)\boldsymbol{\zeta}(t-s)$$

其中 $\boldsymbol{\zeta}(s)$ 为标准正交过程, 且

$$H_{\boldsymbol{\xi}}^{-}(t) = H_{\boldsymbol{\zeta}}^{-}(t), \quad \forall t \in \mathbf{N}$$

其中 $\boldsymbol{c}(t) = (c_{kj}(t))_{n\times m}$, 且有

$$\sum_{k=1}^{n}\sum_{j=1}^{m}\sum_{t=0}^{+\infty} |c_{kj}(t)|^2 < \infty$$

$\boldsymbol{c}(0) \neq \boldsymbol{O}$. 若正则平稳序列 $\boldsymbol{\xi}(t)$ 有表达式 (12.2.9), 则 $\boldsymbol{\zeta}(t)$ 必为 $\boldsymbol{\xi}(t)$ 的一个基本过程, $\boldsymbol{\zeta}(t)$ 与 $\boldsymbol{c}(t)$ 都在相差一个酉矩阵意义下唯一确定.

系 12.1　n 维平稳序列 $\boldsymbol{\xi}(t), t \in \mathbf{N}$ 正则 $\Leftrightarrow \boldsymbol{\xi}(t)$ 可表示为

$$\boldsymbol{\xi}(t) = \sum_{s=0}^{+\infty} \boldsymbol{c}(s)\boldsymbol{\zeta}(t-s)$$

其中 $\boldsymbol{\zeta}(t)$ 为 m 维标准正交过程, $\boldsymbol{c}(t) = (c_{kj}(t))_{n\times m}$, 且

$$\sum_{k=1}^{n}\sum_{j=1}^{m}\sum_{t=0}^{+\infty} |c_{kj}(t)|^2 < \infty$$

由式 (12.2.10) 知, 正则过程 $\boldsymbol{\xi}(t)$ 与它的基本过程相互强从属. 再由式 (12.2.7) 和式 (12.2.10) 知, $\xi_k(t+\tau)(\tau > 0)$ 在 $H_{\boldsymbol{\xi}}^{-}(t)$ 中投影为

$$\widehat{\xi}_k(t,\tau) = \sum_{s=-\infty}^{t}\sum_{j=1}^{m} c_{kj}(t+\tau-s)\zeta_j(s), \quad k = 1, 2, \cdots, n$$

矩阵形式为

$$\widehat{\boldsymbol{\xi}}(t,\tau) = \sum_{s=0}^{+\infty} \boldsymbol{c}(\tau+s)\boldsymbol{\zeta}(t-s) \tag{12.2.12}$$

定义 12.2 秩为 m 的 n 阶矩阵函数 $\boldsymbol{f}(\lambda)=(f_{kj}(\lambda))_{n\times n}$ 若能表示为

$$\boldsymbol{f}(\lambda)=\frac{1}{2\pi}\boldsymbol{\varphi}(\lambda)\boldsymbol{\varphi}^*(\lambda) \tag{12.2.13}$$

其中矩阵函数

$$\boldsymbol{\varphi}(\lambda)=(\varphi_{kj}(\lambda))_{n\times m}=\sum_{t=0}^{+\infty}\boldsymbol{c}(t)\mathrm{e}^{-\mathrm{i}t\lambda} \tag{12.2.14}$$

$$\boldsymbol{c}(t)=(c_{kj}(t))_{n\times m}$$

$$\sum_{k=1}^{n}\sum_{j=1}^{m}\sum_{t=0}^{+\infty}|c_{kj}(t)|^2<\infty$$

则称 $\boldsymbol{f}(\lambda)$ 可因子分解.

显然,

$$\begin{cases}\Gamma_{kj}(z)=\displaystyle\sum_{t=0}^{\infty}c_{kj}z^t\in H_2\\ \varphi_{kj}(\lambda)=\Gamma_{kj}(\mathrm{e}^{-\mathrm{i}\lambda}),\quad k=1,2,\cdots,n,j=1,2,\cdots,m\end{cases} \tag{12.2.15}$$

记 $\boldsymbol{\Gamma}(z)=(\Gamma_{kj}(z))_{n\times m}$, 则

$$\boldsymbol{\varphi}(\lambda)=\boldsymbol{\Gamma}(\mathrm{e}^{-\mathrm{i}\lambda}) \tag{12.2.16}$$

定理 12.5 n 维平稳序列 $\boldsymbol{\xi}(t),t\in\mathbf{N}$ 是正则的 $\Leftrightarrow$ $\boldsymbol{\xi}(t)$ 有秩 m, 且它的谱密度 $\boldsymbol{f}(\lambda)$ 可因子分解.

证明 $\Rightarrow$ 由 Wold 分解式 (12.2.7)、式 (12.2.9) 及定理 11.2 立得.

$\Leftarrow$ 定理 11.2 知, $\xi(t)$ 可表示为

$$\boldsymbol{\xi}(t)=\sum_{s=-\infty}^{t}\boldsymbol{c}(t-s)\boldsymbol{\zeta}(s) \tag{12.2.17}$$

其中 $\boldsymbol{\zeta}(t)=(\zeta_1(t),\cdots,\zeta_m(t))'$ 是某一 m 维标准正交序列, 再由系 12.1 知 $\boldsymbol{\xi}(t)$ 是正则的.

定理 12.6 设 n 维正则的平稳序列 $\boldsymbol{\xi}(t),t\in\mathbf{N}$ 可表示为

$$\boldsymbol{\xi}(t)=\sum_{s=0}^{\infty}\boldsymbol{c}(s)\boldsymbol{\zeta}(t-s) \tag{12.2.18}$$

其中 $\boldsymbol{\zeta}(t)$ 为从属于 $\boldsymbol{\xi}(t)$ 的 m 维标准正交序列, 并且 $\boldsymbol{c}(t)=(c_{kj}(t))_{n\times m},\Gamma_{kj}(z)=\displaystyle\sum_{t=0}^{\infty}c_{kj}(t)z^t\in H_2$, 则式 (12.2.18) 为 $\boldsymbol{\xi}(t)$ 的 Wold 分解 $\Leftrightarrow$ $\boldsymbol{\Gamma}(z)=\displaystyle\sum_{t=0}^{+\infty}\boldsymbol{c}(t)z^t$ 为边界值满足条件式 (12.2.13) 的最大解析矩阵, 即对任意 $\widetilde{\boldsymbol{\Gamma}}(z)=(\widetilde{\Gamma}_{kj}(z))_{n\times m}$, 且 $\widetilde{\Gamma}_{kj}(z)=$

$\sum_{t=0}^{+\infty}\tilde{c}_{kj}(t)z^t \in H_2$, 其边界值也满足式 (12.2.13), 则有

$$\boldsymbol{\Gamma}(0)\boldsymbol{\Gamma}^*(0) \geqslant \widetilde{\boldsymbol{\Gamma}}(0)\widetilde{\boldsymbol{\Gamma}}^*(0) \tag{12.2.19}$$

证明　⇒　由定理 12.5 及定理 11.2 知, $\boldsymbol{\xi}(t)$ 有表示式

$$\boldsymbol{\xi}(t) = \sum_{s=0}^{+\infty}\tilde{\boldsymbol{c}}(s)\tilde{\boldsymbol{\zeta}}(t-s) \in H_{\tilde{\boldsymbol{\zeta}}}^-(t) \tag{12.2.20}$$

其中 $\tilde{\boldsymbol{\zeta}}(t)$ 为标准正交序列, 因此

$$H_{\boldsymbol{\xi}}^-(t) \subset H_{\tilde{\boldsymbol{\zeta}}}^-(t)$$

但 $H_{\boldsymbol{\xi}}^-(t) = H_{\boldsymbol{\zeta}}^-(t)$, 所以

$$H_{\boldsymbol{\zeta}}^-(t) \subset H_{\tilde{\boldsymbol{\xi}}}^-(t)$$

设 $\alpha_1,\cdots,\alpha_n$ 为任意复数, 令 $\boldsymbol{\alpha} = (\alpha_1,\cdots,\alpha_n), \eta = \boldsymbol{\alpha}\boldsymbol{\xi}(1)$, 由式 (12.2.20) 知

$$\eta - P_{H_{\tilde{\boldsymbol{\zeta}}}^-(0)}\eta = \boldsymbol{\alpha}\tilde{\boldsymbol{c}}(0)\tilde{\boldsymbol{\zeta}}(1)$$

故

$$\begin{aligned}||\eta - P_{H_{\tilde{\boldsymbol{\zeta}}}^-(0)}\eta||^2 &= ||\boldsymbol{\alpha}\tilde{\boldsymbol{c}}(0)\tilde{\boldsymbol{\zeta}}(1)||^2 \\ &= E(\boldsymbol{\alpha}\tilde{\boldsymbol{c}}(0)\tilde{\boldsymbol{\zeta}}(1)\tilde{\boldsymbol{\zeta}}^*(1)\tilde{\boldsymbol{c}}^*(0)\boldsymbol{\alpha}^*) = \boldsymbol{\alpha}\tilde{\boldsymbol{c}}(0)\tilde{\boldsymbol{c}}^*(0)\boldsymbol{\alpha}^*\end{aligned}$$

同样, 由式 (11.2.18) 知

$$||\eta - P_{H_{\boldsymbol{\zeta}}^-(0)}\eta||^2 = \boldsymbol{\alpha}\boldsymbol{c}(0)\boldsymbol{c}^*(0)\boldsymbol{\alpha}^*$$

由于 $H_{\boldsymbol{\zeta}}^-(0) \subset H_{\tilde{\boldsymbol{\zeta}}}^-(0)$, 所以

$$||\eta - P_{H_{\boldsymbol{\zeta}}^-(0)}\eta||^2 \geqslant ||\eta - P_{H_{\tilde{\boldsymbol{\zeta}}}^-(0)}\eta||^2$$

即

$$\boldsymbol{\alpha}\boldsymbol{c}(0)\boldsymbol{c}^*(0)\boldsymbol{\alpha}^* \geqslant \boldsymbol{\alpha}\tilde{\boldsymbol{c}}(0)\tilde{\boldsymbol{c}}^*(0)\boldsymbol{\alpha}^*$$

又因为 $\boldsymbol{\Gamma}(0) = \boldsymbol{c}(0), \widetilde{\boldsymbol{\Gamma}}(0) = \tilde{\boldsymbol{c}}(0)$, 知式 (12.2.19) 成立.

⇐　只要 $D_{\boldsymbol{\zeta}}(1) = D_{\boldsymbol{\xi}}(1)$. 设 $\tilde{\boldsymbol{\zeta}}(t)$ 是 $\boldsymbol{\xi}(t)$ 的基本过程, 由上面分析知

$$||\eta - P_{H_{\tilde{\boldsymbol{\zeta}}}^-(0)}\eta||^2 \geqslant ||\eta - P_{H_{\boldsymbol{\zeta}}^-(0)}\eta||^2$$

又由于 $\boldsymbol{\Gamma}(z)$ 是最大解析矩阵, 即式 (12.2.19) 成立, 对任意 n 维复向量 $\boldsymbol{\alpha}$, 有

$$\boldsymbol{\alpha}\widetilde{\boldsymbol{\Gamma}}(0)\widetilde{\boldsymbol{\Gamma}}^*(0)\boldsymbol{\alpha}^* \leqslant \boldsymbol{\alpha}\boldsymbol{\Gamma}(0)\boldsymbol{\Gamma}^*(0)\boldsymbol{\alpha}^*$$

亦即

$$||\eta - P_{H^-_{\tilde{\boldsymbol{\zeta}}}(0)}\eta||^2 \leqslant ||\eta - P_{H^-_{\boldsymbol{\zeta}}(0)}\eta||^2$$

所以

$$||\eta - P_{H^-_{\tilde{\boldsymbol{\zeta}}}(0)}\eta||^2 = ||\eta - P_{H^-_{\boldsymbol{\zeta}}(0)}\eta||^2$$

因为 $H^-_{\tilde{\boldsymbol{\zeta}}}(0) \subset H^-_{\boldsymbol{\zeta}}(0)$, 所以

$$\eta - P_{H^-_{\tilde{\boldsymbol{\zeta}}}(0)}\eta = \eta - P_{H^-_{\boldsymbol{\zeta}}(0)}\eta$$

当 $\boldsymbol{\alpha}_1, \cdots, \boldsymbol{\alpha}_n$ 取任意复数时, $\eta - P_{H^-_{\tilde{\boldsymbol{\zeta}}}(0)}\eta$ 构成 $D_{\boldsymbol{\xi}}(1)$(其中 $\eta = \boldsymbol{\alpha}\boldsymbol{\xi}(1)$), 因此 $\eta - P_{H^-_{\boldsymbol{\zeta}}(0)}\eta$ 也构成 $D_{\boldsymbol{\xi}}(1)$.

另一方面, $\eta - P_{H^-_{\boldsymbol{\zeta}}(0)}\eta = \boldsymbol{\alpha}\boldsymbol{c}(0)\boldsymbol{\zeta}(1)$ 也构成 $D_{\boldsymbol{\zeta}}(1)$. 这说明 $D_{\boldsymbol{\xi}}(1) = D_{\boldsymbol{\zeta}}(1)$.

定理 12.6 证毕.

从定理 12.6 和式 (12.2.12) 知, $\xi(t)$ 的外推问题在于求边界值满足式 (12.2.13) 的最大解析矩阵 $\boldsymbol{\Gamma}(z)$. 若 $\boldsymbol{\Gamma}(z)$ 已求得, 那么可以求它的幂级数展开式系数 $\boldsymbol{c}(t)$. 而基本过程 $\boldsymbol{\zeta}(t)$ 可以从 $\boldsymbol{\xi}(t)$ 的线性变换得到, 其谱特征为 $\mathrm{e}^{\mathrm{i}\lambda t}\boldsymbol{\psi}(t)$(式 (11.4.8)), 其中 $\boldsymbol{\psi}(\lambda) = (\psi_{jk}(\lambda))_{m\times n}$ 满足 $\boldsymbol{\psi}(\lambda)\boldsymbol{\varphi}(\lambda) = \boldsymbol{I}_m, \boldsymbol{\varphi}(\lambda) = \boldsymbol{\Gamma}(\mathrm{e}^{-\mathrm{i}\lambda})$. 事实上, 有

$$\widehat{\boldsymbol{\xi}}(t,\tau) = \int_{-\pi}^{\pi} \mathrm{e}^{\mathrm{i}t\lambda}\hat{\boldsymbol{\varphi}}(\lambda,\tau)\boldsymbol{\Phi}(\mathrm{d}\lambda) \tag{12.2.21}$$

其中 $\boldsymbol{\Phi}(\mathrm{d}\lambda)$ 为 $\boldsymbol{\xi}(t)$ 的随机测度, 而且

$$\hat{\boldsymbol{\varphi}}(\lambda,\tau) = \boldsymbol{\varphi}_\tau(\lambda)\boldsymbol{\psi}(\lambda) \tag{12.2.22}$$

$$\boldsymbol{\varphi}_\tau(\lambda) = \sum_{s=0}^{+\infty} \boldsymbol{c}(s+\tau)\mathrm{e}^{-\mathrm{i}\lambda s} \tag{12.2.23}$$

$$\boldsymbol{c}(s) = (c_{kj}(s))_{n\times m}$$

$$\boldsymbol{\Gamma}(z) = \sum_{s=0}^{+\infty} \boldsymbol{c}(s)z^s$$

并且 $\boldsymbol{\psi}(\lambda)$ 由

$$\boldsymbol{\psi}(\lambda)\boldsymbol{\varphi}(\lambda) = \boldsymbol{I}_m, \quad \boldsymbol{\varphi}(\lambda) = \boldsymbol{\Gamma}(\mathrm{e}^{-\mathrm{i}\lambda}) \tag{12.2.24}$$

确定.

易见下面对应关系:

$$\widehat{\boldsymbol{\xi}}(t,\tau)=\sum_{s=0}^{+\infty}\boldsymbol{c}(s+\tau)\boldsymbol{\zeta}(t-s)$$

$$\updownarrow \qquad\qquad \updownarrow$$

$$\mathrm{e}^{\mathrm{i}t\lambda}\widehat{\boldsymbol{\varphi}}(\lambda,\tau)=\sum_{s=0}^{+\infty}\boldsymbol{c}(s+\tau)\mathrm{e}^{\mathrm{i}(t-s)\lambda}\boldsymbol{\psi}(\lambda)$$

12.3 最大秩的 n 维正则平稳序列

若 n 维平稳序列 $\boldsymbol{\xi}(t),t\in\mathbf{N}$ 有谱密度 $\boldsymbol{f}(\lambda)$, 而且秩为 $n(\text{a.e.}\mu)$, 则称 $\boldsymbol{\xi}(t)$ 为最大秩的平稳过程.

引理 12.4 设 $\boldsymbol{\xi}(t)$ 和 $\boldsymbol{\eta}(t),t\in\mathbf{N}$ 分别是 n_1 和 n_2 维平稳过程, 它们的秩均为 m, 且 $\boldsymbol{\eta}(t)$ 从属于 $\boldsymbol{\xi}(t)$, 即 $\boldsymbol{\xi}(t)$ 与 $\boldsymbol{\eta}(t)$ 平稳相关, 且 $H_{\boldsymbol{\eta}}\subset H_{\boldsymbol{\xi}}$, 则 $\boldsymbol{\xi}(t)$ 也从属于 $\boldsymbol{\eta}(t)$.

证明 由式 (11.4.9) 知, $\boldsymbol{\xi}(t)$ 有表示式

$$\boldsymbol{\xi}(t)=\int_{-\pi}^{\pi}\mathrm{e}^{\mathrm{i}t\lambda}\boldsymbol{\varphi}(\lambda)\boldsymbol{\Lambda}(\mathrm{d}\lambda) \tag{12.3.1}$$

其中 $\Lambda_j(\mathrm{d}\lambda),j=1,2,\cdots,n_1$ 为随机测度, 相互正交, 且 $H_{\boldsymbol{\Lambda}}=H_{\boldsymbol{\xi}}$. 由于 $\boldsymbol{\eta}(t)$ 从属于 $\boldsymbol{\xi}(t)$, 于是存在 $\boldsymbol{\psi}$, 使

$$\begin{aligned}&\boldsymbol{\eta}(t)=\int_{-\pi}^{\pi}\mathrm{e}^{\mathrm{i}t\lambda}\boldsymbol{\psi}\boldsymbol{\Lambda}(\mathrm{d}\lambda)\\&\boldsymbol{\psi}=(\psi_{kj}(\lambda))_{n_2\times m}\\&\boldsymbol{f}^{\boldsymbol{\eta}}=\frac{1}{2\pi}\boldsymbol{\psi}\boldsymbol{\psi}^*\end{aligned} \tag{12.3.2}$$

假设 $\boldsymbol{\xi}(t)$ 不从属于 $\boldsymbol{\eta}(t)$, 则在 $H_{\boldsymbol{\xi}}$ 中有元素 $\zeta\neq\mathbf{0}$, 使

$$\zeta=\int_{-\pi}^{\pi}(h_1,\cdots,h_m)\boldsymbol{\Lambda}(\mathrm{d}\lambda)$$

$$||\zeta||^2=\frac{1}{2\pi}\int_{-\pi}^{\pi}\sum_{j=1}^{m}|h_j|^2\mathrm{d}\lambda\neq 0$$

且

$$(\eta_k(t),\zeta)=0,\quad k=1,\cdots,n_2,t\in\mathbf{N}$$

于是

$$\int_{-\pi}^{\pi}\mathrm{e}^{\mathrm{i}t\lambda}\boldsymbol{\psi}\boldsymbol{h}^*\mathrm{d}\lambda=0,\quad t\in\mathbf{N}$$

其中 $\boldsymbol{h}=(h_1,\cdots,h_m)$. 由上式知

$$\boldsymbol{\psi}\boldsymbol{h}^*=0,\quad \text{a.e.d}\lambda$$

这说明在某一正测集上 $\boldsymbol{\psi}$ 的秩 $<m$(否则 $\boldsymbol{\psi}\boldsymbol{h}^*=0$ 只有零解, 即 $h_1=\cdots=h_m=0$, 矛盾) 由式(12.3.2)知, 在这个正测集上 $\boldsymbol{f}^{\boldsymbol{\eta}}(\lambda)$ 的秩 $<m$, 这与假设 $\boldsymbol{\eta}(t)$ 秩为 m 矛盾.

引理 12.5 设一元函数 $f(\lambda)>0$, 且 $\int_{-\pi}^{\pi}f(\lambda)\mathrm{d}\lambda<\infty$, $\int_{-\pi}^{\pi}\ln f(\lambda)\mathrm{d}\lambda>-\infty$, 则对任意三角多项式 $\sum\limits_{s\geqslant 1}a_s\mathrm{e}^{-\mathrm{i}s\lambda}$, 有

$$\int_{-\pi}^{\pi}\left|1-\sum_{s\geqslant 1}a_s\mathrm{e}^{-\mathrm{i}s\lambda}\right|^2 f(\lambda)\mathrm{d}\lambda\geqslant d>0 \tag{12.3.3}$$

证明 设 $\xi(t),t\in\mathbf{N}$ 是一维平稳序列, 其谱密度为 $f(\lambda)$(由 Gauss 过程存在定理知这样的 $\xi(t)$ 是存在的). 由题设知 $\xi(t)$ 正则, 有 Wold 分解

$$\xi(t)=\sum_{s=-\infty}^{t}c(t-s)\zeta(t)$$

其中 $\zeta(t)$ 为标准正交序列. 因此

$$\sum_{k=0}^{+\infty}\boldsymbol{c}(k)z^k=\sqrt{2\pi}\exp\left\{\frac{1}{4\pi}\int_{-\pi}^{\pi}\ln f(\lambda)\frac{\mathrm{e}^{-\mathrm{i}\lambda}+z}{\mathrm{e}^{-\mathrm{i}\lambda}-z}\mathrm{d}\lambda\right\}$$

$$\begin{aligned}&\int_{-\pi}^{\pi}\left|1-\sum_{s\geqslant 1}a_s\mathrm{e}^{-\mathrm{i}s\lambda}\right|^2 f(\lambda)\mathrm{d}\lambda\\ =&\left\|\zeta(0)-\sum_{s\geqslant 1}a_s\xi(-s)\right\|^2\\ \geqslant&||\zeta(0)-P_{H_\zeta^-(-1)}\xi(0)||^2=|c(0)|^2\\ =&2\pi\exp\left\{\frac{1}{2\pi}\int_{-\pi}^{\pi}\ln f(\lambda)\mathrm{d}\lambda\right\}=d>0\end{aligned}$$

引理 12.5 证毕.

设 $\boldsymbol{\xi}(t),t\in\mathbf{N}$ 为 n 维最大秩的平稳序列, 谱密度 $\boldsymbol{f}(\lambda)$ 的特征值为

$$\Lambda_1\geqslant\Lambda_2\geqslant\cdots\geqslant\Lambda_n>0,\quad \text{a.e.}\mu$$

且 $\Lambda_1,\cdots,\Lambda_n$ 可测, 还有

$$\det\boldsymbol{f}(\lambda)=\prod_{j=1}^{n}\Lambda_j>0,\quad \text{a.e.}\mu \tag{12.3.4}$$

其中 $\det \boldsymbol{f}(\lambda)$ 表示 $f(\lambda)$ 的行列式, μ 为 Lebesgue 测度.

引理 12.6 若 n 维最大秩的平稳序列的谱密度 $\boldsymbol{f}(\lambda)$ 的最小特征值为 Λ_n, 且 $\int_{-\pi}^{\pi} \ln \Lambda_n(\lambda)\mathrm{d}\lambda > -\infty$, 则 $\boldsymbol{\xi}(t)$ 是正则的.

证明 考虑空间 $D_{\boldsymbol{\xi}}(0) = H_{\boldsymbol{\xi}}^-(0) \ominus H_{\boldsymbol{\xi}}^-(-1)$. 令

$$h = \sum_{k=1}^{n} \alpha_k \xi_k(0)$$

$$P_{H_{\boldsymbol{\xi}}^-(-1)} h = \sum_{k=1}^{n} \alpha_k P_{H_{\boldsymbol{\xi}}^-(-1)} \xi_k(0)$$

对 $\forall \zeta = \sum_{k=1}^{n}\sum_{s=1}^{m} b_{ks}\xi_k(-s)$, 则它的谱特征为 $\left(\sum_{s=1}^{m} b_{1s}\mathrm{e}^{-\mathrm{i}s\lambda}, \cdots, \sum_{s=1}^{m} b_{ns}\mathrm{e}^{-\mathrm{i}s\lambda}\right)$, 因此

$$\begin{aligned}
\|h-\zeta\|^2 &= \int_{-\pi}^{\pi} \left(\alpha_1 - \sum_{s=1}^{m} b_{1s}\mathrm{e}^{-\mathrm{i}s\lambda}, \cdots, \alpha_n - \sum_{s=1}^{m} b_{ns}\mathrm{e}^{-\mathrm{i}s\lambda}\right) \boldsymbol{f} \\
&\quad \cdot \left(\alpha_1 - \sum_{s=1}^{m} b_{1s}\mathrm{e}^{-\mathrm{i}s\lambda}, \cdots, \alpha_n - \sum_{s=1}^{m} b_{ns}\mathrm{e}^{-\mathrm{i}s\lambda}\right)^* \mathrm{d}\lambda \\
&\geqslant \int_{-\pi}^{\pi} \Lambda_n(\lambda) \sum_{k=1}^{n} \left|\alpha_k - \sum_{s=1}^{m} b_{ks}\mathrm{e}^{-\mathrm{i}s\lambda}\right|^2 \mathrm{d}\lambda \\
&\quad \left(\text{其中}\, \Lambda_n(\lambda) = \inf_{\|\boldsymbol{\alpha}\|\neq 0} \frac{\boldsymbol{\alpha}\boldsymbol{f}\boldsymbol{\alpha}^*}{\|\boldsymbol{\alpha}\|^2},\ \boldsymbol{\alpha}\boldsymbol{f}\boldsymbol{\alpha}^* \geqslant \Lambda_n\|\boldsymbol{\alpha}\|^2\right) \\
&= \sum_{k=1}^{n} |\alpha_k|^2 \int_{-\pi}^{\pi} \Lambda_n(\lambda) \left|1 - \sum_{s=1}^{m} \frac{b_{ks}}{a_k}\mathrm{e}^{-\mathrm{i}s\lambda}\right|^2 \mathrm{d}\lambda (\alpha_k \neq 0) \\
&\geqslant d\sum_{k=1}^{n} |\alpha_k|^2 \quad (\text{引理 } 12.5)
\end{aligned}$$

其中 $d > 0$.

由上面讨论知

$$\left\|\sum_{k=1}^{n} \alpha_k[\xi_k(0) - P_{H_{\boldsymbol{\xi}}^-(-1)}\xi_k(0)]\right\|^2 \geqslant d\sum_{k=1}^{n}|\alpha_k|^2 \quad (\text{因 } \zeta \text{ 在 } H_{\boldsymbol{\xi}}^-(-1) \text{ 中稠密})$$

可见, 若

$$\sum_{k=1}^{n} \alpha_k(\xi_k(0) - P_{H_{\boldsymbol{\xi}}^-(-1)}\xi_k(0)) = 0$$

则 $\alpha_k = 0, k = 1, 2, \cdots, n$. 这说明 $\xi_k(0) - P_{H_{\boldsymbol{\xi}}^-(-1)}\xi_k(0)$, $k = 1, 2, \cdots, n$ 线性无关. 又 $D_{\boldsymbol{\xi}}(0)$ 是由 $\xi_k(0) - P_{H_{\boldsymbol{\xi}}^-(-1)}\xi_k(0)$, $k = 1, 2, \cdots, n$ 张成的线性空间, 因此 $D_{\boldsymbol{\xi}}(0)$ 是 n

维的, 取 $D_{\boldsymbol{\xi}}(0)$ 的标准正交基本

$$\eta_1(0),\quad \eta_2(0),\quad \cdots,\quad \eta_n(0)$$

令

$$\eta_k(t)=U^t\eta_k(0),\quad k=1,2,\cdots,n$$

则 $\boldsymbol{\eta}(t)=(\eta_1(t),\cdots,\eta_n(t))'$ 是 n 维标准正交过程, 秩当然为 n, 且从属于 $\boldsymbol{\xi}(t)$(因为不知道 $\boldsymbol{\xi}(t)$ 是否正则, 不一定有式 (12.2.4), 故不能认为 $\eta_k(t),k=1,\cdots,n,\ t\in\mathbf{N}$ 构成 $H_{\boldsymbol{\xi}}$ 上标准正交基).

由引理 12.4 知 $\boldsymbol{\xi}(t)$ 也从属于 $\boldsymbol{\eta}(t)$. 因此

$$\boldsymbol{\xi}(t)=\sum_{s=-\infty}^{t}\boldsymbol{c}(t-s)\boldsymbol{\eta}(s)$$

再由系 12.1 知 $\boldsymbol{\xi}(t)$ 是正则的.

定理 12.7 n 维平稳序列 $\boldsymbol{\xi}(t),t\in\mathbf{N}$ 为正则最大秩 $\Leftrightarrow$

(1) 谱密度 $\boldsymbol{f}(\lambda)$ 存在;

(2) $\det\boldsymbol{f}(\lambda)>0,\text{a.e.}\mu$;

(3) $\displaystyle\int_{-\pi}^{\pi}\ln\det\boldsymbol{f}(\lambda)\mathrm{d}\lambda>-\infty$.

证明 $\Rightarrow$ 因为 $\boldsymbol{\xi}(t)$ 正则, 最大秩, 所以 $\boldsymbol{f}(\lambda)$ 存在, 且秩为 $n(\text{a.e.}\mu),\det\boldsymbol{f}(\lambda)>0(\text{a. e. }\mu)$, 有因子分解

$$\boldsymbol{f}(\lambda)=\frac{1}{2\pi}\boldsymbol{\Gamma}(\mathrm{e}^{-\mathrm{i}\lambda})\boldsymbol{\Gamma}^*(\mathrm{e}^{-\mathrm{i}\lambda}) \tag{12.3.5}$$

其中 $\boldsymbol{\Gamma}(\mathrm{e}^{-\mathrm{i}\lambda})$ 是秩为 n 的 n 阶矩阵函数, 其元为 H_2 类函数的边界值, 且

$$\det\boldsymbol{f}(\lambda)=\frac{1}{(2\pi)^n}|\det\boldsymbol{\Gamma}(\mathrm{e}^{-\mathrm{i}\lambda})|^2$$

其中 $\det\boldsymbol{\Gamma}(\mathrm{e}^{-\mathrm{i}\lambda})$ 是由有限个 H_2 类函数边界值的积、和构成, 因此它仍然是 H_δ 类函数的边界值. 由 H_δ 类函数的性质, 得

$$\int_{-\pi}^{\pi}\Big|\ln|\det\boldsymbol{\Gamma}(\mathrm{e}^{-\mathrm{i}\lambda})|\Big|\,\mathrm{d}\lambda<\infty$$

又由于

$$\ln\det\boldsymbol{f}(\lambda)=2\ln|\boldsymbol{\Gamma}(\mathrm{e}^{-\mathrm{i}\lambda})|-n\ln(2\pi)$$

所以 $\ln\det\boldsymbol{f}(\lambda)\in L^1[-\pi,\pi)$, 即 (3) 成立.

$\Leftarrow$ 只需证明 $\int_{-\pi}^{\pi} \ln \Lambda_n(\lambda) \mathrm{d}\lambda > -\infty$. 由于

$$\boldsymbol{f}(\lambda) = \beta^* \begin{pmatrix} \Lambda_1 & & \boldsymbol{O} \\ & \ddots & \\ \boldsymbol{O} & & \Lambda_n \end{pmatrix} \boldsymbol{\beta}$$

其中 $\boldsymbol{\beta}$ 为酉矩阵, 且

$$\begin{aligned} &\Lambda_1 \geqslant \Lambda_2 \geqslant \cdots \geqslant \Lambda_n > 0, \quad \text{a.e.}\mu \\ &\det \boldsymbol{f}(\lambda) = \Lambda_1 \Lambda_2 \cdots \Lambda_n \\ &\operatorname{tr} \boldsymbol{f}(\lambda) = \sum_{k=1}^{n} f_{kk}(\lambda) = \sum_{k=1}^{n} \Lambda_k \\ &\ln \det \boldsymbol{f}(\lambda) = \sum_{k=1}^{n} \ln \Lambda_k \leqslant \ln \Lambda_n + (n-1) \ln \Lambda_1 \\ &\ln \Lambda_n \geqslant \ln \det \boldsymbol{f}(\lambda) - (n-1) \ln \Lambda_1 \end{aligned} \tag{12.3.6}$$

其中 $\operatorname{tr} \boldsymbol{f}(\lambda)$ 为矩阵 $\boldsymbol{f}(\lambda)$ 的迹. 又由于 $\Lambda_1 \leqslant \sum_{k=1}^{n} f_{kk}(\lambda), \ln \Lambda_1 < \Lambda_1$, 故

$$\begin{aligned} &\int_{-\pi}^{\pi} \ln \Lambda_1 \mathrm{d}\lambda \leqslant \int_{-\pi}^{\pi} \Lambda_1 \mathrm{d}\lambda \leqslant \int_{-\pi}^{\pi} \sum_{k=1}^{n} f_{kk}(\lambda) \mathrm{d}\lambda < \infty \\ &\int_{-\pi}^{\pi} \ln \Lambda_n \mathrm{d}\lambda \geqslant \int_{-\pi}^{\pi} \ln \det \boldsymbol{f}(\lambda) \mathrm{d}\lambda - (n-1) \int_{-\pi}^{\pi} \Lambda_1 \mathrm{d}\lambda > -\infty \end{aligned}$$

再由引理 12.6 知, $\boldsymbol{\xi}(t)$ 是正则的.

定理 12.8 设 $\boldsymbol{\xi}(t), t \in \mathbf{N}$ 为 n 维正则最大秩的平稳序列, 其谱密度 $\boldsymbol{f}(\lambda) = (f_{kl}(\lambda))_{n \times n}$ 满足边界条件式 (12.3.5) 的解析矩阵 $\boldsymbol{\Gamma}(z) = (\Gamma_{kl}(z))_{n \times n}$ 是最大的 $\Leftrightarrow$

$$|\det \boldsymbol{\Gamma}(0)|^2 = (2\pi)^2 \exp\left\{ \frac{1}{2\pi} \int_{-\pi}^{\pi} \ln \det \boldsymbol{f}(\lambda) \mathrm{d}\lambda \right\} \tag{12.3.7}$$

(从式 (12.2.21)~(12.2.24) 可证, 留作习题).

定理 12.9 设 $\boldsymbol{\xi}(t), t \in \mathbf{N}$ 是 n 维正则最大秩的平稳序列, 有谱密度 $\boldsymbol{f}(\lambda) = (f_{kl}(\lambda))_{n \times n}$, 且谱表示为 $\boldsymbol{\xi}(t) = \int_{-\pi}^{\pi} \mathrm{e}^{\mathrm{i}t\lambda} \boldsymbol{\Phi}(\mathrm{d}\lambda)$, 则

$$\widehat{\boldsymbol{\xi}}(t, \tau) = \int_{-\pi}^{\pi} \mathrm{e}^{\mathrm{i}t\lambda} \widehat{\varphi}(\lambda, \tau) \boldsymbol{\Phi}(\mathrm{d}\lambda)$$

其中

$$\widehat{\boldsymbol{\varphi}}(\lambda,\tau)=\mathrm{e}^{\mathrm{i}\tau\lambda}[\boldsymbol{\varphi}(\lambda)-\sum_{s=0}^{\tau-1}\boldsymbol{c}(s)\mathrm{e}^{-\mathrm{i}s\lambda}]\boldsymbol{\varphi}^{-1}(\lambda)$$
$$\boldsymbol{\varphi}(\lambda)=\boldsymbol{\Gamma}(\mathrm{e}^{-\mathrm{i}\lambda})$$

而且 $\boldsymbol{\Gamma}(z)=\sum_{s=0}^{\infty}\boldsymbol{c}(s)z^s$ 满足式 (12.3.5)、式 (12.3.7), 其元为 H_2 类函数. 外推误差矩阵为

$$E[\boldsymbol{\xi}(t+\tau)-\widehat{\boldsymbol{\xi}}(t,\tau)][\boldsymbol{\xi}(t+\tau)-\widehat{\boldsymbol{\xi}}(t,\tau)]^*=\sum_{s=0}^{\tau-1}\boldsymbol{c}(s)\boldsymbol{c}^*(s)$$

特别地外推一步误差阵为

$$E[\boldsymbol{\xi}(t+1)-\widehat{\boldsymbol{\xi}}(t,1)][\boldsymbol{\xi}(t+1)-\widehat{\boldsymbol{\xi}}(t,1)]^*=\boldsymbol{c}(0)\boldsymbol{c}^*(0)=\boldsymbol{\Gamma}(0)\boldsymbol{\Gamma}^*(0)$$

其行列式由式 (12.3.7) 给出.

12.4 n 维平稳序列的线性滤波及线性系统问题

12.4.1 线性滤波

设 $\boldsymbol{\xi}(t),t\in\mathbf{N}$ 是 n 维平稳序列, $\boldsymbol{\eta}(t),t\in\mathbf{N}$ 是 m 维最大秩正则平稳序列, 它们平稳相关. $\boldsymbol{\xi}(t),\boldsymbol{\eta}(t)$ 的谱密度, 互谱密度分别为 $\boldsymbol{f}^{\boldsymbol{\xi\xi}}(\lambda),\boldsymbol{f}^{\boldsymbol{\eta\eta}}(\lambda),\boldsymbol{f}^{\boldsymbol{\xi\eta}}(\lambda)$.

问题是:

$$\widehat{\boldsymbol{\xi}}(t,\tau)=P_{H_{\boldsymbol{\eta}}^-(t)}\boldsymbol{\xi}(t+\tau)=?$$
$$E[\boldsymbol{\xi}(t+\tau)-\widehat{\boldsymbol{\xi}}(t,\tau)][\boldsymbol{\xi}(t+\tau)-\widehat{\boldsymbol{\xi}}(t,\tau)]^*=?$$

解决问题的办法分两步: 先把 $\boldsymbol{\xi}(t)$ 投影到 $H_{\boldsymbol{\eta}}$ 上, 即求

$$\tilde{\boldsymbol{\xi}}(t)=P_{H_{\boldsymbol{\eta}}}\boldsymbol{\xi}(t)$$

再求

$$\begin{aligned}P_{H_{\boldsymbol{\eta}}^-(t)}\tilde{\boldsymbol{\xi}}(t+\tau)&=P_{H_{\boldsymbol{\eta}}^-(t)}P_{H_{\boldsymbol{\eta}}}\boldsymbol{\xi}(t+\tau)\\&=P_{H_{\boldsymbol{\eta}}^-(t)}\boldsymbol{\xi}(t+\tau)=\widehat{\boldsymbol{\xi}}(t,\tau)\end{aligned}$$

设 $\boldsymbol{\eta}(t)$ 的谱表示为

$$\boldsymbol{\eta}(t)=\int_{-\pi}^{\pi}\mathrm{e}^{\mathrm{i}t\lambda}\,\boldsymbol{\Phi}(\mathrm{d}\lambda)\tag{12.4.1}$$

由于 $\tilde{\boldsymbol{\xi}}(t)=P_{H_{\boldsymbol{\eta}}}\boldsymbol{\xi}(t)\in H_{\boldsymbol{\eta}},\tilde{\boldsymbol{\xi}}(t)$ 的谱特征为 $\mathrm{e}^{\mathrm{i}t\lambda}\tilde{\boldsymbol{\varphi}}(\lambda)$, 即

$$\tilde{\boldsymbol{\xi}}(t)=\int_{-\pi}^{\pi}\mathrm{e}^{\mathrm{i}t\lambda}\tilde{\boldsymbol{\varphi}}(\lambda)\boldsymbol{\Phi}(\mathrm{d}\lambda) \tag{12.4.2}$$

注意到 $E\tilde{\boldsymbol{\xi}}(t)\boldsymbol{\eta}^*(s)=E\boldsymbol{\xi}(t)\boldsymbol{\eta}^*(s)$, 故

$$\int_{-\pi}^{\pi}\mathrm{e}^{\mathrm{i}(t-s)\lambda}\tilde{\boldsymbol{\varphi}}(\lambda)\boldsymbol{f}^{\boldsymbol{\eta\eta}}(\lambda)\mathrm{d}\lambda=\int_{-\pi}^{\pi}\mathrm{e}^{\mathrm{i}(t-s)\lambda}\boldsymbol{f}^{\boldsymbol{\xi\eta}}(\lambda)\mathrm{d}\lambda$$

由于 t,s 是任意的, 因此

$$\tilde{\boldsymbol{\varphi}}(\lambda)\boldsymbol{f}^{\boldsymbol{\eta\eta}}(\lambda)=\boldsymbol{f}^{\boldsymbol{\xi\eta}}(\lambda)$$

即

$$\tilde{\boldsymbol{\varphi}}(\lambda)=\boldsymbol{f}^{\boldsymbol{\xi\eta}}(\lambda)\cdot[f^{\boldsymbol{\eta\eta}}(\lambda)]^{-1} \tag{12.4.3}$$

下面再在 H_η 中讨论. 由于 $\boldsymbol{\eta}(t)$ 正则, 设 $\boldsymbol{\Gamma}(z)=\sum\limits_{n=0}^{+\infty}\boldsymbol{c}(n)z^n$ 是边界值满足

$$\boldsymbol{f}^{\boldsymbol{\eta\eta}}(\lambda)=\frac{1}{2\pi}\boldsymbol{\Gamma}(\mathrm{e}^{-\mathrm{i}\lambda})\boldsymbol{\Gamma}^*(\mathrm{e}^{-\mathrm{i}\lambda})$$

的最大解析矩阵 (称 $\boldsymbol{\Gamma}(\mathrm{e}^{-\mathrm{i}\lambda})$ 为 $\boldsymbol{f}^{\boldsymbol{\eta\eta}}(\lambda)$ 的**最大因子**).

设 $\boldsymbol{\zeta}(t)$ 是 $\boldsymbol{\eta}(t)$ 的基本过程, $\boldsymbol{\zeta}(t)$ 有谱表示

$$\boldsymbol{\zeta}(t)=\int_{-\pi}^{\pi}\mathrm{e}^{\mathrm{i}t\lambda}\boldsymbol{\Lambda}(\mathrm{d}\lambda) \tag{12.4.4}$$

其中 $\boldsymbol{\Lambda}(\mathrm{d}\lambda)$ 为正交随机测度.

$\boldsymbol{\eta}(t)$ 有 Wold 分解

$$\boldsymbol{\eta}(t)=\sum_{s=0}^{+\infty}\boldsymbol{c}(s)\boldsymbol{\zeta}(t-s)=\int_{-\pi}^{\pi}\mathrm{e}^{\mathrm{i}t\lambda}\boldsymbol{\Gamma}(\mathrm{e}^{-\mathrm{i}\lambda})\boldsymbol{\Lambda}(\mathrm{d}\lambda) \tag{12.4.5}$$

比式 (12.4.1)、式 (12.4.5), 得

$$\boldsymbol{\Phi}(\mathrm{d}\lambda)=\boldsymbol{\Gamma}(\mathrm{e}^{-\mathrm{i}\lambda})\boldsymbol{\Lambda}(\mathrm{d}\lambda) \tag{12.4.6}$$

或

$$\boldsymbol{\Lambda}(\mathrm{d}\lambda)=\boldsymbol{\Gamma}^{-1}(\mathrm{e}^{-\mathrm{i}\lambda})\boldsymbol{\Phi}(\mathrm{d}\lambda)$$

把式 (12.4.6) 代入式 (12.4.2) 得

$$\tilde{\boldsymbol{\xi}}(t)=\int_{-\pi}^{\pi}\mathrm{e}^{\mathrm{i}t\lambda}\tilde{\boldsymbol{\varphi}}(\lambda)\boldsymbol{\Gamma}(\mathrm{e}^{-\mathrm{i}\lambda})\boldsymbol{\Lambda}(\mathrm{d}\lambda) \tag{12.4.7}$$

由于

$$\tilde{\varphi}(\lambda)\boldsymbol{\Gamma}(\mathrm{e}^{-\mathrm{i}\lambda})=\sum_{s=-\infty}^{+\infty}\boldsymbol{a}(s)\mathrm{e}^{-\mathrm{i}s\lambda}\quad(\text{因}\tilde{\boldsymbol{\varphi}}(\lambda)\boldsymbol{\Gamma}(\mathrm{e}^{-\mathrm{i}\lambda})\in L^2[-\pi,\pi),\text{留作习题})\tag{12.4.8}$$

其中

$$\boldsymbol{a}(s)=\frac{1}{2\pi}\int_{-\pi}^{\pi}\mathrm{e}^{\mathrm{i}s\lambda}\tilde{\boldsymbol{\varphi}}(\lambda)\boldsymbol{\Gamma}(\mathrm{e}^{-\mathrm{i}\lambda})\mathrm{d}\lambda\tag{12.4.9}$$

将式 (12.4.8) 代入式 (12.4.7) 得

$$\tilde{\boldsymbol{\xi}}(t)=\sum_{s=-\infty}^{\infty}\boldsymbol{a}(t-s)\boldsymbol{\zeta}(s)\tag{12.4.10}$$

$$\begin{aligned}\widehat{\boldsymbol{\xi}}(t,\tau)&=P_{H_{\boldsymbol{\eta}}^{-}(t)}\tilde{\boldsymbol{\xi}}(t+\tau)=P_{H_{\boldsymbol{\zeta}}^{-}(t)}\tilde{\boldsymbol{\xi}}(t+\tau)\\&=\sum_{s=-\infty}^{t}\boldsymbol{a}(t+\tau-s)\boldsymbol{\zeta}(s)\end{aligned}\tag{12.4.11}$$

把式 (12.4.4) 代入式 (12.4.11), 有

$$\begin{aligned}\widehat{\boldsymbol{\xi}}(t,\tau)&=\int_{-\pi}^{\pi}\sum_{s=-\infty}^{t}\boldsymbol{a}(t+\tau-s)\mathrm{e}^{\mathrm{i}s\lambda}\boldsymbol{\Lambda}(\mathrm{d}\lambda)\\&=\int_{-\pi}^{\pi}\mathrm{e}^{\mathrm{i}t\lambda}\left[\sum_{s=0}^{\infty}\boldsymbol{a}(s+\tau)\mathrm{e}^{-\mathrm{i}s\lambda}\right]\boldsymbol{\Gamma}^{-1}(\mathrm{e}^{-\mathrm{i}\lambda})\,\boldsymbol{\Phi}(\mathrm{d}\lambda)\end{aligned}\tag{12.4.12}$$

$$\begin{aligned}&E[\boldsymbol{\xi}(t+\tau)-\widehat{\boldsymbol{\xi}}(t,\tau)][\boldsymbol{\xi}(t+\tau)-\widehat{\boldsymbol{\xi}}(t,\tau)]^*\\=&B_{\boldsymbol{\eta}}(0)-\sum_{s=-\infty}^{t}\boldsymbol{a}(t+\tau-s)\boldsymbol{a}^*(t+\tau-s)\end{aligned}\tag{12.4.13}$$

12.4.2　离散线性系统与线性滤波

设线性系统为

$$\underset{n\text{ 维}}{\boldsymbol{\xi}(t)}\xrightarrow{\text{输入}}\underset{\text{系统}}{\boxed{\boldsymbol{b}(t)}}\xrightarrow{\text{输出}}\underset{m\text{ 维}}{\boldsymbol{\eta}(t)}=\sum_{s=-\infty}^{+\infty}\boldsymbol{b}(t-s)\boldsymbol{\xi}(s)=\sum_{s=-\infty}^{+\infty}\boldsymbol{b}(s)\boldsymbol{\xi}(t-s)$$

其中 $\boldsymbol{b}(t)$ 为 $m\times n$ 矩阵.

我们称 $\boldsymbol{b}(t)$ 为线性系统, 它的 Z 变换为

$$\boldsymbol{B}(Z)=\sum_{t=-\infty}^{+\infty}\boldsymbol{b}(t)Z^t\tag{12.4.14}$$

(1) 线性系统称为物理可实现的, 如果

$$\boldsymbol{b}(t)=\boldsymbol{O},\quad t<0 \tag{12.4.15}$$

(线性系统输出仅依赖于现在和过去的输出.)

(2) 线性系统是稳定的, 如果

$$\sum_{t=-\infty}^{+\infty}|b_{jk}(t)|<+\infty,\quad 1\leqslant j\leqslant m, 1\leqslant k\leqslant n \tag{12.4.16}$$

(若输入信号是有界的, 输出信号也是有界的.) 下面考虑线性系统 $\boldsymbol{b}(t)$ 是物理可实现的, 稳定的.

设 $\boldsymbol{\xi}(t), t\in\mathbf{N}$ 为 n 维平稳序列, 谱函数绝对连续. 线性系统 $\boldsymbol{b}(t)$ 是稳定的, 物理可实现的, 则线性系统输出为

$$\begin{aligned}\boldsymbol{\eta}(t)&=\sum_{s=0}^{+\infty}\boldsymbol{b}(s)\boldsymbol{\xi}(t-s)=\int_{-\pi}^{\pi}\sum_{s=0}^{+\infty}\boldsymbol{b}(s)\mathrm{e}^{\mathrm{i}(t-s)\lambda}\boldsymbol{\Phi}(\mathrm{d}\lambda)\\&=\int_{-\pi}^{\pi}\mathrm{e}^{\mathrm{i}t\lambda}\boldsymbol{B}(\mathrm{e}^{-\mathrm{i}\lambda})\boldsymbol{\Phi}(\mathrm{d}\lambda)\end{aligned} \tag{12.4.17}$$

注意到 $\boldsymbol{\eta}(t)$ 也是平稳过程, 从属于 $\boldsymbol{\xi}(t)$, 谱密度为

$$\boldsymbol{f}^{\boldsymbol{\eta}\boldsymbol{\eta}}(\lambda)=\boldsymbol{B}(\mathrm{e}^{-\mathrm{i}\lambda})\boldsymbol{f}^{\boldsymbol{\xi}\boldsymbol{\xi}}(\lambda)\boldsymbol{B}^*(\mathrm{e}^{-\mathrm{i}\lambda}) \tag{12.4.18}$$

设

$$\tilde{\boldsymbol{\xi}}(t)=\int_{-\pi}^{\pi}\mathrm{e}^{\mathrm{i}t\lambda}\boldsymbol{\psi}(\lambda)\boldsymbol{\Phi}(\mathrm{d}\lambda) \tag{12.4.19}$$

由于

$$E\tilde{\boldsymbol{\xi}}(t)\boldsymbol{\eta}^*(s)=\int_{-\pi}^{\pi}\mathrm{e}^{\mathrm{i}(t-s)\lambda}\boldsymbol{\psi}(\lambda)\boldsymbol{f}^{\boldsymbol{\xi}\boldsymbol{\xi}}(\lambda)\boldsymbol{B}^*(\mathrm{e}^{-\mathrm{i}\lambda})\mathrm{d}\lambda$$

所以

$$\boldsymbol{f}^{\tilde{\boldsymbol{\xi}}\boldsymbol{\eta}}(\lambda)=\boldsymbol{\psi}(\lambda)\boldsymbol{f}^{\boldsymbol{\xi}\boldsymbol{\xi}}(\lambda)\boldsymbol{B}^*(\mathrm{e}^{-\mathrm{i}\lambda}) \tag{12.4.20}$$

对线性系统的滤波问题是：已知 $\boldsymbol{\eta}(s), s\leqslant t$, 预测 $\tilde{\boldsymbol{\xi}}(t+\tau)$, 即

$$\widehat{\tilde{\boldsymbol{\xi}}}(t,\tau)=P_{H^-_{\boldsymbol{\eta}}(t)}\tilde{\boldsymbol{\xi}}(t+\tau) \tag{12.4.21}$$

和

$$E[\tilde{\boldsymbol{\xi}}(t+\tau)-\widehat{\tilde{\boldsymbol{\xi}}}(t,\tau)][\tilde{\boldsymbol{\xi}}(t+\tau)-\widehat{\tilde{\boldsymbol{\xi}}}(t,\tau)]^* \tag{12.4.22}$$

当 $\boldsymbol{\xi}(t)$ 为 n 维最大秩正则平稳序列时, $\boldsymbol{b}(t)$ 为 $n\times n$ 阶方阵. $\det\boldsymbol{B}(\mathrm{e}^{-\mathrm{i}\lambda})\neq 0$, a.e. (因 $\det\boldsymbol{B}(\mathrm{e}^{-\mathrm{i}\lambda})$ 为 H_δ 类函数边界值, 它不为零, 且 $\ln\det\boldsymbol{B}(\mathrm{e}^{-\mathrm{i}\lambda})\in L^1$, 又 $\ln\det\boldsymbol{f}^{\boldsymbol{\xi}\boldsymbol{\xi}}(\lambda)\in L^1$, $\ln\det\boldsymbol{f}^{\boldsymbol{\eta}\boldsymbol{\eta}}(\lambda)\in L^1$) 时, $\boldsymbol{\eta}(t)$ 仍为 n 维最大秩正则的平稳序列, 于是用 $\tilde{\boldsymbol{\xi}}(t)$ 代替本节中第一部分的 $\boldsymbol{\xi}(t)$, 即得到式 (12.4.21)、式 (12.4.22) 的解.

12.4.3 有限滤波问题

令

$$H_{\boldsymbol{\xi}}^{-n}(t)=\mathscr{L}\{\xi_j(s),\ t-n\leqslant s\leqslant t,\ \ j=1,2,\cdots,k\}$$

其中 $\boldsymbol{\xi}(t),t\in\mathbf{N}$ 为 k 维随机序列. 显然

$$H_{\boldsymbol{\xi}}^{-}(t)=\mathscr{L}\left\{\bigcup_{n=0}^{+\infty}H_{\boldsymbol{\xi}}^{-n}(t)\right\}$$

定理 12.10 设 $\eta\in H_{\boldsymbol{\xi}}$, 则

$$P_{H_{\boldsymbol{\xi}}^{-n}(t)}\eta\to P_{H_{\boldsymbol{\xi}}^{-}(t)}\eta\quad(n\to\infty)$$

证明 下面有

$$H_{\boldsymbol{\xi}}^{-}(t)=H_{\boldsymbol{\xi}}^{-n}(t)\oplus H_n=H_{\boldsymbol{\xi}}^{-(n+1)}(t)\oplus H_{n+1}$$

其中 $H_n\subset H_{\boldsymbol{\xi}}^{-}(t)$, 同时 $H_n\perp H_{\boldsymbol{\xi}}^{-n}(t)$.

由于 $H_{\boldsymbol{\xi}}^{-n}(t)\subset H_{\boldsymbol{\xi}}^{-(n+1)}(t)$, 所以 $H_{n+1}\subset H_n$, 且 $\bigcap\limits_{n=0}^{+\infty}H_n=\{0\}$. (若 $\eta\in H_{n+1}$, 则 $\eta\in H_{\boldsymbol{\xi}}^{-}(t)$ 且 $\eta\perp H_{\boldsymbol{\xi}}^{-(n+1)}(t)$, 故 $\eta\perp H_{\boldsymbol{\xi}}^{-n}(t)$, 从而有 $\eta\in H_n$. 若 $x\in\bigcap\limits_{n=0}^{+\infty}H_n$, 则 $x\in H_{\boldsymbol{\xi}}^{-}(t)$ 且 $x\perp H_{\boldsymbol{\xi}}^{-n}(t)$, $n\geqslant 0$, 因此 $x\perp\mathscr{L}\{H_{\boldsymbol{\xi}}^{-n}(t),n\geqslant 0\}=H_{\boldsymbol{\xi}}^{-}(t)$, 即 $x\in H_{\boldsymbol{\xi}}^{-}(t)$, 且 $x\perp x$, 从而 $x=0$) 因此 $P_{H_n}\boldsymbol{\eta}\to 0(n\to\infty)$, 从而

$$P_{H_{\boldsymbol{\xi}}^{-n}(t)}\eta=P_{H_{\boldsymbol{\xi}}^{-}(t)}\eta-P_{H_n}\eta\to P_{H_{\boldsymbol{\xi}}^{-}(t)}\eta\quad(n\to\infty)$$

定理 12.10 证毕.

当 $\xi(t),t\in\mathbf{N}$ 为一维平稳序列时, 其谱测度为 $F(\mathrm{d}\lambda)$. 有限资料估计 $\eta\in H_\xi$ 产生的误差为

$$\inf_{h_0,\cdots,h_n}\left\|\sum_{s=0}^{n}h_s\xi(t-s)-\eta\right\|^2=||P_{H_\xi^{-n}(t)}\eta-\eta||^2\to||P_{H_\xi^{-}(t)}\eta-\eta||^2(n\to\infty)$$

若 η 的谱特征为 $\psi(\lambda)$, 上式为

$$\begin{aligned}&\inf_{h_0,\cdots,h_n}\int_{-\pi}^{\pi}\left|\sum_{s=0}^{n}h_s\mathrm{e}^{\mathrm{i}(t-s)\lambda}-\psi(\lambda)\right|^2F(\mathrm{d}\lambda)\\&\to\int_{-\pi}^{\pi}|\varphi(\lambda)-\psi(\lambda)|^2F(\mathrm{d}\lambda)(n\to\infty)\end{aligned}$$

问题关键在于求 $P_{H_\xi^{-}(t)}\eta$ 的谱特征 $\varphi(\lambda)$.

设数列 $\{b_n\}$ 满足 $\sum\limits_{n=0}^{+\infty}|b_n|<+\infty$, 则

$$\eta(t)=\sum_{s=0}^{+\infty}b_s\xi(t-s)=\int_{-\pi}^{\pi}\mathrm{e}^{\mathrm{i}t\lambda}B(\mathrm{e}^{-\mathrm{i}\lambda})\varPhi(\mathrm{d}\lambda)$$

$$B(\mathrm{e}^{-\mathrm{i}\lambda})=\sum_{n=0}^{+\infty}b_n\mathrm{e}^{-\mathrm{i}n\lambda}$$

其中 $\varPhi(\mathrm{d}\lambda)$ 为 $\xi(t)$ 的随机谱测度.

问题: 设 $\zeta\in H_\xi$, 已知 ζ 在 $L^2(F^\xi)$ 中的谱特征为 $\varPsi(\lambda)$, 即

$$\zeta=\int_{-\pi}^{\pi}\varPsi(\lambda)\varPhi(\mathrm{d}\lambda)$$

求 $P_{H_\eta^-(t)}\zeta$ 的谱特征及如下的 Q 值:

$$Q=\lim_{n}\inf_{h_0,\cdots,h_n}\left\|\sum_{s=0}^{n}h_s\eta(t-s)-\zeta\right\|^2=||P_{H_\eta^-(t)}\zeta-\zeta||^2$$

上述问题可表示为

$$\xi(t)\to\boxed{b(t)}\to\eta(t)=\sum_{s=0}^{+\infty}b_s\xi(t-s)$$

$$\sum_{n=0}^{+\infty}|b_n|<\infty$$

$$\to\boxed{h_0,\cdots,h_n}\to\widetilde{\eta}_n(t)=\sum_{s=0}^{n}h_s\eta(t-s)$$

滤波器

希望 $\tilde{\eta}_n(t)$ 最接近于 ζ, 输出误差

$$||\tilde{\eta}_n(t)-\zeta||^2=\left\|\sum_{s=0}^{n}h_s\eta(t-s)-\zeta\right\|^2=Q(h_0,\cdots,h_n)$$

取 $h_0,\cdots,h_n$, 使

$$Q(h_0,\cdots,h_n)=\inf_{\tilde{h}_0,\cdots,\tilde{h}_n}Q(\tilde{h}_0,\cdots,\tilde{h}_n)$$

通过线性方程组

$$E\left[\sum_{s=0}^{n}h_s\eta(t-s)\overline{\eta(k)}\right]=E(\zeta\overline{\eta(k)}),\quad k=t,t-1,\cdots,t-n$$

求得.

第 13 章　多维连续参数平稳过程的预测问题

13.1　多维平稳过程的外推问题及正则性、奇异性

设 $\boldsymbol{\xi}(t), t \in \mathbf{R}$ 为 n 维平稳过程, 且 $E\boldsymbol{\xi}(t)=0$.

$$
\begin{aligned}
&H_{\boldsymbol{\xi}} = \mathscr{L}\{\xi_j(s), 1 \leqslant j \leqslant n, s \in \mathbf{R}\} \\
&H_{\boldsymbol{\xi}}^-(t) = \mathscr{L}\{\xi_j(s), 1 \leqslant j \leqslant n, s \leqslant t\}
\end{aligned}
\tag{13.1.1}
$$

对 $\tau > 0$, 求

$$
\widehat{\xi}_j(t,\tau) = P_{H_{\boldsymbol{\xi}}^-(t)}\xi_j(t+\tau), \quad j=1,2,\cdots,n \tag{13.1.2}
$$

或

$$
\begin{aligned}
&\widehat{\boldsymbol{\xi}}(t,\tau) = P_{H_{\boldsymbol{\xi}}^-(t)}\boldsymbol{\xi}(t+\tau) \\
&\widehat{\boldsymbol{\xi}}(t,\tau) = \int_{-\infty}^{+\infty} \mathrm{e}^{\mathrm{i}t\lambda}\widehat{\boldsymbol{\varphi}}(\lambda,\tau)\boldsymbol{\Phi}(\mathrm{d}\lambda)
\end{aligned}
\tag{13.1.3}
$$

其中 $\boldsymbol{\Phi}(\mathrm{d}\lambda)$ 是 $\boldsymbol{\xi}(t)$ 的随机谱测度. 如果求得式 (13.1.3) 中的 $\hat{\boldsymbol{\varphi}}(\lambda,\tau) = (\hat{\varphi}_{ij}(\lambda,\tau))_{n\times n}$, 则认为 $\widehat{\boldsymbol{\xi}}(t,\tau)$ 已求出.

若对一切 $t,\tau \in \mathbf{R}$ 均有

$$
\widehat{\xi}_k(t,\tau) = \xi_k(t+\tau), \quad k=1,2,\cdots,n \tag{13.1.4}
$$

则称 $\boldsymbol{\xi}(t)$ 为奇异的.

若对一切 $t \in \mathbf{R}$, 有

$$
\underset{\tau\to+\infty}{\mathrm{l.i.m}}\, \widehat{\xi}_k(t,\tau) = 0, \quad k=1,2,\cdots,n \tag{13.1.5}
$$

则称 $\boldsymbol{\xi}(t)$ 为正则的.

定理 13.1　$\boldsymbol{\xi}(t)$ 奇异 $\Leftrightarrow S_{\boldsymbol{\xi}} = H_{\boldsymbol{\xi}}$, 其中 $S_{\boldsymbol{\xi}} = \bigcap\limits_{t\in\mathbf{R}} H_{\xi}^-(t)$.

定理 13.2　$\boldsymbol{\xi}(t)$ 正则 $\Leftrightarrow S_{\boldsymbol{\xi}} = \{0\}$.

定理 13.3(Wold 分解)　任一 n 维平稳过程 $\boldsymbol{\xi}(t), t\in\mathbf{R}$ 均可唯一地表示为

$$
\boldsymbol{\xi}(t) = \boldsymbol{\eta}(t) + \boldsymbol{\zeta}(t) \tag{13.1.6}
$$

这里 $\boldsymbol{\eta}(t)$ 与 $\boldsymbol{\zeta}(t), t\in\mathbf{R}$ 都是 n 维平稳过程, 且 $\boldsymbol{\eta}(t)\perp\boldsymbol{\zeta}(t)$, 即对 $\forall t,s\in\mathbf{R}$, 均有

$$
E\eta_k(t)\overline{\zeta}_j(s) = 0, \quad 1 \leqslant k,j \leqslant n \tag{13.1.7}
$$

并且 $\boldsymbol{\eta}(t)$ 与 $\boldsymbol{\zeta}(t)$ 都强从属于 $\boldsymbol{\xi}(t)$, 即 $\boldsymbol{\eta}(t)$ 与 $\boldsymbol{\zeta}(t)$ 都与 $\boldsymbol{\xi}(t)$ 平稳相关, 并对 $\forall t\in\mathbf{R}$, 有

$$H_{\boldsymbol{\eta}}^{-}(t)\subset H_{\boldsymbol{\xi}}^{-}(t),\quad H_{\boldsymbol{\zeta}}^{-}(t)\subset H_{\boldsymbol{\xi}}^{-}(t) \tag{13.1.8}$$

此外, $\boldsymbol{\eta}(t)$ 正则, $\boldsymbol{\zeta}(t)$ 奇异.

设

$$\boldsymbol{\xi}(t)=\int_{-\infty}^{+\infty}\mathrm{e}^{\mathrm{i}t\lambda}\,\boldsymbol{\Phi}(\mathrm{d}\lambda) \tag{13.1.9}$$

是 $\boldsymbol{\xi}(t)=(\xi_1(t),\cdots,\xi_n(t))'$ 的谱表示.

考虑离散参数的 n 维平稳过程 $\tilde{\boldsymbol{\xi}}(t)=(\tilde{\xi}_1(t),\cdots,\tilde{\xi}_n(t))', t\in\mathbf{N}$, 它的谱表示为

$$\tilde{\boldsymbol{\xi}}(t)=\int_{-\pi}^{\pi}\mathrm{e}^{\mathrm{i}t\mu}\,\widetilde{\boldsymbol{\Phi}}(\mathrm{d}\mu),\quad t\in\mathbf{N} \tag{13.1.10}$$

这里

$$\begin{cases}\widetilde{\boldsymbol{\Phi}}(\mathrm{d}\mu)=\boldsymbol{\Phi}(\mathrm{d}\lambda)\\ \mu=2\arctan\lambda\end{cases} \tag{13.1.11}$$

引理 13.1 $H_{\boldsymbol{\xi}}=H_{\tilde{\boldsymbol{\xi}}}, H_{\boldsymbol{\xi}}^{-}(0)=H_{\tilde{\boldsymbol{\xi}}}^{-}(0)$. (13.1.12)

证明 由于

$$H_{\boldsymbol{\xi}}=\mathscr{L}\{\varPhi_k(\mathrm{d}\lambda),k=1,2,\cdots,n\}$$

$$H_{\tilde{\boldsymbol{\xi}}}=\mathscr{L}\{\widetilde{\varPhi}_k(\mathrm{d}\mu),k=1,2,\cdots,n\}$$

所以 $H_{\boldsymbol{\xi}}=H_{\tilde{\boldsymbol{\xi}}}$.

为证第二式, 先证 $H_{\tilde{\boldsymbol{\xi}}}^{-}(0)\subset H_{\boldsymbol{\xi}}^{-}(0)$. 由 $\mu=2\arctan\lambda$, 得

$$\mathrm{e}^{-\mathrm{i}\mu}=\frac{1-\mathrm{i}\lambda}{1+\mathrm{i}\lambda}=-1+\frac{2}{1+\mathrm{i}\lambda}=-1+2\int_{-\infty}^{0}\mathrm{e}^{\mathrm{i}t\lambda}\cdot\mathrm{e}^{t}\mathrm{d}t \tag{13.1.13}$$

由此可见, 函数 $\mathrm{e}^{\mathrm{i}s\lambda}$($s$ 为非负整数) 在每一有限区间上能用形如 $\varphi(\lambda)=\sum\limits_{t_k\leqslant 0}a_k\mathrm{e}^{\mathrm{i}t_k\lambda}$ 的三角函数一致逼近. 因此, 在适当选择 $\varphi(\lambda)$ 之下, 使

$$\int_{-\infty}^{+\infty}|\mathrm{e}^{\mathrm{i}\mu s}-\varphi(\lambda)|^2F_{kk}(\mathrm{d}\lambda)$$

可以任意小, 这里 $F_{kk}(\mathrm{d}\lambda)$ 为 $\xi_k(t)$ 的谱测度. 因此

$$\tilde{\xi}_k(s)=\int_{-\pi}^{\pi}\mathrm{e}^{\mathrm{i}\mu s}\,\widetilde{\varPhi}_k(\mathrm{d}\mu)=\int_{-\infty}^{+\infty}\left(\frac{1-\mathrm{i}\lambda}{1+\mathrm{i}\lambda}\right)^{-s}\varPhi_k(\mathrm{d}\lambda) \tag{13.1.14}$$

可用

$$h_k=\int_{-\infty}^{+\infty}\varphi(\lambda)\,\varPhi_k(\mathrm{d}\lambda)\in H_{\xi}^{-}(0) \tag{13.1.15}$$

均方逼近. 这表明 $\tilde{\xi}_k(s) \in H_{\boldsymbol{\xi}}^-(0), s \leqslant 0, k=1,2,\cdots,n$, 即

$$H_{\tilde{\boldsymbol{\xi}}}^-(0) \subset H_{\boldsymbol{\xi}}^-(0)$$

再证 $H_{\boldsymbol{\xi}}^-(0) \subset H_{\tilde{\boldsymbol{\xi}}}^-(0)$. 这里要证: 对 $\forall t \leqslant 0, \boldsymbol{\xi}(t) \in H_{\tilde{\boldsymbol{\xi}}}^-(0)$. 函数 $\mathrm{e}^{t\frac{1-\tilde{z}}{1+\tilde{z}}}$, 是 $\tilde{z}$ 平面上单位圆内解析函数, 当 $t \leqslant 0$ 时, 其模不超过 1. (见 5.2).

$$\mathrm{e}^{t\frac{1-\tilde{z}}{1+\tilde{z}}} = \sum_{s=0}^{\infty} a_s(t)\rho^s \mathrm{e}^{-\mathrm{i}\mu s}, \quad \tilde{z} = \rho \mathrm{e}^{-\mathrm{i}\mu}, |\rho| < 1 \tag{13.1.16}$$

$$\lim_{\rho \to 1^-} \mathrm{e}^{t\frac{1-\tilde{z}}{1+\tilde{z}}} = \mathrm{e}^{\mathrm{i}t\lambda} \quad \left(\frac{1-\mathrm{e}^{-\mathrm{i}\mu}}{1+\mathrm{e}^{-\mathrm{i}\mu}} = \mathrm{i}\lambda\right) \tag{13.1.17}$$

由 Lebesgue 控制收敛定理

$$\lim_{\rho \to 1^-} \int_{-\pi}^{\pi} |\mathrm{e}^{\mathrm{i}t\lambda} - \mathrm{e}^{t\frac{1-\tilde{z}}{1+\tilde{z}}}|^2 \widetilde{F}_{kk}(\mathrm{d}\mu) = 0 \tag{13.1.18}$$

这里 $\widetilde{F}_{kk}(\mathrm{d}\mu)$ 是 $\tilde{\xi}_k(t)$ 的谱测度. 从式 (13.1.16)、式 (13.1.18) 知

$$\int_{-\pi}^{\pi} \mathrm{e}^{t\frac{1-\tilde{z}}{1+\tilde{z}}} \varPhi_k(\mathrm{d}\mu) \in H_{\tilde{\xi}}^-(0) \tag{13.1.19}$$

$$\begin{aligned} \xi_k(t) &= \int_{-\infty}^{+\infty} \mathrm{e}^{\mathrm{i}t\lambda} \varPhi_k(\mathrm{d}\lambda) = \int_{-\pi}^{\pi} \mathrm{e}^{\mathrm{i}t\lambda} \widetilde{\varPhi}_k(\mathrm{d}\mu) \\ &= \lim_{\rho \to 1^-} \int_{-\pi}^{\pi} \mathrm{e}^{t\frac{1-\tilde{z}}{1+\tilde{z}}} \widetilde{\varPhi}_k(\mathrm{d}\mu) \in H_{\boldsymbol{\xi}}^-(0) \end{aligned} \tag{13.1.20}$$

因此 $H_{\boldsymbol{\xi}}^-(0) \subset H_{\tilde{\boldsymbol{\xi}}}^-(0)$. 引理 13.1 证毕.

引理 13.2 $\boldsymbol{\eta}(t)$ 强从属于 $\boldsymbol{\xi}(t) \Leftrightarrow \tilde{\boldsymbol{\eta}}(t)$ 强从属于 $\tilde{\boldsymbol{\xi}}(t)$ (留作习题).

引理 13.3 $\boldsymbol{\xi}(t)$ 和 $\tilde{\boldsymbol{\xi}}(t)$ 同时奇异或同时非奇异 (留作习题).

引理 13.4 $\boldsymbol{\xi}(t)$ 和 $\tilde{\boldsymbol{\xi}}(t)$ 同时正则或同时非正则 (留作习题).

若 $\boldsymbol{\xi}(t)$ 正则, 由引理 13.4 知 $\tilde{\boldsymbol{\xi}}(t)$ 正则, 且 $\boldsymbol{F}(\mathrm{d}\lambda), \widetilde{\boldsymbol{F}}(\mathrm{d}\mu)$ 都绝对连续, $\boldsymbol{F}, \widetilde{\boldsymbol{F}}$ 之间及它们谱密度之间有如下关系:

$$\begin{cases} \widetilde{\boldsymbol{F}}(\mathrm{d}\mu) = \boldsymbol{F}(\mathrm{d}\lambda) \\ \mathrm{d}\mu = \dfrac{2}{1+\lambda^2}\mathrm{d}\lambda \end{cases} \tag{13.1.21}$$

$$\tilde{\boldsymbol{f}}(\mu) = \frac{1+\lambda^2}{2}\boldsymbol{f}(\lambda) \tag{13.1.22}$$

由定理 12.5 知道, $\tilde{\boldsymbol{f}}(\mu)$ 对几乎一切 μ 有秩 m, 并且存在单位圆内解析矩阵 $\widetilde{\boldsymbol{\varGamma}}(\tilde{z}) = (\widetilde{\boldsymbol{\varGamma}}_{kj}(\tilde{z}))_{n\times m}$, 其中 $\widetilde{\boldsymbol{\varGamma}}_{kj}(\tilde{z}) \in H_2, 1 \leqslant k \leqslant n, 1 \leqslant j \leqslant m$, 使

$$\tilde{\boldsymbol{f}}(\mu) = \frac{1}{2\pi}\widetilde{\boldsymbol{\varGamma}}(\mathrm{e}^{-\mathrm{i}\mu})\widetilde{\boldsymbol{\varGamma}}^*(\mathrm{e}^{-\mathrm{i}\mu}) \tag{13.1.23}$$

考察矩阵

$$\boldsymbol{\Gamma}(z)=\frac{\sqrt{2}}{1+\mathrm{i}z}\widetilde{\boldsymbol{\Gamma}}(\tilde{z}) \tag{13.1.24}$$

这里

$$\tilde{z}=\frac{1-\mathrm{i}z}{1+\mathrm{i}z},\quad z=\mathrm{i}\frac{\tilde{z}-1}{\tilde{z}+1} \tag{13.1.25}$$

变换式 (13.1.25) 将单位圆内 $|\tilde{z}|<1$ 变到下半平面 $\operatorname{Im} z<0$, 而且解析矩阵 $\boldsymbol{\Gamma}(z)$ 满足边界条件

$$\boldsymbol{f}(\lambda)=\frac{1}{2\pi}\boldsymbol{\Gamma}(\lambda)\boldsymbol{\Gamma}^*(\lambda) \tag{13.1.26}$$

其中

$$\begin{aligned}\boldsymbol{\Gamma}(\lambda)&=\frac{\sqrt{2}}{1+\mathrm{i}\lambda}\widetilde{\boldsymbol{\Gamma}}(\mathrm{e}^{-\mathrm{i}\mu})=\frac{\sqrt{2}}{1+\mathrm{i}\lambda}\sum_{s=0}^{+\infty}\tilde{\boldsymbol{c}}(s)\mathrm{e}^{-\mathrm{i}\mu s}\\&=\sqrt{2}\sum_{s=0}^{+\infty}\tilde{\boldsymbol{c}}(s)\frac{(1-\mathrm{i}\lambda)^s}{(1+\mathrm{i}\lambda)^{s+1}}\end{aligned} \tag{13.1.27}$$

$$\begin{aligned}\frac{(1-\mathrm{i}\lambda)^s}{(1+\mathrm{i}\lambda)^{s+1}}&=\sum_{k=0}^{s}\frac{A_k}{(1+\mathrm{i}\lambda)^{k+1}}=\sum_{k=0}^{s}\frac{A_k}{k!}\int_0^{+\infty}\mathrm{e}^{-\mathrm{i}t\lambda}\mathrm{e}^{-t}t^k\mathrm{d}t\\&=\int_0^{+\infty}\mathrm{e}^{-\mathrm{i}t\lambda}B_s(t)\mathrm{d}t\end{aligned} \tag{13.1.28}$$

此处

$$B_s(t)=\mathrm{e}^{-t}\sum_{k=0}^{s}\frac{A_k}{k!}t^k$$

由于函数系$\dfrac{\sqrt{2}}{1+\mathrm{i}\lambda}\mathrm{e}^{-\mathrm{i}\mu s}=\sqrt{2}\dfrac{(1-\mathrm{i}\lambda)^s}{(1+\mathrm{i}\lambda)^{s+1}}$ 构成直线 $-\infty<\lambda<+\infty$ 上完备正交系, 这样任何一平方可积函数 $\varphi(\lambda)$ 可展成 Fourier 级数:

$$\begin{cases}\varphi(\lambda)=\displaystyle\sum_{s=-\infty}^{+\infty}a(s)\frac{(1-\mathrm{i}\lambda)^s}{(1+\mathrm{i}\lambda)^{s+1}}\\a(s)=\displaystyle\frac{1}{\pi}\int_{-\infty}^{+\infty}\varphi(\lambda)\overline{\left[\frac{(1-\mathrm{i}\lambda)^s}{(1+\mathrm{i}\lambda)^{s+1}}\right]}\mathrm{d}\lambda\end{cases} \tag{13.1.29}$$

(级数在均方意义下收敛) 由此在式 (13.1.27) 中的和与式 (13.1.28) 中的积分交换次序, 给出 $\boldsymbol{\Gamma}(\lambda)$ 的以下表达式:

$$\begin{cases}\boldsymbol{\Gamma}(\lambda)=\displaystyle\int_0^{+\infty}\mathrm{e}^{-\mathrm{i}\lambda t}\boldsymbol{c}(t)\mathrm{d}t\\\boldsymbol{c}(t)=\sqrt{2}\displaystyle\sum_{s=0}^{+\infty}\tilde{\boldsymbol{c}}(s)B_s(t)\end{cases} \tag{13.1.30}$$

$$\int_0^{+\infty}|c_{kj}(t)|^2\mathrm{d}t=\frac{1}{2\pi}\int_{-\infty}^{+\infty}|\Gamma_{kj}(\lambda)|^2\mathrm{d}\lambda$$

$$\int_0^{+\infty}||\boldsymbol{c}(t)||^2\mathrm{d}t=\frac{1}{2\pi}\int_{-\infty}^{+\infty}||\boldsymbol{\Gamma}(\lambda)||^2\mathrm{d}\lambda<\infty \tag{13.1.31}$$

其中矩阵 $\boldsymbol{A}=(a_{ij})_{n\times m}$ 的模 $||\boldsymbol{A}||=\sqrt{\sum\limits_{i,j}|a_{ij}|^2}$, 称为欧氏模.

同样地, 如果谱密度 $\boldsymbol{f}(\lambda)$ 允许表示为式 (13.1.26), $\boldsymbol{\Gamma}(\lambda)$ 为式 (13.1.30) 形式, 那么 $\boldsymbol{\Gamma}(\lambda)$ 可展成式 (13.1.27), 并且 $\widetilde{\boldsymbol{\Gamma}}(\tilde{z})$ 与 $\boldsymbol{\Gamma}(z)$ 由关系式 (13.1.24) 相联系. 由于 $\widetilde{\boldsymbol{\Gamma}}(\tilde{z})$ 是单位圆内解析矩阵, 其元为 H_2 类函数, 它的边界值满足式 (13.1.23), 由定理 12.6 知 $\tilde{\boldsymbol{\xi}}(t)$ 正则, 故 $\boldsymbol{\xi}(t)$ 正则.

定义 13.1　秩为 m 的谱密度矩阵 $\boldsymbol{f}(\lambda)$ 称为**可因子分解的**, 如果可以表示为式 (13.1.26), $\boldsymbol{\Gamma}(\lambda)$ 满足式 (13.1.30) 和式 (13.1.31).

综合上述, 得到下面定理:

定理 13.4　n 维平稳过程 $\boldsymbol{\xi}(t), t\in\mathbf{R}$ 是正则的 $\Leftrightarrow$ $\boldsymbol{\xi}(t)$ 有秩 m, 且它的谱密度 $\boldsymbol{f}(\lambda)$ 可因子分解.

13.2　n 维正则平稳过程的 Wold 分解

下面将看到, 正则的 n 维平稳过程 $\boldsymbol{\xi}(t)=(\xi_1(t),\cdots,\xi_n(t))', t\in\mathbf{R}$ 能表示为滑动和形式

$$\boldsymbol{\xi}(t)=\int_{-\infty}^{t}\boldsymbol{c}(t-s)\boldsymbol{\zeta}(\mathrm{d}s) \tag{13.2.1}$$

$$\boldsymbol{\zeta}(\mathrm{d}s)=(\zeta_1(\mathrm{d}s),\cdots,\zeta_m(\mathrm{d}s))'$$

这里 $\boldsymbol{\zeta}(\mathrm{d}s)$ 是正交随机测度, 即

$$E|\zeta_j(\mathrm{d}s)|^2=1,\quad j=1,2,\cdots,m$$

$$E\zeta_i(\Delta)\overline{\zeta_j(\Delta')}=0,\quad i\neq j$$

而且这一随机测度能如此选择, 使

$$H_{\boldsymbol{\zeta}}^-(t)=H_{\boldsymbol{\xi}}^-(t) \tag{13.2.2}$$

其中

$$H_{\boldsymbol{\zeta}}^-(t)=\mathscr{L}\{\zeta_j(\Delta), i=1,2,\cdots,n, \Delta\subset(-\infty,t]\mathscr{B}\}$$

称 $\boldsymbol{\zeta}(\mathrm{d}t)$ 为 $\boldsymbol{\xi}(t)$ 的基本正交随机测度, 而表示式 (13.2.1) 称为 $\boldsymbol{\xi}(t)$ 的 Wold 分解.

由前面讨论知道, 正则过程 $\boldsymbol{\xi}(t), t \in \mathbf{R}$ 的谱密度 $\boldsymbol{f}(\lambda)$ 可分解为

$$\boldsymbol{f}(\lambda)=\frac{1}{2\pi}\boldsymbol{\Gamma}(\lambda)\boldsymbol{\Gamma}^*(\lambda) \tag{13.2.3}$$

这里矩阵 $\boldsymbol{\Gamma}(z)=(\Gamma_{kj}(z))_{n\times m}$ 在下半平面解析, $\Gamma_{kj}(z)\in H_2, 1\leqslant k\leqslant n, 1\leqslant j\leqslant m.$

如同离散参数一样, 在这些解析矩阵中存在最大的, 即对任意下半平面解析矩阵 $\boldsymbol{\Gamma}_1(z)$, 其元为 H_2 类, 且 $\boldsymbol{\Gamma}_1(z)$ 与 $\boldsymbol{\Gamma}(z)$ 都满足式 (13.2.3), 则由式 (13.1.24) 得

$$\boldsymbol{\Gamma}(-i)\boldsymbol{\Gamma}^*(-i)-\boldsymbol{\Gamma}_1(-i)\boldsymbol{\Gamma}_1^*(-i)\geqslant \boldsymbol{O}$$

设 $\boldsymbol{\Phi}=(\Phi_1,\cdots,\Phi_n)'$ 是 $\boldsymbol{\xi}(t)$ 的随机谱测度, 矩阵函数 $\boldsymbol{\psi}(\lambda)=(\psi_{jk}(\lambda))_{m\times n}$ 满足方程

$$\boldsymbol{\psi}(\lambda)\boldsymbol{\Gamma}(\lambda)=\boldsymbol{I}_m,\quad \text{a.e.d}\lambda \tag{13.2.4}$$

由定理 11.2 知, $\boldsymbol{\xi}(t)$ 可以表示为式 (13.2.1), 这里 $\boldsymbol{\zeta}(\mathrm{d}t)$ 由式 (13.2.5) 确定

$$\boldsymbol{\zeta}(\Delta)=\int_{-\infty}^{\infty}\frac{\mathrm{e}^{\mathrm{i}\lambda t_2}-\mathrm{e}^{\mathrm{i}\lambda t_1}}{\mathrm{i}\lambda}\boldsymbol{\psi}(\lambda)\boldsymbol{\Phi}(\mathrm{d}\lambda),\quad \Delta=(t_1,t_2] \tag{13.2.5}$$

设矩阵 $\boldsymbol{\Gamma}(z)$ 是最大的, 令 $\boldsymbol{\Psi}=(\Psi_1,\cdots,\Psi_m)'$ 是随机测度, 定义为

$$\boldsymbol{\Psi}(\mathrm{d}\lambda)=\frac{\sqrt{2}}{1+\mathrm{i}\lambda}\boldsymbol{\psi}(\lambda)\boldsymbol{\Phi}(\mathrm{d}\lambda) \tag{13.2.6}$$

则

$$\begin{cases} E|\Psi_j(\mathrm{d}\lambda)|^2=\dfrac{1}{\pi(1+\lambda^2)}\mathrm{d}\lambda \\ E\Psi_j(\Delta)\overline{\Psi_k(\Delta')}=0,\quad j\neq k \end{cases} \tag{13.2.7}$$

$$\begin{aligned}\boldsymbol{\zeta}(\Delta)&=\frac{1}{\sqrt{2}}\int_{-\infty}^{+\infty}\frac{\mathrm{e}^{\mathrm{i}\lambda t_2}-\mathrm{e}^{\mathrm{i}\lambda t_1}}{\mathrm{i}\lambda}(1+\mathrm{i}\lambda)\boldsymbol{\Psi}(\mathrm{d}\lambda)\\ &=\frac{1}{\sqrt{2}}\int_{-\infty}^{+\infty}\mathrm{e}^{\mathrm{i}\lambda t_2}\boldsymbol{\Psi}(\mathrm{d}\lambda)-\frac{1}{\sqrt{2}}\int_{-\infty}^{+\infty}\mathrm{e}^{\mathrm{i}\lambda t_1}\boldsymbol{\Psi}(\mathrm{d}\lambda)\\ &\quad+\frac{1}{\sqrt{2}}\int_{-\infty}^{+\infty}\left[\int_{t_1}^{t_2}\mathrm{e}^{\mathrm{i}\lambda t}\mathrm{d}t\right]\boldsymbol{\Psi}(\mathrm{d}\lambda)\end{aligned} \tag{13.2.8}$$

令

$$\boldsymbol{\eta}(t)=\int_{-\infty}^{+\infty}\mathrm{e}^{\mathrm{i}t\lambda}\boldsymbol{\Psi}(\mathrm{d}\lambda) \tag{13.2.9}$$

由式 (13.2.8) 可见

$$\zeta_j(\Delta)\in H_{\boldsymbol{\eta}}^-(t),\quad j=1,\cdots,m, \Delta=(t_1,t_2], t_1\leqslant t_2\leqslant t$$

设与 $\boldsymbol{\eta}(t), t\in\mathbf{R}$ 对应的离散参数随机过程为

$$\begin{cases} \tilde{\boldsymbol{\eta}}(t)=\int_{-\pi}^{\pi}\mathrm{e}^{\mathrm{i}\mu t}\,\widetilde{\boldsymbol{\Psi}}(\mathrm{d}\mu), \quad t\in\mathbf{N} \\ \mu=2\arctan\lambda \end{cases} \tag{13.2.10}$$

则 $\widetilde{\boldsymbol{\Psi}}(\mathrm{d}\mu)=\boldsymbol{\Psi}(\mathrm{d}\lambda)$ 是正交的, 且

$$|\widetilde{\boldsymbol{\Psi}}(\mathrm{d}\mu)|^2=|\Psi_j(\mathrm{d}\lambda)|^2=\frac{\mathrm{d}\lambda}{\pi(1+\lambda^2)}=\frac{1}{2\pi}\mathrm{d}\mu \tag{13.2.11}$$

下证 $\tilde{\boldsymbol{\eta}}(t)$ 是 $\tilde{\boldsymbol{\xi}}(t)$ 的基本过程, 其中

$$\tilde{\boldsymbol{\xi}}(t)=\int_{-\pi}^{\pi}\mathrm{e}^{\mathrm{i}\mu t}\,\widetilde{\boldsymbol{\Psi}}(\mathrm{d}\mu), \quad t\in\mathbf{N} \tag{13.2.12}$$

事实上, 矩阵

$$\widetilde{\boldsymbol{\psi}}(\mu)=(\widetilde{\psi}_{kj}(\mu))_{m\times n}=\frac{\sqrt{2}}{1+\mathrm{i}\lambda}\boldsymbol{\psi}(\lambda)$$

满足方程

$$\widetilde{\boldsymbol{\psi}}(\mu)\widetilde{\boldsymbol{\Gamma}}(\mathrm{e}^{-\mathrm{i}\mu})=\boldsymbol{I}_m \tag{13.2.13}$$

这里 $\widetilde{\boldsymbol{\Gamma}}(z)$ 是过程 $\tilde{\boldsymbol{\xi}}(t)$ 的最大解析矩阵, 且

$$\widetilde{\boldsymbol{\Gamma}}(\mathrm{e}^{-i\mu})=\frac{1+\mathrm{i}\lambda}{\sqrt{2}}\boldsymbol{\Gamma}(\lambda)$$

由定理 12.6 知, 过程的基本性从下式给出:

$$\widetilde{\boldsymbol{\Psi}}(\mathrm{d}\mu)=\widetilde{\boldsymbol{\psi}}(\mu)\,\widetilde{\boldsymbol{\Phi}}(\mathrm{d}\mu) \tag{13.2.14}$$

$\tilde{\boldsymbol{\eta}}(t)$ 的基本性意味着 $H_{\tilde{\boldsymbol{\eta}}}^-(0)=H_{\tilde{\boldsymbol{\xi}}}^-(0)$. 由引理 13.2 得到 $H_{\boldsymbol{\eta}}^-(0)=H_{\boldsymbol{\xi}}^-(0)$, 于是 $H_{\boldsymbol{\eta}}^-(t)=H_{\boldsymbol{\xi}}^-(t), \forall t\in\mathbf{R}$, 故

$$\zeta_j(\Delta)\in H_{\boldsymbol{\xi}}^-(t), \quad j=1,2,\cdots,m, \Delta=(t_1,t_2], t_1\leqslant t_2\leqslant t \tag{13.2.15}$$

因此 $H_{\boldsymbol{\zeta}}^-(t)\subset H_{\boldsymbol{\xi}}^-(t)$. 这说明 $\boldsymbol{\zeta}(\mathrm{d}t)$ 为 $\boldsymbol{\xi}(t)$ 的基本正交测度, 即式 (13.2.1) 为 $\boldsymbol{\xi}(t)$ 的 Wold 分解. 相反方向论证指出, 如果式 (13.2.1) 中正交随机测度 $\boldsymbol{\zeta}(\mathrm{d}t)$ 是基本的, 则下半平面解析矩阵 $\boldsymbol{\Gamma}(z)$ 是最大的 (留作习题).

定理 13.5 设 $\boldsymbol{\xi}(t), t\in\mathbf{R}$ 是正则的 n 维平稳过程

$$\boldsymbol{\xi}(t)=\int_{-\infty}^{+\infty}\mathrm{e}^{\mathrm{i}\lambda t}\,\boldsymbol{\Phi}(\mathrm{d}\lambda) \tag{13.2.16}$$

它的谱密度 $\boldsymbol{f}(\lambda)=(f_{kl}(\lambda))_{n\times n}$ 有秩 m, 并且它可以表示为式 (13.2.1), 其中正交随机测度 $\boldsymbol{\zeta}(\mathrm{d}t)=(\zeta_1(\mathrm{d}t),\cdots,\zeta_m(\mathrm{d}t))'$ 为 $\boldsymbol{\xi}(t)$ 的基本正交随机测度, 则式 (13.2.1) 为 $\boldsymbol{\xi}(t)$ 的 wold 分解 $\Leftrightarrow$

$$\boldsymbol{c}(s)=\frac{1}{2\pi}\int_{-\infty}^{+\infty}\mathrm{e}^{\mathrm{i}\lambda s}\boldsymbol{\Gamma}(\lambda)\mathrm{d}\lambda \tag{13.2.17}$$

这里 $\boldsymbol{\Gamma}(\lambda)$ 是满足边界条件

$$\boldsymbol{f}(\lambda)=\frac{1}{2\pi}\boldsymbol{\Gamma}(\lambda)\boldsymbol{\Gamma}^*(\lambda) \tag{13.2.18}$$

的最大解析矩阵 $\boldsymbol{\Gamma}(z)$ 的边界值.

容易证明, 若 $\boldsymbol{\xi}(t)$ 可表示式 (13.2.1), 则它是正则的.

下面给出式 (13.2.16) 表示的正则过程 $\boldsymbol{\xi}(t)$ 的预测量:

$$\widehat{\boldsymbol{\xi}}(t,\tau)=\int_{-\infty}^{t}\boldsymbol{c}(t+\tau-s)\boldsymbol{\zeta}(\mathrm{d}s) \tag{13.2.19}$$

不难得到

$$\widehat{\boldsymbol{\xi}}(t,\tau)=\int_{-\infty}^{+\infty}\mathrm{e}^{\mathrm{i}\lambda t}\widehat{\boldsymbol{\varphi}}(\lambda,\tau)\boldsymbol{\Phi}(\mathrm{d}\lambda) \tag{13.2.20}$$

其中

$$\widehat{\boldsymbol{\varphi}}(\lambda,\tau)=(\widehat{\varphi}_{kl}(\lambda,\tau))_{n\times n}=\boldsymbol{\varphi}_\tau(\lambda)\boldsymbol{\psi}(\lambda) \tag{13.2.21}$$

这里

$$\boldsymbol{\varphi}_\tau(\lambda)=\int_0^{+\infty}\mathrm{e}^{-\mathrm{i}\lambda s}\boldsymbol{c}(s+\tau)\mathrm{d}s \tag{13.2.22}$$

$$\boldsymbol{c}(s)=\frac{1}{2\pi}\int_{-\infty}^{+\infty}\mathrm{e}^{\mathrm{i}\lambda s}\boldsymbol{\Gamma}(\lambda)\mathrm{d}\lambda \tag{13.2.23}$$

$\boldsymbol{\Gamma}(\lambda)$ 为最大解析矩阵 $\boldsymbol{\Gamma}(z)$ 的边界值, 满足边界条件

$$\boldsymbol{f}(\lambda)=\frac{1}{2\pi}\boldsymbol{\Gamma}(\lambda)\boldsymbol{\Gamma}^*(\lambda) \tag{13.2.24}$$

矩阵函数 $\boldsymbol{\psi}(\lambda)=(\psi_{jk}(\lambda))_{m\times n}$ 满足方程

$$\boldsymbol{\psi}(\lambda)\boldsymbol{\Gamma}(\lambda)=\boldsymbol{I}_m \tag{13.2.25}$$

(以上推导留作习题)

13.3 最大秩正则的 n 维平稳过程

定理 13.6 n 维均方连续平稳过程 $\boldsymbol{\xi}(t), t \in \mathbf{R}$ 为最大秩正则的 $\Leftrightarrow$
(1) 谱测度 $\boldsymbol{F}(\mathrm{d}\lambda)$ 关于 Lebesgue 测度 L 绝对连续, 即有谱密度 $\boldsymbol{f}(\lambda)$;
(2) $\det \boldsymbol{f}(\lambda) > 0, \text{a.e.}L$;
(3) $\displaystyle\int_{-\infty}^{+\infty} \ln\det \boldsymbol{f}(\lambda)\frac{\mathrm{d}\lambda}{1+\lambda^2} > -\infty.$
事实上, $\boldsymbol{\xi}(t)$ 与 $\tilde{\boldsymbol{\xi}}(t)$ 同时正则, 同时最大秩, 且谱密度满足

$$\tilde{\boldsymbol{f}}(\mu) = \frac{1+\lambda^2}{2}\boldsymbol{f}(\lambda), \quad \mu = 2\mathrm{arctan}\lambda$$

$$\int_{-\pi}^{\pi} \ln\det \widetilde{\boldsymbol{f}}(\mu)\mathrm{d}\mu = \int_{-\infty}^{+\infty} \ln\left(\left(\frac{1+\lambda^2}{2}\right)^n \det \boldsymbol{f}(\lambda)\right)\cdot\frac{2\mathrm{d}\lambda}{1+\lambda^2}$$

$$= 2\int_{-\infty}^{+\infty} \ln\det \boldsymbol{f}(\lambda)\frac{\mathrm{d}\lambda}{1+\lambda^2} + 2n\int_{-\infty}^{+\infty}\frac{\ln\dfrac{1+\lambda^2}{2}}{1+\lambda^2}\mathrm{d}\lambda$$

由于

$$\int_{-\infty}^{+\infty}\frac{\ln\dfrac{1+\lambda^2}{2}}{1+\lambda^2}\mathrm{d}\lambda = c, \quad -\infty < c < +\infty$$

所以

$$\int_{-\pi}^{\pi} \ln\det \tilde{\boldsymbol{f}}(\mu)\mathrm{d}\mu > -\infty \Leftrightarrow$$

$$\int_{-\infty}^{+\infty} \ln\det \boldsymbol{f}(\lambda)\cdot\frac{\mathrm{d}\lambda}{1+\lambda^2} > -\infty$$

相应于离散参数的 n 维平稳序列最大秩、正则的定理 13.3, 推证并写出结果 (留作习题).

13.4 连续参数 n 维平稳过程的线性滤波

设 $\boldsymbol{\xi}(t) = (\xi_1(t), \cdots, \xi_n(t))', \boldsymbol{\eta}(t) = (\eta_1(t), \cdots, \eta_m(t))', t \in \mathbf{R}$ 分别是 n 维和 m 维的平稳过程, 它们是平稳相关的, 有谱密度

$$\boldsymbol{f}^{\boldsymbol{\xi\xi}}(\lambda) = (f_{kl}^{\xi\xi}(\lambda))_{n\times n}$$

$$\boldsymbol{f}^{\boldsymbol{\eta\eta}}(\lambda) = (f_{kl}^{\eta\eta}(\lambda))_{m\times m}$$

$$\boldsymbol{f}^{\boldsymbol{\xi\eta}}(\lambda) = (f_{kl}^{\xi\eta}(\lambda))_{n\times m}$$

当 $\boldsymbol{\eta}(t)$ 是正则且有最大秩的 m 维平稳过程时, $\widehat{\boldsymbol{\xi}}(t,\tau)=P_{H_{\boldsymbol{\eta}}^{-}(t)}\boldsymbol{\xi}(t+\tau)$ 可表为

$$\widehat{\boldsymbol{\xi}}(t,\tau)=\int_{-\infty}^{+\infty}\mathrm{e}^{\mathrm{i}\lambda t}\left[\int_{0}^{+\infty}\mathrm{e}^{-\mathrm{i}\lambda s}\boldsymbol{a}(s+\tau)\mathrm{d}s\right]\boldsymbol{\varphi}^{-1}(\lambda)\boldsymbol{\varPhi}(\mathrm{d}\lambda) \tag{13.4.1}$$

其中 $\boldsymbol{\varPhi}(\mathrm{d}\lambda)=(\varPhi_1(\mathrm{d}\lambda),\cdots,\varPhi_m(\mathrm{d}\lambda))'$ 是 $\boldsymbol{\eta}(t)$ 的随机谱测度, $\boldsymbol{\varphi}(\lambda)=(\varphi_{kl}(\lambda))_{m\times m}$ 是满足条件

$$\frac{1}{2\pi}\boldsymbol{\Gamma}(\lambda)\boldsymbol{\Gamma}^{*}(\lambda)=\boldsymbol{f}^{\boldsymbol{\eta}\boldsymbol{\eta}}(\lambda) \tag{13.4.2}$$

的最大解析矩阵 $\boldsymbol{\Gamma}(z)$ 的边界值, 矩阵函数 $\boldsymbol{a}(s)=(a_{kl}(s))_{n\times m}$ 是 $\boldsymbol{f}^{\boldsymbol{\xi}\boldsymbol{\eta}}(\boldsymbol{f}^{\boldsymbol{\eta}\boldsymbol{\eta}})^{-1}\boldsymbol{\varphi}$ 的 Fourier 变换, 即

$$\boldsymbol{a}(s)=\frac{1}{2\pi}\int_{-\infty}^{+\infty}\mathrm{e}^{\mathrm{i}\lambda s}\boldsymbol{f}^{\boldsymbol{\xi}\boldsymbol{\eta}}(\lambda)[\boldsymbol{f}^{\boldsymbol{\eta}\boldsymbol{\eta}}(\lambda)]^{-1}\boldsymbol{\varphi}(\lambda)\mathrm{d}\lambda \tag{13.4.3}$$

事实上, 问题就是求: $\widehat{\boldsymbol{\xi}}(t,\tau)=P_{H_{\boldsymbol{\eta}}^{-}(t)}\boldsymbol{\xi}(t+\tau)=?$

解决问题的办法分两步: 先把 $\boldsymbol{\xi}(t)$ 投影到 H_η 上, 即求

$$\tilde{\boldsymbol{\xi}}(t)=P_{H_{\boldsymbol{\eta}}}\boldsymbol{\xi}(t)$$

再求

$$\begin{aligned}P_{H_{\boldsymbol{\eta}}^{-}(t)}\tilde{\boldsymbol{\xi}}(t+\tau)&=P_{H_{\boldsymbol{\eta}}^{-}(t)}P_{H_{\boldsymbol{\eta}}}\boldsymbol{\xi}(t+\tau)\\&=P_{H_{\boldsymbol{\eta}}^{-}(t)}\boldsymbol{\xi}(t+\tau)=\widehat{\boldsymbol{\xi}}(t,\tau)\end{aligned}$$

由假设, $\boldsymbol{\eta}(t)$ 的谱表示为

$$\boldsymbol{\eta}(t)=\int_{-\infty}^{+\infty}\mathrm{e}^{\mathrm{i}t\lambda}\boldsymbol{\varPhi}(\mathrm{d}\lambda) \tag{13.4.4}$$

由于 $\tilde{\boldsymbol{\xi}}(t)=P_{H_{\boldsymbol{\eta}}}\boldsymbol{\xi}(t)\in H_{\boldsymbol{\eta}}$, 所以设 $\tilde{\boldsymbol{\xi}}(t)$ 的谱特征为 $\mathrm{e}^{\mathrm{i}t\lambda}\tilde{\boldsymbol{\varphi}}(\lambda)$, 即

$$\tilde{\boldsymbol{\xi}}(t)=\int_{-\infty}^{+\infty}\mathrm{e}^{\mathrm{i}t\lambda}\tilde{\boldsymbol{\varphi}}(\lambda)\boldsymbol{\varPhi}(\mathrm{d}\lambda) \tag{13.4.5}$$

其中 $\tilde{\boldsymbol{\varphi}}(\lambda)$ 为 $n\times m$ 阶矩阵函数.

由于 $E\tilde{\boldsymbol{\xi}}(t)\boldsymbol{\eta}^{*}(s)=E\boldsymbol{\xi}(t)\boldsymbol{\eta}^{*}(s)$, 故

$$\int_{-\infty}^{+\infty}\mathrm{e}^{\mathrm{i}(t-s)\lambda}\tilde{\boldsymbol{\varphi}}(\lambda)\boldsymbol{f}^{\boldsymbol{\eta}\boldsymbol{\eta}}(\lambda)\mathrm{d}\lambda=\int_{-\infty}^{+\infty}\mathrm{e}^{\mathrm{i}(t-s)}\boldsymbol{f}^{\boldsymbol{\xi}\boldsymbol{\eta}}(\lambda)\mathrm{d}\lambda$$

由 $t,s\in\mathbf{R}$ 的任意性知

$$\tilde{\boldsymbol{\varphi}}(\lambda)\boldsymbol{f}^{\boldsymbol{\eta}\boldsymbol{\eta}}(\lambda)=\boldsymbol{f}^{\boldsymbol{\xi}\boldsymbol{\eta}}(\lambda)$$

注意到 $\boldsymbol{\eta}(t)$ 是最大秩过程, 因此

$$\tilde{\varphi}(\lambda)=\boldsymbol{f}^{\boldsymbol{\xi\eta}}(\lambda)[\boldsymbol{f}^{\boldsymbol{\eta\eta}}(\lambda)]^{-1} \tag{13.4.6}$$

下面再研究 $H_{\boldsymbol{\eta}}$.

由于 $\boldsymbol{\eta}(t)$ 正则, 设 $\boldsymbol{\varphi}(\lambda)=(\varphi_{kl}(\lambda))_{m\times m}$ 是满足条件

$$\boldsymbol{f}^{\boldsymbol{\eta\eta}}(\lambda)=\frac{1}{2\pi}\boldsymbol{\Gamma}_{\eta}(\mathrm{e}^{-\mathrm{i}\lambda})\boldsymbol{\Gamma}_{\eta}^{*}(\mathrm{e}^{-\mathrm{i}\lambda})$$

的最大解析矩阵 $\boldsymbol{\Gamma}_{\boldsymbol{\eta}}(z)$ 的边界值.

设 $\boldsymbol{\zeta}(\mathrm{d}t)=(\zeta_1(\mathrm{d}t),\cdots,\zeta_m(\mathrm{d}t))'$ 是 $\boldsymbol{\eta}(t)$ 的基本正交随机测度, $\boldsymbol{\eta}(t)$ 的 wold 分解为

$$\boldsymbol{\eta}(t)=\int_{-\infty}^{t}\boldsymbol{c}(t-s)\boldsymbol{\zeta}(\mathrm{d}s) \tag{13.4.7}$$

其中 $\boldsymbol{c}(s)=\dfrac{1}{2\pi}\displaystyle\int_{-\infty}^{+\infty}\mathrm{e}^{\mathrm{i}\lambda s}\boldsymbol{\varphi}(\lambda)\mathrm{d}\lambda$.

设

$$\boldsymbol{\zeta}(\Delta)=\int_{-\infty}^{+\infty}\frac{\mathrm{e}^{\mathrm{i}\lambda t_2}-\mathrm{e}^{\mathrm{i}\lambda t_1}}{\mathrm{i}\lambda}\boldsymbol{\Psi}(\mathrm{d}\lambda)$$

这里 $\Delta=(t_1,t_2]\subset(-\infty,+\infty)$, $\boldsymbol{\Psi}(\mathrm{d}\lambda)=(\Psi_1(\mathrm{d}\lambda),\cdots,\Psi_m(\mathrm{d}\lambda))'$ 是随机测度. 由随机测度的 Fourier 变换, 有

$$\begin{aligned}
\boldsymbol{\eta}(t)&=\int_{-\infty}^{t}\boldsymbol{c}(t-s)\boldsymbol{\zeta}(\mathrm{d}s)=\int_{-\infty}^{+\infty}\chi_{(-\infty,t)}(s)\boldsymbol{c}(t-s)\boldsymbol{\zeta}(\mathrm{d}s)\\
&=\int_{-\infty}^{+\infty}\int_{-\infty}^{+\infty}\mathrm{e}^{\mathrm{i}\lambda s}\chi_{(-\infty,t)}(s)\boldsymbol{c}(t-s)\boldsymbol{\Psi}(\mathrm{d}\lambda)\mathrm{d}s\\
&=\int_{-\infty}^{+\infty}\int_{-\infty}^{+\infty}\mathrm{e}^{\mathrm{i}\lambda s}\chi_{(-\infty,t)}(s)\boldsymbol{c}(t-s)\mathrm{d}s\,\boldsymbol{\Psi}(\mathrm{d}\lambda)\\
&=\int_{-\infty}^{+\infty}\int_{-\infty}^{t}\mathrm{e}^{\mathrm{i}\lambda s}\boldsymbol{c}(t-s)\mathrm{d}s\,\boldsymbol{\Psi}(\mathrm{d}\lambda)\\
&=\int_{-\infty}^{+\infty}\mathrm{e}^{\mathrm{i}t\lambda}\left[\int_{0}^{+\infty}\mathrm{e}^{-\mathrm{i}\lambda s}\boldsymbol{c}(s)\mathrm{d}s\right]\boldsymbol{\Psi}(\mathrm{d}\lambda)\\
&=\int_{-\infty}^{+\infty}\mathrm{e}^{\mathrm{i}t\lambda}\boldsymbol{\varphi}(\lambda)\boldsymbol{\Psi}(\mathrm{d}\lambda)
\end{aligned} \tag{13.4.8}$$

比较式 (13.4.4)、式 (13.4.8) 得

$$\boldsymbol{\Phi}(\mathrm{d}\lambda)=\boldsymbol{\varphi}(\lambda)\boldsymbol{\Psi}(\mathrm{d}\lambda)$$

设 $\boldsymbol{a}(s)$ 是 $\boldsymbol{f}^{\boldsymbol{\xi\eta}}(\lambda)[\boldsymbol{f}^{\boldsymbol{\eta\eta}}(\lambda)]^{-1}\boldsymbol{\varphi}(\lambda)$ 的 Fourier 变换, 即

$$\boldsymbol{a}(s)=\frac{1}{2\pi}\int_{-\infty}^{+\infty}\mathrm{e}^{\mathrm{i}\lambda s}\boldsymbol{f}^{\boldsymbol{\xi\eta}}(\lambda)[\boldsymbol{f}^{\boldsymbol{\eta\eta}}(\lambda)]^{-1}\boldsymbol{\varphi}(\lambda)\mathrm{d}\lambda \tag{13.4.9}$$

$$
\begin{aligned}
\tilde{\boldsymbol{\xi}}(t) &= \int_{-\infty}^{+\infty} \mathrm{e}^{\mathrm{i}t\lambda} \boldsymbol{f}^{\boldsymbol{\xi}\boldsymbol{\eta}}(\lambda)[\boldsymbol{f}^{\boldsymbol{\eta}\boldsymbol{\eta}}(\lambda)]^{-1}\boldsymbol{\varphi}(\lambda)\,\boldsymbol{\Psi}(\mathrm{d}\lambda) \\
&= \int_{-\infty}^{+\infty} \mathrm{e}^{\mathrm{i}t\lambda} \int_{-\infty}^{+\infty} \mathrm{e}^{-\mathrm{i}\lambda s}\boldsymbol{a}(s)\mathrm{d}s\,\boldsymbol{\Psi}(\mathrm{d}\lambda) \\
&= \int_{-\infty}^{+\infty} \int_{-\infty}^{+\infty} \mathrm{e}^{\mathrm{i}(t-s)\lambda}\boldsymbol{a}(s)\mathrm{d}s\,\boldsymbol{\Psi}(\mathrm{d}\lambda) \\
&= \int_{-\infty}^{+\infty} \int_{-\infty}^{+\infty} \mathrm{e}^{\mathrm{i}s\lambda}\boldsymbol{a}(t-s)\mathrm{d}s\,\boldsymbol{\Psi}(\mathrm{d}\lambda) \\
&= \int_{-\infty}^{+\infty} \boldsymbol{a}(t-s)\boldsymbol{\zeta}(\mathrm{d}s)
\end{aligned}
$$

因此

$$
\begin{aligned}
\widehat{\boldsymbol{\xi}}(t,\tau) &= P_{H_{\boldsymbol{\eta}}^{-}(t)}\tilde{\boldsymbol{\xi}}(t+\tau) = \int_{-\infty}^{t} \boldsymbol{a}(t+\tau-s)\boldsymbol{\zeta}(\mathrm{d}s) \\
&= \int_{-\infty}^{+\infty} \int_{-\infty}^{+\infty} \mathrm{e}^{\mathrm{i}\lambda s}\chi_{(-\infty,t)}(s)\boldsymbol{a}(t+\tau-s)\mathrm{d}s\,\boldsymbol{\Psi}(\mathrm{d}\lambda) \\
&= \int_{-\infty}^{+\infty} \left[\int_{-\infty}^{t} \mathrm{e}^{\mathrm{i}\lambda s}\boldsymbol{a}(t+\tau-s)\mathrm{d}s\right] \boldsymbol{\Psi}(\mathrm{d}\lambda) \\
&= \int_{-\infty}^{+\infty} \left[\int_{0}^{+\infty} \mathrm{e}^{\mathrm{i}(t-s)\lambda}\boldsymbol{a}(s+\tau)\mathrm{d}s\right] \boldsymbol{\Psi}(\mathrm{d}\lambda) \\
&= \int_{-\infty}^{+\infty} \mathrm{e}^{\mathrm{i}t\lambda} \left[\int_{0}^{+\infty} \mathrm{e}^{-\mathrm{i}s\lambda}\boldsymbol{a}(s+\tau)\mathrm{d}s\right] \boldsymbol{\Psi}(\mathrm{d}\lambda) \\
&= \int_{-\infty}^{+\infty} \mathrm{e}^{\mathrm{i}t\lambda} \left[\int_{0}^{+\infty} \mathrm{e}^{-\mathrm{i}s\lambda}\boldsymbol{a}(s+\tau)\mathrm{d}s\right] [\boldsymbol{\varphi}(\lambda)]^{-1}\,\boldsymbol{\Phi}(\mathrm{d}\lambda)
\end{aligned}
$$

参考文献

邓永录, 梁之舜. 1992. 随机点过程及其应用. 北京：科学出版社.
复旦大学. 1987. 概率论 (第三册). 北京：高等教育出版社.
侯振挺等. 1994. 马尔可夫过程的 Q 矩阵问题. 长沙：湖南科学技术出版社.
胡迪鹤. 1983. 可数状态的马尔可夫过程. 武汉：武汉大学出版社.
胡迪鹤. 1984. 分析概率论. 北京：科学出版社.
胡迪鹤. 2005. 随机过程概论. 武汉：武汉大学出版社.
基赫曼 N N, 斯科罗霍德 A B. 1986. 随机过程论 (第一卷). 邓永录等译. 北京：科学出版社.
劳 C R. 1987. 线性统计推断及其应用. 张燮等译. 北京：科学出版社.
李漳南, 吴荣. 1987. 随机过程教程. 北京：高等教育出版社.
陆大绘. 1986. 随机过程及其应用. 北京：清华大学出版社.
帕尔逊 E. 1987. 随机过程. 邓永录, 杨振明译. 北京：高等教育出版社.
王梓坤. 1978. 随机过程论. 北京：科学出版社.
郑绍濂. 1963. 希尔伯脱空间中的平稳序列. 陶宗英译. 上海：上海科学技术出版社.
Ross S M. 2007. Introduction to Probability Models. 9th ed. Burlington: Academic Press.
Shiryayev A N. 1984. Probability. New York: Springer.